4ª edição

Roberto Sales Cardoso

ORÇAMENTO DE OBRAS EM FOCO

4ª edição

Roberto Sales Cardoso

ORÇAMENTO DE OBRAS EM FOCO

oficina de textos

Grafia atualizada conforme o Acordo Ortográfico da Língua Portuguesa de 1990, em vigor no Brasil desde 2009.

Capa e projeto gráfico Malu Vallim
Diagramação e preparação de figuras Victor Azevedo
Foto capa Shivendu Shukla (www.unsplash.com)
Preparação de texto Hélio Hideki Iraha
Revisão de texto Natália Pinheiro
Impressão e acabamento BMF gráfica e editora

Dados Internacionais de Catalogação na Publicação (CIP)
(Câmara Brasileira do Livro, SP, Brasil)

Cardoso, Roberto Sales
Orçamento de obras em foco / Roberto Sales Cardoso. -- 4. ed. -- São Paulo : Oficina de Textos, 2020.

Bibliografia
ISBN 978-85-7975-349-7

1. Construção - Custos 2. Engenharia civil 3. Orçamento 4. Projetos I. Título.

20-44862 CDD-692.5

Índices para catálogo sistemático:
1. Construção civil : Orçamento de obras : Engenharia de custos 692.5
2. Orçamento de obras : Construção civil : Engenharia de custos 692.5

Maria Alice Ferreira - Bibliotecária - CRB-8/7964

Rua Cubatão, 798 CEP 04013-003 São Paulo-SP – Brasil
tel. (11) 3085 7933
site: www.ofitexto.com.br
e-mail: atend@ofitexto.com.br

"Tudo é possível... Acredite que há sempre uma solução para qualquer problema, por mais complexo e difícil que nos pareça."

C. Torres Pastorino

Dedicatória

À minha doce mãe, Eunice, e ao meu grande amigo e saudoso pai, Benedito, *in memoriam*.

À minha querida mulher e companheira, Lia.

Aos queridos filhos Sidney, Gustavo e Márcio, noras e netos.

À Editora Oficina de Textos, pelo apoio dispensado ao nosso trabalho.

Apresentação

Em uma carreira de 30 anos, deparei-me com muitos engenheiros brilhantes que não dominavam a arte de transmitir conhecimentos e com engenheiros que se dedicaram a lecionar bem, porém a quem faltava a tarimba dos canteiros de obra. O colega Roberto Sales Cardoso não figura em nenhuma dessas categorias: de sua mente privilegiada sempre emana um texto de leitura fácil, que conduz o leitor ao domínio de temas expostos com conhecimento de causa e apurado rigor técnico.

Lembro-me de ter comprado *Orçamento de obras em foco* logo em sua primeira edição e o li de um só fôlego – antes mesmo de me dar conta de que o autor é sergipano como eu –, porque acima de tudo me identifiquei com a forma de Roberto narrar, contextualizar, exemplificar e ensinar.

O título da publicação não engana. Ao longo das tantas páginas, nem o autor nem o leitor perdem o foco do livro, que é informar e ao mesmo tempo espicaçar a curiosidade do leitor para que ele desenvolva um senso crítico sobre os temas momentosos da engenharia brasileira: a qualidade e o grau de completude dos projetos, por vezes as confusas regras de licitação pública, a proliferação de aditivos e o emaranhado de artifícios, jurisprudências e conselhos usados para se evitar a deplorável "engenharia do mal", que teima em seduzir construtores e gestores de obras.

Orçamento de obras em foco propõe uma viagem por todo o ciclo do orçamento de uma obra, do levantamento de quantitativos à estipulação do custo e do preço de cada serviço que compõe a obra. Se vale a afirmação de que o engenheiro de custos precisa mesclar arte e ciência, *Orçamento de obras em foco* é um livro que explica a ciência de orçar pelas mãos de um artista.

Boa leitura!

Aldo Dórea Mattos

Prefácio

O orçamento continua sendo um dos temas mais importantes da Engenharia Civil porque é uma peça-chave em todo o ciclo de vida da construção.

Assim, os primeiros ensaios realizados no nascimento do empreendimento, que compreendem a tipologia, as fachadas, os materiais básicos e o modelo construtivo que vão compor o projeto básico, são estabelecidos tendo como um dos objetivos o de atender à expectativa de custo que se pretende não seja ultrapassada. Por sua vez, a aprovação final do projeto básico está condicionada ao valor do seu orçamento.

Antes de iniciada a obra, o orçamento é a fonte de referência para o planejamento e a elaboração do cronograma físico-financeiro da construção, inclusive das compras dos respectivos materiais. Nas negociações com fornecedores, nas medições, nas emissões de faturas e nos pleitos, a planilha do orçamento é o documento do qual o engenheiro não pode se afastar porque inclusive faz parte integrante do contrato.

Concluída a obra, e com sua documentação arquivada, o orçamento ainda poderá servir de consulta e/ou referência para outros empreendimentos similares que se apresentem como oportunidades de negócio para a empresa. Constitui-se, portanto, num documento de grande valia.

A sua preparação deve atender rigorosamente às especificações, mas também obedecer a rígidos critérios de quantificação dos serviços e de apropriação dos custos correspondentes, de acordo com um banco de dados consagrado que assegure retratar os preços de mercado.

Mas não é só isso. Os trabalhos de orçamentação só são finalizados com a inclusão de mais duas etapas. A primeira refere-se aos gastos que ocorrem no canteiro de obras, chamados de custos indiretos, os quais compreendem a implantação do canteiro de obras, a sua manutenção mensal, inclusive com a equipe dirigente da construção, e os equipamentos de apoio à produção. A outra, não menos importante, diz respeito aos dispêndios classificados como despesas indiretas, que são tratadas com esmero neste trabalho.

O perfeito entendimento desses conceitos constitui a base para a elaboração correta do orçamento, que deve possuir exatidão. A aferição da sua precisão só será possível por meio de controles efetuados durante a construção, os quais servirão para a avaliação do resultado financeiro do empreendimento.

Infelizmente, nem sempre é assim que acontece. A rijeza que se pretende seja observada na sua elaboração pode dar lugar a omissões, equívocos, imprecisões nos cálculos ou mesmo erros, e, se e quando esses erros são levados do orçamento à licitação e por extensão ao contrato de empreitada, provocam demandas durante a execução que, na maioria das vezes, deterioram as relações contratuais e, algumas vezes, resultam até no seu rompimento, mesmo supondo mantidas a probidade e a boa-fé da empresa contratada.

A solução desses casos, quando possível, dá-se no ambiente judicial, o que acarreta longos anos de espera. Há atualmente, no Brasil, uma quantidade de obras paralisadas que superam o número de 5.000. Isso ocorre, em boa parte, acreditamos, por causa de falhas no projeto básico, entre as quais se destacam as falhas no orçamento como uma das principais, ratificando assim a importância de que esse documento é possuidor.

Por meio de vários exemplos o autor orienta como classificar e organizar os centros de custo do orçamento, demonstra e comenta as taxas sugeridas como limites pelos órgãos de controle, e ensina como evitar os chamados "jogos de planilha" sempre que aditivos aos contratos forem celebrados sem que sejam tomados cuidados especiais, tornando-os ardilosos.

Essas características do livro foram mantidas nesta 4ª edição, embora ela tenha ficado mais específica e prática. Por tal motivo, os capítulos referentes a áreas de administração foram suprimidos e deverão ser objeto de outro estudo a ser aprofundado posteriormente.

Orçamento de obras em foco foi escrito e organizado de forma clara e sistemática, com a intenção não só de auxiliar na aprendizagem, mas de aguçar a mente dos profissionais da engenharia e correlatos, tornando-os suficientemente preparados para a atividade de elaborar, analisar e aprovar orçamentos de obras.

É o que pretende o autor.

Sumário

1 A Engenharia

"A maravilhosa disposição e harmonia do universo só pode ter tido origem segundo o plano de um Ser que tudo sabe e tudo pode. Isso fica sendo a minha última e mais elevada descoberta."

Isaac Newton

1.1 Introdução à Engenharia

A Engenharia pode ser definida como o conjunto de ciências, artes e tecnologias que possibilitam ao ser humano utilizar os materiais e as forças da natureza para a satisfação de suas necessidades e o benefício da humanidade.

Simbolizada por Minerva, a Atena na mitologia grega, filha de Júpiter, deusa da guerra, mas também das artes e da sabedoria, a Engenharia representa a habilidade com soluções práticas, e qualidades como inteligência, astúcia, raciocínio lógico, amor à beleza e culto à perfeição.

A Engenharia nasceu com o ser humano e está presente em seu dia a dia. Sua evolução é uma consequência do próprio desenvolvimento da humanidade. Assim, após a descoberta dos metais veio a ideia do fabrico da roda, e logo sua utilização como componente do que viria a ser o transporte – uma das maiores invenções de todos os tempos.

Posteriormente, quando o homem aprendeu a semear e a colher, não mais praticando uma atividade puramente extrativista, veio a necessidade de construir abrigos, alternativamente ao uso de cavernas, para poder permanecer nas proximidades de seu local de plantio, e em consequência reduzindo ou mesmo eliminando seu hábito nômade.

O vocábulo *engenharia* é dos mais antigos. Constitui uma variante da palavra *engenheiro*, aquele que constrói ou opera engenhos, do latim *ïngenium* (gênio), assim considerados os velhos mecanismos de guerra, como torres e catapultas, entre outros. O engenheiro é também, por sua formação diversificada, com sólidos conhecimentos em Matemática e Física, além de aptidão com o desenho, o profissional que soluciona problemas, mas, sobretudo, um ser que desenvolve habilidades multidisciplinares, sendo por isso mesmo um líder natural em seu meio.

O físico e matemático Galileu Galilei, espontânea ou inconscientemente, deu grande contribuição à Engenharia, por sua personalidade irrequieta, marcada pela busca incessante do saber, e por seu obsessivo desejo de conhecer e descobrir. É que a Engenharia necessita fortemente dessa capacidade de transformar ideias criativas em novos processos e produtos responsáveis pelo desenvolvimento. Isso ficou evidenciado na Europa Ocidental ao final do século XVII para o início do século XVIII, com o movimento que tomou conta da classe intelectual e ficou conhecido como Iluminismo – o século das luzes –, época em que prevaleceram o otimismo, a valorização da felicidade, a razão, a liberdade econômica (*laissez faire, laissez passer*), sem falar do marcante avanço das ciências e das artes.

Também foram decisivos alguns fatos que concorreram para impulsionar a criação das ramificações da Engenharia por área de conhecimento, entre os quais:

i. O sucesso alcançado com o motor a vapor de Thomas Savery possibilitou a concentração de tecnologias numa nova área da Engenharia, dando origem à Engenharia Mecânica.
ii. A transformação do sal marinho em carbonato de sódio conseguida por Nicolas Leblanc foi um primeiro passo para o que viria a ser o início da Engenharia Química.
iii. Na eletricidade, Alessandro Volta descobriu o efeito pilha, demonstrando que a energia podia ser gerada quimicamente.
iv. No âmbito naval, houve um grande avanço na área de projeto dos cascos e estruturas das embarcações. Essa onda desenvolvimentista chegou até o Brasil, tendo sido construída, no estaleiro do Arsenal de Marinha do Rio de Janeiro, a nau Padre Eterno, considerada o maior navio de seu tempo. O Arsenal também foi pioneiro na construção do primeiro navio a hélice, em 1852, tendo em 1890 construído o cruzador Tamandaré, com 4.537 t.

    Em todo o mundo, o desenvolvimento da indústria naval foi fantástico. Atualmente, a Engenharia Naval ampliou sua área de atuação, incluindo as plataformas marítimas, os navios-tanque, os graneleiros e os porta-contentores, destacando-se o dinamarquês Mc-Kinney Møller, com 400 m de comprimento, 59 m de largura e capacidade para 195.000 t, além dos luxuosos transatlânticos, considerados “cidades flutuantes”.

v. A Engenharia Aeronáutica e posteriormente a Engenharia Aeroespacial tiveram excelentes desempenhos. Ainda em abril de 1961, o russo Yuri Gagarin realizou o primeiro voo orbital tripulado e, ao ver o planeta do espaço, exclamou a famosa frase "A Terra é azul". Oito anos mais tarde, em julho de 1969, dois homens, o comandante Neil Armstrong e o tripulante Edwin Aldrin, numa viagem de 384.000 km, a bordo da nave Apolo 11, chegaram à Lua e pisaram em seu solo pela primeira vez, proporcionando um espetáculo compartilhado por um bilhão de pessoas em todo o mundo. Os reflexos desse feito chegaram ao Brasil e, no mesmo ano, foi fundada a Empresa Brasileira de Aeronáutica (Embraer), com o objetivo inicial de construir o avião Bandeirante. Dez anos mais tarde, essa empresa já conquistara local de destaque no cenário internacional com os aviões Brasília e Xingu, além do próprio Bandeirante numa versão mais moderna. Em 2018 foi criada uma *joint venture* entre a Embraer e a Boeing, com a denominação Boeing Brasil Comercial, tendo esta última, em abril de 2020, desistido dessa parceria. Hoje a Embraer é líder de mercado na fabricação de aviões militares para treinamento e ação, além de fabricar jatos executivos, o que motivou sua fusão com a Boeing, passando a se chamar Boeing Brasil Comercial.

vi. Na área de construções, a Engenharia Civil vem se desenvolvendo a passos largos, notadamente nas grandes estruturas de edifícios, pontes e viadutos em concreto armado e protendido. Algumas construções nacionais transformaram-se em ícones, como o Museu de Arte de São Paulo Assis Chateaubriand (Masp), com um vão (área) livre de 70,00 m × 25,00 m, e a Ponte Presidente Costa e Silva (Rio-Niterói), com 13.290 m de extensão e 72,00 m de altura. Também somos referência internacional na construção de barragens, destacando-se, entre outras, a barragem em concreto armado de Itaipu, com 7.920 m de extensão e 196,00 m de altura, considerada uma das maravilhas da Engenharia.

Cabe registro também o desenvolvimento tecnológico observado nas áreas de projeto, planejamento e controle, pertencentes à Engenharia de Custos, na qual se insere o orçamento, tema central e objeto deste trabalho.

Em "Estudo comparativo da formação em Engenharia: Brasil, BRICS e principais países da OCDE" (Oliveira; Almeida; Carmo, 2012), apresentado no XL Congresso Brasileiro de Educação em Engenharia, foi evidenciado que anualmente são graduados nas universidades brasileiras aproximadamente cem mil advogados e 50 mil engenheiros, proporção essa que não se verifica nos países desenvolvidos, o que leva às seguintes reflexões:

i. É necessário entender melhor qual é o verdadeiro papel do engenheiro na sociedade. O perfil profissional do engenheiro é necessário ao país não só na atividade própria da Engenharia, mas também em diversas outras atividades que precisam da natureza do conhecimento desenvolvido na formação e na atuação profissional do engenheiro.
ii. Não é difícil concluir que a formação em Engenharia é indutora de desenvolvimento, como ocorre no restante dos países dos BRICS, principalmente na China, e também fundamental para que se mantenha o nível de desenvolvimento, como é o caso dos países da Organização para a Cooperação e o Desenvolvimento Econômico (OCDE).
iii. O país precisa formar "mais e melhores engenheiros" para galgar novos patamares, não só tecnológicos, mas também em termos de desenvolvimento econômico, social e político.

Assinala-se, por fim, que

> [...] dados do Instituto Nacional de Estudos e Pesquisas Educacionais Anísio Teixeira (Inep) indicam que o Brasil está entre os países com o menor número de engenheiros. Enquanto Coreia, Rússia e Áustria registravam mais de 20 engenheiros por 10.000 habitantes, o Brasil contava apenas com 4,8 em 2014. (Costa, s.d.).

1.2 A Engenharia Civil

"Como faço uma escultura? Simplesmente retiro do bloco de mármore tudo que não é necessário."

Michelangelo (ver Fig. 1.1)

Valho-me da escultura em mármore do herói bíblico David, medindo 5,17 m de altura, feita entre os anos de 1501 e 1504 por Michelangelo, quando possuía somente 26 anos de idade, apresentada na Fig. 1.1, como forma de homenagear a Engenharia com um dos mais belos trabalhos de arte de todos os tempos. Segundo Pardal (1986 apud Oliveira, 2005, p. 2),

> A École Nationale des Ponts et Chaussées, fundada em Paris, em 1747, por iniciativa de Daniel Trudaine, foi o primeiro estabelecimento de ensino de Engenharia que se organizou com essas características, sendo considerada a primeira escola para o ensino formal de Engenharia do mundo e que diplomou profissionais com o título de engenheiro.

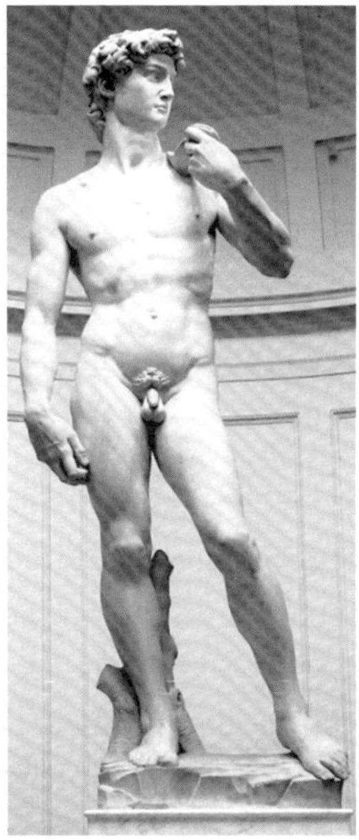

Fig. 1.1 *David de Michelangelo*
Fonte: Jörg Bittner Unna (CC BY 3.0, https://w.wiki/BCa).

A Engenharia brasileira igualmente nasceu no século XVIII, no Rio de Janeiro, nas instalações militares de origem portuguesa.

Em 1792, no mesmo ano em que foi condenado à morte por suas ideias libertárias Joaquim José da Silva Xavier (o Tiradentes), o vice-rei D. Luiz de Castro (2° Conde de Rezende) criou a Real Academia de Artilharia, Fortificação e Desenho.

As técnicas de construção de fortificações, ciências e matemática começaram a ser ensinadas aos oficiais brasileiros por determinação da Coroa Portuguesa, como forma de defender o Brasil Colônia de contra-ataques de outros povos.

Com D. João VI, a Real Academia deu lugar à Academia Real Militar, o nascedouro da Escola Politécnica do Rio de Janeiro, que chegou a ser chamada de Escola Central à época (Fig. 1.2), tendo mais adiante retornado a Escola Politécnica da Universidade Federal do Rio de Janeiro (UFRJ).

Durante o período de 1812 até 1966 – portanto, durante um século e meio –, a Academia funcionou no Largo do São Francisco (RJ), num majestoso prédio construído para essa finalidade.

Por ela passaram brasileiros ilustres, como Luiz Alves de Lima e Silva, o Duque de Caxias, André Rebouças, Paulo de Frontin, Francisco Saturnino de

Fig. 1.2 *Real Academia Militar, já Escola Central em 1860*
Fonte: <http://www.poli.ufrj.br/politecnica_historia.php>.

Brito, considerado o pioneiro do saneamento no Brasil, e mais recentemente Mario Henrique Simonsen, Mauricio Botelho e tantos outros engenheiros igualmente brilhantes.

A segunda escola de Engenharia brasileira foi a Escola de Minas de Ouro Preto, fundada em 1874 por D. Pedro II, cuja organização do curso ficou a cargo do engenheiro francês Claude-Henri Gorceix.

Após a Proclamação da República, em 1889, foram fundadas mais cinco escolas de Engenharia (Oliveira, 2005):

- 1893: Escola Politécnica de São Paulo;
- 1895: Escola de Engenharia de Pernambuco (UFPE);
- 1896: Escola de Engenharia Mackenzie;
- 1896: Escola de Engenharia de Porto Alegre (UFRGS);
- 1897: Escola Politécnica da Bahia, da qual o autor teve a honra de ter sido aluno.

A Engenharia passou a receber a denominação de Civil após sua desvinculação com o Ministério da Guerra, o que ocorreu em 1870.

Antes, no final do século XVIII, o engenheiro inglês John Smeaton, um dos descobridores do cimento Portland, teria, pela primeira vez, se autodenominado engenheiro civil, para distinguir-se dos engenheiros militares.

No Brasil, as profissões de engenheiro, arquiteto e agrimensor só vieram a ser regulamentadas nacionalmente em 11 de dezembro de 1933, pelo Decreto Federal n° 23.569.

O principal foco da Engenharia Civil é sem dúvida a construção civil, tradicionalmente conhecida por seu gigantismo e expressiva participação na economia nacional. Segundo a revista *Construção Mercado* (2006), somente a indústria da construção, excluindo-se o restante da cadeia produtiva, tinha um PIB de R$ 126 bilhões, 7,6% do total brasileiro, sendo responsável pelo emprego de 3,7 milhões de brasileiros, 5,6% da mão de obra empregada no País.

De acordo com a Câmara Brasileira da Indústria da Construção (CBIC) (Rais/MTE, 2011), nesse ano o número de empresas formais de construção civil no Brasil era de 195.954. Segundo o Comitê de Incentivo à Formalização da Construção Civil do Sindicato da Indústria da Construção Civil do Estado do Paraná (Sinduscon-PR), para cada trabalhador formal no canteiro de obras havia 1,7 atuando sem carteira assinada. Nas regiões Norte e Nordeste, esse índice subia para quase 2. Ainda segundo o Sinduscon-PR, nas capitais cerca de 80% da informalidade ocorria nas obras de pequenas ampliações e reformas.

1.3 O ensino da Engenharia

Ainda de acordo com o CBIC, em artigo de autoria do economista José Pereira Gonçalves (2020), consultor da Comissão da Indústria Imobiliária:

> Depois de cinco anos de retração, em 2019 o setor da construção civil finalmente apresentou crescimento, tendo registrado resultado positivo de 2%, enquanto o crescimento do Produto Interno Bruto – PIB ficou em cerca de 1%.
> Esse resultado, apesar de não ser considerado expressivo, foi comemorado por marcar o início de um novo ciclo de expansão do setor, que nos próximos anos precisará recuperar cerca de 30% para voltar ao mesmo nível alcançado em 2014.

Essa comemoração não foi maior por dois motivos. Primeiramente, mesmo considerando o pequeno resultado positivo do setor (2%), o Brasil fechou dezembro daquele ano com 46.886 vagas a menos, pois registrou 71.390 admissões e 118.276 demissões (Agência CBIC, 2020). Em segundo lugar, um anúncio foi feito em 30 de janeiro de 2020 pela Organização Mundial da Saúde (OMS) a respeito de um surto de coronavírus, como Emergência de Saúde Pública de Importância Internacional (ESPII), o qual, se confirmado, por suas nefastas consequências, poderia frustrar as projeções de crescimento da construção civil. De fato, os efeitos dessa pandemia seriam danosos para a economia de todo o planeta, iniciando na China, depois atingindo a Europa e a América do Norte e chegando ao Brasil e seus vizinhos. Diante da possibilidade disso se transformar em algo inimaginável, a atividade produtiva foi sendo reduzida, o que está provocando o desequilíbrio das contas públicas e tem repercutido nos Estados, inclusive pela queda de arrecadação de ICMS.

De acordo com o jornal *Gazeta do Povo* (Jasper, 2020), a economia brasileira encolheu 1,5% no primeiro trimestre de 2020 em relação aos três últimos meses de 2019.

Entretanto, alguns líderes empresariais ligados ao setor da construção civil são da opinião de que, mesmo considerando a provável redução de investimentos do setor público, as empresas podem implementar medidas mitigadoras para manter o setor em funcionamento, como reduzir o efetivo dos canteiros de obras, o que prorrogaria um pouco os prazos de conclusão, manter a distância recomendável entre os trabalhadores, implementar medidas de higiene não só durante a jornada de trabalho, mas ao chegar ao canteiro e no retorno da jornada, reforçar o uso já consagrado dos EPIs, além do controle diário da temperatura dos operários por meio de termômetros infravermelho.

Essa redução nos postos de trabalho das atividades direta ou indiretamente ligadas ao setor afeta mais fortemente a mão de obra direta (pedreiros, carpinteiros, serventes etc.), mas tem efeitos perversos também na mão de obra indireta, aí incluídos os engenheiros, técnicos industriais e auxiliares, atingindo até a força de trabalho da indústria de materiais de construção. Essa instabilidade do mercado tem reflexos inclusive no planejamento acadêmico das universidades, em face das dificuldades e incertezas em estabelecer metas, como o número de vagas para os cursos de Engenharia.

Mas esse não é o único problema dos cursos de Engenharia que afeta as instituições de ensino. Outra séria preocupação diz respeito à evasão escolar e está a merecer uma solução corajosa e criativa. Tentaremos explicar a nossa visão a seguir.

A edição de 17 de maio de 2019 do jornal *Estado de Minas* trouxe a seguinte manchete: "Enem já tem seis milhões de inscritos" (Estado de Minas, 2019). Essa notícia surpreendeu os examinadores, que acompanhavam com apreensão a totalização do número de inscritos, o qual vinha decrescendo desde 2016, tendo em 2018 atingido a marca de 4,142 milhões de competidores. Do total de inscritos, contudo, somente 5.095.308 tiveram suas inscrições confirmadas. Além disso, 26% desses confirmados deixaram de comparecer às provas.

Os dados referentes ao número de vagas e de ingressantes nos cursos de graduação presenciais, sem levar em conta os cursos à distância (EAD), discriminados por categoria administrativa e obtidos no *Censo da Educação Superior 2018* (Brasil, 2019b), são mostrados na Tab. 1.1.

Tab. 1.1 Número de vagas e de ingressantes nos cursos de graduação por categoria administrativa nas universidades brasileiras em 2018 – forma presencial

Categoria administrativa	Número de vagas ofertadas	Número de vagas preenchidas	Número de vagas remanescentes
Federal	441.335	339.900	101.435
Estadual	215.416	154.584	60.832
Municipal	65.644	23.809	41.835
Subtotal – pública	722.395	518.293	204.102
Privada	5.636.139	1.554.321	4.081.818
Totais	6.358.534	2.072.614	4.285.920
% público/total	11,36	25,01	4,76

Há no Brasil, segundo o referido censo, 2.537 instituições de ensino, sendo 2.238 privadas, 61 municipais, 128 estaduais e 110 federais. A rede federal conta com 63 universidades, 40 institutos federais/Cefets, quatro faculdades ligadas ao Ministério da Educação (MEC) e três vinculadas a outros ministérios – Escola Nacional de Ciências Estatísticas (Ence), Instituto Tecnológico de Aeronáutica (ITA) e Instituto Militar de Engenharia (IME).

Em artigo técnico de Gomes (2012) intitulado “Engenheiros em formação”, pode-se extrair que, segundo o Conselho Federal de Engenharia e Agronomia (Confea),

> O Brasil forma 40.000 engenheiros por ano, mas possui um deficit de 20.000 profissionais. No entanto, na comparação com outros países integrantes do BRIC (Brasil, Rússia, Índia e China), na relação média engenheiro × 100.00 habitantes, o Brasil está muito atrasado. Na China, 650.000 engenheiros são graduados a cada ano, enquanto na Índia são 220 mil e na Rússia, 190 mil.

Não há unanimidade nesse ponto de vista. No meio técnico é preponderante a opinião de que, como a formação do engenheiro está associada aos cálculos matemáticos, ao raciocínio lógico e à facilidade de estudar e aprender e de desenvolver novas habilidades, esse profissional termina sendo atraído por outros mercados de trabalho com melhor remuneração, principalmente os ligados à área financeira e de administração de empresas, criando uma demanda irreal.

Mas o fato que merece destaque é a evasão escolar nos cursos de Engenharia. De acordo com levantamento feito pela Confederação Nacional da Indústria (CNI) com base em uma análise inédita de dados do MEC, "mais da metade dos estudantes de Engenharia abandona o curso antes da formatura" (Guia do Estudante, 2013). No período de 2007 a 2011, somente 42,59% dos estudantes se formaram, havendo portanto uma evasão de 57,41%. Ficaram de fora dessa estatística o ITA e o IME, com taxas de evasão inferiores a 5%.

Ainda segundo o *Guia do Estudante* (2013),

> A principal causa identificada da evasão é a deficiência na formação básica dos estudantes em Matemática e Ciências; [...] A desmotivação provocada pela falta de experiências práticas durante o curso e a necessidade muito prematura de escolha de especializações são dois fatores que também pesam na desistência.

Essa causa fica ainda mais evidenciada quando temos acesso aos relatórios do Programme for International Student Assessment (Pisa), que vem a ser o Programa Internacional para Avaliação de Alunos, coordenado pela Organização para a Cooperação e Desenvolvimento Econômico (OCDE). No Brasil, o Instituto Nacional de Estudos e Pesquisas Educacionais Anísio Teixeira (Inep), vinculado ao MEC, é o responsável pela aplicação do Pisa desde a sua criação, no ano de 2000.

Segundo o documento referente ao Pisa 2018 (Brasil, 2019c), o teste visa avaliar o Letramento em Leitura, Matemática e Ciências, entendendo-se "letramento" como a capacidade de compreender, usar, avaliar, refletir, formular e interpretar a matemática, de se envolver com a ciência etc. Infelizmente, no Pisa 2000, o Brasil obteve a última colocação no *ranking*, entre 32 países participantes (Programa..., s.d.).

Nos anos seguintes continuamos numa situação preocupante e, em 2018, os estudantes brasileiros ficaram, entre 79 países, em 70° lugar em

Matemática, em 66° em Ciências e em 57° em Leitura, tendo a China conquistado o primeiro lugar nos três letramentos, o Canadá, o 6°, e os Estados Unidos, o 13°.

A segunda causa mencionada, a falta de experiência prática, é uma realidade que pode e deve ser revista. De fato, os dois primeiros anos do curso de Engenharia Civil são enfadonhos e frustrantes para o aluno, que imagina, logo que inicia o curso superior, que estará às voltas com construções de edifícios, pontes, barragens etc., quando de fato nesse período só são contempladas as disciplinas de Cálculo, Física, Geometria Analítica etc.

No meu entendimento, nada impede que, logo nos períodos iniciais, o aluno já possa estudar disciplinas como Materiais de Construção, Topografia, Instalações Domiciliares (água fria e quente, eletricidade, sanitárias, telefone e gás), madeira (fôrmas e sistemas construtivos), alumínio, aço, vidros, divisórias, alvenarias etc., que são de boa "palatabilidade". As disciplinas de Cálculo – diferencial e integral, vetorial e numérico –, além da Geometria Analítica, poderiam ser iniciadas no terceiro período (segundo ano), época em que o aluno já estaria um pouco mais amadurecido.

Nessas condições, o curso de Engenharia poderia ser dividido em duas partes. A primeira etapa consistiria de aproximadamente cinco a seis períodos, em que o aluno, ao término, receberia o certificado de tecnólogo, inclusive com registro no Crea. Esse profissional teria um enorme mercado de trabalho na área de produção civil, antecipando o seu ingresso na vida profissional, com ótimo ganho social. Para a conclusão do curso de graduação em Engenharia, o estudante continuaria normalmente os seus estudos, completando mais cinco ou seis períodos.

"Muitos de nós não estamos vivendo nossos sonhos, porque estamos vivendo nossos medos."
Les Brown

O estágio em que se encontra a Engenharia nacional constitui orgulho para todos nós brasileiros. Temos desenvolvido processos e tecnologias em níveis comparáveis aos dos países chamados de primeiro mundo nas mais diversas áreas, entre as quais: estruturas de concreto armado e de concreto protendido; obras hidráulicas como adutoras, estações de recalque, barragens e usinas hidrelétricas de grande porte, como a de Itaipu, considerada a maior do mundo, estações de tratamento de água e de esgoto, gasodutos, obras de terraplenagem, rodovias e ferrovias; enfim, em todas as áreas. Também somos referência em segmentos como o de extração e refino de petróleo e o de aeronáutica, além de estarmos crescendo muito nas áreas mecânica e naval. Isso se deve, em grande parte, aos programas de pesquisa desenvolvidos por instituições como a Coordenação de Aperfeiçoamento de Pessoal de Nível Superior (Capes), o Conselho Nacional de Desenvolvimento Científico e Tecnológico (CNPq), a Fundação de Amparo à Pesquisa do Estado de São Paulo (Fapesp), a Fundação Politécnica da UFBA e de algumas universidades federais e privadas, entre outros.

Na Plataforma Sucupira (sucupira.capes.gov.br), que é a base de referência do Sistema Nacional de Pós-Graduação (SNPG), cujo objetivo é disponibilizar em tempo real e com transparência as informações, processos e procedimentos que a Capes realiza para a comunidade acadêmica, consta que há atualmente no Brasil 7.083 cursos de pós-graduação, abarcando mestrado profissional, mestrado acadêmico e doutorado acadêmico, dos quais 183 são da área de Engenharia Civil e 470 das demais Engenharias.

Uma subárea da pós-graduação da Engenharia Civil que tem despertado muito interesse dos profissionais e das empresas de construção é a que ficou conhecida como Engenharia Econômica ou Engenharia de Custos, que trata do planejamento, orçamento e controle e tem o orçamento como tema central, em torno do qual giram as disciplinas e se desenvolve o curso.

A preocupação com o orçamento é antiga. Sempre houve, por parte dos profissionais da Engenharia, o desejo de prover o orçamento com mais ciência e menos empirismo, para dotá-lo de mais precisão e confiabilidade.

Já em 1939, o eng. Paulo Costa lançou o primeiro *Caderno de encargos para a construção de edifícios*, estabelecendo, dessa forma, uma iniciativa pioneira com o ordenamento dos conhecimentos técnicos necessários à elaboração de orçamentos. Seu trabalho foi posteriormente republicado em 1951, 1953, 1957 e 1962.

O ano de 1940 foi marcado como aquele da grande obra de Engenharia nacional, com a construção da Usina Siderúrgica de Volta Redonda (RJ).

Em 1948, Aldo Pini iniciou a publicação regional do informador profissional *A construção em São Paulo*.

Em 1955, a Editora Pini lançou a primeira edição do livro *Tabelas de composições de preços para orçamentos* (TCPO), com cem composições, o que sem dúvida foi um importante passo para o desenvolvimento dessa área de conhecimento, hoje publicação de referência nas empresas de Engenharia.

Nesse período, tiveram início outras obras que se constituíram ícones da Engenharia brasileira, como a cidade de Brasília e as hidrelétricas de Itaipu e Paulo Afonso, entre outras. Foi a época do chamado "milagre econômico".

Na década de 1970, este autor, pós-graduado em Engenharia de Estruturas, teve a oportunidade de trabalhar em projetos de grande importância para o desenvolvimento do Brasil, como a ampliação das refinarias de petróleo Gabriel Passos, Alberto Pasqualini e Duque de Caxias e a construção dos aeroportos do Galeão e de Manaus, do Metrô de São Paulo, da Companhia de Celulose da Bahia (CCB), Aracruz Celulose S.A. e Celulose Nipo-Brasileira (Cenibra), entre outros.

Nesse período, a Engenharia Civil brasileira cresceu e floresceu. Infelizmente, esse sonho teve curta duração, e nossa realidade hoje é bem diferente, pois, muito embora a infraestrutura brasileira necessite de ampliação e de renovação, não há recursos nacionais ou mesmo internacionais disponíveis para esse tipo de investimento, o que provoca um desaquecimento do setor de obras públicas, com reflexos na indústria e na geração de empregos para o setor. Para exemplificar, na área do saneamento básico, a maioria dos 5.570 municípios brasileiros não dispõe de sistema de coleta e tratamento de esgotos sanitários e tem sérios problemas com a coleta e a destinação do lixo doméstico. Os sistemas de abastecimento de água potável são um problema que preocupa cada vez mais, pois a precariedade ou, na maioria das vezes, a inexistência de coleta e tratamento dos dejetos implica a contaminação das fontes de abastecimento de água, agravando os problemas de saúde pública, além de comprometer a qualidade e a expectativa de vida da população.

Outras áreas de nossa infraestrutura, como os 55.000 km que constituem a malha viária federal, estão muito mal conservadas e, em alguns trechos, destruídas. Por sua vez, nossa matriz energética, embora comemore a autossuficiência do petróleo, necessita urgentemente de ampliação, inclusive na área do gás natural, não suportando, nas condições atuais, uma década de desenvolvimento econômico pujante, sonho de todos nós brasileiros.

Nos tempos modernos, a responsabilidade ambiental é de cada um, e de todos. É injusto e antiético que não deixemos para nossos netos um país melhor do que o que recebemos de nossos pais. Em não procedendo dessa forma, estaremos sujeitos ao julgamento impiedoso da História, por incompetência, omissão ou falta de engajamento político.

O ano de 1975 foi quando um estudante americano da Universidade de Harvard chamado Bill Gates, posteriormente famoso pela frase "O modo como a pessoa reúne, administra e usa a informação determina se ela vai vencer ou perder", juntamente com um amigo de infância, criou a Microsoft, que mais tarde viria a ser, contrariando o prefixo "micro-" de sua razão social, a maior empresa de desenvolvimento de *software* do mundo.

Tudo começou em dezembro de 1974, quando Bill Gates e seu amigo Paul Allen discutiam sobre um artigo publicado na revista *Popular Electronics* que apresentava um computador pessoal chamado MITS Altair 8800, bastante diferente dos *mainframes* da época. Na realidade, tratava-se de um *build-it-yourself*, uma espécie de divertimento para quem tinha a eletrônica como *hobby*. Faltava ao Altair 8800 um *software* capaz de transformar aquele achado numa grande descoberta. A história foi generosa com os dois amigos; o final foi dos mais felizes. Em 2005, a Microsoft empregava quase 40 mil funcionários ou colaboradores em mais de 50 países, e, para ter uma ideia de seu gigantismo, segundo dados publicados, somente em pesquisa e desenvolvimento foram investidos aproximadamente US$ 6,2 bilhões naquele ano.

Em 1980, nasceu o Instituto Brasileiro de Engenharia de Custos (Ibec), uma entidade sem fins políticos e/ou lucrativos que visava promover as técnicas e as tecnologias da Engenharia de Custos, como ciência multidisciplinar, integrando empresas e profissionais atuantes em todos os segmentos e promovendo encontros, palestras, reuniões técnicas, cursos, seminários, congressos, publicações e, principalmente, o intercâmbio com as congêneres dos demais países do mundo. O Ibec decorreu da transformação da Seção Brasileira da American Association of Cost Engineering (AACE), existente no Brasil desde 1978.

Em 1986, surgiram os processadores 386 da Intel, e os computadores equipados com eles começaram a chegar ao Brasil dois anos depois por um preço muito elevado, na faixa de US$ 3.500,00. É interessante lembrar que, em 1977, Ken Olsen, da Digital Equipment Corporation, desafiou, intimidou e desestimulou a indústria eletrônica americana ao afirmar que "não existe qualquer razão para uma pessoa desejar ter um computador em casa". Vale lembrar que essa foi a época dos grandes computadores IBM, Olivetti, Hewlett Packard e de outras marcas já consagradas no segmento eletroeletrônico (grandes nas dimensões e tão somente nelas, pois seus processadores apresentavam baixa resolutividade, quando comparados aos computadores pessoais da atualidade).

Três anos depois, isto é, em 1989, esses processadores deram lugar ao Intel 486, cuja capacidade era superior a um milhão de transistores e cujo preço era um terço menor. Foi uma ótima oportunidade que a Engenharia nacional teve para dar um salto qualitativo. Proliferaram os cursos de informática e, na comunidade técnico-científica, foram cultivados a cultura e o gosto pelo desenvolvimento de *software*.

Na área de orçamentos, a informática foi decisiva, pois, com a implementação de novos materiais e novas tecnologias, houve a necessidade de conhecer os preços de todos esses novos insumos e serviços e, mais do que isso, uma vez conhecidos seus preços, foi preciso organizá-los em forma de bibliotecas, periodicamente atualizadas e de fácil acesso. As cem composições de preço lançadas pela Pini logo se transformariam em milhares, necessitando, portanto, de um suporte tecnológico de banco de dados e de um *software* para operacionalizar os cálculos de planilha e os relatórios desejados.

Em 1996, a Companhia Estadual de Habitação e Obras Públicas do Estado de Sergipe (Cehop) elaborou um planejamento estratégico para um período de quatro anos. Nesse período, um importante projeto desenvolvido constou de um sistema de custos com capacidade para atender a todos os órgãos de governo, nivelando os conhecimentos da Engenharia em todo o Estado de Sergipe. Do sistema faziam parte um *software* e um banco de dados, os quais foram desenvolvidos atendendo aos seguintes requisitos básicos:

- banco de dados, constituído de insumos e composições de preço unitário de serviços, o mais amplo possível, de maneira a cobrir as áreas de atuação mais comuns da Engenharia;
- base desenvolvida por profissionais de grande experiência profissional, a partir de ampla pesquisa bibliográfica especializada, e nas principais instituições públicas e privadas;
- fácil interação com o usuário;
- especificações técnicas básicas;
- satisfação dos usuários quanto aos relatórios disponibilizados.

Esse *software*, intitulado Infoworca, teve boa aceitação, alcançando inclusive a classe empresarial e as universidades. Seu banco de dados contemplava aproximadamente seis mil composições de preço e cinco mil insumos, sendo atualizado mensalmente por meio de pesquisa de mercado. Foi criada uma *home-page* que continha as atualizações mensais, na qual os interessados podiam acessar as atualizações do banco, novas versões etc. Essa solução adotada, além de inovadora, mostrou-se muito prática.

Posteriormente, o uso apontou para a necessidade de implementação de uma série de alterações, melhorias e introdução de novos recursos técnicos no *software*, o que levou a Cehop a decidir pelo desenvolvimento de um novo trabalho, superando as deficiências iniciais. Esse novo projeto, intitulado ORSE, encontra-se em funcionamento desde 2005. É de grande utilidade para engenheiros, dirigentes, gerentes, arquitetos e técnicos que militam na área de orçamentos, licitações e gerenciamento de contratos de obras e tem sido muito usado por instituições de auditoria, como os Tribunais de Conta e as Controladorias.

2 Conceitos básicos

"Jamais considere seus estudos como uma obrigação, mas como uma oportunidade invejável para aprender a conhecer a influência libertadora da beleza do reino do espírito, para seu próprio prazer pessoal e para proveito da comunidade à qual seu futuro trabalho pertencer."

Albert Einstein

2.1 Engenharia de Custos

"Existe algo mais importante do que a lógica: a imaginação. Se a ideia é boa, a lógica deve ser jogada pela janela."

Alfred Hitchcock

Segundo a American Association of Cost Engineering (AACE), organização de renome e prestígio internacionais, conforme expresso em *Sinapi: manual de metodologias e conceitos* (CEF, 2020), a Engenharia de Custos pode ser definida como a área da prática da Engenharia em que o julgamento e a experiência são utilizados na aplicação de técnicas e princípios científicos para o problema da estimativa de custo, controle do custo e lucratividade.

O conhecimento sobre orçamento e custos da construção constitui importante parte dessa área da Engenharia e, finalmente, foi incluído nos cursos de graduação e mesmo em mestrados e doutorados.

Além do orçamento e das técnicas orçamentárias, que serão aqui estudadas, a Engenharia de Custos também se dedica às seguintes áreas de conhecimento por demais importantes, sobretudo nos dias de hoje:

i. análise de viabilidade;
ii. análise de investimentos;
iii. análise de riscos na construção;
iv. planejamento das construções;
v. controle de custos.

Observe-se que, além do orçamento, as atividades I a III são desenvolvidas antes do início da construção. A atividade IV, que diz respeito ao planejamento, embora também seja desenvolvida antes do início das obras, ocorre posteriormente às demais, pois depende da confecção do orçamento, que serve de subsídio para a análise financeira (desembolsos, fluxo de caixa etc.) e para a logística (plano de ataque, prazos etc.). A atividade V desenvolve-se intensamente com o início da obra e não termina enquanto houver movimentação no canteiro. Na área imobiliária, nas obras de incorporação, essa atividade ainda se prolonga após a conclusão da construção, em vista da necessidade de proceder quase sempre a avaliações referentes ao pós-venda. Essas avaliações são muito importantes do ponto de vista empresarial, pois servem para a correção de estratégias e de processos, entre outros. Quanto mais detalhado for o orçamento (mas não excessivamente detalhado), mais facilitado será o planejamento requerido. Preferencialmente, essas duas atividades devem ser desenvolvidas pelo mesmo profissional, para evitar conflitos quanto ao nível de precisão e detalhamento da planilha orçamentária, a qual servirá de base para o estabelecimento da chamada *estrutura analítica do projeto* (EAP).

Para a maioria das empresas, o novo século provocou uma enorme transformação nas pessoas, caracterizada pela obsessiva necessidade de produção de trabalhos com rapidez e qualidade, mas sem perda da confiabilidade.

Atualmente, os profissionais que trabalham na área da Engenharia de Custos têm assumido papel de destaque nas organizações de governo, em que atuam como contratantes e gestores, desde a elaboração das licitações até o recebimento final das obras. Ainda na área governamental, o domínio sobre as técnicas de orçar é de especial e fundamental significado para os auditores, verdadeiros guardiões das finanças públicas, atentos à Lei nº 8.666 e às subsequentes Leis nº 8.883 e nº 9.648, além da Lei de Responsabilidade Fiscal (Lei Complementar nº 101).

O orçamento é a peça-chave no processo licitatório. É parte integrante dos contratos e o documento adequado para, em representando um determinado projeto, receber o competente parecer de aprovação. Por seu intermédio, o auditor tem acesso às mais variadas informações dos projetos de arquitetura e engenharia, podendo ainda efetuar confrontações com os documentos e os relatórios de prestação de contas.

Na iniciativa privada, o domínio desse tema é imprescindível, pois, atuando como empreiteiro de obras públicas ou privadas, ou ainda como incorporador, o empresário tem no orçamento sua mais valiosa ferramenta para negociação, contratação e planejamento.

2.2 Orçamento

"Pois qual de vós, querendo edificar uma torre, não se assenta primeiro a fazer as contas dos gastos, para ver se tem com que a acabar?"

Jesus Cristo (Lucas 14:28)

O grande mestre e arquiteto do universo não poderia ter dado melhor ensinamento à humanidade e, em particular, aos engenheiros. A indagação sobre como "fazer as contas dos gastos", isto é, sobre o orçamento, não é só antiga, mas também sábia. De fato, o orçamento é um documento valioso em qualquer estudo preliminar ou de viabilidade. Uma obra iniciada sem a definição de seu custo, ou sem o provisionamento adequado dos recursos necessários, pode resultar numa obra inacabada.

2.2.1 Definições

> Orçamento de Custo, também conhecido como Estimativa Orçamentária de Custo, é a determinação do custo provável de uma dada obra. (Dagostino; Feigenbaum, 2003).

> O orçamento é a discriminação completa dos custos de uma obra. (Martins, 1998).

> O orçamento é a expressão quantitativa de um plano de ação e um auxílio à coordenação e controle. Pode valer para a organização toda ou para qualquer subunidade. (Horngren, 1986 apud Domingues, 2002).

> Um orçamento pode ser definido como a determinação dos gastos necessários para a realização de um projeto, de acordo com um plano de execução previamente estabelecido, gastos esses traduzidos em termos quantitativos. (Limmer, 1996).

As quatro definições citadas são bastante semelhantes e se complementam. Vale lembrar que, de acordo com a Lei nº 8.666, o orçamento é parte integrante do projeto básico, sendo, portanto, considerado imprescindível em qualquer licitação.

Na primeira, Dagostino e Feigenbaum (2003) tiveram o cuidado de qualificar o custo como *provável*, vinculando a seu conceito uma certa fragilidade, um relativismo, ou ainda um caráter probabilístico. Significa, então, que a determinação do custo está associada a uma probabilidade de ocorrência, não havendo, assim, certeza absoluta de que o valor orçado represente o total dos dispêndios necessários à construção do empreendimento. Se não há certeza absoluta sobre o valor orçado, que grau de confiabilidade um orçamento pode ou deve oferecer? Que condições devem ser observadas para que essa probabilidade se aproxime o máximo possível de 100%?

Conforme será visto adiante, essa fragilidade sentida por Dagostino e Feigenbaum (2003) é decorrente de uma série de fatores, mas, principalmente, porque uma parte expressiva dos dispêndios de uma obra diz respeito a gastos outros não necessariamente vinculados com a construção propriamente dita, pois não dependem de levantamentos de dados extraídos dos projetos de engenharia. Esses dispêndios decorrem da administração local, da implantação e da manutenção do canteiro e também do peso relativo da administração central da empresa em relação ao valor da obra, assim como da disponibilidade de capital de giro e das taxas de juros de mercado, e sua previsão é função desse cenário virtual criado onde se acredita que a obra será desenvolvida.

Esses dispêndios, que mais tarde serão chamados de custos indiretos e despesas indiretas, são importantes no contexto do orçamento e nem sempre de fácil e precisa avaliação. Podem chegar, em alguns casos, até a metade do valor total da obra.

O controle desses dispêndios, se feito durante a construção pela comparação entre o realizado e o previsto, permite que seja aferida a qualidade do banco de dados que dá suporte aos orçamentos e que seja avaliada a *expertise* da equipe técnica responsável pela orçamentação.

Esses estudos que envolvem o tema do orçamento, embora dependam de sólidos conhecimentos de Engenharia e de razoável experiência profissional, podem ser consolidados e simplificados por meio de uma metodologia relativamente simples, como será abordado adiante no estudo da bonificação (ou benefício) e despesas indiretas (BDI), ou, como preferem alguns, lucro e despesas indiretas (LDI). Tais estudos devem ainda abranger prováveis variações do cenário concebido ao longo do prazo de execução da obra, em função de condições climáticas, políticas, comerciais, econômicas e até culturais.

Assim, uma mesma obra, se executada em locais diferentes, provavelmente assumirá valores diferentes para seu orçamento; o mesmo ocorre se executadas no mesmo local, mas em diferentes épocas do ano em que possam acontecer sensíveis variações climáticas, sem falar na mais temida das variações, que é a de preço dos insumos, provocada por instabilidade econômica ou por inflação. Nos aspectos culturais, as obras executadas em determinadas épocas, por exemplo, no período compreendido entre os meses de dezembro e fevereiro, têm sua produtividade reduzida, devido às inúmeras festas populares que acontecem nessa época do ano, inclusive o Carnaval.

Cabe, então, ao profissional da área de custos estar atento a todas essas variáveis e incertezas envolvidas com os orçamentos de obras em geral. Serão estudadas ainda as contingências, o conjunto de incertezas possíveis de ocorrer durante o prazo de execução da obra e que podem afetar o custo da construção, devendo, portanto, ser previstas.

Pode-se concluir que o orçamento é um dado característico de uma obra específica que será executada sob certas condições previamente estabelecidas. Esse valor assim obtido tem validade somente num certo período de tempo, pois, decorrido um determinado prazo, alguns insumos sofrerão variação de preço, outros poderão deixar de ser fabricados, alguns fornecedores estarão com suas propostas vencidas, podendo não mais ter interesse em sua manutenção, e assim por diante.

O fato de o orçamento ser parte integrante da proposta o torna um documento de vida curta, uma vez que, em geral, as propostas possuem prazos de validade exíguos, quase sempre de 30 a 60 dias, mesmo levando em conta as reduzidas taxas de inflação e a estabilidade econômica conseguidas em nosso País a partir do Plano Real.

Na segunda definição de orçamento, Martins (1998) impõe como condição que a discriminação seja completa. Se não for completa, não é orçamento. Por esse motivo, os cálculos devem levar em consideração a lista completa dos materiais, toda a mão de obra necessária para levar a termo o empreendimento, com seus respectivos encargos sociais, os serviços específicos/especializados e/ou terceirizados, além dos custos indiretos e despesas indiretas, que, como foi dito, são fruto do desenho do cenário previsto e de tudo o mais considerado necessário, inclusive impostos e lucro.

Horngren (1986 apud Domingues, 2002) teve a visão do engenheiro construtor, atento às necessidades de coordenação e controle, isto é, focalizou o orçamento também como instrumento de planejamento da obra.

Limmer (1996) aproximou-se da definição emitida por Martins (1998).

2.2.2 Características obrigatórias do orçamento

Indicação do custo global da obra (Art. 6º, inciso IX, alínea "f", da Lei nº 8.666)

Segundo Nunes e Freire (2002, p. 198):

> O primeiro requisito, referente à indicação do custo global da obra, significa que integram a planilha estimada todos os componentes do valor final: custos diretos, indiretos e lucro. A determinação não deve ser entendida em seu sentido formal, mas teleológico: o importante é que cada um destes fatores seja esclarecido mediante a decomposição de seu valor em quantitativos e custos unitários, seja qual for o formato do documento para isso utilizado (planilha única, conjunto de planilhas, planilhas acompanhadas de composições etc.).

Apresentação da composição de todos os custos unitários que integram o preço final (Art. 7º, § 2º, inciso II, da Lei nº 8.666)

Nunes e Freire (2002, p. 199) são precisos quando afirmam:

> É preciso atenção ao vocábulo "unitário": ele significa "relativo à unidade" e unidade significa "qualidade daquilo que não pode ser dividido". Assim, o orçamento estimado não pode conter serviços compostos. É muito comum os órgãos licitantes introduzirem em planilha itens como "instalações elétricas", "execução de estruturas" e similares. Trata-se de uma ofensa ao Art. 7º, inciso II da lei de regência. [...] Desta forma, verifica-se que a planilha estimada é não só um documento destinado ao controle do preço-limite adotado, mas também do alcance quantitativo e qualitativo do objeto.

A apresentação das composições de preço unitário é condição necessária, mas não suficiente. Para tanto, é preciso que o valor de cada composição de custo apresentada seja compatível com o correspondente preço de mercado. Essa verificação pode ser feita por meio de um sistema de registro oficial de preços, preferencialmente local ou, na inexistência deste, regional. Quando os sistemas oficiais de registro não contemplarem determinados serviços específicos, a Administração deverá providenciar coleta de preços para, com isso, esgotar os meios de perquirição sobre a razoabilidade do preço.

Adequação dos quantitativos da planilha ao projeto básico

Ainda segundo Nunes e Freire (2002, p. 200),

> A primeira implicação que daí decorre é a vedação da imprecisão do objeto. Não é possível indicar em planilha itens como "Serviços Eventuais", por exemplo. Todo o trabalho executado no âmbito de determinado contrato deve estar discriminado, quantificado e valorado unitariamente em planilha. Cabe, portanto, aos órgãos de controle o cotejo dos quantitativos projetados/planilhados.

Ainda há uma questão que encontra alguma resistência por parte da Administração, que é a relacionada com a utilização de "verba" como unidade de medida. Essa prática pode significar pouco caso da Administração, que se furta a "abrir" o item, compondo-o adequadamente. Pode acontecer, também, de esse item ser mais bem enquadrado nas despesas indiretas, e, nesse caso, ele deverá não fazer parte da planilha do orçamento, e sim da planilha do BDI.

Outro item que aparentemente oferece dificuldade de avaliação diz respeito à mobilização e desmobilização. Na verdade ele é extremamente simples, uma vez que deverão ser alocadas somente as despesas com transporte de pessoal e equipamentos, na ida e na volta. Esse assunto será visto com mais detalhes no Cap. 9.

Segundo nosso entendimento, devemos acrescentar mais duas condições às três enumeradas pela lei, por considerá-las relevantes, sendo obrigatória sua demonstração:

- planilha dos encargos sociais dos empregados por categoria dos horistas e dos mensalistas, com a determinação do valor característico de cada uma;
- estimativa de todas as parcelas que compõem o BDI, inclusive o lucro, e a determinação de seu valor.

Justificamos nossa opinião pela tendência de a Administração arbitrar a taxa do BDI, por comodidade, prejudicando sensivelmente a qualidade e a confiabilidade do orçamento básico, sobretudo porque o orçamento da Administração passou a definir o valor máximo no critério de aceitabilidade das propostas. No Cap. 7, esses conhecimentos serão facilmente entendidos. Quanto à planilha de cálculo do BDI, serão dadas explicações suficientes para que o engenheiro orçamentista proceda à melhor avaliação possível.

Obrigatoriedade de apresentação junto ao Conselho Regional de Engenharia e Agronomia (Crea) de anotação de responsabilidade técnica (ART) do responsável pela elaboração do orçamento, de acordo com a Lei nº 5.194, a Lei nº 6.496 e a Resolução Confea nº 425

2.2.3 Qualidade dos orçamentos

"Faze tudo como se alguém te contemplasse."
Epicuro

À atividade de orçar nem sempre é dada a atenção devida, sendo algumas vezes desenvolvida por técnicos que não possuem a experiência profissional e o conhecimento requeridos para essa atividade mais ou menos complexa.

Vários são os fatores que afetam o orçamento, ou sua qualidade e confiabilidade:

Exigência de nível elevado de conhecimento do engenheiro orçamentista

Entre outros predicados e habilidades, esse profissional deverá:

- ser capaz de ler e interpretar plantas e desenhos nas mais diversas áreas da Engenharia, bem como visualizar a evolução da obra nas diversas etapas construtivas;
- proceder à correta alocação dos recursos (pessoal, equipamentos e financeiro) em cada fase de evolução do projeto, bem como avaliar as respectivas durações de tempo;
- ter habilidade para desenvolver o trabalho minuciosa e cuidadosamente, procedendo à mais completa varredura em todos os documentos que compõem o projeto básico ou executivo – nessa atividade, esquecimentos transformam-se em erros, e estes, em prejuízos;

- ter maturidade suficiente para enfrentar pressões, inclusive de prazo, sem perder o equilíbrio emocional, fundamental no exercício de sua atividade;
- ter personalidade marcante e atitude proativa, características dos líderes, já que muitas das decisões referentes ao processo construtivo terão que ser assumidas já na fase de elaboração do orçamento – quaisquer outras alternativas que se mostrem interessantes posteriormente, no limiar de execução da obra, por mais atraentes que se apresentem, terão que ser submetidas a idêntico processo de análise de custo para serem aprovadas, alternativamente;
- ter a seu dispor um banco de dados de insumos e composições de preço, de qualidade, com intervalos curtos de atualização, por exemplo, mensalmente;
- ter habilidade com informática e em particular com *softwares* de orçamento e planilhas eletrônicas.

Existência do projeto básico o mais completo possível e nos termos da Resolução Confea nº 361

Cumpre observar que o conceito de projeto básico contido na Lei nº 8.666 não conflita com a resolução citada, transcrita a seguir; em muito se assemelham e/ou se complementam.

> Art. 1º – O Projeto Básico é o conjunto de elementos que define a obra, o serviço ou o complexo de obras e serviços que compõem o empreendimento, de tal modo que suas características básicas e desempenho almejado estejam perfeitamente definidos, possibilitando a estimativa de seu custo e prazo de execução.
>
> [...]
>
> Art. 3º – As principais características de um Projeto Básico são:
>
> a) desenvolvimento da alternativa escolhida como sendo viável, técnica, econômica e ambientalmente, e que atenda aos critérios de conveniência de seu proprietário e da sociedade;
>
> b) fornecer uma visão global da obra e identificar seus elementos constituintes de forma precisa;
>
> c) especificar o desempenho esperado da obra;

d) adotar soluções técnicas, quer para conjunto, quer para suas partes, devendo ser suportadas por memórias de cálculo e de acordo com critérios de projeto pré-estabelecidos de modo a evitar e/ou minimizar reformulações e/ou ajustes acentuados, durante sua fase de execução;
e) identificar e especificar, sem omissões, os tipos de serviços a executar, os materiais e equipamentos a incorporar à obra;
f) definir as quantidades e os custos de serviços e fornecimentos com precisão compatível com o tipo e porte da obra, de tal forma a ensejar a determinação do custo global da obra com precisão de mais ou menos 15% (quinze por cento);
g) fornecer subsídios suficientes para a montagem do plano de gestão da obra;
h) considerar, para uma boa execução, métodos construtivos compatíveis e adequados ao porte da obra;
i) detalhar os programas ambientais, compativelmente com o porte da obra, de modo a assegurar sua implantação de forma harmônica com os interesses regionais.

Art. 4º – O responsável técnico pelo órgão ou empresa pública ou privada, contratante da obra ou serviço, definirá, obedecendo às conceituações contidas nesta Resolução, os tipos de Projeto Básico que estão presentes em cada empreendimento objeto de licitação ou contratação.

§ 1º – O nível de detalhamento dos elementos construtivos de cada tipo de Projeto Básico, tais como desenhos, memórias descritivas, normas de medições e pagamento, cronograma físico, financeiro, planilhas de quantidades e orçamentos, plano gerencial e, quando cabível, especificações técnicas de equipamentos a serem incorporados à obra, deve ser tal que informe e descreva com clareza, precisão e concisão o conjunto da obra e cada uma de suas partes.

§ 2º – Sempre que o porte da obra o permitir, o Projeto Básico, obrigatoriamente, deverá iniciar-se pelo estabelecimento dos critérios de projeto, de modo a fixar diretrizes de conduta técnica e gerencial.

[...]

Segundo Limmer (1996), somente em função do nível de detalhamento dos projetos, uma estimativa orçamentária pode estar afetada de erro, que será tanto menor quanto melhor for a qualidade das informações disponíveis por ocasião de sua elaboração, podendo o erro variar entre faixas bastante amplas: +40% a −40%, para estimativas grosseiras, e até +5% a −5%, para estimativas mais seguras.

Tamanho da obra

Muitas vezes, ao orçar uma obra de pequeno porte, observa-se que alguns itens das despesas indiretas mantêm seu valor quando orçados para um outro empreendimento de porte maior. No primeiro caso, o valor relativo ou percentual será bem maior que no segundo, o que poderá, em primeira mão, parecer incorreto.

Construções especiais, com tecnologias inéditas ou pouco conhecidas

Suponha-se que, para uma determinada obra de engenharia, como uma ponte, tenha sido adotado como solução para suas fundações um novo tipo de estacas de grande diâmetro, confinadas por camisas metálicas, conhecidas no meio técnico como estacões. Para orçá-las, evidentemente, é necessário ter domínio sobre a tecnologia empregada, desde sua aquisição, à cravação, indo até o sistema de concretagem, pressurização etc. Caso não se domine essa tecnologia, é possível estimar, para esse item da obra, valores desviados para mais ou para menos em relação aos preços do mercado. Em se tratando de uma licitação, e considerando que a competição acirrada é a principal característica dessa atividade econômica, no primeiro caso, estimando para mais, provavelmente se estaria fora do negócio (ou da licitação); no segundo caso, mesmo que se tenha vencido, se estaria sujeito a provar o sabor amargo do prejuízo.

Falta de acesso à obra

Deve-se avaliar não só a falta de acesso, mas também a necessidade de constante manutenção do acesso ao longo do prazo da obra. Acessos interrompidos podem levar à paralisação da construção por falta de suprimento e resultar em sérios prejuízos para o construtor.

Características locais

Em determinadas regiões de nosso País, chove em demasia durante o verão; em outras, o mesmo acontece durante o inverno. Em algumas, não há ocorrência de rochas graníticas e, consequentemente, não há brita disponível para a produção dos concretos, sendo esse material substituído pelo seixo rolado. Fatores como esses, dependendo do tipo da construção, podem desviar o custo da obra do valor esperado. É necessário conhecer e avaliar as influências dessas características locais no contexto do orçamento.

Relações com os clientes

Se confiável, isto é, se o cliente tiver o perfil característico do contratante sério e adimplente, a avaliação das contingências a serem previstas no orçamento será desonerada. Caso contrário, as previsões com despesas financeiras por atraso de pagamento poderão mudar o perfil do orçamento, prejudicando a competitividade. Alguns clientes/contratantes podem, inclusive, por meio de inserção de cláusulas em contratos padrão, vincular a quitação de faturas ao recebimento de recursos oriundos de repasses de outras instituições etc., o que pode estimular a desistência da licitação ou do negócio.

Situação econômica nacional

As bases do Plano Real foram constituídas por um tripé formado por ajuste fiscal, desindexação da economia e política monetária restritiva. Com sua implantação no governo Itamar Franco, em fins de 1993, o Brasil passou a ter controle da inflação e experimentou o convívio com a estabilidade econômica, eliminando para sempre, assim nos parece, a chamada hiperinflação, e com ela a cultura inflacionária, que persistiu por mais de três décadas. Segundo o IPC-Fipe, o valor da inflação, que em 1993 foi de 2.490,99%, passou para 8,64% em 1999, tendo em 1998 chegado a uma deflação (inflação negativa).

Até 1993, não havia qualquer segurança no fechamento dos orçamentos. Em obras de porte maior cujos orçamentos demandavam mais de uma semana de trabalho, em seu término, as primeiras cotações de preço necessitavam ser refeitas. Confiabilidade, segurança e planejamento dos gastos eram considerados requisitos impossíveis de serem garantidos. Essa insegurança era em parte compensada pelos reajustes mensais de preços, a que todo contrato estava sujeito. Essas altas taxas de inflação encobriam os orçamentos mal elaborados ou com erros.

Com a estabilidade econômica, isto é, com a inflação de um dígito, houve o resgate da memória, a disseminação dos valores dos preços praticados e a fixação do conceito de preço de mercado, sendo esse conceito inclusive utilizado pela Lei nº 8.666.

De acordo com essa lei, somente os contratos de execução de obras com prazo superior a 12 meses estão sujeitos a reajustamento de preços. Aproveitando a referência a esse caráter restritivo da lei, cabe introduzir um primeiro entendimento sobre o conceito do risco específico existente na atividade da construção civil.

Na atividade comercial, o empresário fecha o pedido junto à indústria, recebe e estoca os produtos em prateleira, estabelece o *markup* e, assim, define o preço de venda. Já na construção civil, ao ser fechado o orçamento, o empresário define seu preço de venda sem sequer ter adquirido qualquer dos insumos integrantes da obra, tendo que suportar as diversas variações de preço que possam ocorrer nesse período. Em nosso entendimento, esse critério da lei é perverso e injusto e poderia ser revisto.

Para os contratos de obra com prazo superior, com 15 meses de duração, por exemplo, deverão ser tomados os seguintes cuidados:

- estudar qual a influência (percentual de incidência) da mão de obra no orçamento;
- verificar o comportamento da inflação nos últimos 12 meses;
- estimar qual o percentual de aumento provável da mão de obra que ocorrerá em maio (ou antes), mês oficial de reajuste do salário mínimo e, consequentemente, dos pisos salariais das categorias funcionais;
- verificar qual a capacidade de absorção dessa diferença na folha de pagamento, isto é, verificar qual o impacto respectivo;
- observar na curva ABC (esse assunto será abordado mais adiante) o comportamento que vêm tendo os insumos que representam maior peso no orçamento, e proceder aos ajustes que julgar convenientes.

O engenheiro de custos, por vezes, comporta-se como o timoneiro, que necessita estar atento aos ventos e aos mares revoltos para bem conduzir seu barco. Essas observações e simulações serão tão mais eficientes quanto maiores forem o conhecimento e a prática que possuir esse profissional. Elas findam por determinar a característica de comportamento pessoal, se mais agressiva ou conservadora. No primeiro caso, o orçamentista assumirá preços mais apertados, por isso mais competitivos, à custa dos riscos assumidos.

O ato de fechar o orçamento corresponde à tomada de decisão quanto ao estabelecimento do valor final de venda; geralmente acontece em reunião da diretoria da empresa com a participação decisiva do engenheiro orçamentista, após a análise de todos esses fatores. É o coroamento do trabalho. Quando o orçamento se destina à participação em uma licitação, ele é inserido junto com outros documentos em um envelope, que, ao ser lacrado, leva à expectativa de vitória de todos os profissionais que trabalharam em sua elaboração, vitória essa que, quando alcançada, tem um sabor especial.

Obras de ampliação e/ou reforma de edificações destinadas aos mais diversos fins, quando são mantidas em funcionamento

Nesses casos, geralmente são exigidas pelo contratante rigorosas condições de trabalho, quase sempre referentes à segurança, à higiene, ao conforto e ao ruído, que podem demandar condições especiais de serviço, suficientes para reduzir a produtividade e gerar acréscimos na folha de pagamento, decorrentes da necessidade de realizar o trabalho além do expediente normal ou em fins de semana. São casos típicos as reformas e/ou ampliações em escolas, clínicas, hospitais, lojas comerciais e *shopping centers*, entre outros.

Muitas vezes, condições de proibição de ruído invalidam a utilização da serra elétrica, havendo a necessidade de adotar outro canteiro auxiliar distante da obra. Outras vezes, um fato como esse, associado a outros, como falta de espaço do canteiro de obras, pode conduzir a uma solução em pré-moldado com boa vantagem.

Projetos de Engenharia

3

"Nunca diga às pessoas como fazer as coisas. Diga-lhes o que deve ser feito e elas o surpreenderão com sua engenhosidade."

George Patton

3.1 Preliminares

Até há poucos anos, os projetos da estrutura e das instalações do edifício eram considerados complementares. Somente ao projeto de arquitetura era atribuído um *status* especial, o qual costumava ser desenvolvido de forma independente, sem levar em conta sua integração com a estrutura de concreto armado, de madeira ou de aço. Assim, os pilares e as vigas eram tratados como peças isoladas, e não como elementos da arquitetura ou do sistema estrutural.

Para as instalações, o tratamento dispensado não era muito diferente. O usual era embutir todos os tubos, independentemente da quantidade e do diâmetro. Estabelecia-se, dessa forma, uma verdadeira guerra entre os pedreiros, que levantavam e revestiam as paredes, e os instaladores (encanadores), que as destruíam.

Por conta disso, e para evitar a enorme quantidade de problemas que apareciam nas obras em virtude quase sempre da falta de entrosamento entre o engenheiro calculista da estrutura e os projetistas das instalações, ou entre estes e o arquiteto, teve início a adoção de uma prática que passou a se chamar *compatibilização de projetos*. Essa atividade era (e ainda é, com alguma frequência, nos projetos menores) realizada após o detalhamento dos projetos complementares, funcionando como um *check* final antes da emissão do desenho para a obra.

Nessa época, quando o AutoCAD não era a ferramenta conhecida e utilizada como é atualmente, e os desenhos eram produzidos a tinta nanquim e normografados sobre papel vegetal, a atividade de compatibilização ensejava que inúmeras modificações fossem introduzidas nos projetos já detalhados. Era comum, por exemplo, os projetistas do sistema de ar condicionado dimensionarem os dutos sem levar em consideração as alturas das vigas, o que causava problemas de enfraquecimento dessas peças, quando não tornava impossível seu funcionamento. Outras vezes, determinadas paredes tinham uma densidade tão grande de tubos que seu alojamento pressupunha a eliminação da alvenaria. A correção desses problemas era feita na base do "raspa-raspa" dos desenhos, com a então tradicional lâmina de barbear.

Nos dias atuais, desenvolveu-se o conceito de *projeto integrado*, cada vez mais disseminado entre os projetistas. Dessa forma, a primeira reunião para a discussão técnica com o arquiteto deve ser realizada com todos os profissionais projetistas, pois esse é o momento ideal para serem discutidos e definidos, entre outros, os seguintes assuntos:

- expectativa de preço ou de custo do empreendimento – toda a equipe deve estar consciente do vulto do empreendimento que está para nascer, e o projeto, como resultado final, deve trazer satisfação para o cliente, nunca uma surpresa;
- elaboração do *briefing* da arquitetura;
- sistema construtivo da estrutura de concreto armado ou metálica etc.;
- materiais básicos – tijolos cerâmicos ou de concreto e suas dimensões, divisórias de gesso acartonado, nível de isolamento acústico definido etc.;
- espessuras acabadas de paredes e de vigas;
- tipo da fachada;
- tipos de revestimento;
- instalações hidráulicas e sanitárias – micromedição, materiais, uso de *shafts*;
- concepção das instalações elétricas – suas localizações, bandejas e *shafts*, materiais, sistemas fotovoltaicos;
- instalações telefônica e de ramais internos, circuitos fechados de TV/segurança, rede de computadores;
- condições especiais de utilização das instalações de águas pluviais, exigências das Leis Municipais;
- adoção de forro – tipo e locais de aplicação;
- infraestrutura disponível no local do empreendimento – água, esgoto, drenagem, energia, telefone, TV a cabo etc.;
- outras instalações, como água quente, ar-condicionado, rede de gás, incineradores para lixo, sensores etc.;
- elevadores – tipo e capacidade, localização da casa de máquinas, dimensões das cabines e dos poços;

- garagens, vagas e dimensões – deve ser lembrado que as *pickups*, sonho de consumo da classe média, muito usadas como carro de passeio, estão provocando alterações na concepção dos projetos, demandando áreas maiores para as vagas de garagem, e normas de utilização nos condomínios.

3.2 Variáveis envolvidas em um projeto

Existem três variáveis primárias quando se desenvolve uma estimativa de custo da construção:

- o tamanho do projeto – quanto maior o projeto, maior o poder de barganha do contratante para com seus fornecedores, e, consequentemente, os custos unitários do empreendimento tendem a cair;
- qualidade, associada às especificações dos materiais;
- custo total do empreendimento.

A seguir, são apresentadas maneiras de exercer o controle sobre somente duas das variáveis primárias.

Numa primeira combinação, controlam-se o tamanho e a qualidade, e o custo total da obra será obtido como consequência, fugindo de nosso controle. Numa segunda possibilidade, são mantidos a qualidade e o custo total da obra, e será preciso se contentar com um determinado tamanho do projeto que conduza ao custo total controlado. Por fim, fixam-se como metas o tamanho e o custo total, caso em que será necessário abrir mão da qualidade para compatibilizar as variáveis citadas.

Os projetistas devem estar plenamente conscientizados e sensibilizados sobre o inter-relacionamento que existe entre essas variáveis. Devem, em nome da ética profissional, estabelecer as prioridades com o cliente e com o coordenador do projeto, de maneira a garantir o sucesso do empreendimento (e não provocar surpresas).

3.3 Projeto sustentável

Sustentável, segundo o dicionário Aurélio, é o que é "capaz de se manter mais ou menos constante, ou estável, por longo período". Já o vocábulo *estável* está associado à ideia de comedimento, prudência, moderação. É antigo o pensamento dos ambientalistas, considerados à época como retrógrados, de que o consumismo, isto é, o consumo desenfreado, em pouco tempo seria maléfico à humanidade e provocaria desequilíbrio no planeta Terra, ante os excessivos e crescentes consumos de energia decorrentes da exacerbada demanda industrial; as concentrações urbanas e sua produção de resíduos sólidos e de esgotos sanitários domésticos e/ou industriais sem tratamento eficaz ou mesmo sem tratamento; e as elevadas emissões de gases para a atmosfera, provocando, por meio do efeito estufa, crescimento da temperatura média do planeta e degelo glacial, concorrendo para o aumento do nível máximo das marés e a alteração na formação das correntes marítimas e nos ventos. Esses fenômenos têm provocado erosões descontroladas em todo o litoral brasileiro, alterando seu desenho. Tsunamis, tufões e furacões também têm sido observados com mais frequência em todo o mundo.

Em 1987, a Comissão Mundial sobre o Meio Ambiente e o Desenvolvimento, chefiada pela primeira-ministra da Noruega Gro Harlem Brundtland, elaborou um documento intitulado *Nosso futuro comum*, também conhecido como *Relatório Brundtland*, onde foram estabelecidas algumas medidas a serem tomadas pelos países com o fim de promover o desenvolvimento sustentável, a saber:

- limitação do crescimento populacional;
- garantia dos recursos hídricos e energéticos a longo prazo;
- diminuição do consumo de energia e desenvolvimento de fontes alternativas;
- preservação da biodiversidade e dos ecossistemas;
- aumento da produção industrial nos países não industrializados com base em tecnologias ecologicamente adaptadas;
- controle da urbanização desordenada e integração entre campo e cidades menores;
- atendimento das necessidades básicas (saúde, escola e moradia).

Desenvolvimento sustentável é, portanto, o desenvolvimento que atende às necessidades do presente sem comprometer a satisfação das necessidades das gerações futuras. Assim, um projeto sustentável deve se inserir no meio ambiente com harmonia, não agredi-lo, mas sobretudo respeitá-lo, preservando-o para as futuras gerações.

É obrigação não só do arquiteto, mas também de todos os profissionais envolvidos no projeto, focar suas atenções para a sustentabilidade da construção, observando os aspectos relacionados com a escolha correta dos materiais, suas procedências e certificações, e de sistemas como os apresentados a seguir:

- *Energia solar*: pode ser usada para alimentar equipamentos de médio uso e aquecer água em condomínios, prédios de escritórios, escolas etc.
- *Energia eólica*: pode ser utilizada para bombear água e acumular energia em baterias para outros fins.
- *Sensores de presença*: seu emprego proporciona racionalização e economia no uso de iluminação, principalmente em áreas comuns, áreas externas ou mesmo internas, e em equipamentos que podem ser desligados quando não há a presença de ninguém.
- *Água cinzenta*: a utilização de miniestações de tratamento de águas servidas (esgoto secundário) e a captação de água de chuva, ou ainda uma mescla dessas duas soluções, podem constituir uma solução interessante para a reutilização dessa água em descarga sanitária, lavagem de áreas externas, irrigação de gramados etc. Só para exemplificar a importância da racionalização do uso da água, menciona-se que o principal manancial que compõe o abastecimento de água da cidade de São Paulo, o Sistema Cantareira, que produz 33 m³/s, é formado por seis represas, sete túneis (com extensão total de 48 km) e uma estação de bombeamento para a transposição das águas do rio Piracicaba para a bacia do Alto Tietê (o qual só produz 2 m³/s), além de adutoras e estação de tratamento; é um dos maiores do mundo, constituindo-se num gigantesco complexo de obras de engenharia de enorme valor.
- *Vidros especiais, duplos*: sua utilização permite a passagem da luz, mas reduz a passagem do calor, e, quando associada ao emprego de venezianas especiais, pode minimizar ou mesmo dispensar a necessidade de aparelhos de ar condicionado.
- *Outros recursos*: o emprego de outros recursos, como lajes verdes cobertas com gramas ou mesmo hortaliças, pode reduzir a insolação sobre a edificação, redundando em mais conforto.
- *Coleta seletiva do lixo*: sua adoção, junto com o estabelecimento de espaços e estratégias de coleta na fase de desenvolvimento do projeto da edificação, constitui um avanço tecnológico importante, já implementado em larga escala nos países desenvolvidos.

Posteriormente, em junho de 1992, a Conferência das Nações Unidas para o Meio Ambiente e o Desenvolvimento reuniu-se no Rio de Janeiro com o objetivo de estabelecer uma aliança em nível mundial, mediante a criação de novos níveis de cooperação entre os Estados, as pessoas e os setores-chave da sociedade. Esse documento ficou conhecido como *Agenda 21*, uma tentativa de conciliar desenvolvimento com proteção ambiental, justiça social e eficiência econômica.

O desenvolvimento sustentável não tem um modelo pronto a ser seguido; e assim também são os projetos. Há que se olhar para o projeto da edificação e imaginá-la em equilíbrio com as diversas disciplinas da engenharia. Os chamados *prédios verdes* têm, em geral, um pequeno aumento em seu custo final, mas altamente compensador e amortizável em curto espaço de tempo, sem falar no ganho ambiental, no conforto para seus ocupantes e na integração com a natureza.

Em 2003, entrou em vigor a Resolução Conama nº 307, que estabelece diretrizes, critérios e procedimentos para a gestão dos resíduos da construção civil, sem dúvida um grande avanço.

3.4 Projeto, projeto básico, termo de referência e orçamento para a contratação de projetos

3.4.1 Conceitos

O dicionário Michaelis fornece, entre outras, as seguintes definições para o vocábulo *projeto*:

- plano detalhado de um empreendimento a ser realizado;
- conjunto de ideias iniciais de um texto, geralmente provisórias;
- esboço de trabalho que se pretende realizar;
- plano de uma edificação, contendo descrições, plantas, orçamento, quantidade de pessoas envolvidas etc.

Logo, a palavra *projeto* pode ser usada com muitos significados e nas mais diversas situações, tais como projeto de arquitetura, projeto de instalações elétricas, projeto gráfico, projetos sociais, um novo projeto de vida etc.

No meio técnico, costuma-se chamar de *projeto básico* o projeto arquitetônico num estágio de desenvolvimento não finalizado, mas suficientemente elucidativo, contratual ou administrativamente aprovado, porém ainda não totalmente detalhado. Pensando no projeto básico de um edifício, as plantas baixas do térreo, do *playground*, das garagens, do pavimento-tipo, da cobertura e da casa de máquinas devem se encontrar desenhadas na escala usual de 1:50, assim como devem fazer parte pelo menos um corte longitudinal e outro transversal, além da fachada.

Nesse estágio, geralmente ainda não estão desenhados numa escala ampliada os banheiros, o *playground*, os jardins, a recepção, o salão de festas, a piscina, o *deck*, a casa do zelador, a lixeira e o bicicletário, além das esquadrias, embora já definidas. Quando esses detalhes são finalizados, acompanhados das especificações e do respectivo orçamento detalhado, diz-se que o projeto é *executivo*.

O Conselho Federal de Engenharia e Agronomia (Confea) – antes Conselho Federal de Engenharia, Arquitetura e Agronomia, porém, a partir de 31 de dezembro de 2010, não mais dos arquitetos –, objetivando contribuir para o exato entendimento do conceito de projeto básico, já referido no Art. 6° do Decreto-Lei n° 2.300, editou a Resolução Confea n° 361, de 10 de dezembro de 1991, onde estabeleceu em seu Art. 3° as principais características que devem ser atendidas quando de sua elaboração (ver Cap. 2).

A Lei n° 8.666, de forma análoga, definiu o projeto básico como o projeto nesse estágio mais avançado, em que as informações necessárias ao perfeito entendimento sao completamente esclarecedoras. O uso do vocábulo *básico* deve-se provavelmente ao fato de o projeto ser considerado basilar, essencial à contratação do empreendimento, conforme transcrito da lei:

> IX – Projeto Básico: conjunto de elementos necessários e suficientes, com nível de precisão adequado, para caracterizar a obra ou serviço, ou complexo de obras ou serviços objeto da licitação, elaborado com base nas indicações dos estudos técnicos preliminares, que assegurem a viabilidade técnica e o adequado tratamento do impacto ambiental do empreendimento, e que possibilite a avaliação do custo da obra e a definição dos métodos e do prazo de execução, devendo conter os seguintes elementos:
>
> a) desenvolvimento da solução escolhida de forma a fornecer visão global da obra e identificar todos os seus elementos constitutivos com clareza;
> b) soluções técnicas globais e localizadas, suficientemente detalhadas, de forma a minimizar a necessidade de refor-

mulação ou de variantes durante as fases de elaboração do projeto executivo e de realização das obras e montagem;

c) identificação dos tipos de serviços a executar e de materiais e equipamentos a incorporar à obra, bem como suas especificações que assegurem os melhores resultados para o empreendimento, sem frustrar o caráter competitivo para a sua execução;
d) informações que possibilitem o estudo e a dedução de métodos construtivos, instalações provisórias e condições organizacionais para a obra, sem frustrar o caráter competitivo para a sua execução;
e) subsídios para montagem do plano de licitação e gestão da obra, compreendendo a sua programação, a estratégia de suprimentos, as normas de fiscalização e outros dados necessários em cada caso;
f) orçamento detalhado do custo global da obra, fundamentado em quantitativos de serviços e fornecimentos propriamente avaliados.

Quando a Administração não dispõe de recursos humanos habilitados para elaborar o projeto básico, é obrigada a contratá-lo em atendimento ao Art. 7° da mesma lei:

§ 2° – As obras e os serviços somente poderão ser licitados quando:

I – houver projeto básico aprovado pela autoridade competente e disponível para exame dos interessados em participar do processo licitatório;

Normalmente, para facilitar a apropriação dos custos, reúnem-se num documento todas as informações e critérios para o desenvolvimento do projeto, bem como seus componentes, como as especificações técnicas, o cronograma físico-financeiro e o orçamento detalhado. Esse documento técnico é chamado de *termo de referência*. Alguns o confundem com o projeto básico, mas são peças distintas. O projeto básico é o produto obtido ou que se quer obter a partir do termo de referência, o qual, além de incorporar as exigências da Resolução Confea n° 361 já referida e os elementos da Lei n° 8.666 anteriormente mencionados, deve conter:

- Em seu corpo:
  - ◇ a justificativa da necessidade de contratação do projeto básico e a demanda da Administração que deverá ser atendida;
  - ◇ objeto, especificando o que se pretende contratar.
- No projeto:
  - ◇ a discriminação de escopo dos trabalhos a serem desenvolvidos;
  - ◇ o programa de necessidades e/ou *briefing* do empreendimento, quando se tratar de uma edificação.
- Nas especificações:
  - ◇ rigorismo nas características técnicas e na qualidade dos materiais; quando necessária a indicação de marca e referência, deverá ser seguida das expressões “ou equivalente”, “ou similar” ou “ou de melhor qualidade”;
  - ◇ clareza nos métodos de execução dos serviços, compreendendo normas técnicas oficiais, instruções, controles, recomendações, ensaios, critérios de tolerância e aceitação, e critérios de medição dos serviços.
- No orçamento detalhado:
  - ◇ manter rigorosa obediência entre a numeração dos itens da especificação e os itens da planilha do orçamento;
  - ◇ adotar, para os insumos, os valores constantes do Sinapi ou, na impossibilidade disso, lançar mão de um banco de dados já consagrado, ou ainda efetuar pesquisa de mercado local;
  - ◇ para as composições de custo unitário, adotar procedimento análogo;
  - ◇ apresentar adicionalmente planilhas de custo para os seguintes itens:
    - ◊ instalações provisórias do canteiro;
    - ◊ manutenção mensal do canteiro;
    - ◊ custo mensal de locação dos equipamentos de apoio à produção;
    - ◊ mobilização e desmobilização;
    - ◊ administração local da obra;
    - ◊ encargos sociais e complementares dos empregados horistas e mensalistas;
    - ◊ demonstração do BDI, observando as taxas e os valores-limites estabelecidos pelo Tribunal de Contas da União (TCU).

3.4.2 Orçamento de projetos

As duas principais formas de avaliação do custo de um projeto são as seguintes:

- Seu valor é estimado como um percentual do custo do empreendimento. Certos tipos de projeto têm seu custo estimado em torno de 3% a 5% do valor da obra, às vezes até mais; outros podem variar de 2% a 4%, e assim por diante. Definido o valor total do projeto, pode-se fazer o rateio entre o projeto arquitetônico e os diversos projetos da engenharia por disciplina (terraplenagem, drenagem, estrutural, instalações elétricas etc.).
- Orça-se o valor do projeto a partir do número de desenhos com formato A0 e A1 necessários ao completo desenvolvimento do projeto por área da engenharia e pela arquitetura. Como sugestão, para cada um desses formatos são estabelecidos os seguintes consumos de mão de obra, expressos em homem-hora (HH):
  - ◇ *formato* A0: total de 60 HH, sendo um terço para cada uma das categorias engenheiro, projetista e cadista;
  - ◇ *formato* A1: 40 HH, com idêntica distribuição.

Este é o custo direto. As despesas e os custos indiretos são os correspondentes a impressões, cópias, encadernações, consultorias, viagens e estadas, ensaios de campo, despesas com a administração central incidentes no contrato, despesas com escritório local de apoio, encargos sociais, fiscais e trabalhistas e lucro.

Para projetos de arquitetura, a Federação Nacional dos Arquitetos e Urbanistas (FNA) possui uma tabela de honorários profissionais, os quais são calculados em função da área total construída e do tipo de edificação.

3.4.3 *Briefing* de empreendimento

Para o desenvolvimento do estudo preliminar de arquitetura, a estimativa das áreas de cada ambiente pode ser feita numa planilha, conforme o modelo apresentado no Quadro 3.1.

3.4.4 *Briefing* das instalações elétricas, pontos de utilização e comando

O Quadro 3.2 apresenta um modelo do *briefing* em questão.

Quadro 3.1 Modelo de *briefing* de empreendimento

Título: Edifício de apartamento
Nº de pavimentos:
Endereço do empreendimento:
Zona:

Discriminação da área privativa							
	Ambiente	**Área**	**O/D**		**Ambiente**	**Área**	**O/D**
Foyer	*Hall* privativo Elevador			**Social**	Antessala Estar social Escritório Jantar Bar Lavabo WC social Copa/refeições Varanda Circulação *Shaft*		
Serviço	Quarto dos empregados WC dos empregados Cozinha Área de serviço/ lavanderia Despensa Armários/ escaninhos Vaga de garagem Depósito *Shaft*			**Suíte máster**	Quarto Varanda *Closet* WC Hidromassagem *Shaft*		
Suíte	Quarto Varanda *Closet* *WC *Shaft*			**Quartos**	Rapaz Moça		
Subtotal							

Quadro 3.1 (continuação)

	Discriminação da área comum			
	Ambiente	**Área**	**O/D**	**Observações**
PUC	Salão de jogos Salão de ginástica Salão de festas Sanitários do salão de festas Piscina de adultos Piscina infantil *Deck* das piscinas Apartamento do zelador Jardins Guarita/sanitário Depósito de gás Bicicletário			Orientação da fachada principal: Área do terreno: Taxa máxima de ocupação: Sistema construtivo:
Total geral				**Total do PUC** **0,00**
				Data ____/____/____

Legenda: (O) obrigatório/(D) desejável.

Quadro 3.2 **Sugestão de tabela para a elaboração do *briefing* das instalações elétricas, pontos de utilização e comando**

Ambientes / Instalações	Área (m²)	Perímetro (m)	Iluminação (VA) – Cargas	Iluminação (VA) – Lâmpadas	Tomadas (VA) – TUG	Tomadas (VA) – TUE	Telefone	Lógica	Interfone	Antena de TV/TV a cabo	Campainha	Som ambiente	Interruptor simples	Interruptor *three way*	Ar-condicionado – janela	Obs.
Varanda																
Hall																
Sala de estar social																
Sala de estar íntima																

Quadro 3.2 (continuação)

Ambientes / Instalações	Área (m^2)	Perímetro (m)	Iluminação (VA)		Tomadas (VA)		Telefone	Lógica	Interfone	Antena de TV/TV a cabo	Campainha	Som ambiente	Interruptor simples	Interruptor *three way*	Ar-condicionado – janela	Obs.
			Cargas	Lâmpadas	TUG	TUE										
Sala de jantar																
Quarto de rapazes																
Quarto de moças																
Quarto de hóspede																
Suíte de casal																
Escritório																
Dependência 1																
Dependência 2																
Área de serviço																
Despensa																
Abrigo para 3 carros																
Piscina																
Casa de bombas																
Jardins																

3.4.5 Aprovação de projetos para a obtenção de financiamento junto à Caixa Econômica Federal (CEF)

Projetos com padrão comercial

As condições mínimas a serem atendidas são as contidas no Anexo II do *Caderno de orientações técnicas (COT): análise de projeto e acompanhamento de obra* (CEF, 2019), transcritas no Quadro 3.3.

Quadro 3.3 Especificações de acabamentos de obras conforme a NBR 12721/2006

<table>
<tr><th colspan="5">Especificações de acabamentos nos orçamentos dos projetos-padrão residenciais</th></tr>
<tr><th colspan="2">Acabamento</th><th colspan="3">Padrão</th></tr>
<tr><th colspan="2">Serviço/local</th><th>Alto</th><th>Normal</th><th>Baixo</th></tr>
<tr><td rowspan="3">Portas</td><td rowspan="2">Externas e internas</td><td>Madeira maciça lisa encerada</td><td>Madeira compensada lisa, com 3,5 cm de espessura e pintura esmalte acetinado fosco</td><td>Madeira semioca, com 3,5 cm de espessura, sem pintura de acabamento</td></tr>
<tr><td>Batente e guarnição de madeira para cera</td><td>Batente e guarnição de madeira para pintura esmalte</td><td>Batente de ferro com pintura esmalte</td></tr>
<tr><td>Ferragens</td><td>Ferro cromado pesado</td><td>Ferro cromado médio</td><td>Ferro cromado leve</td></tr>
<tr><td>Fechaduras</td><td>Portas internas e de entrada</td><td>Fechadura para tráfego moderado, tipo VI (70 mm), em ferro com acabamento cromo acetinado</td><td>Fechadura para tráfego moderado, tipo IV (55 mm), em ferro com acabamento cromado</td><td>Fechadura para tráfego moderado, tipo II (40 mm), em zamak</td></tr>
<tr><td rowspan="3">Janelas e basculantes</td><td rowspan="2">Externas e internas</td><td>Alumínio anodizado na cor bronze, perfis linha 30, vidro liso/fantasia 4 mm</td><td>Alumínio anodizado na cor natural padronizado, perfis linha 25, com vidro liso/fantasia 4 mm</td><td>Esquadria de ferro de chapa dobrada nº 18, para pintura esmalte sintético, com vidro liso/fantasia 4 mm</td></tr>
<tr><td colspan="3">Perfil de chapa dobrada nº 20, com tratamento em fundo anticorrosivo e acabamento em pintura esmalte brilhante</td></tr>
<tr><td>Peitoris</td><td>Granito cinza Mauá e = 2 cm, com pingadeira</td><td colspan="2">Concreto</td></tr>
</table>

Quadro 3.3 (continuação)

Especificações de acabamentos nos orçamentos dos projetos-padrão residenciais

Acabamento		**Padrão**		
Serviço/local		**Alto**	**Normal**	**Baixo**
Impermeabilização	Pisos de banheiros, cozinhas, lajes e áreas de serviço	Argamassa cimento e areia e pintura com tinta de base betuminosa		
	Lajes de cobertura, cobertura da casa de máquinas	Laje impermeabilizada		
	Caixa d'água	Argamassa rígida		
Acessórios	Banheiros	Bacia sanitária com caixa acoplada e cuba em louça de cor – modelo especial	Bacia sanitária com caixa acoplada e cuba em louça de cor – modelo simples	Bacia sanitária com caixa de descarga não acoplada
		Metais de luxo (água quente e fria); ducha manual	Metais simples (água quente e fria)	Metais simples (água fria)
		Bancada de granito cinza Mauá $e = 3$ cm com cuba de louça em cor	Bancada de granito branco $e = 2$ cm com cuba de louça em cor	Lavatório de louça branca sem coluna
		Acessórios de justapor de luxo	Acessórios de justapor simples	Acessórios de embutir de louça branca
	Cozinha	Bancada de granito/cuba inox/metais de luxo (água quente e fria)	Bancada de mármore branco, medida padronizada/cuba simples inox/metais cromados simples (água fria)	Bancada de mármore sintético com cuba de mármore sintético/metais simples (água fria)

Quadro 3.3 (continuação)

<table>
<tr><th colspan="5">Especificações de acabamentos nos orçamentos dos projetos-padrão residenciais</th></tr>
<tr><th colspan="2">Acabamento</th><th colspan="3">Padrão</th></tr>
<tr><th colspan="2">Serviço/local</th><th>Alto</th><th>Normal</th><th>Baixo</th></tr>
<tr><td rowspan="5">Acessórios</td><td>Áreas de serviço</td><td>Tanque de louça de luxo/ metais cromados de luxo</td><td>Tanque de louça simples sem coluna/ metais cromados simples</td><td>Tanque de mármore sintético/ metais simples</td></tr>
<tr><td rowspan="4">Banheiro de empregada</td><td>Lavatório de louça colorida com coluna</td><td>Lavatório de louça colorida sem coluna</td><td>Lavatório de louça branca sem coluna</td></tr>
<tr><td colspan="2">Metais cromados simples (água fria)</td><td>Metais simples (água fria)</td></tr>
<tr><td colspan="2">Bacia sanitária colorida com caixa acoplada</td><td>Bacia sanitária branca com caixa de descarga não acoplada</td></tr>
<tr><td colspan="2">Acessórios de justapor simples</td><td>Acessórios de embutir de louça simples</td></tr>
<tr><td rowspan="5">Pisos e rodapé</td><td>Salas, quarto e circulação</td><td>Frisos de madeira (tábua corrida) raspados e resinados</td><td>Cerâmica esmaltada 40 cm × 40 cm</td><td rowspan="5">Cerâmica esmaltada 20 cm × 20 cm</td></tr>
<tr><td>Banheiros</td><td rowspan="4">Cerâmica esmaltada 30 cm × 30 cm</td><td>Cerâmica esmaltada 20 cm × 20 cm</td></tr>
<tr><td>Cozinha e área de serviço</td><td>Cerâmica esmaltada 30 cm × 30 cm</td></tr>
<tr><td>Banheiro de empregada</td><td rowspan="2">Cerâmica esmaltada 20 cm × 20 cm</td></tr>
<tr><td>Quarto de empregada ou depósito</td></tr>
</table>

Quadro 3.3 (continuação)

Especificações de acabamentos nos orçamentos dos projetos-padrão residenciais

<table>
<tr><th colspan="2">Acabamento</th><th colspan="3">Padrão</th></tr>
<tr><th colspan="2">Serviço/local</th><th>Alto</th><th>Normal</th><th>Baixo</th></tr>
<tr><td rowspan="4">Revestimento interno: paredes</td><td>Salas, quartos e circulação</td><td colspan="3">Chapisco e massa única</td></tr>
<tr><td>Cozinhas, área e banheiros</td><td colspan="3">Placa cerâmica (azulejo) de dimensão 15 cm × 15 cm, PEI II, na cor branca</td></tr>
<tr><td>Piso cerâmico</td><td>Placa cerâmica, dimensões 40 cm × 40 cm, PEI II</td><td colspan="2">Placa cerâmica, dimensões 20 cm × 20 cm e 30 cm × 30 cm, PEI III</td></tr>
<tr><td>Banheiro de empregada</td><td colspan="3">Azulejos brancos 15 cm × 15 cm</td></tr>
<tr><td rowspan="2">Revestimento interno: teto</td><td>Salas, quartos e circulação de cozinha e área de serviço</td><td colspan="3">Chapisco e massa única</td></tr>
<tr><td>Banheiros (inclusive de empregada) e halls de entrada e de pavimentos</td><td colspan="3">Forro de placas de gesso</td></tr>
<tr><td>Revestimento externo</td><td>Fachadas</td><td>Chapisco, massa única pastilha vitrificada 5 cm × 5 cm ou chapisco, massa única, textura acrílica; pastilha vitrificada 5 cm × 5 cm em 35% da fachada</td><td>Chapisco, massa única, textura acrílica; cerâmica 10 cm × 10 cm em 35% da fachada</td><td>Chapisco, massa única e tinta à base de PVA</td></tr>
<tr><td>Cobertura</td><td>Telhado com madeiramento</td><td colspan="3">Chapa ondulada de cimento amianto com estrutura de madeira</td></tr>
</table>

Quadro 3.3 (continuação)

Especificações de acabamentos nos orçamentos dos projetos-padrão residenciais

Acabamento		Padrão		
Serviço/local		**Alto**	**Normal**	**Baixo**
Pintura: paredes	Salas, quartos, quarto de empregada, circulação	Tinta acrílica sobre massa corrida	Tinta à base de PVA sobre massa corrida	Tinta à base de PVA
Pintura: teto	Salas, quartos, quarto de empregada, circulação, banheiros, cozinha, área de serviço	Tinta acrílica sobre massa corrida	Tinta à base de PVA sobre massa corrida	Tinta à base de PVA

Especificações dos acabamentos nos orçamentos dos projetos-padrão comerciais

Acabamento		Padrão	
Serviço/local		**Alto**	**Normal**
Portas	Externas e internas	Madeira maciça lisa encerada	Madeira compensada lisa, com 3,5 cm de espessura, com pintura esmalte acetinado fosco
		Batente e guarnição de madeira para cera	Batente e guarnição de madeira para pintura esmalte
	Ferragens	Ferro cromado pesado	Ferro cromado médio
Janelas e basculantes	Externas e internas	Alumínio anodizado na cor bronze, perfis linha 30, vidro liso/fantasia 4 mm	Alumínio anodizado na cor natural padronizado, perfis linha 25, com vidro liso/fantasia 4 mm
	Peitoris	Granito cinza Mauá e = 2 cm, com pingadeira	Concreto
Impermeabilização	Pisos de banheiros e cozinhas	Argamassa cimento e areia e pintura com tinta de base betuminosa	
	Lajes de cobertura, cobertura da casa de máquinas	Laje impermeabilizada	
	Caixa d'água	Argamassa rígida	

Quadro 3.3 (continuação)
Especificações dos acabamentos nos orçamentos dos projetos-padrão comerciais

<table>
<tr><th colspan="2">Acabamento</th><th colspan="2">Padrão</th></tr>
<tr><th colspan="2">Serviço/local</th><th>Alto</th><th>Normal</th></tr>
<tr><td rowspan="4">Acessórios</td><td rowspan="4">Banheiros</td><td>Bacia sanitária com caixa acoplada e cuba em louça de cor – modelo especial</td><td>Bacia sanitária com caixa acoplada e cuba em louça de cor – modelo simples</td></tr>
<tr><td>Metais de luxo (água fria)</td><td>Metais simples (água fria)</td></tr>
<tr><td>Bancada de granito cinza Mauá e = 3 cm com cuba de louça em cor</td><td>Bancada de granito branco e = 2 cm com cuba de louça em cor</td></tr>
<tr><td>Acessórios de justapor de luxo</td><td>Acessórios de justapor simples</td></tr>
<tr><td rowspan="3">Pisos e rodapé</td><td>Salas e lojas</td><td colspan="2">Contrapiso</td></tr>
<tr><td>Banheiros</td><td>Granito cinza Mauá e = 1,5 cm</td><td>Cerâmica esmaltada 30 cm × 30 cm</td></tr>
<tr><td>Banheiros de serviço</td><td>Cerâmica esmaltada 30 cm × 30 cm</td><td>Cerâmica esmaltada 20 cm × 20 cm</td></tr>
<tr><td>Cobertura</td><td>Telhado com madeiramento</td><td colspan="2">Chapa ondulada de cimento amianto com estrutura de madeira</td></tr>
<tr><td rowspan="3">Pintura: paredes</td><td>Salas e lojas</td><td colspan="2">Tinta à base de PVA</td></tr>
<tr><td>Escadas</td><td>Tinta à base de PVA sobre massa corrida</td><td>Pintura texturizada</td></tr>
<tr><td>Portaria, hall dos pavimentos e pilotis</td><td>Tinta acrílica</td><td>Tinta à base de PVA sobre massa corrida</td></tr>
<tr><td rowspan="3">Pintura: teto</td><td>Salas, lojas e escadas</td><td colspan="2">Tinta à base de PVA</td></tr>
<tr><td>Banheiros</td><td colspan="2">Tinta à base de PVA sobre massa corrida</td></tr>
<tr><td>Garagem</td><td>Tinta à base de PVA</td><td>Caiação</td></tr>
</table>

Fonte: adaptado de CEF (2019).

Projetos de habitações com padrão de natureza social

São assim consideradas as construções financiadas com recursos no âmbito do Programa Nacional de Habitação Urbana (PNHU), integrante do Programa Minha Casa, Minha Vida (PMCMV), e devem atender aos requisitos estabelecidos na Portaria nº 660, de 14 de novembro de 2018, do Ministério das Cidades. Suas especificações são listadas no Quadro 3.4.

Quadro 3.4 Especificações de habitações com padrão de natureza social

<table>
<tr><th colspan="3">Inserção urbana</th></tr>
<tr><td rowspan="2">Tamanho da quadra</td><td colspan="2">Conforme legislação municipal de parcelamento e uso do solo. Em caso de inexistência de lei específica, adotar o comprimento máximo de 200 m.</td></tr>
<tr><td colspan="2">Conforme legislação municipal de parcelamento e uso do solo. Em caso de inexistência de lei específica, adotar a área máxima de 25.000 m².</td></tr>
<tr><td>Porte do condomínio</td><td colspan="2">Máximo de 300 UH para edificações ou conjunto de edificações multifamiliares.
Não é permitida a constituição de condomínios horizontais, para tipologia unifamiliar, exceto no caso de comunidades tradicionais, por questões legais.</td></tr>
<tr><td>Inserção urbana para novos parcelamentos na forma de loteamento</td><td colspan="2">O acesso ao empreendimento não poderá ser feito diretamente por estradas ou vias expressas. A via de acesso ao empreendimento deverá:
a) ser pavimentada, dotada de iluminação pública e permitir acesso ao transporte público; e
b) permitir a circulação confortável e segura de bicicletas por intermédio da criação de ciclovias, ciclofaixas ou, na impossibilidade de previsão destes elementos, pela adoção de sinalização vertical e horizontal adequada.</td></tr>
<tr><th colspan="3">Mobilidade/acessibilidade</th></tr>
<tr><td rowspan="5">Dimensionamento do sistema viário para novos parcelamentos na forma de loteamento</td><td colspan="2">As dimensões mínimas das vias devem obedecer à legislação municipal de parcelamento e uso do solo.</td></tr>
<tr><td colspan="2">Em caso de inexistência de lei específica, deverão ser adotadas as seguintes dimensões mínimas de leito carroçável:</td></tr>
<tr><td>Vias locais</td><td>Leito carroçável = 7,00 m</td></tr>
<tr><td>Vias coletoras</td><td>Leito carroçável = 12,00 m</td></tr>
<tr><td>Vias arteriais</td><td>Leito carroçável = 18,00 m, com canteiro central mínimo de 1,50 m</td></tr>
</table>

Quadro 3.4 (continuação)

<table>
<tr><th colspan="3">Mobilidade/acessibilidade</th></tr>
<tr><td>Dimensionamento do sistema viário para novos parcelamentos na forma de loteamento</td><td colspan="2">Calçadas, passeios e vias exclusivas de pedestres conforme NBR 9050/2015, devendo incorporar faixa livre com largura mínima recomendável de 1,50 m, sendo o mínimo admissível de 1,20 m, faixa de serviço mínima admissível de 0,70 m e altura livre mínima de 2,10 m.
Interferências na faixa livre: as faixas livres devem ser completamente desobstruídas e isentas de interferências, tais como vegetação, mobiliário urbano, equipamentos de infraestrutura urbana aflorados (postes, armários de equipamentos, e outros), orlas de árvores e jardineiras, bem como qualquer outro tipo de interferência ou obstáculo que reduza a largura da faixa livre. A interferência com rebaixamentos para acesso de veículos deverá ser tratada com previsão de rampas. Eventuais obstáculos aéreos, tais como marquises, faixas e placas de identificação, toldos, luminosos, vegetação e outros, devem se localizar a uma altura superior a 2,10 m.
Deverá ser prevista nos projetos a implantação de ciclovias ou ciclofaixas segundo diretrizes da Política Nacional de Mobilidade Urbana, sempre que a topografia permitir e for possível conformar com o sistema viário local.</td></tr>
<tr><td>Hierarquia viária para novos parcelamentos na forma de loteamento</td><td colspan="2">Áreas institucionais, comerciais ou de serviço, quando existentes, deverão ser localizadas preferencialmente em via coletora ou arterial.</td></tr>
<tr><td>Acessibilidade</td><td colspan="2">Deverá ser garantida a rota acessível em todas as áreas públicas e privadas de uso comum no empreendimento, nos termos da NBR 9050/2015.</td></tr>
<tr><td>Mobilidade</td><td>Oferta de transporte público</td><td>Em municípios com sistema de transporte público coletivo deverá existir ou ser previsto pelo menos um itinerário de transporte público coletivo.</td></tr>
<tr><th colspan="3">Equipamentos públicos e áreas institucionais</th></tr>
<tr><td>Equipamentos públicos comunitários (equipamentos de educação, saúde e assistência social)</td><td colspan="2">Quando houver a necessidade de construção de novos equipamentos públicos, estes deverão estar expressos no Instrumento de Compromisso, RDD e Matriz de Responsabilidade e com as especificações e valores definidos pela respectiva política setorial em sua instância federal, estadual ou municipal, conforme o caso.</td></tr>
</table>

Quadro 3.4 (continuação)

	Equipamentos públicos e áreas institucionais
Áreas institucionais	As áreas institucionais deverão possuir dimensões compatíveis com a instalação dos equipamentos a elas destinados, conforme definido pela respectiva política setorial em sua instância federal, estadual ou municipal, conforme o caso.
	Áreas institucionais devem estar associadas a praças, áreas verdes, áreas de uso comercial ou outras de uso comum, de modo a criar centralidades, isto é, associar usos diferentes num mesmo espaço, evitando-se sua implantação em áreas residuais que comprometam sua função em virtude de má localização. A implantação de áreas institucionais pode ocorrer em qualquer tipo de estrutura viária, desde que as situações que configurem polo gerador de tráfego ou condições de acesso restritivas atendam à legislação federal e poder público local para o tema.
	Áreas comerciais
Áreas comerciais	As áreas comerciais deverão possuir dimensões compatíveis com a demanda criada pelo empreendimento e estar em consonância com a política municipal de uso e ocupação do solo.
	Sistema de espaços livres
Tratamento paisagístico	Elaboração e execução de projeto contendo: • Porte da vegetação; • Especificação de vegetação prioritariamente nativa; • Iluminação; • Mobiliário urbano (parada de ônibus com recuo, coberta e com banco, poste, lixeira e caixa de correio); • Área de recreação (quadra, praça com *playground*, equipamento de ginástica); • Tratamento de pisos com percursos definidos e integrados ao passeio público; • Espaços sombreados.
	Os empreendimentos deverão ter arborização com DAP mínimo de 3 cm, na seguinte proporção: 1 árvore para cada 2 unidades habitacionais, em casos de unidades unifamiliares; e 1 árvore a cada 5 unidades habitacionais, em caso de edificações multifamiliares. Podem ser contabilizadas árvores existentes ou plantadas. As árvores deverão ser plantadas, preferencialmente, ao longo das vias para sombreamento de calçadas ou para sombreamento de áreas de recreação e lazer.

Quadro 3.4 (continuação)

Sistema de espaços livres		
Tratamento paisagístico		Arborização ao longo de todas as vias, em pelo menos um dos lados, em espaçamento máximo de 15 m e DAP mínimo de 3 cm.
		Em empreendimentos produzidos a partir de novos loteamentos, 50% da área destinada aos espaços livres devem conformar uma única área e devem ter declividade compatível com a atividade (de lazer ativo) a ser nela desenvolvida.
		O empreendimento deverá conter equipamentos de uso comum, a serem implantados com recursos mínimos de 1% (um por cento) do valor da edificação e infraestrutura, que deverá ser destinado a equipamentos esportivos e de lazer conforme indicação do ente público local, preferencialmente em área pública. No caso de empreendimento sob a forma de condomínio, o valor estabelecido no item anterior, obrigatoriamente, deverá custear os seguintes equipamentos, internos aos condomínios: a) espaço coberto para uso comunitário e sala do síndico com local para armazenamento de correspondência e documentos; b) espaço descoberto para lazer e recreação infantil.
Infraestrutura e sustentabilidade		
Adequação ao sítio	Terraplenagem	Inclinação máxima de taludes: corte 1,0:1,0 (v:h)/aterro: 1,0:1,5 (v:h).
		Distância mínima de 1,50 m entre as edificações e os pés/cristas de taludes com até 1,50 m de altura e distância mínima de 3,0 m para as demais situações, ou conforme previsto pelo Município, o que for maior. A distância mínima da edificação a taludes ou arrimos internos no empreendimento será: a) da edificação (implantada sobre o plano superior do talude, a partir de sua face externa mais próxima) até a crista do talude, de, no mínimo, 1,50 m; b) da edificação (implantada sobre o plano inferior do talude, a partir de sua face externa mais próxima) ao pé do talude, para desníveis de até 3,00 m, de, no mínimo, 1,50 m;

Quadro 3.4 (continuação)

Infraestrutura e sustentabilidade		
Adequação ao sítio	Terraplenagem	c) da edificação (implantada sobre o plano inferior do talude, a partir de sua face externa mais próxima) ao pé do talude, para desníveis superiores a 3,00 m, será igual ou superior à metade do desnível para inclinações de até 45°, e igual ou superior a 2/3 do desnível para inclinações superiores a 45°; d) da edificação (a partir de sua face externa mais próxima) até arrimos, será de, no mínimo, 1,50 m ou (H_{arrimo} – 1,00 m), o que for maior.
		Altura máxima do talude: 4,5 m. Para taludes superiores a 4,50 m prever berma com largura mínima de 1,0 m e posicionamento à altura máxima de 1,50 m, com solução de drenagem. É obrigatória a construção de muros em situações que a divisa entre os lotes se dá em desnível.
		Nos casos em que não seja possível atender às inclinações máximas e que esteja constatada a situação de risco, é necessária a execução de obra de estabilização de talude.
		Os taludes deverão possuir sistema de drenagem que deve compreender o lançamento final em valas, córregos ou galerias.
		O talude deverá possuir cobertura vegetal, exceto espécies vegetais, como mamão, fruta-pão, jambo, coco, banana, jaca e árvores de grande porte.
	Análise de riscos de deslizamentos	A análise de risco de deslizamentos, quando necessária, deve considerar cartas de risco, suscetibilidade ou geotécnicas existentes e as recomendações nelas contidas.
		Na ausência dos estudos ou mapeamentos, deve ser apresentado laudo geotécnico com a análise de risco (identificação do processo geodinâmico e nível de risco).

Quadro 3.4 (continuação)

<table>
<tr><th colspan="3">Infraestrutura e sustentabilidade</th></tr>
<tr><td rowspan="2">Drenagem</td><td colspan="2">Deverá ser apresentado projeto de drenagem com memorial de cálculo e ART emitida por responsável técnico, considerando os parâmetros do Manual de Drenagem Urbana da SNSA.</td></tr>
<tr><td colspan="2">A solução de drenagem deverá obrigatoriamente ser desenvolvida com microdrenagem, composta por captação superficial e redes, mesmo que o licenciamento municipal exija apenas o escoamento superficial.</td></tr>
<tr><td>Abastecimento de água</td><td colspan="2">Para unidades unifamiliares prever reservatório superior com volume mínimo de 500 L ou maior que 40% do consumo diário.</td></tr>
<tr><td rowspan="2">Esgotamento sanitário</td><td colspan="2">A solução de esgotamento sanitário deverá ser em rede interligada à estação de tratamento de esgoto. Será admitido outro tipo de solução de esgotamento sanitário, desde que aprovada pela concessionária ou pelo município, para empreendimento, ou conjunto de empreendimentos contíguos, com menos de 500 (quinhentas) unidades habitacionais.</td></tr>
<tr><td>A poligonal do empreendimento deve estar distante, considerando o ponto mais próximo em linha reta, no mínimo:</td><td>• 15 m de estação elevatória de esgoto;
• 250 m de unidade de tratamento aberto;
• 10 m de unidade de tratamento fechado – empreendimento com menos de 100 UH;
• 20 m de unidade de tratamento fechado – empreendimento entre 100 e 500 UH;
• 50 m de unidade de tratamento fechado – demais quantidades.</td></tr>
<tr><td>Coleta de resíduos sólidos</td><td>Área específica e comum aos moradores para o armazenamento temporário de resíduos sólidos, resíduos secos, rejeitos, e armazenamento temporário conforme especificação a seguir:</td><td>Armazenamento temporário: com coberta, em dimensões suficientes para abrigar todos os contêineres, com piso impermeável e com acesso em nível para os veículos de coleta da Prefeitura.</td></tr>
</table>

Quadro 3.4 (continuação)

<table>
<tr><th colspan="3">Infraestrutura e sustentabilidade</th></tr>
<tr><td rowspan="2">Coleta de resíduos sólidos</td><td rowspan="2">Área específica e comum aos moradores para o armazenamento temporário de resíduos sólidos, resíduos secos, rejeitos, e armazenamento temporário conforme especificação a seguir:</td><td>Resíduos secos – contêineres destinados à coleta seletiva municipal, com as características a seguir:
• dimensionado para atender até 350 habitantes por metro cúbico;
• confeccionado em material metálico ou em Polietileno de Alta Densidade – PEAD com rodízios e tampa articulada;
• pintura nas cores verde, azul, vermelha ou amarela, com texto escrito nas laterais e tampa "recicláveis".</td></tr>
<tr><td>Rejeito, destinado ao aterro sanitário, contêiner com as seguintes características:
• dimensionamento para atender até 350 habitantes por metro cúbico;
• confeccionado em material metálico ou em Polietileno de Alta Densidade – PEAD com rodízios e tampa articulada;
• pintura nas cores cinza, marrom ou preta, com o texto escrito nas laterais e tampa "rejeitos".</td></tr>
<tr><td>Afastamento entre as edificações</td><td colspan="2">Casas e sobrados: observar os afastamentos mínimos exigidos pela legislação municipal e Código Civil.
Edificações multifamiliares: até 3 pavimentos, maior ou igual a 4,50 m. De 4 a 5 pavimentos, maior ou igual a 5,00 m. Acima de 5 pavimentos, maior ou igual a 6,00 m. Caso a legislação municipal seja mais restritiva esta prevalecerá.</td></tr>
<tr><td>Fechamento</td><td colspan="2">O fechamento do conjunto, quando existente, deverá possuir no mínimo 50% de permeabilidade visual.</td></tr>
<tr><td>Medição individualizada</td><td colspan="2">Instalação de sistema para individualização do consumo de água e gás em conformidade com os padrões da concessionária local e geração de conta individualizada.
Nos locais onde não houver padrões específicos da concessionária, instalação de sistema para individualização de água com locação de hidrômetro homologado pelo INMETRO, em área comum.</td></tr>
</table>

Quadro 3.4 (continuação)

	Infraestrutura e sustentabilidade
Iluminação de áreas condominiais internas	Lâmpadas fluorescentes com Selo Procel ou ENCE nível A no PBE.
	Sistema automático de acionamento das lâmpadas – minuteria ou sensor de presença – em ambientes de permanência temporária.
Iluminação de áreas condominiais externas	Programação de controle por horário ou fotossensor.
Bomba d'água	Possuir ENCE nível A no PBE, quando houver.
Sistemas alternativos de geração de energia	Atender ao disposto na Portaria Mcidades nº 643 de 13 de novembro de 2017 ou outra portaria que vier a substituí-la e esteja vigente à época da apresentação da proposta.
Projeto	**Unidade habitacional com sala, 1 dormitório para casal, 1 dormitório para duas pessoas, cozinha, área de serviço e banheiro.**

As especificações mínimas das unidades habitacionais a seguir especificadas não dispensam o atendimento à norma de Desempenho de Edificações Habitacionais (ABNT NBR 15575), as Normas Técnicas da ABNT de processos e produtos, bem como a legislação municipal e estadual incidente.

Dimensões, circulações e mobiliários mínimos	Dormitório casal	Mobiliário: 1 cama (1,40 m × 1,90 m); 1 criado-mudo (0,50 m × 0,50 m); e 1 guarda-roupa (1,60 m × 0,50 m). Circulação mínima (entre mobiliários e/ou paredes) de 0,50 m.
	Dormitório duas pessoas	Mobiliário: 2 camas (0,90 m × 1,90 m); 1 criado-mudo (0,50 m × 0,50 m); e 1 guarda-roupa (1,50 m × 0,50 m). Circulação mínima entre camas de 0,80 m. Demais circulações mínimas de 0,50 m.
	Cozinha	Largura mínima de 1,80 m. Mobiliário: pia (1,20 m × 0,50 m); fogão (0,55 m × 0,60 m); e geladeira (0,70 m × 0,70 m). Previsão de espaço para armário sob a pia e gabinete. Prever porta de serviço para casas.
	Sala de estar/ refeições	Largura mínima de 2,40 m. Mobiliário: sofá(s) e mesa com número de assentos igual ao número de leitos ou mais. Estante/armário TV (0,80 m × 0,50 m). Porta de acesso principal. Prever espaço de no mínimo 0,50 m na frente do assento (sentar, levantar e circular). Demais circulações de no mínimo 0,50 m.

Quadro 3.4 (continuação)

Projeto		**Unidade habitacional com sala, 1 dormitório para casal, 1 dormitório para duas pessoas, cozinha, área de serviço e banheiro.**
Dimensões, circulações e mobiliários mínimos	Banheiro	Largura mínima do banheiro: 1,50 m. Quantidade mínima: 1 lavatório sem coluna, 1 vaso sanitário com caixa de descarga acoplada, 1 boxe com ponto para chuveiro (0,90 m × 0,95 m), com previsão para instalação de barras de apoio e de banco articulado, desnível máximo 20 mm (NBR 9050/2015); assegurar a área para transferência ao vaso sanitário e ao boxe.
	Área de serviço	Dimensões mínimas para área de serviço externa: 1,80 m × 2,40 m. Quantidade mínima: 1 tanque (0,52 m × 0,53 m) e 1 máquina (0,60 m × 0,65 m). Prever espaço e garantia de acesso frontal para tanque e máquina de lavar.
Em todos os cômodos		Espaço livre de obstáculos em frente às portas de no mínimo 1,20 m. Deve ser possível inscrever no banheiro o módulo de manobra sem deslocamento para rotação de 360° definido pela NBR 9050 (D = 1,50 m), livre de obstáculos, e nos demais cômodos, o módulo de manobra sem deslocamento para rotação de 180° definido pela NBR 9050 (1,20 m × 1,50 m), livre de obstáculos.
Ampliação – casas		A unidade habitacional deverá ser projetada de forma a possibilitar a sua futura ampliação sem prejuízo das condições de iluminação e ventilação natural dos cômodos preexistentes.
		Características gerais
Área útil (área interna sem contar áreas de paredes)		A área da UH deve ser suficiente para atender ao programa mínimo da UH e às exigências de mobiliário para cada cômodo, a seguir definidas, respeitadas as seguintes áreas úteis mínimas: a) Casas: 36,00 m^2, se área de serviço for externa, ou 38,00 m^2, se a área de serviços for interna. b) Apartamentos/casas sobrepostas: 39,00 m^2. Sala + 1 dormitório casal + 1 dormitório para duas pessoas + cozinha + área de serviço + banheiro. Estas especificações não estabelecem área mínima de cômodos, deixando aos projetistas a competência de formatar os ambientes da habitação segundo o mobiliário previsto.

Quadro 3.4 (continuação)

Características gerais	
Pé-direito mínimo (do piso ao teto acabado)	Pé-direito mínimo de 2,50 m, admitindo-se 2,30 m nos banheiros. Adotar pé-direito superior quando o Código de Obras ou leis municipais assim estabelecerem.
Cobertura	A comprovação do atendimento à ABNT NBR 15575 se dará por meio de FAD do SiNAT do PBQP-H (disponível na página: http://app.cidades.gov.br/catalogo/). Em telha sobre laje, com estrutura de madeira ou metálica. No caso de opção por beiral, este deverá ter no mínimo 0,60 cm ou 0,10 cm maior que a calçada, o que for maior, com solução que evite carreamento do solo pelas águas pluviais. Vedado o uso de estrutura metálica quando o empreendimento estiver localizado em regiões litorâneas ou em ambientes agressivos a esse material. No caso de área de serviço externa, a cobertura se estenderá por toda a área, seguindo as mesmas especificações da UH, facultando o uso de laje. Em caso de emprego de telhas cerâmicas esmaltadas, de concreto ou de fibrocimento (espessura mínima de 6 mm), utilizar telhas de cor clara. Pintura dos tetos com tinta látex econômica, *standard* ou *premium*, segundo a norma ABNT NBR 15079.
Paredes	A comprovação do atendimento à ABNT NBR 15575 se dará por meio de FAD do SiNAT do PBQP-H (disponível na página: http://app.cidades.gov.br/catalogo/).
Parede de geminação	Se estenderão até o telhado com fechamento do oitão. Serão duplas ou terão outra solução com comprovação do atendimento à ABNT NBR 15575 por meio de FAD do SiNAT do PBQP-H (disponível na página: http://app.cidades.gov.br/catalogo/).
Revestimento interno e em áreas comuns (exceto áreas molhadas)	Em gesso ou chapisco e massa única ou chapisco, emboço e reboco, ou ainda em concreto regularizado e plano, adequados para o acabamento final em pintura, admitindo-se solução equivalente que comprove desempenho mínimo, conforme NBR 15575. Pintura com tinta látex econômica, *standard* ou *premium*, segundo a norma ABNT NBR 15079, ou textura impermeável.
Revestimento externo	Revestimentos internos e de áreas comuns com gesso, chapisco e massa única ou em emboço e reboco, adequados para o acabamento final em pintura. Pintura com tinta látex econômica, *standard* ou *premium*, segundo a norma ABNT NBR 15079, ou textura impermeável.

Quadro 3.4 (continuação)

	Características gerais
Revestimento de áreas molhadas	Azulejo com altura mínima de 1,50 m em todas as paredes da cozinha, área de serviço interna à edificação e banheiro, e em toda a altura da parede na área do boxe. Nas áreas de serviço externas à edificação, o azulejo terá altura mínima de 1,50 m e deverá cobrir a largura do tanque mais a máquina de lavar roupas (largura mínima de 1,20 m). Pintura em tinta acrílica nas áreas sem azulejo.
Portas e ferragens	Portas de acesso e internas em madeira. Admite-se no acesso à unidade porta de aço ou de alumínio, desde que sejam consideradas "conformes" pela certificação no PSQ/PBQP-H e que não possuam vidro em altura inferior a 1,10 m em relação ao piso acabado. Em portas de aço ou madeira desde que possibilite a inversão do sentido de abertura das portas. Vão livre de 0,80 m × 2,10 m em todas as portas. Previsão de área de aproximação para abertura das portas de acesso social e de serviço (0,60 m interno e 0,30 m externo). Maçanetas de alavanca devem estar entre 0,90 m e 1,10 m do piso acabado. Na tipologia de casa, prever ao menos duas portas de acesso, sendo 01 (uma) na sala para acesso principal e outra para acesso de serviço, na cozinha ou área de serviço.
Janelas	Previstas em todos os vãos externos, completas e com vidros e que atendam aos critérios mínimos de ventilação e iluminação previstos na NBR 15575 e na legislação municipal. Podem ser em madeira, aço ou alumínio. Serão aceitas janelas em aço e alumínio de produção industrial consideradas "conformes" pela certificação PSQ/PBQP-H. Em regiões litorâneas é vedado o uso de esquadrias de aço. É obrigatório o uso de vergas e contravergas com transpasse mínimo de 0,30 m, além de peitoril com pingadeira e transpasse mínimo de 2 cm para cada lado do vão, ou solução equivalente que evite manchas de escorrimento de água abaixo do vão das janelas. É vedado o uso de cobogós em substituição às esquadrias. Em todas as zonas bioclimáticas, as esquadrias de dormitórios devem ser dotadas de mecanismo que permita o escurecimento do ambiente com garantia de área mínima de ventilação natural. Este mecanismo deve possibilitar a abertura da janela para a entrada de luz natural quando desejado. Em unidades localizadas nas zonas bioclimáticas 7 e 8, as aberturas da sala deverão prever recurso de sombreamento (veneziana, varanda, *brise*, beiral, anteparo ou equivalente). Em janelas de aço, pintura com esmalte sobre fundo preparador. Em janelas de madeira, com esmalte ou verniz.

Quadro 3.4 (continuação)

Características gerais	
Pisos	Obrigatório piso e rodapé em toda a unidade, incluindo o *hall* e as áreas de circulação interna. O revestimento deve ser em cerâmica esmaltada PEI 4, com índice de absorção inferior a 10% em toda a unidade e desnível máximo de 15 mm. Para áreas molháveis e rota de fuga, o coeficiente de atrito deve ser superior a 0,4.
Louças e metais	
Lavatório	Louça sem coluna, com dimensão mínima de 30 cm × 40 cm, sifão e torneira metálica cromada com acionamento por alavanca ou cruzeta. Acabamento de registros de alavanca ou cruzeta.
Vaso sanitário	Bacia sanitária com caixa de descarga acoplada com sistema duplo de acionamento, não sendo admitida caixa plástica externa.
Tanque	Capacidade mínima de 20 L, de concreto pré-moldado, PVC, louça, inox, granilite ou mármore sintético, com torneira metálica cromada, com arejador e acionamento por alavanca ou cruzeta. Acabamento de registro de alavanca ou cruzeta.
Pia da cozinha	Bancada de no mínimo 1,20 m × 0,50 m com cuba de granito, mármore, inox, granilite ou mármore sintético. Torneira metálica cromada, com arejador e acionamento por alavanca ou cruzeta. Acabamento de registro de alavanca ou cruzeta.
Instalações elétricas/telefônicas	
Pontos de tomadas elétricas	Deverão atender à NBR NM 606692/2004 e NBR 5410/2004 com no mínimo 4 na sala, 4 na cozinha, 2 na área de serviço, 2 em cada dormitório, 1 tomada no banheiro e mais 1 ponto elétrico para chuveiro. Tomadas baixas a 0,40 m do piso acabado, interruptores, interfones, campainha e outros a 1,00 m do piso acabado. As tomadas deverão ser independentes (1 tomada por caixa) e não podem ser instaladas junto ao interruptor. Prever ponto específico para máquina de lavar roupas.
Pontos de iluminação	*Plafon* simples com soquetes para todos os pontos de luz. Nas áreas de uso comum, instalar luminária completa e com lâmpada fluorescente com Selo Procel ou ENCE nível A no PBE. Em ambientes externos de permanência temporária, instalar sistema automático de acionamento das lâmpadas – minuteria ou sensor de presença.
Pontos diversos	1 ponto de telefone, 1 ponto de antena (tubulação seca), 1 de campainha (completa e instalada) e 1 ponto de interfone (completo e instalado em edificações multifamiliares com mais de dois pavimentos).

Quadro 3.4 (continuação)

	Instalações elétricas/telefônicas
Interfone	Instalar sistema de porteiro eletrônico em edificações multifamiliares com mais de dois pavimentos.
Número de circuitos	Prever circuitos independentes para iluminação, tomadas de uso geral, tomadas de uso específico para cozinha e para o chuveiro, dimensionados para a potência usual do mercado local. Prever DR e ao menos 2 (duas) posições vagas no Quadro de Distribuição.
	Diversos
Vagas	Vagas de estacionamento conforme definido na legislação municipal.
Proteção da alvenaria externa	Em concreto com largura mínima de 0,50 m. Nas casas com áreas de serviço externas, deverá ser prevista calçada com largura mínima de 1,80 m e comprimento mínimo de 2,40 m na região do tanque e máquina de lavar.
Máquina de lavar	Prever solução para máquina de lavar roupas com pontos elétrico, hidráulico e de esgoto exclusivos.
Elevador	Para edificação acima de dois pavimentos, deve ser previsto e indicado na planta o espaço destinado ao elevador e informado no manual do proprietário. O espaço deve permitir a execução e a instalação futura do elevador. Não é necessária nenhuma obra física para este fim, exceto a execução de sua fundação, que deverá ser projetada e executada caso o espaço previsto para a futura instalação do elevador esteja no interior da edificação. Além disso, a estrutura deverá ser projetada e executada para suportar as cargas de instalação e operação do equipamento.
	Tecnologias inovadoras
Sistemas inovadores	Serão aceitas tecnologias inovadoras de construção homologadas pelo SiNAT desde que tenham Documento e Avaliação Técnica (DATec) vigente, no âmbito do SiNAT do PBQP-H (relação de DATecs disponível em: www.pbqp-h.cidades.gov.br/projetos_sinat.php).
	Informações sobre sistema construtivo
Placas informativas para Sistemas Inovadores	Deverão ser instaladas placas informativas nas edificações de empreendimentos nos casos de utilização de alvenaria estrutural ou sistemas inovadores.

Quadro 3.4 (continuação)

<table>
<tr><th colspan="2">Dispositivos economizadores de água</th></tr>
<tr><td>Válvula de descarga</td><td>Válvula de descarga com acionamento duplo.</td></tr>
<tr><td>Torneiras</td><td>Instalação de torneiras com arejador incorporado, com limitação de vazão; ou instalação de torneiras com arejador incorporado sem limitação de vazão e instalação de restritor de vazão, na saída da tubulação (onde houver flexível, antes dele). Restringir a vazão em 4 L/min para torneiras de lavatório e em 6 L/min para torneiras de pia de cozinha e tanque.</td></tr>
<tr><td>Projeto hidráulico</td><td>Pressão estática máxima no sistema = 30 mca. Limitação de vazões no dimensionamento do sistema:
• ducha: 12 L/min;
• torneiras de pia de cozinha e tanque: 6 L/min;
• torneiras de lavatório: 4 L/min;
• alimentação de bacia de descarga: 9 L/min.

Onde houver chuveiro elétrico não há necessidade de instalação de dispositivos economizadores.</td></tr>
<tr><th colspan="2">Conforto térmico e eficiência energética</th></tr>
<tr><td>Ventilação cruzada</td><td>Em unidades localizadas nas zonas bioclimáticas 7 e 8, garantia de ventilação cruzada em unidades unifamiliares – escoamento de ar entre pelo menos duas fachadas diferentes, opostas ou adjacentes. Recomendada em unidades multifamiliares.</td></tr>
<tr><td>Ventilação noturna</td><td>Em unidades localizadas nas zonas bioclimáticas 7 e 8, garantia de ventilação noturna com segurança em ambientes de longa permanência – dormitórios e sala – de unidades uni e multifamiliares.</td></tr>
<tr><th colspan="2">Acessibilidade e adaptação</th></tr>
<tr><td>Unidades adaptadas</td><td>Todas as unidades serão adaptáveis.
Disponibilizar unidades adaptadas ao uso por pessoas com deficiência conforme a NBR 9050/2015, de acordo com a demanda necessária e conforme a deficiência apresentada, com alguns dos itens seguintes:
a) Puxador horizontal na porta do banheiro;
b) Barras de apoio junto à bacia sanitária;
c) Barras de apoio no boxe do chuveiro;
d) Banco articulado para banho;
e) Torneiras de banheiro, cozinha e tanque com acionamento por alavanca ou por sensor;
f) Bancada de cozinha instalada a 85 cm com altura livre inferior de 73 cm;
g) Plataforma elevatória de percurso fechado;</td></tr>
</table>

Quadro 3.4 (continuação)

Acessibilidade e adaptação	
Unidades adaptadas	h) Chuveiro com barra deslizante para ajuste de altura; i) Lavatório e bancada de cozinha instalados a 70 cm do piso acabado (ou outra altura indicada pela pessoa com nanismo); j) Registro do chuveiro instalado a 80 cm do piso acabado (ou outra altura indicada pela pessoa com nanismo); k) Registro do banheiro instalado a 80 cm do piso acabado (ou outra altura indicada pela pessoa com nanismo); l) Acessórios de banheiro instalados a 80 cm do piso acabado (ou outra altura indicada pela pessoa com nanismo); m) Quadro de distribuição de energia instalado a 80 cm do piso acabado (ou outra altura indicada pela pessoa com nanismo); n) Interruptores, campainha e interfone (quando na parede) instalados a 80 cm do piso acabado (ou outra altura indicada pela pessoa com nanismo); o) Sinalização luminosa intermitente em todos os cômodos, instalada junto ao sistema de iluminação do ambiente e acionada em conjunto com a campainha e com o interfone; p) Interfone; q) Fita contrastante para sinalização de degraus ou escadas internas; r) Contraste visual entre piso e paredes e entre paredes e portas; s) Contraste visual para tomadas, interruptores, quadros de distribuição de energia, campainha e interfone; t) Adesivos em braile junto a interruptores indicando sua posição (ligado/desligado) e no quadro de distribuição indicando os circuitos relacionados a cada disjuntor; u) Fixador de portas para mantê-las abertas quando necessário.

Fonte: adaptado de Brasil (2018d).

3.5 Simbologias utilizadas para diversas instalações

Os Quadros 3.5 a 3.9 apresentam a simbologia para instalações hidráulicas, de esgotos e águas pluviais, elétricas, de gás e de combate a incêndio.

Quadro 3.5 **Simbologia para instalações hidráulicas**

	Água fria	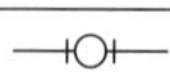	Hidrômetro
	Água quente	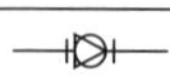	Válvula de retenção
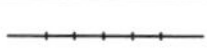	Água para incêndio	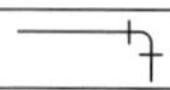	Joelho de 90°
	Registro de gaveta	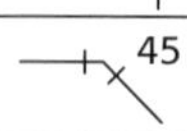	Joelho de 45°
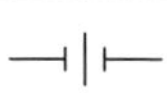	União		Curva

Quadro 3.5 (continuação)

Símbolo	Descrição	Símbolo	Descrição
	Plug (terminal)		Luva
	T 45°		Joelho voltado para cima
	T 90°		Joelho voltado para baixo
	T saída para cima		Redução
	T saída para baixo		Redução excêntrica
	Cruzeta		

Quadro 3.6 **Simbologia para instalações de esgotos e águas pluviais**

Símbolo	Descrição	Símbolo	Descrição
	Tubulação primária		Lavatório
	Tubo ventilador		Pia cozinha
	Tubulação secundária		Banheira
	Tubo que sobe		Caixa de inspeção (CI)
	Tubo que desce		Caixa de retenção especial (especificar o tipo de caixa)
T.Q.	Tubo de queda (TQ)		Poço de visita (PV)
T.V.	Tubo ventilador (TV)		Sifão (S)
T.O.	Tubo operculado (TO)		Ralo (R)
	Bujão (B)		Caixa sifonada (CS)
	Válvula de retenção (VR)		Caixa retentora de gordura (simples) (CGS)
	Ralo sifonado ou caixa sifonada com grelhas		Caixa retentora de gordura (dupla) (CGD)
	Bidê		Fossa
	Vaso sanitário (VS)		Caixa de passagem (CP)

Quadro 3.7 Simbologia para instalações elétricas

	Ponto de iluminação incandescente no teto	- - - -	Eletroduto embutido no piso
	Ponto de iluminação incandescente na parede (arandela)	-..-..-..	Eletroduto aparente
	Ponto de iluminação fluorescente no teto		Condutores fase, neutro, retorno, retorno campanhia e terra
	Ponto de iluminação fluorescente na parede (arandela)		Quadro de distribuição embutido
	Tomada tripolar, 2P + T, padrão ABNT, para *plugs* redondos, 10A, uso geral, baixa (a 0,30 m), média (a 1,30 m) e alta (> 1,70 m)	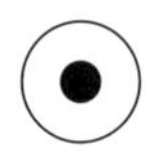	Botão de campainha
— S	Interruptor 1 seção	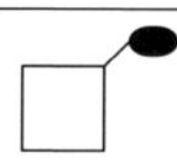	Campainha
— S_2	Interruptor 2 seções	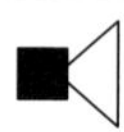	Refletor no piso
— S_3	Interruptor 3 seções	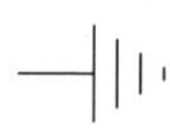	Aterramento
— S_W	Interruptor paralelo (*three way*)	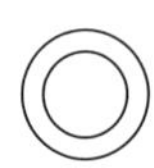	Ponto de iluminação embutido (olho de boi)
———	Eletroduto embutido na laje ou parede		

Quadro 3.8 Simbologia para instalações prediais de gás

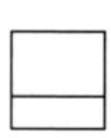	Qualquer aparelho de utilização ou previsão em que se registra, no espaço superior, a sigla designativa e, no espaço inferior, o consumo em kcal/min	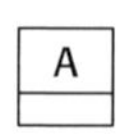	Chaminé secundária de percurso essencialmente vertical
	Fogão (referir o número de bocas)	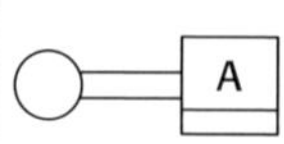	Chaminé secundária dirigida para a chaminé coletiva

Quadro 3.8 (continuação)

FO	Forno	8	Chaminé coletiva de seção circular
I	Incinerador	1 2	Chaminé coletiva de seção quadrada
D	Aparelhos diversos	7	Chaminé coletiva de seção retangular
P	Previsão	B N	Banheira
A	Aquecedor sem chaminé	B X	Boxe
A	Aquecedor com chaminé	Ø25	Tubulação horizontal embutida
	Qualquer medidor, em que se registra, no espaço superior, a sigla designativa e, no espaço inferior, a capacidade do medidor em kcal/min	Ø100	Tubulação horizontal à vista
MI	Medidor individual	Ø50	Tubulação horizontal embutida
MC	Medidor coletivo	Ø75	Tubulação horizontal guarnecida com bainha
RP	Regulador de pressão	Ø25 Ø19 Ø25	Tubulações verticais
S	Sifão		Feixe de tubulações horizontais (empregar aguada)
	Registro (da instalação interna)		Feixe de tubulações verticais prumadas (opcionalmente empregar aguada)

Quadro 3.9 Simbologia para instalações de combate a incêndio

FG	Ferro galvanizado	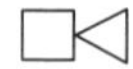	Sirene bitonal ("Fá-Dó")
C	Curva de 45°		Captor "Franklin" (A = 60°)
T	Tê		Isolador de descida
J	Joelho		Sinalizador com fotocélula
Ø	Diâmetro		Motor bomba elétrico
	Extintor de água pressurizada		Motor bomba a gasolina
	Extintor de pó químico seco		Cilindro de pressão
	Extintor de gás carbônico		Pressostato
	Carreta de água pressurizada		Manômetro
	Carreta de pó químico		Chave de partida rápida "Siemens GPS"
	Carreta de gás carbônico	PRF	Porta resistente ao fogo
	Hidrante predial	PCF	Porta corta fogo
	Hidrante industrial simples		Condutor neutro
	Hidrante industrial duplo		Condutor de fase
	Hidrante industrial quádruplo		Condutor de retorno
	Caixa de mangueiras		Chave detectora de fluxo
	Caixa de mangueiras com hidrante predial	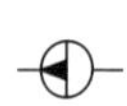	Válvula de retenção
	Hidrante de fachada		Registro de gaveta
	Luminária incandescente de emergência		Registro globo angular de 45°

Quadro 3.9 (continuação)

	Sinalização de saída de emergência	(S)	Chuveiro automático (*sprinkler*)
	Luminária fluorescente de emergência	(T)	Detector térmico
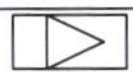	Sinal fluorescente de saída de emergência	(Tv)	Detector termovelocimétrico
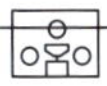	Central de iluminação de emergência	(I)	Detector iônico
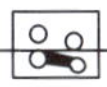	Central de alarme: "incêndio"	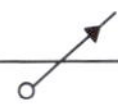	Subida: tubulação/fiação
	Acionador manual de alarme	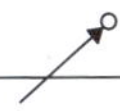	Descida: tubulação/fiação

3.6 Estado da arte na elaboração de projetos e o BIM

3.6.1 Desenvolvimento da arte de projetar

Até o início dos anos 1980, a prancheta, essa mesa de tampo alto e inclinável, era parte integrante do mobiliário de escritório da maioria dos engenheiros e arquitetos, pois dela já faziam uso desde as primeiras aulas da disciplina de desenho técnico no curso de graduação. Esquadros, compasso, escala triplo decímetro e régua de cálculo também eram pertences obrigatórios desses profissionais. Nessa década, surgiram os primeiros computadores *desktop*, os quais tinham em comum a baixa capacidade de armazenamento. Até então, os computadores possuíam grandes dimensões e eram classificados como *mainframes*, sendo os mais conhecidos os da IBM e da Burroughs. Eram utilizados quase sempre para o processamento de programas na área de Engenharia de Estruturas; os resultados constavam de tabelas que continham os esforços em cada barra da estrutura. Também já elaboravam relatórios de folha de pagamento, contas a pagar, balancetes mensais e balanço anual.

Na área técnica, foram os *notebooks* e, mais tarde, o *software* AutoCAD (*Computer Aided Design*) que proporcionaram aos engenheiros e arquitetos a condição de exercer sua atividade laboral numa mesa confortável em frente à tela do computador. Estava assim deflagrado o início da era do trabalho digital (ou digitalizado).

Em consequência, as transformações que ocorreram no meio técnico foram radicais. Com o AutoCAD, a habilidade manual no traçado das linhas dos desenhos teve de ser substituída por conhecimentos específicos desse *software*, cujo aprendizado não foi encarado com boa disposição por uma parcela desses profissionais, que julgavam desnecessária a adoção dessa tecnologia para o desenvolvimento de seu trabalho de forma cotidiana. Aqueles que se mostraram receptivos às mudanças puderam participar do processo de desenvolvimento tecnológico que se tornou realidade.

Além da produção dos desenhos, o estudo da compatibilidade pelo CAD passou a ter significado especial como garantia de qualidade contra as interferências nos projetos. Nos casos em que eventuais alterações ou correções eram de maior complexidade, o uso do CAD 2D não era suficiente para processar essas modificações com rapidez, sendo necessários retrabalhos em grande número de desenhos, inclusive nos projetos referentes a outras disciplinas. Outras vezes, a representação plana não proporcionava uma solução clara o bastante para esclarecer algum detalhe importante para a execução, causando erros de interpretação. As consequências, negativas, quase sempre se refletiam nos prazos de execução da obra e nos prejuízos resultantes.

A solução para esses problemas surgiu com alguns *softwares* que possuíam os seguintes recursos:

- desenvolviam os projetos em 3D, permitindo a visualização de uma maquete digital;
- lidavam com objetos parametrizados, e não com linhas, permitindo agregar informações a cada ambiente/elemento construtivo, associando-os a especificações dos materiais e dos serviços, fornecedores, cotação de preços, quantidades, itens de uma tabela ou de um banco de dados etc.;
- obedeciam a uma metodologia caracterizada pelas atividades integradas de equipes multidisciplinares, possibilitando salvar os trabalhos elaborados em nuvem, numa extensão chamada de IFC (*Industry Foundation Classes*). Isso permitia exportações e importações entre os *softwares* utilizados nos projetos (interoperabilidade entre os *softwares*), isto é, os arquivos gerados em uma unidade de trabalho (projeto/disciplina) podiam ser disponibilizados com relativa facilidade para os demais projetistas.

Nessas condições, os projetos são chamados de colaborativos. Quanto ao *software* que satisfaz a esses requisitos, diz-se que ele atende ao processo BIM ou simplesmente é um *software* BIM. Esse acrônimo tem origem na expressão *Building Information Modeling*, que em português significa *Modelagem de Informações da Construção*. O BIM é mais do que uma tecnologia, é um processo de trabalho desenvolvido a partir de uma maquete virtual que agrega informações e gera inúmeras facilidades para os projetistas, tais como:

- desenvolvimento do estudo preliminar já em 3D, a partir do *briefing* do projeto;
- comodidade em evoluir para o anteprojeto otimizando a solução arquitetônica por meio de ensaios de edição;
- comunicação entre todos os projetistas graças à interoperabilidade entre os *softwares*;
- adoção de ajustes ou correções para atender a clientes ou ao poder público (Prefeitura, Corpo de Bombeiros, Secretarias etc.) sem que constituam retrabalho;
- recebimento de atributos, especificações ou vinculações de seus elementos a um banco de dados, preparando essas informações para a elaboração do orçamento, do cronograma físico-financeiro da obra, do planejamento e do controle;
- projeto do canteiro de obras com *layout* otimizado em face do estudo dos locais de implantação das gruas e dos acessos para fornecedores, inclusive para o caminhão betoneira;
- estudos de conforto térmico, consumos de energia e sustentabilidade;
- elaboração dos manuais de manutenção da edificação.

3.6.2 Desenvolvimento do BIM no Brasil

Embora seja ainda reduzido o número de instituições governamentais, empresas e profissionais que utilizem rotineiramente os *softwares* BIM, é crescente o número de engenheiros que procuram cursos e treinamentos especializados para sua atualização profissional, condição indispensável para a garantia de sua manutenção no mercado.

Por outro lado, universidades, instituições e associações de classe também têm dado respostas positivas, proporcionando um alinhamento promissor entre essas entidades envolvidas.

Entre elas, destaca-se a Associação Brasileira de Normas Técnicas (ABNT), que, por meio da Comissão de Estudo Especial (CEE) 134, vem desenvolvendo a NBR 15965 ("Sistema de classificação da informação da construção"), a primeira norma brasileira sobre o BIM. Ela está dividida em sete partes, quatro das quais já concluídas e publicadas, e 13 tabelas, conforme indicado a seguir:

- Parte 1 – terminologia e classificação (publicada em 2011).
- Parte 2 – características dos objetos da construção (publicada em 2012).
  - ◇ Tabelas:
    - ◊ OM – materiais;
    - ◊ OP – propriedades.
- Parte 3 – processos da construção (publicada em 2014).
  - ◇ Tabelas:
    - ◊ 1F – fases;
    - ◊ 1S – serviços;
    - ◊ 1D – disciplinas.
- Parte 4 – recursos da construção (ainda não publicada).
  - ◇ Tabelas:
    - ◊ 2N – funções organizadoras;
    - ◊ 2Q – equipamentos;
    - ◊ 2C – componentes.
- Parte 5 – resultados da construção (ainda não publicada).
  - ◇ Tabelas:
    - ◊ 3E – elementos;
    - ◊ 3R – resultados da construção.
- Parte 6 – unidades da construção (ainda não publicada; o texto está aprovado pela CEE 134).
  - ◇ Tabelas:
    - ◊ 4U – unidades;
    - ◊ 4A – espaços.
- Parte 7 – informação da construção (publicada em 2015).
  - ◇ Tabela:
    - ◊ 5I – informação.

Outra entidade que vem se dedicando à implementação do BIM é a Associação Brasileira de Desenvolvimento Industrial (ABDI), que teve a iniciativa de construir a *Biblioteca BIM*, tornando possível discriminar os materiais constantes do projeto e seus respectivos serviços e normas pertinentes, constituindo uma espécie de banco de dados de insumos, serviços, especificações e preços. Guardadas as devidas proporções, é um trabalho semelhante ao desenvolvido pelo pioneiro ORSE, onde, após o cadastro dos itens da planilha do orçamento, as especificações dos serviços da obra podem ser impressas automaticamente, dispensando a elaboração dessa etapa de trabalho, que é parte integrante do projeto básico e, portanto, obrigatória nas licitações.

Outras bibliotecas específicas disponíveis em BIM, que podem ser compartilhadas, são as desenvolvidas pelas indústrias Docol, Tigre e Deca para respectivamente metais sanitários, tubos e conexões, e louças e acessórios sanitários. Sem dúvida, trata-se de uma contribuição técnica de grande valia para os usuários BIM.

Não menos importante tem sido a atuação da Câmara Brasileira da Indústria da Construção (CBIC) e do Sindicato dos Arquitetos e Engenheiros (Sinaenco), tendo este último organizado dois Seminários Internacionais BIM em São Paulo: o primeiro em novembro de 2018, intitulado "Uma agenda para o Brasil", e o segundo em agosto de 2019, com o tema "A Era BIM", com o objetivo de efetuar uma análise dos desafios envolvidos na adoção do BIM juntamente com profissionais renomados do Brasil e de outros países, desenvolvedores de *softwares* e agentes governamentais. Esse segundo seminário contou ainda com a participação da ABDI, que apresentou o estágio de desenvolvimento da *Biblioteca BIM*.

No âmbito do Governo Federal, foi instituído o Decreto nº 9.983, de 22 de agosto de 2019, em substituição ao Decreto nº 9.377, que dispõe sobre a estratégia nacional de disseminação do BIM e tem, entre outros, os seguintes objetivos:

- instituir o Comitê Gestor da Estratégia do BIM;
- coordenar a estruturação do setor público para a adoção do BIM;
- criar condições favoráveis para o investimento, público e privado, em BIM;
- estimular a capacitação em BIM;
- propor atos normativos que estabeleçam parâmetros para as compras e as contratações públicas com uso do BIM;

- desenvolver normas técnicas, guias e protocolos específicos para adoção do BIM.

Esse decreto não estabeleceu cronograma nem data-limite para a implantação dessa tecnologia.

3.6.3 Dimensões do BIM

O BIM é uma plataforma que permite disponibilizar informações que podem ser classificadas por seus atributos ou características, conferindo-lhe um número que o caracteriza:

- *BIM 3D*: maquete virtual, compatibilização espacial do projeto, informações sobre os materiais, acabamentos, quantitativos de materiais, entre outros;
- *BIM 4D*: informações dos prazos de execução dos serviços, produtividades de equipes, pré-dimensionamento de equipes, ensaios das datas de início e fim das atividades;
- *BIM 5D*: orçamento discriminado automaticamente a partir dos quantitativos extraídos dos objetos, aos quais estarão associadas as respectivas composições de custo;
- *BIM 6D*: análise de sustentabilidade quanto aos aspectos ambiental, econômico e social, além de certificações;
- *BIM 7D*: acompanhamento e atualização do arquivo durante a construção, o que possibilita a obtenção do *as-built* ao término da obra, facilitando inclusive as ações ligadas à manutenção.

3.6.4 *Softwares* BIM do mercado

Esses *softwares* possuem a característica principal de elaborar desenhos em 3D e permitir grande interoperabilidade entre si por meio dos arquivos de extensão IFC. Além do projeto de arquitetura, a maioria deles dispõe de ferramentas que possibilitam a elaboração de projetos nas áreas de civil, estrutura, elétrica, hidráulica e sanitária, chegando inclusive a desenvolver a parte econômica, como o orçamento, o cronograma físico-financeiro, o planejamento e o controle. Os principais *softwares* BIM disponíveis no mercado são:

- Revit, da Autodesk;
- ArchiCAD, da Graphisoft;

- SketchUp, da At Last Software;
- AutoCAD 3D, da Autodesk.

Mais três *softwares* merecem destaque, todos orientados para a área de estruturas: o Cypecad, da Multiplus; o Eberick, da AltoQi; e o SAP2000, da alemã SAP, para análise estrutural estática e dinâmica linear e não linear, desenvolvido com a utilização de elementos finitos.

ORÇAMENTO

4

"Nada é difícil se for dividido em pequenas partes."
Henry Ford

4.1 Importância do orçamento no empreendimento

"Todas as pessoas têm disposição para trabalhar criativamente. O que acontece é que a maioria jamais se dá conta disso."
Truman Capote

O engenheiro da área de orçamento, planejamento e controle deve atuar como elo entre os diversos setores da empresa – projeto, suprimento, compras, produção, faturamento etc. Possuir espírito investigativo e ter atitude proativa, além de capacidade empreendedora, são requisitos desejáveis para esse profissional.

O orçamento é um documento que necessita de credibilidade, porque as informações nele contidas têm reflexo em ferramentas de controle gerencial, como o cronograma físico-financeiro, o faturamento e os controles de custo. Esses controles, que se valem dos boletins periódicos de medição, são elaborados a partir da planilha do orçamento, a qual tem na composição do custo unitário seu principal elemento.

Quando o orçamento é mal elaborado, não atende integralmente ao método construtivo previsto, contém erros de levantamento dos quantitativos de serviço e dos preços unitários correspondentes ou sua planilha possui uma discriminação orçamentária que não retrata as etapas cronológicas da construção, podem ocorrer problemas de compatibilização do avanço físico com os desembolsos financeiros ou com as emissões de faturas, os quais repercutem no desenvolvimento da obra. Esse problema é um dos mais recorrentes e responsável pelo insucesso de muitos empreendimentos.

Felizmente, tem-se observado que, no meio técnico e acadêmico, há um crescente movimento pelo aprimoramento da técnica de orçar, motivado por alguns fatores, todos determinantes:

- Atuação inflexível dos órgãos fiscalizadores, como os Tribunais de Conta dos Estados e da União, os quais passaram a cobrar, além do cumprimento das obrigações legais da Lei nº 8.666, outras exigências, como a demonstração dos preços unitários, dos encargos sociais e do BDI e o estabelecimento de limites, revestindo essa atividade profissional de excessivo rigor.
- Implantação de programas de qualidade em face dos movimentos surgidos nos Sindicatos da Indústria da Construção Civil (Sinduscons), embora venham pouco a pouco perdendo a importância inicialmente adquirida.
- Com o aumento da competitividade, as margens de lucratividade praticadas ou possíveis de serem praticadas foram sendo reduzidas a valores mínimos, não havendo, por conseguinte, margem para excesso de contingências nem espaço para erros. A qualidade do orçamento é uma condição gerencial fechada, é uma premissa. Não há o que se discutir quanto a esse aspecto.
- Com a globalização, novas tecnologias foram e continuam sendo rapidamente disseminadas. A informatização das empresas é, hoje, uma realidade em todo o país. Os computadores atualmente custam um quarto do preço que custavam há dez anos. Em consequência, novos *softwares* foram desenvolvidos, alguns inclusive de distribuição gratuita, como o ORSE (disponível em http://www.cehop.se.gov.br), em que tivemos a oportunidade de trabalhar na coordenação do desenvolvimento, possuindo um banco de dados de boa qualidade. Esse *software* proporciona a elaboração de relatórios gerenciais úteis, como o cronograma de barras em diversos níveis, composições de preço unitário, especificações dos serviços, curvas ABC de insumos etc.
- Hoje, com o processo BIM e com a utilização de *softwares* BIM na elaboração de projetos, é possível, como visto no Cap. 3, a obtenção automática do orçamento, entre outros recursos.
- O orçamento é um documento que reúne, de forma sintética ou analítica, as informações correspondentes a todos os projetos e especificações. Desse modo, pode ser entendido como uma excelente fonte de informações para fins de estudo do projeto ou de auditoria do empreendimento, não só pela facilidade de obtenção das informações como também por sua rapidez, pois, de outra

forma, seria necessário o manuseio de todas as plantas e detalhes do projeto.

Finalmente, cabe ter em mente que o orçamento é uma exigência legal prevista na Lei nº 8.666 (seção III, Art. 7º, § 2º):

> As obras e os serviços somente poderão ser licitados quando:
> [...]
> ii. existir orçamento detalhado em planilhas que expressem a composição de todos os seus custos unitários.

O texto legal poderia ser revisto e receber a seguinte redação:

> ii. existir orçamento detalhado em planilhas que expressem todos os serviços, seus respectivos preços unitários e quantidades, levantados a partir dos projetos, especificações e memoriais descritivos etc. Todos os preços unitários deverão ser demonstrados por meio de composições de preço, cujos índices e insumos deverão ser referenciados a um sistema oficial de registro de preços, ou a um sistema tradicionalmente consagrado.

Quando ocorrerem serviços que não constem das referências oficiais, suas composições deverão ser desenvolvidas por profissional habilitado com base nos princípios da economicidade e da racionalidade do trabalho. Insumos que não constem dos sistemas oficiais deverão ter seus preços fixados por meio de pesquisa de preço no mercado local e, na inexistência deste, no mercado regional.

4.2 Erros na elaboração de orçamentos

"O insucesso é apenas uma oportunidade para começar de novo com mais inteligência."

Henry Ford

Muitos são os erros cometidos na confecção dos orçamentos. Dependendo de como ocorrem, o valor final de um orçamento elaborado de modo incorreto ou impreciso poderá ser acrescido, diminuído ou até mantido próximo do valor real, se, neste último caso, por uma dessas coincidências, alguns itens que tiveram seu valor total "puxado" para cima forem compensados por outros que tiveram seu valor total "puxado" para baixo.

Várias são as causas de erros em orçamentos. As principais são apresentadas a seguir.

4.2.1 Erros de aritmética

São cometidos por quem efetua os levantamentos dos quantitativos de serviço através dos desenhos. Podem ser evitados trabalhando-se de forma sistematizada ou por meio de planilhas, com memória de cálculo, as quais podem ser verificadas por um assistente.

4.2.2 Medidas tomadas de forma errada nos desenhos

Ocorre quando o desenho ou parte dele é associado a um detalhe em outra escala que não aquela do projeto. Medidas tomadas em escala devem ser evitadas sempre que possível. Os projetos, se bem elaborados, devem ser ricos em informações sobre medidas (cotas parciais e de fechamento). Esse erro, bem como o anterior, está descartado quando se trabalha numa plataforma BIM.

4.2.3 Estabelecimento de conclusões incorretas

Conclusões incorretas ou equivocadas acontecem devido à existência de especificações mal redigidas para determinados materiais ou serviços.

Um exemplo que ocorre com alguma frequência é a previsão no orçamento de andaimes comuns, quando na realidade serão necessários, em face da natureza do projeto para o qual está sendo elaborada a respectiva planilha, andaimes do tipo fachadeiros, reforçados e providos de escadas especiais com proteção antiqueda etc., os quais são mais caros.

É fundamental redobrar a atenção nas especificações da obra para não assumir conclusões precipitadas ou equivocadas.

4.2.4 Inclusão de serviços indevidamente na planilha do orçamento

É comum os órgãos e as empresas de governo terceirizarem os serviços de elaboração do projeto básico, no qual estão inclusos o orçamento e as especificações. As empresas contratadas, com o receio de serem omissas quanto a determinados itens de construção, findam por estabelecer uma redação "leonina", transferindo para o licitante (futuro contratado) uma responsabilidade que não lhe diz respeito. Uma dessas redações clássicas é a seguinte: "Compete ao licitante verificar a necessidade da adoção de [...]".

Ao participar da licitação, o orçamentista, captando a mensagem do projetista, resolve incluir esse serviço em seus custos e, assim, "puxa" o valor do orçamento para cima, reduzindo sua competitividade.

Casos como esse, quando previstos em especificações ou editais, devem ser absolutamente refutados e ter seus editais impugnados, pois o objeto a ser licitado deve ser perfeito, cristalino e completamente isento de dúvidas.

4.2.5 Não inclusão de serviços que fazem parte integrante da obra

Algumas vezes, a referência ao serviço se dá por meio de uma nota de pouca relevância inserida em um dos desenhos do projeto ou em alguma parte do texto da especificação, podendo passar desapercebida pelo orçamentista.

Por exemplo: "Deverão ser previstas as despesas com a manutenção de toda a área plantada com grama, pelo prazo de 1 ano, inclusive com adubação e rega diária, executada com carro-pipa, em quantidade suficiente para [...]".

Em se tratando de uma área com grandes dimensões, a parcela do orçamento omitida correspondente a esse serviço é significativa. Esse tipo de erro pode ter consequências contratuais desastrosas.

Outras vezes, a omissão ou a má apropriação de alguns serviços no orçamento pode ocorrer quando não é realizada a visita ao local onde as obras serão desenvolvidas. Somente essa inspeção permite ao engenheiro observar a ocorrência de rede de energia em alta e baixa tensão, de jazidas de areia e de solos adequados à execução de aterros, de abastecimento de água etc. Deve também ser pesquisado o potencial do mercado local e da vizinhança quanto ao atendimento em pousadas, hotéis e restaurantes, agências bancárias, postos de saúde e clínicas, transportes, lojas de materiais que possam suprir os materiais básicos, além da disponibilidade de mão de obra de oficiais (pedreiros, carpinteiros e armadores, entre outros).

Em alguns municípios brasileiros cuja economia é fortemente apoiada na agricultura, há também dificuldade de contratação de profissionais para a construção, sendo necessário deslocar essa mão de obra de outras cidades, o que acarreta um acréscimo de custo com alojamento e transporte.

4.2.6 Itens de planilha com unidades de medida erradas

Alguns serviços tradicionalmente medidos em metro quadrado podem, eventualmente, ter sua unidade especificada em metro, confundindo o orçamentista e levando-o a adotar um preço incompatível com a especificação, o que compromete a exatidão do orçamento e, consequentemente, da proposta. Servem como exemplos alguns serviços como muros, cercas e alambrados, entre outros.

4.2.7 Má cotação de preço de alguns materiais ou serviços

Alguns materiais e serviços, especialmente aqueles cujas cotações são feitas em outras praças, por contatos telefônicos, estão sujeitos a informações erradas, motivadas por desinteresse ou despreparo técnico do vendedor, nem sempre da seção específica a que o material, equipamento ou serviço pertencem.

Enquadram-se também nesse caso os erros de troca de unidade do insumo. Imagine-se, por exemplo, que, durante a realização de uma pesquisa de preços para a elaboração de um orçamento, por displicência, o atendente de revenda equivocadamente tenha fornecido o preço do galão (3,6 L) de um determinado insumo em vez do preço da lata (18 L). Nesse caso, em se tratando de um fornecedor exclusivo, o que acontece com certa frequência para certos produtos especializados, o banco de dados do interessado será alimentado com uma informação falha, que só será detectada e consequentemente corrigida numa próxima coleta de preços. Se esse insumo possuir um peso relativo alto no contexto do orçamento que motivou a recente coleta, esse poderá ser um motivo suficientemente forte para tornar o orçamento inflacionado, sem competitividade, pois o desvio para mais no valor global poderá ser significativo.

4.2.8 Avaliação imprecisa ou inadequada de equipamentos a serem alocados na obra

Quando algumas obras, como das redes de água e de esgoto, são executadas em regiões litorâneas, com lençol freático de nível elevado, é preciso prever a utilização de alguns equipamentos especiais, como os sistemas de rebaixamento do lençol, por meio de bombas de vácuo e ponteiras filtrantes, os quais requerem conhecimentos específicos e boa experiência. Como nem sempre esses equipamentos fazem parte do capital imobilizado da empresa, é necessária uma avaliação rigorosa do custo com aluguel, prazo de utilização, transporte de ida e volta etc.

Outros serviços que requerem uma razoável experiência profissional são os relativos a estaqueamentos, escoramentos de valas, desmontes de rocha e obras de terraplenagem em geral, cujo dimensionamento das patrulhas de equipamentos depende do prazo da obra, do clima da região onde serão executados os serviços e de fatores geológicos, econômicos e estratégicos, entre outros.

A cravação de estacas, geralmente subempreitada, necessita ser negociada previamente, definindo-se os preços unitários de todos os serviços que serão objeto de medição e faturamento e, sempre que possível, evidenciando-se as informações relativas aos índices de produtividade referentes a cravação, soldas, arrasamento e deslocamentos na área do canteiro, entre outros.

Também se deve estar atento às demandas de mercado, pois nem sempre esses equipamentos estão disponíveis quando se necessita deles. Geralmente, dependem de programação, mobilização e negociação até a assinatura do contrato.

Assim como o gás que falta no meio do assado do peru, os vibradores costumam falhar no meio das concretagens. Por isso, é sempre recomendável prever nos custos a disponibilidade de unidades de reserva.

4.2.9 Arbitramento das taxas oficiais locais

O desconhecimento das taxas locais referentes a alvará da Prefeitura e Crea, aprovação de projetos junto ao Corpo de Bombeiros e órgãos ambientais, despesas cartorárias, imposto sobre serviços (ISS) etc. pode causar desvios.

4.2.10 Variações salariais previsíveis e não levadas em consideração, quase sempre por esquecimento

Quando a data da licitação é próxima e anterior à data do dissídio coletivo, que estabelece os percentuais anuais de aumento salarial, os orçamentos do projeto básico e da firma vencedora desse certame foram elaborados com valores de mão de obra que já estarão defasados logo na assinatura do contrato.

Caso a obra tenha uma duração de 13 meses, somente o saldo contratual referente aos serviços previstos para o 13º mês, isto é, correspondente à 13ª fatura, terá seu valor reajustado, penalizando desnecessariamente a empresa. Situações como essa podem ser consideradas um "desconto compulsório" no lucro arbitrado, já que o construtor terá que absorvê-lo ao longo de praticamente todo o contrato.

Se algum licitante levar em conta "novos" valores da mão de obra, ainda que estimados (pois se está admitindo que a licitação ocorrerá antes do dissídio coletivo), poderá suscitar a impugnação pela comissão de licitação ou mesmo por iniciativa de algum concorrente, pois esse licitante apresentará, em suas composições de preço unitário (as quais são parte integrante do orçamento), valores de mão de obra que não correspondem aos valores oficiais praticados na data da licitação, podendo, portanto, ter sua proposta desclassificada ou anulada.

A alternativa possível é analisar a curva ABC de insumos, verificar os percentuais de material e de mão de obra e, se possível, majorar os valores dos materiais com um percentual que reflita a variação da mão de obra.

Supondo, por exemplo, que os percentuais de mão de obra e de material sejam respectivamente de 40% e 60% e que a mão de obra será acrescida de 10%, então o valor do contrato será aumentado em: $1{,}10 \times 0{,}40 + 1{,}0 \times 0{,}60 = 1{,}04$.

Agora é possível impor esse valor para a variação do contrato, manter a mão de obra inalterada e calcular o incremento que devem ter os materiais: $1{,}0 \times 0{,}40 + x \cdot 0{,}60 = 1{,}04$. Logo, $x = 1{,}066$. Os materiais podem ser aumentados em 1,066, ou seja, 6,66%.

Observação: em havendo cláusula de barreira para a limitação dos valores dos insumos, deverá ser procedida uma verificação quanto aos valores dos insumos assim majorados para averiguar se ultrapassam os limites estabelecidos, por exemplo, pelo Sinapi. Basta que somente um os ultrapasse para que a proposta seja desclassificada.

4.2.11 Negligência quanto à adoção de contingências

Na fase de elaboração do orçamento, é comum o orçamentista irradiar, na empresa onde trabalha, um clima de otimismo gerado pela expectativa de concretização de um novo negócio. Esse ambiente de expectativa, demasiadamente favorável, pode levar a um excesso de otimismo e a uma concepção de cenário em que as condições de trabalho e de realização da obra serão as mais perfeitas possíveis, desconsiderando que a indústria da construção civil é a indústria sem sede; seu "chão de fábrica" muda a cada intervalo de tempo, e, assim, de mudança em mudança, esse tipo de indústria vai sempre experimentando novas relações de trabalho, novos índices de produtividade, novos climas e adversidades.

Não se deve imaginar condições quase perfeitas de trabalho, pois, como se sabe, elas só podem ocorrer em indústrias clássicas, em que há uma linha de produção organizada segundo as técnicas mais modernas, levando em conta fatores como produtividade, segurança, saúde do trabalhador, qualidade do produto etc.

Na construção civil, mesmo quando se conta com um engenheiro experiente, este nem sempre leva em consideração no orçamento algumas possibilidades de ocorrências desfavoráveis na formação do preço.

Dessa forma, faz-se necessário prever algum percentual a mais no orçamento para cobrir as chamadas contingências, uma vez que, em maior ou menor intensidade, elas sempre acontecem – lembre-se da Lei de Murphy: "Se há duas ou mais formas de fazer alguma coisa e uma das formas resultar em catástrofe, então alguém a fará". Esse assunto voltará a ser tratado no estudo do BDI, na parcela referente ao risco.

4.2.12 Falta de revisão

Todo orçamento deve, preferencialmente, ser revisado por outro profissional antes de ser fechado, isto é, antes de ser considerado um produto final, acabado. É comum acontecerem falhas, como a omissão de alguns itens, entre os quais o lucro.

4.2.13 Imperícia

Somente há poucos anos estudos mais acurados relacionados com o orçamento, o planejamento e o controle de obras vêm sendo tratados academicamente nos cursos de Engenharia, proporcionando aos estudantes conhecimentos específicos e aprofundados nessa área.

Merecem registro os trabalhos desenvolvidos por Maçahico Tisaka, Paulo Roberto Vilela, Amílcar Martins, Carl V. Limmer, Aldo Dórea Mattos e Fernando Morethson Sampaio, entre outros. Não menos importante é a bibliografia norte-americana, com especial atenção para os autores Frank Dagostino, Leslie Feingebaum e R. Max Wideman. Em nível internacional, destaca-se o trabalho desenvolvido pela Association for the Advancement of Cost Engineering (AACE). Fundada em 1956, tem como missão possibilitar que organizações ao redor do mundo alcancem suas expectativas de investimento por meio da gestão e do controle de projetos, programas e portfólios, criando valor através da promoção do conhecimento técnico e do desenvolvimento profissional. Essa associação edita livros, realiza seminários, cursos e treinamentos e promove anualmente uma conferência internacional, além de emitir os certificados Certified Cost Professional e Project Risk Quantification.

Nos anos dourados do milagre econômico brasileiro, na década de 1970, as grandes demandas por obras e serviços de engenharia eliminavam completamente a competitividade entre as empresas, de forma que não era necessário muito esforço para elas se manterem no mercado, e com relativo sucesso. Esse fato gerou reflexos negativos do ponto de vista do desenvolvimento e da qualificação profissional dos engenheiros.

Nessa época, vigorou a ideia de que o orçamento de obra era uma atividade para engenheiros recém-formados; a experiência e o conhecimento não eram condições tão relevantes, e, assim, muita imperícia foi praticada, das mais simples às mais graves. Como consequência dessa desmotivação pelo aperfeiçoamento profissional, o desenvolvimento dessa disciplina sofreu um atraso, retardando o surgimento de cursos de especialização e de mestrado nessa área de conhecimento.

Foi a chamada "época do dinheiro fácil", quando os orçamentos eram de pouca precisão, prevalecendo a equação clássica: *preço de venda = custo + lucro*.

O lucro, sobretudo o lucro inflacionário, era fácil e suficientemente farto para cobrir eventuais erros, omissões e desvios do custo real. No fundo, o lucro era o bastante para esconder a incompetência, os erros e até mesmo a imperícia.

Atualmente, com a concorrência acirrada, o conceito de *preço de venda* mudou para "valor máximo que o cliente, isto é, o mercado está disposto a pagar", incluindo-se aí o valor do orçamento do projeto básico, parte integrante dos editais de legislação.

Assim, ao focar um edifício de apartamentos numa área conhecida, com uma determinada planta – por exemplo, com três quartos (sendo um deles suíte) e varanda –, é possível prever com alguma precisão o valor de mercado daquele imóvel, ou seja, o valor máximo pelo qual ele poderá ser vendido; esse mesmo apartamento, situado em outra área, certamente assumirá outro preço de venda.

O leitor poderá perguntar o que fazer quando, num empreendimento, o preço de custo, ou orçamento de custo, assumir um valor bastante próximo do preço de mercado, não proporcionando, consequentemente, uma margem de lucro, isto é, um resultado satisfatório para a concretização do negócio. Esse problema, muito comum atualmente, tem sido solucionado com criatividade, engenhosidade, habilidade e utilização de tecnologias construtivas de última geração, forçando o valor do custo, ou custo de produção, a variar para valores inferiores aos obtidos pelas soluções ou processos ditos convencionais.

Cabe ao engenheiro usar o melhor de sua capacidade profissional para engenhar e encontrar estratégias e tecnologias adequadas que conduzam o custo da obra a um preço inferior ao valor de mercado, propiciando consequentemente a margem de lucro almejada. Quase sempre, essas soluções são baseadas nos esquemas de produção da indústria. Na área imobiliária, o ideal é a empresa construtora desenvolver duas ou três plantas-padrão e otimizá-las do ponto de vista da produção, criando pequenas alterações de fachada, mas mantendo a planta para a qual o processo construtivo foi desenvolvido. A tendência é a transformação do processo construtivo convencional em um processo de montagem, como na indústria. Essa semelhança se estende à organização e aos canteiros de obra, inclusive pela limpeza, inspirados, cada vez mais, nos "chãos de fábrica".

Cabe lembrar que grande parte da produção dos elementos construtivos das obras foi transferida para fora do canteiro, só chegando à construção para ser aplicada. Essa não foi a única inovação tecnológica que ocorreu desde então, sendo as demais apresentadas a seguir:

- A qualidade dos concretos produzidos melhorou consideravelmente, sendo cada vez mais comum a utilização de concretos com altas resistências, permitindo soluções mais arrojadas, maiores vãos, menor quantidade de pilares, desforma precoce, redução dos escoramentos etc.
- A utilização de pré-moldados nos edifícios, inclusive nas fachadas, contribuiu para a diminuição dos prazos de construção, reduzindo o custo de produção. Hoje, são muito usuais os pré-pilares, as pré-vigas, as pré-lajes e as escadas pré-moldadas, eliminando grande parte dos escoramentos e, em particular, os escoramentos em madeira, insustentáveis do ponto de vista ambiental.
- O surgimento de um novo conceito de execução das instalações prediais, com a introdução dos *shafts*, fez com que os desastrosos cortes em alvenarias fossem evitados ou reduzidos.
- Na área de esquadrias, a adoção da chamada *porta pronta*, assentada com espuma de poliuretano expandido, constituiu um

avanço, permitindo que os revestimentos fossem iniciados sem a instalação de batentes.

- Os painéis de gesso acartonado substituíram as paredes divisórias internas, possibilitando um novo cronograma de execução no qual essas divisórias só são executadas no final da obra, desenhando, dessa forma, um novo fluxo de caixa para o empreendedor em face da redução dos desembolsos iniciais.

Como consequência, houve sensível melhoria da qualidade, diminuição dos erros e aumento da segurança contra acidentes no trabalho.

Mesmo assim, ainda hoje é possível encontrar planilhas de orçamento elaboradas por empresas de grande porte contendo erros que variam dos mais elementares aos conceituais. Alguns poderiam até ser chamados de folclóricos, não fossem os graves problemas que causam nas licitações e na administração dos contratos no decorrer da obra. Erros em orçamentos também podem significar má aplicação dos recursos públicos, tão escassos em nosso país.

As estimativas de preço, desde as elaboradas a partir de informações preliminares, que servem para aferir a expectativa do cliente em se manter ou não no projeto, até o orçamento mais detalhado e completo, carregam uma incerteza que será tanto maior quanto menor for o nível de informações fornecidas pelo projeto.

A AACE anteriormente mencionada define cinco níveis de precisão ou classes de estimativa de custo para um projeto, segundo a Prática nº 18R-97, conforme a matriz mostrada na Tab. 4.1.

Essa tabela, matriz da AACE, apresenta a visão americana da correlação existente entre o percentual do estágio de desenvolvimento dos projetos, as classes de estimativa de custo, a metodologia usada na elaboração dos orçamentos, a precisão correspondente esperada em cada estágio de projeto, e o esforço desprendido necessário à sua elaboração.

No Brasil, a classe 5 corresponde ao que chamamos de *método expedito*, onde se pretende ter uma ideia do empreendimento.

A tomada de decisão é feita com o estudo de viabilidade realizado a partir de uma estimativa preliminar ou paramétrica, correspondente à classe 4.

Não é comum entre nós, engenheiros, elaborarmos uma estimativa de preço quando estamos num estágio de desenvolvimento dos projetos entre 10% e 40%, correspondendo à classe 3.

Tab. 4.1 **Matriz de precisão da AACE para classes de estimativa de custo**

	Características primárias	Características secundárias			
Classe da estimativa de custo	**Estágio de desenvolvimento do projeto (expresso em % do detalhamento do projeto executivo)**	**Uso (destinação da estimativa)**	**Metodologia (método utilizado na estimativa de custo)**	**Variação esperada da precisão (para mais H e para menos L)**	**Esforço de elaboração (o índice 1 representa a estimativa mais simples – de menor esforço)**
Classe 5	0% a 2%	Exibição das ideias básicas e conceituais	Modelos paramétricos. Estimativa por comparação a concepções análogas	L: −20% a −50% H: +30% a +100%	1
Classe 4	1% a 15%	Estudo de viabilidade	Método paramétrico	L: −15% a −30% H: +20% a +50%	2 a 4
Classe 3	10% a 40%	Obtenção de estimativa mais avançada que a classe 4, com estudos mais acurados dos itens de maior importância	Custos de unidades semidetalhadas	L: −10% a −20% H: +10% a +30%	3 a 10
Classe 2	30% a 70%	Elaboração de propostas para licitações	Método do custo unitário. Detalhado	L: −5% a 15% H: +5% a +20%	4 a 20
Classe 1	50% a 100%	Verificação da estimativa da proposta (a partir do projeto final de engenharia)	Método do custo unitário. Detalhado	L: −3% a −10% H: +3% a +15%	5 a 100

No Brasil, a legislação vigente (Lei nº 8.666) exige que o projeto básico seja desenvolvido com um nível de precisão adequado para caracterizar a obra ou o serviço, de maneira a possibilitar a avaliação do custo e a definição dos métodos e do prazo de execução. Dessa forma, os orçamentos elaborados na classe 2, no Brasil, devem apresentar um nível de precisão bastante elevado, não havendo, em geral, a necessidade de elaboração de um novo orçamento (classe 1) para a verificação daquele da classe anterior, muito embora, quando são concluídos todos os detalhamentos, sempre surjam serviços extras que afetam a planilha do orçamento.

Uma das melhores ilustrações para demonstrar a variação do valor do orçamento com o nível de desenvolvimento do projeto foi elaborada por R. Max Wideman, intitulada de *estimating accuracy trumpet*, assim identificada porque o gráfico que a representa guarda semelhança com o instrumento musical de mesmo nome, conforme se pode ver na Fig. 4.1.

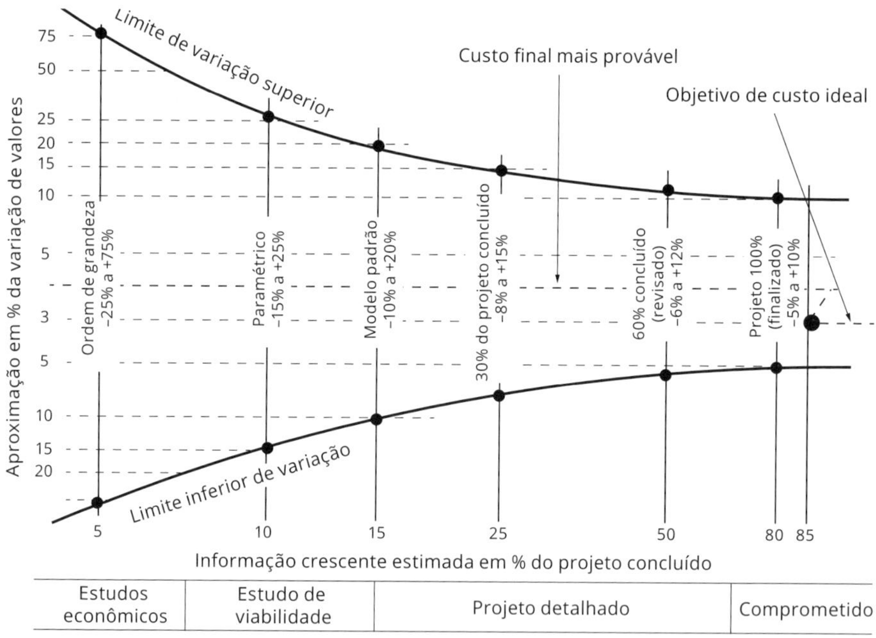

Fig. 4.1 Estimating accuracy trumpet
Fonte: <www.maxwideman.com>.

4.3 Métodos de orçamentação

"Não são os grandes planos que dão certo; são os pequenos detalhes."

Stephen Kanitz

Os orçamentos podem variar em função de sua pretensa finalidade e do nível de evolução ou detalhamento disponível dos projetos, que servem de subsídio técnico à sua elaboração.

De modo geral, é possível desenvolvê-los segundo as seguintes metodologias:

- método expedito;
- método da estimativa preliminar;
- método do custo unitário;
- método das áreas equivalentes ou da NBR 12721;
- método da estimativa paramétrica.

4.3.1 Método expedito

Destina-se a atender de forma rápida e com pouca precisão a uma necessidade de conhecimento da ordem de grandeza de determinado empreendimento ou construção.

Suponha-se, por exemplo, que, para fins de assessoramento a um cliente que pretende incorporar um edifício de apartamentos, seja necessário conhecer o custo aproximado de construção de um edifício com 12 pavimentos, com quatro apartamentos por pavimento, situado em um bairro residencial padrão classe média. Os apartamentos possuirão três dormitórios, sendo um deles suíte. Essas são as únicas informações de que se dispõe no momento.

Por meio dos corretores de imóveis, sabe-se que, nessas condições, esses apartamentos, que terão seu preço regulado pelo mercado, serão vendidos por um valor variando de R$ 300.000,00 a R$ 350.000,00.

Dessa forma, chega-se facilmente a uma ideia do valor médio global do investimento:

$$Vi = 12 \times 4 \times \text{R\$ } 300.000{,}00 = \text{R\$ } 14.400.000{,}00$$

Dessa quantia, é preciso retirar o valor do lucro. Supondo um lucro em torno de 10%, obtém-se como valor expedito:

$$Ve = \text{R\$ } 14.400.000{,}00/1{,}10 = \text{R\$ } 13.090.909{,}00$$

Não há, portanto, precisão no resultado, porque não há aprofundamento do trabalho. É um primeiro número, obtido a partir de poucas informações e definições características, como número de pavimentos, número de quartos etc.

Também é possível obter, de forma expedita, a ordem de grandeza aproximada do custo de execução do quilômetro de uma rodovia a partir de características como largura e tipo de pavimento, bem como de uma ponte convencional em concreto armado com determinada classe e vão, de uma adutora em PVC, aço ou ferro fundido a partir de seu diâmetro, e de uma rede de energia elétrica de baixa ou alta tensão, entre outras obras desse tipo, que constituem a base da avaliação paramétrica.

O engenheiro de custos deve estar familiarizado com esses números indicadores (parâmetros) e, além disso, deve mantê-los atualizados, para seu bom desempenho profissional.

4.3.2 Método da estimativa preliminar

Suponha-se que, para o caso anterior, o incorporador tenha decidido favoravelmente pelo empreendimento. O próximo passo poderá consistir do agendamento de uma reunião técnica com o arquiteto ou com a empresa de engenharia para o estabelecimento do programa do empreendimento, também chamado de programa de necessidades ou, mais modernamente, *briefing* do empreendimento.

No *briefing*, serão especificados e quantificados todos os ambientes, inclusive o *playground* e as garagens. Outras definições importantes referentes a equipamentos e instalações devem igualmente ser realizadas. Nesse estágio, há a necessidade de proceder a uma *estimativa preliminar do custo*, para que o programa possa receber a aprovação por parte do cliente (o empreendedor).

A partir daí, terá início o estudo preliminar do projeto, o qual deverá contemplar alguns esboços do apartamento padrão e o arranjo geral do pavimento-tipo.

Observe-se que o programa é de fundamental importância, pois, uma vez aprovado, definido também estará seu custo correspondente, supondo que as especificações do empreendimento sejam mais ou menos inflexíveis, como o tipo de fachada, os acabamentos de revestimento de parede e de piso etc.

Assim, mesmo nesse estágio ainda inicial do desenvolvimento do projeto, já é necessário um orçamento mais bem elaborado, confiável.

Grande parte das construções cujo planejamento tem origem em orçamentos malfeitos, imprecisos ou com erros sofre soluções de continuidade ou interrupções prolongadas.

Um orçamento em nível de estimativa preliminar pode constituir uma boa fonte de informação, de rápida elaboração, conforme será mostrado a seguir.

Por esse método, será avaliado o mesmo edifício do exemplo anterior, com 12 pavimentos, quatro apartamentos por pavimento, cobertura (total = 13 lajes completas), dependência do zelador, casa de máquina, garagens e *playground* no térreo, sendo a área do terreno igual a 1.600 m². As Tabs. 4.2 a 4.4 apresentam, respectivamente, as áreas do apartamento e de uso comum e o cálculo da área global.

Tab. 4.2 Programa do empreendimento – áreas úteis do apartamento

Ambiente	Área útil (m²)
Estar/jantar conjugadas	21,00
Varanda	1,60
Suíte de casal	13,00
Quarto 1	8,60
Quarto 2	7,40
Sanitário social	3,00
Circulação	1,00
Cozinha/área de serviço	11,50
Sanitário	1,80
Subtotal	69,70
Paredes ±11%	7,70
Total 1 – Área construída, por unidade	77,40

Tab. 4.3 Programa do empreendimento – áreas de interligação (de uso comum)

Ambiente	Área útil (m²)
Hall de acesso aos elevadores	17,10
Caixa dos elevadores	5,80
Escada	4,20
Subtotal	27,10
Paredes ±11%	3,00
Total 2	30,10

Tab. 4.4 Programa do empreendimento – cálculo da área global

Ambiente	Área total (m²)
Área de laje do pavimento-tipo = [77,40 × 4] + 30,10 = 339,70 m² Área total de lajes = 13 × 339,70	4.416,10
Área do apartamento do zelador + casa de máquina	19,20
Pavimento térreo (considerado igual ao tipo)	339,70
Área construída total geral	4.775,00

Ao somar todas as áreas construídas sem se preocupar com as características técnicas e de acabamento de cada uma delas, isto é, com os custos representativos de cada uma delas, comete-se um erro do ponto de vista da qualidade da avaliação do custo. Mas, no presente estágio, interessa ter uma estimativa preliminar para a tomada de decisão.

Quando se trabalha com incorporações, é obrigatório atender aos requisitos da NBR 12721, e, nesse caso, é necessário dar a essas áreas um tratamento matemático, atribuindo-lhes um peso relativo em função do acabamento que recebem e da incidência de paredes, para que se possa operar sobre elas.

O cálculo dos valores de custo é realizado da seguinte maneira:

- *Construção – C1*

Adotando para o custo unitário básico (CUB) um valor médio de R$ 1.600,00/m²:

$$C1 = 4.775{,}00 \text{ m}^2 \times \text{R\$ } 1.600{,}00/\text{m}^2 = \text{R\$ } 7.640.000{,}00$$

- *Elevadores e outros equipamentos – C2*

$$C2 = \text{R\$ } 380.000{,}00$$

- *Terreno – C3*

$$C3 = 1.600{,}00 \text{ m}^2 \times \text{R\$ } 2.000{,}00 \text{ m}^2 = \text{R\$ } 3.200.000{,}00$$

$$\text{Subtotal } 1 = \text{R\$ } 11.220.000{,}00$$

- *Comercialização – C4*

$$C4 = (4\%) = \text{R\$ } 448.800{,}00$$

- *Juros (financiamento)* – C5

C5 = (12%) = R$ 1.346.400,00
Subtotal 2 = R$ 13.015.200,00

- *Lucro* – C6

C6 = (10%) = R$ 1.301.520,00

- *Estimativa preliminar do preço*

R$ 14.316.720,00

Esse preço, dividido por 48 unidades, conduz a um valor de unidade igual a R$ 298.265,00, bastante próximo do valor de mercado atribuído inicialmente.

Como visto, é possível elaborar um orçamento com extrema simplicidade e com razoável nível de precisão. O método da estimativa preliminar é extremamente útil para ter um balizamento inicial, isto é, uma aferição que possibilite uma tomada de decisão quanto ao programa, ao tipo de empreendimento etc., mas não deve ser considerado um cálculo definitivo, que sirva de referência para a realização de um negócio ou de um planejamento financeiro.

O profissional da área de custos constantemente recorre a índices que funcionam como indicadores e que permitem aferir o resultado de seu trabalho (valor do orçamento), conferindo-lhe confiabilidade. Nesse caso, o custo unitário por metro quadrado de área construída foi decisivo para a elaboração da estimativa de custo.

4.3.3 Método do custo unitário

Quando, além do projeto de arquitetura, dispõe-se dos projetos de engenharia, os quais possibilitam estudar o empreendimento em detalhes, é possível dividir a obra em tantas partes quantas forem interessantes ou convenientes. Essas partes, tarefas ou serviços podem ir a níveis elementares; nesses níveis, pode-se fazer o levantamento preciso da mão de obra e dos materiais necessários à execução do respectivo serviço.

Nessas tarefas, o equipamento geralmente só é levado em consideração quando é dominante, isto é, quando é o realizador principal da tarefa, ou ainda quando está diretamente incorporado à atividade construtiva, o que acontece nas obras de terraplenagem, por exemplo, em que sua participação na formação do preço é predominante, ao contrário da mão de obra, que tem uma contribuição pequena em termos percentuais. Nesses casos, a mão de obra é quase sempre representada pelo operador da máquina.

Nas tarefas inerentes à construção civil, o equipamento possui pouca representatividade, em oposição à mão de obra, que é expressiva. Como exemplo, considere-se a execução de uma alvenaria de tijolos e quanto representaria o custo de alguns minutos de betoneira para realizar a mistura da argamassa de assentamento dos tijolos.

Embora esses equipamentos não sejam dominantes em alguns serviços, seus dispêndios podem ser considerados no custo do canteiro de obras, no item intitulado "estrutura de apoio à produção".

A ideia básica do método do custo unitário é a do fracionamento. Já que não é possível avaliar, com elevado nível de precisão, o valor do custo da obra como um todo, fraciona-se essa obra em partes, tantas quantas forem necessárias, desde que o custo de cada parte seja de fácil avaliação (ou apropriação).

Após o fracionamento, deve-se quantificar e juntar as partes num documento (planilha) de forma organizada e em ordem cronológica, isto é, um serviço que acontece mais tarde não deve passar na frente de outro que é executado mais cedo. Assim, por exemplo, na sequência alvenaria-revestimento-pintura, os itens devem ser discriminados e escritos segundo essa ordem.

Ao fazer esse arranjo das tarefas, numa cronologia estudada, se está quase sugerindo ou aconselhando que o engenheiro de campo proceda à execução da obra segundo esse planejamento, inserido de forma disfarçada na planilha do orçamento.

Quando produzida com rigor, essa planilha reúne todas as informações técnicas contidas nos projetos de engenharia, daí sua importância como fonte de informação para o planejamento e de consulta nas ações corriqueiras, como suprimento de insumos, análise de subcontratações, medições, acompanhamento, emissão de faturas etc. Mudanças de concepções de projeto ou implementação de tecnologias não previstas no orçamento devem ser muito bem analisadas para não produzirem resultados imprevistos, ocasionando prejuízo.

Fracionamento da obra – tarefas – estrutura analítica de projetos (EAP)

Daqui para a frente, as tarefas serão tratadas como itens da planilha do orçamento. Esses itens devem ser discriminados e listados na mesma sequência em que ocorrerão na obra. Funcionam como se fossem gavetas ou pastas de arquivo de um disco rígido, preenchidas tão somente com documentos, que são os subitens (dos serviços relacionados). O subitem que não for relacionado com o item vai para outra gaveta ou pasta; juntos só ficam os subitens afins ou comuns. Evidentemente cada engenheiro tem sua visão, sua ótica de como fracionar uma obra.

No caso da construção civil para as obras de edificação, segundo nossa opinião, a discriminação a seguir, inclusive considerando o canteiro de obras como "chão de fábrica", é a que melhor arranjo apresenta:

Planilha no nível 1

No nível 1 são definidos os itens (os grandes itens) da planilha:

1. Serviços preliminares
2. Canteiro de obras e acampamento
3. Administração local
4. Fundações
5. Estrutura
6. Elevações
7. Cobertura
8. Esquadrias e ferragens
9. Instalações elétrica, telefônica, lógica e de cabeamento estruturado
10. Instalações hidráulica e de combate a incêndio
11. Instalação sanitária, destino e tratamento do efluente
12. Instalação de gás
13. Louças e metais
14. Revestimentos de pisos e paredes
15. Pintura
16. Diversos (eventuais itens que não se enquadrem nos anteriores)
17. Equipamentos do empreendimento
18. Obras externas (muros, alambrados, pavimentações em concreto ou asfalto, reservatório enterrado e/ou elevado, drenagem, ajardinamentos e/ou paisagismos, estacionamentos, iluminação externa, guaritas, portões etc.)

A itemização da planilha no nível 1 corresponde à forma mais elementar e primária.

Planilha no nível 2

Apresenta-se a seguir a mesma planilha, agora com alguns subitens, ou seja, no nível 2, o nível em que acontecem ou podem acontecer os serviços. Nesse nível, alguns serviços (mas não necessariamente todos) podem ser quantificados e apreçados, pois todo serviço deve ter seu valor demonstrado em planilhas auxiliares, as chamadas composições de custo unitário.

1. *Serviços preliminares*
    - 1.1. Mobilização e desmobilização
    - 1.2. Projetos executivos
    - 1.3. Encargos sociais complementares da mão de obra direta
2. *Canteiro de obras e acampamento*
    - 2.1. Implantação do canteiro
    - 2.2. Manutenção do canteiro
    - 2.3. Estrutura de apoio à produção
3. *Administração local*
    - 3.1. Equipe dirigente do canteiro
    - 3.2. Outros custos administrativos
4. *Fundações*
    - 4.1. Locação
    - 4.2. Escavação
    - 4.3. Sapatas e vigas-baldrame em concreto armado
    - 4.4. Alvenaria de pedra
5. *Estrutura*
    - 5.1. Concreto armado, F_{ck} = 30 MPa
6. *Elevações*
    - 6.1. Alvenaria de bloco cerâmico, e = 0,09 m
    - 6.2. Alvenaria de tijolos de concreto, e = 0,12 m
    - 6.3. Elementos vazados de concreto
7. *Cobertura*
    - 7.1. Madeiramento
    - 7.2. Telhamento
8. *Esquadrias e ferragens*
    - 8.1. Esquadria de madeira
    - 8.2. Esquadria de alumínio

9. *Instalações elétrica e telefônica*
    9.1. Instalação elétrica
    9.2. Instalação telefônica
10. *Instalações hidráulica e de combate a incêndio*
    10.1. Instalação de água fria
    10.2. Instalação de combate a incêndio
11. *Instalação sanitária*
    11.1. Pontos de esgoto
    11.2. Ralos e caixas
    11.3. Ramal de ligação de esgoto
12. *Instalação de gás*
    12.1. Rede interna
    12.2. Medidores de gás
    12.3. Ramal de ligação de gás
13. *Louças e metais*
    13.1. Louças
    13.2. Metais
14. *Revestimentos de pisos e paredes*
    14.1. Argamassas
    14.2. Cerâmica
    14.3. Granito
15. *Pintura*
    15.1. PVA para interiores
    15.2. PVA para exteriores
    15.3. Textura acrílica
    15.4. Esmalte sintético
16. *Diversos*
    16.1. *Brises* e persianas
17. *Equipamentos do empreendimento*
    17.1. Elevadores e escadas elétricas
    17.2. *Freezer*
18. *Obras externas*
    18.1. Pavimentação externa
    18.2. Muros
    18.3. Portões

Planilha no nível 3

No nível 3, serão discriminados os serviços que no nível 2 não tiveram condição de ser perfeitamente caracterizados, isto é, a eles não foi possível ou conveniente vincular com precisão uma composição de custo unitário. Nada impede que, com vistas a organizar ainda mais o orçamento, para alguns itens seja conveniente descer o detalhamento até mais um nível, ou seja, até o nível 4. Entretanto, como no planejamento não há interesse em descer o detalhamento dos itens aos níveis mais elementares, e como há a intenção de aproveitar essa mesma planilha na formulação da estrutura analítica de projetos (EAP), então o orçamentista pode estabelecer um ponto de equilíbrio que satisfaça aos dois documentos.

1. *Serviços preliminares*
    1.1. Mobilização e desmobilização

A mobilização e a desmobilização compreendem os dispêndios com o deslocamento da "força de trabalho" e dos equipamentos necessários ao pleno funcionamento do canteiro de obras. Correspondem basicamente aos custos com transporte, mas devem ser considerados todos os demais custos passíveis de ocorrência, como alimentação no trajeto, hospedagem etc., inclusive quando do retorno.

Como se faz necessário o estabelecimento da distância a ser percorrida, é comum as empresas adotarem a sede do escritório central como ponto de origem e de destino quando do término dos trabalhos, e o consequente retorno.

Nas obras de terraplenagem, em barragens e em algumas pontes, as quais geralmente se situam distantes dos centros urbanos e utilizam grandes quantidades de equipamentos, esse item tem um valor significativo. Nas obras de construção civil, sobretudo quando localizadas no município da sede da construtora, o valor da mobilização e da desmobilização é de pouca expressão no orçamento.

A avaliação da quantidade de mão de obra pode ser feita com boa precisão por meio da curva ABC de insumos, que na maioria dos *softwares* é um relatório corriqueiro.

Quando da visita do engenheiro ao local da obra, a pesquisa da existência de mão de obra local, e em que categorias, poderá dar uma ideia sobre o percentual da força de trabalho que necessitará ser deslocado e seu custo correspondente.

Para os equipamentos fixos, como uma central de britagem, a mobilização deve incluir a confecção das bases de apoio para seu funcionamento.

Os deslocamentos de veículos leves, como carros de passeio, picapes e caminhões comuns, devem ser considerados por seus próprios meios e deverão servir de transporte para os equipamentos de pequeno porte, ferramentas, laboratórios etc.

São considerados equipamentos de porte aqueles que, devido a seu peso, exigem transporte em carreta. Quando o conjunto cavalo-carreta-carga ou qualquer uma das partes possuir mais de 60 t de peso, 3,20 m de largura, 5,00 m de altura ou 25,00 m de comprimento, é obrigatório o transporte com escolta. Nesse caso, o custo do transporte é constituído das seguintes parcelas:

- custo do transporte por t · km;
- taxa de utilização viária (TUV), cobrada pelo Departamento Nacional de Infraestrutura de Transportes (DNIT), sempre que o peso do conjunto cavalo-carreta-carga ultrapassar 45 t;
- custo da escolta;
- seguro.

Deve ser estudada a possibilidade de considerar a desmobilização como a mobilização para uma nova obra.

Os custos com mobilização e desmobilização devem ser demonstrados em planilha, como a sugerida no Anexo A.1.

1.2. Projetos executivos
    1.2.1. Projeto estrutural
    1.2.2. Projeto de instalações elétricas
    1.2.3. Projeto de instalações telefônicas
    1.2.4. Projeto hidráulico de água fria
    1.2.5. Projeto de combate a incêndio
    1.2.6. Projeto de monitoramento por câmeras e automação
    1.2.7. Paginação das paredes
1.3. Encargos sociais complementares da mão de obra direta
    1.3.1. Vale-refeição e café da manhã
    1.3.2. Cesta básica
    1.3.3. Vale-transporte

1.3.4. Equipamento de proteção individual (EPI; *kit* básico)

1.3.5. Seguro de vida em grupo e contra acidentes do trabalho

2. *Canteiro de obras e acampamento*

2.1. Implantação do canteiro – ver planilha discriminada sugestiva no Anexo A.1

2.2. Manutenção do canteiro – *idem*

2.3. Estrutura de apoio à produção – *idem*

3. *Administração local*

3.1. Equipe dirigente – seus custos constituem parte integrante da administração local

3.2. Outros custos administrativos – *idem*

4. *Fundações*

4.1. Locação

4.1.1. Locação de construção com gabarito de madeira

4.2. Escavação

4.2.1. Escavação manual com até 1,50 m de profundidade

4.2.2. Escavação com retroescavadeira em solo, com profundidade de 1,50 m a 3,00 m

4.3. Sapatas e vigas-baldrame em concreto armado

4.3.1. Fôrma em chapa compensada resinada 14 mm – três usos

4.3.2. Aço CA-50

4.3.3. Concreto simples produzido na obra e lançado, F_{ck} = 15 MPa (magro)

4.3.4. Concreto simples usinado, bombeado, lançado e adensado, F_{ck} = 25 MPa

4.4. Alvenaria de pedra

4.4.1. Alvenaria de pedra calcárea argamassada

5. *Estrutura*

5.1. Concreto armado, F_{ck} = 30 MPa

5.1.1. Fôrma em chapa compensada plastificada 18 mm – 12 usos

5.1.2. Concreto simples usinado, bombeado e lançado, F_{ck} = 30 MPa

5.1.3. Aço CA-60

5.1.4. Aço CA-50
5.1.5. Escoramento com perfis metálicos
5.1.6. Vergas em concreto armado, F_{ck} = 15 MPa

6. *Elevações*
    6.1. Alvenaria de bloco cerâmico, *e* = 0,09 m
    6.2. Alvenaria de tijolos de concreto, *e* = 0,12 m
    6.3. Elementos vazados de concreto
7. *Cobertura*
    7.1. Madeiramento
        7.1.1. Madeiramento em madeira de lei com ripão 2½" × 1½"
        7.1.2. Peças serradas em madeira de lei 3" × 6"
    7.2. Telhamento
        7.2.1. Telha cerâmica tipo colonial, cor branca, de 1ª
        7.2.2. Cumeeira para telha colonial, inclusive emassamento
        7.2.3. Algeroz em placas pré-moldadas de concreto armado, *e* = 0,30 m × 0,06 m × 1,00 m
8. *Esquadrias e ferragens*
    8.1. Esquadria de madeira
        8.1.1. Porta lisa de 1ª – 0,80 m × 2,10 m
        8.1.2. Porta lisa de 1ª – 0,70 m × 2,10 m
        8.1.3. Porta em veneziana
        8.1.4. Porta em madeira de lei em almofada – 0,80 m × 2,10 m
        8.1.5. Batente em madeira de lei com largura de 0,14 m
    8.2. Esquadria de alumínio
        8.2.1. Janela maxim-ar, cor branca, moldura/vidro, linha suprema
        8.2.2. Porta em alumínio, cor branca, tipo moldura/vidro, de correr, linha *gold*
        8.2.3. Basculante em alumínio, cor branca, tipo convencional, linha suprema
    8.3. Dobradiças
        8.3.1. Dobradiça de aço, marca ZZZ, 3" × 2½", acabamento cromado
    8.4. Fechaduras

8.4.1. Fechadura, marca ZZZ, linha AAA, ref. CCC, acabamento cromado brilhante

8.4.2. Fechadura, marca LLL, linha colonial, ref. DDD, acabamento MM

9. *Instalações elétrica e telefônica*

9.1. Instalação elétrica

9.1.1. Ponto de luz em teto

9.1.2. Ponto de interruptor, uma seção

9.1.3. Ponto de interruptor, duas seções

9.1.4. Ponto de tomada 2P + T e universal padrão ABNT

9.1.5. Centro de distribuição para 12 disjuntores

9.1.6. Quadro de medição com barramento

9.1.7. Sistema de aterramento

9.1.8. Luminária LED *plafonier* 2 × 32 W

9.1.9. Luminária globo de vidro

9.1.10. Sinalizador aéreo

9.1.11. Sinalizador de garagem

9.2. Instalação telefônica

9.2.1. Ponto de telefone

9.2.2. Quadro distribuidor geral

10. *Instalações hidráulica e de combate a incêndio*

10.1. Instalação de água fria

10.1.1. Ponto de água

10.1.2. Alimentação até a caixa

10.1.3. Barrilete

10.1.4. Conjunto motobomba

10.2. Instalação de combate a incêndio

10.2.1. Coluna de hidrante

10.2.2. Caixa para mangueira, de embutir, em chapa de aço, com dimensões de 45 cm × 75 cm × 17 cm, com visor, pintada em esmalte na cor vermelha

10.2.3. Mangueira industrial, *d* = 1½", pressão máxima de trabalho de 1.370 kPa, com adaptadores, padrão ABNT

10.2.4. Esguicho regulável, *d* = 1½"

11. *Instalação sanitária*
    11.1. Pontos de esgoto
        11.1.1. Com tubo de PVC 100 mm
        11.1.2. Com tubo de PVC 50 mm
        11.1.3. Com tubo de PVC 40 mm
    11.2. Ralos e caixas
        11.2.1. Ralo sifonado 100 mm × 100 mm × 50 mm, acabamento alumínio
        11.2.2. Caixa sifonada 150 mm × 150 mm × 50 mm, acabamento branco
        11.2.3. Caixa de passagem 0,60 m × 0,60 m × 0,80 m
    11.3. Ramal de ligação de esgoto
        11.3.1. Demolição de asfalto
        11.3.2. Escavação manual
        11.3.3. Ramal de ligação em tubo PVC Vinilfort 200 mm
        11.3.4. Reaterro compactado
        11.3.5. Recuperação de pavimentação asfáltica
12. *Instalação de gás*
    12.1. Rede interna
        12.1.1. Tubulação em cobre DN 3/8"
    12.2. Medidores de gás
        12.2.1. Fornecimento e instalação de medidor de gás residencial com regulador 5 kg/h LAO G-0.6 ou similar
    12.3. Ramal de ligação de gás
        12.3.1. Ramal de ligação em tubo de cobre Ø 1/2"

Observação: Quando o orçamentista dispuser dos projetos executivos das instalações, essa técnica de orçamentação das instalações a partir dos pontos de utilização pode ser substituída, com vantagem, por outra metodologia, mais precisa, que consiste no levantamento de todos os materiais a partir das listas dos projetos, e na apropriação da mão de obra (com seus encargos) necessária para efetuar os serviços.

13. *Louças, metais e acessórios*
    13.1. Louças
        13.1.1. Bacia sanitária com caixa acoplada

13.1.2. Bacia sanitária, linha convencional
13.1.3. Lavatório com coluna
13.1.4. Lavatório sem coluna, com sifão de plástico
13.1.5. Bancada de pia inox com uma cuba, l = 1,30 m
13.1.6. Tanque em mármore sintético
13.1.7. Caixa de descarga de embutir
13.2. Metais e acessórios
13.2.1. Misturador em aço inox para lavatório
13.2.2. Torneira articulada em aço inox para pia de cozinha
13.2.3. Torneira em aço inox para tanque
13.2.4. Sifão cromado para lavatório
13.2.5. Sifão cromado para pia de cozinha
13.2.6. Chuveiro articulado inox
13.2.7. Registro de pressão com canopla ½"
13.2.8. Registro de gaveta com volante ½"
13.2.9. Engate cromado
13.2.10. Engate de plástico
13.2.11. Torneira de plástico para lavatório
13.2.12. Sifão de plástico
13.2.13. Chuveiro elétrico de plástico
14. *Revestimentos de pisos e paredes*
14.1. Com argamassas
14.1.1. Chapisco
14.1.2. Reboco/emboço
14.1.3. Gesso
14.1.4. Piso cimentado, acabamento liso
14.2. Com cerâmica
14.2.1. Pastilha cerâmica 5 cm × 5 cm
14.2.2. Cerâmica tipo porcelanato 52 cm × 52 cm
14.2.3. Cerâmica esmaltada, marca ZZZ, 20 cm × 20 cm
14.3. Com granito
14.3.1. Granito cinza andorinha, placas 40 cm × 60 cm, em fachadas
14.3.2. Rodapé em granito, h = 7 cm
14.3.3. Soleira em granito, l = 14 cm

15. *Pintura*
    15.1. PVA para interiores
        15.1.1. Uma demão de selador acrílico
        15.1.2. Emassamento com massa corrida – duas demãos
        15.1.3. Duas demãos de PVA
    15.2. PVA para exteriores
        15.2.1. Uma demão de selador acrílico com duas demãos de PVA exterior
    15.3. Textura acrílica
        15.3.1. Uma demão de selador e uma demão de textura
    15.4. Esmalte sintético
        15.4.1. Uma demão de zarcão, uma demão de massa óleo e duas demãos de esmalte sintético à base de água
16. *Diversos*
    16.1. *Brises* e persianas
        16.1.1. *Brise* com estrutura em alumínio e vidro fumê 6 mm
        16.1.2. Persianas em PVC com mecanismo de articulação
17. *Equipamentos do empreendimento*
    17.1. Elevadores e escadas
        17.1.1. Elevador para dez passageiros, acabamento da cabine em aço escovado etc.
        17.1.2. Escada rolante com largura de 1,20 m, desnível de 3,50 m etc.
    17.2. *Freezer*
        17.2.1. *Freezer* horizontal com capacidade de 350 L
18. *Obras externas*
    18.1. Pavimentação externa
        18.1.1. Lajota hexagonal de concreto sobre camada de areia
        18.1.2. Concreto armado desempolado $e = 0{,}12$ m
    18.2. Muros
        18.2.1. Muro em alvenaria de bloco cerâmico, $e = 9$ cm, altura de 1,80 m, chapiscado, rebocado e pintado com duas demãos de látex para exteriores

18.3. Portões

18.3.1. Portão de correr em perfil (tubo retangular) de alumínio na cor branca

4.3.4 Elaboração de planilhas de orçamento

Orçamentos são documentos elaborados para atender geralmente a uma das seguintes situações:

- interesse da administração, em órgãos públicos e/ou empresas de economia mista, por ser o orçamento parte do projeto básico e, portanto, indispensável ao atendimento de exigência legal;
- na iniciativa privada, em construtoras, em empresas de projetos e consultoria, como parte da atividade empresarial participando de licitações públicas ou para atender a clientes na iniciativa privada.

Numa ou noutra situação, o engenheiro tem a liberdade para elaborar a planilha orçamentária a mais completa possível, dentro dos melhores padrões técnicos, legal e profissionalmente, responsabilizando-se inclusive perante o Crea por seu trabalho.

Infelizmente, as planilhas nem sempre são bem elaboradas, e, em alguns casos, é possível observar omissões e/ou definições de diversos serviços de forma confusa, algumas vezes propositadamente, de forma dolosa.

Sua elaboração é um trabalho de engenharia que requer conhecimento, organização e esmero. Ao fracionar a obra por meio de seus serviços, o engenheiro deve fazê-lo na forma mais lógica possível, sequenciada e criteriosa. Esse fracionamento, como já dito antes, deve se dar no nível em que os serviços da obra acontecem, pois é nesse nível que eles serão medidos e pagos. Em havendo necessidade de efetuar um planejamento mais aprimorado de um setor da obra, os itens e os quantitativos correspondentes poderão ser escritos em um nível mais detalhado que expresse o rigor do acompanhamento que se quer implementar, lembrando que, quando o alvo for a obra completa, esse não deve ser o procedimento generalizado, pois o excesso de detalhamento é prejudicial ao planejamento e também ao acompanhamento.

O orçamento bem elaborado constitui uma espécie de *preview* da construção. Em sua elaboração, já existe a necessidade de tomar algumas decisões quanto a materiais, processos e equipamentos que participarão no custo da construção, não havendo, em muitos casos, possibilidade de transferir com facilidade essa decisão para uma fase posterior, já que dependerá de entendimentos, negociações, rerratificação de planilha e contrato etc.

Por exemplo, na construção de um reservatório elevado, a escolha entre a fôrma do tipo trepante, deslizante ou convencional é decisiva para a formação do preço.

Em licitações de pontes, não é diferente. A decisão quanto ao método construtivo é fundamental para a elaboração do orçamento.

O engenheiro de custos deve estar convencido de quão importante é a informação que ele produz ao elaborar uma planilha de orçamento. Por isso mesmo, deve estar atento aos aspectos de clareza e precisão na redação, para que não proporcione dúvidas a quem for manuseá-la e, ao contrário, possa subsidiar as pessoas envolvidas no processo da construção com informações úteis.

Considere-se, por exemplo, um item da planilha referente à fôrma, denominado "Fôrma para estrutura em geral", com sua respectiva quantidade em metros quadrados. Esse valor da área é obtido pelo cálculo das áreas de todos os elementos estruturais da edificação. Primeiro são calculadas as áreas de fôrma dos pilares, posteriormente as das vigas, depois as das lajes e escadas, procedendo-se em seguida a uma varredura em todos os níveis e a seu lançamento na planilha de duas maneiras possíveis: discriminadamente ou o seu total.

Caso esses dados não sejam apresentados detalhadamente nem fiquem arquivados em uma memória de cálculo dos quantitativos do orçamento, então, durante a fase de construção, quando os materiais deverão ser adquiridos, será necessário repetir todo o levantamento, talvez até pelo próprio engenheiro que os tinha feito. Esse retrabalho tem um custo e não deixa de ser um prejuízo.

O profissional de custos pode e deve superar as informações contidas nos próprios projetos, transformando a planilha numa rica fonte de informações.

Ao término da elaboração de um orçamento, o engenheiro orçamentista deve ter por hábito (e bom costume) verificar alguns índices característicos, os quais, para determinados tipos de obra, costumam se manter com pouca variação.

Geralmente, são verificadas as taxas de aço e de fôrma em relação ao volume total de concreto, bem como a espessura média das lajes, obtida pela divisão do volume total de concreto pela área total das lajes, inclusive a de cobertura. Normalmente, em soluções convencionais, essa espessura média se situa entre 0,17 m e 0,20 m, mas, dependendo do processo construtivo, como nas lajes protendidas, com vigas somente na periferia, esse número tende a aumentar.

Por esse motivo, é recomendável que o orçamento feche em 100% no item 16 ("Diversos"), excluindo os itens 17 ("Equipamentos") e 18 ("Obras externas"), pois a inclusão desses dois itens pode contaminar os índices do orçamento, como o valor do custo unitário por metro quadrado, entre outros. Dessa maneira, se o orçamento terminar com um percentual de 126,50%, pode-se concluir que há naquela obra um percentual de 26,50% além do custo, referente a equipamentos e/ou obras externas.

Índices de consumo de fôrma e aço em peças de concreto armado

Ao pesquisar os valores relativos de fôrma, aço e concreto em diversas obras, conclui-se que, de modo geral, em não havendo disponibilidade do projeto estrutural durante a elaboração do orçamento, os índices a seguir podem ser usados com razoável precisão:

- Fôrmas por elemento construtivo:
  - ◇ blocos sobre estacas e sapatas – 4 m^2/m^3;
  - ◇ escadas – 6 m^2/m^3;
  - ◇ lajes – 10 m^2/m^3;
  - ◇ pilares – 12 m^2/m^3;
  - ◇ vigas – 15 m^2/m^3.
- Consumo de aço em elementos estruturais: ver Tab. 4.5.

Tab. 4.5 Consumo de aço em elementos estruturais

Elemento estrutural	Consumo de aço CA-50 (kg/m³)	Consumo de aço CA-60 (kg/m³)	Total (kg/m³)
Sapatas	40	–	40
Blocos sobre estacas	100	–	100
Vigas	75	35	110
Lajes	–	40	40
Pilares	100	20	120

4.3.5 Método das áreas equivalentes ou da NBR 12721

O método das áreas equivalentes se baseia na Lei nº 4.591, de 16 de dezembro de 1964, revista e complementada com a Lei nº 10.406, de

10 de janeiro de 2002, que instituiu o Novo Código Civil. Esses conhecimentos e procedimentos foram consolidados pela Associação Brasileira de Normas Técnicas (ABNT) na NBR 12721.

É obrigatório nas obras por incorporação, em virtude da inexistência, quase sempre, de projeto executivo completo por ocasião do registro.

Com esse método, as avaliações de custo podem ser obtidas por meio de procedimentos simplificados, com a utilização do custo unitário básico (CUB) por metro quadrado.

4.3.6 Método da estimativa paramétrica

O método da estimativa paramétrica, de grande utilização nos Estados Unidos, não é de nossa tradição e também não é previsto em nossas normas técnicas.

Mas sabe-se que, desde o início do empreendimento, já há a necessidade de estabelecer estimativas de custo, mesmo sem dispor dos projetos de arquitetura, engenharia, processo etc. Nesses casos, esse método encontra grande utilidade. Ele consiste na utilização de um ou mais algoritmos matemáticos que relacionam dados técnicos com parâmetros da obra.

Esses parâmetros são:

- área de piso;
- pé-direito;
- número de pavimentos;
- porcentagem da área de piso utilizada como escritórios;
- porcentagem de área de piso molhado;
- porcentagem de área de piso seco;
- porcentagem de área de piso com aquecimento;
- porcentagem de área de piso com resfriamento (ar-condicionado);
- número de cantos (vértices) do perímetro externo do edifício (4, 6 etc.);
- fatores estruturais de resistência;
- qualidade do revestimento exterior das fachadas;
- qualidade dos revestimentos interiores da construção;
- qualidade mecânica dos serviços;
- qualidade elétrica dos serviços;
- fator de escala (entre o modelo e a moeda corrente);
- fator de posição;

- fator local de produtividade;
- outros parâmetros.

Esses modelos matemáticos dependem muito da experiência do profissional, pois muitas suposições são estabelecidas em sua formulação, o que resulta em algumas restrições quanto a seu uso. Podem ser aplicados a edifícios de escritórios, armazéns, edifícios industriais e laboratórios, mas em geral não se aplicam a construções residenciais.

São também levados em consideração recursos históricos e estatísticos relacionados com o projeto.

As estimativas paramétricas não preveem qualquer tipo de contingência, cabendo ao engenheiro orçamentista fazê-lo complementarmente, por meio das técnicas de análise de risco.

4.4 Considerações sobre a classificação dos dispêndios na construção

Pode-se considerar que o preço final de uma obra é composto de três parcelas: o custo direto ou custo direto inicial, os custos indiretos e as despesas indiretas.

O custo direto é o custo extraído dos projetos de arquitetura e engenharia. Reflete os gastos com os materiais e com a mão de obra (algumas vezes também com equipamentos) necessários à execução da construção. São exemplos o custo da alvenaria de pedra, do passeio em concreto simples, da pintura em esmalte sintético etc. A mão de obra que entra na formação do custo direto, isto é, "a mão de obra do pessoal que põe a mão na massa", agrega valor aos materiais, transformando-os em serviços.

Os custos indiretos são os custos com a infraestrutura necessária à realização da obra. Embora não se refiram à construção propriamente dita, são imprescindíveis na formação do preço e correspondem aos serviços ou atividades sem os quais não seria possível a produção do bem que se quer construir.

Integram os custos indiretos a mobilização e a desmobilização, o canteiro de obras e o acampamento, a administração local e, mais recentemente, também os encargos sociais complementares, que englobam os exames admissionais e demissionais, o vale-transporte, refeições (inclusive a cesta básica), o seguro de vida em grupo, o *kit* básico de EPI (fardamento, bota de couro, óculos de proteção, luvas de raspa, filtro solar, protetor auricular, máscara de proteção contra poeira e, quando necessário, para trabalho em altura, cinto de proteção com talabarte) e, finalmente, as ferramentas de trabalho.

Esses encargos sociais complementares, ou intersindicais, em nosso entendimento não deveriam ser segregados conforme a determinação dos controladores, pois em nada diferem dos encargos comuns, uma vez que, acordados entre os sindicatos, passam a ser obrigatórios e automaticamente incorporados ao valor da mão de obra. Poderiam, pois, permanecer como parcela integrante dos encargos sociais, eliminando mais uma etapa desnecessária de cálculo, que constitui mais uma possibilidade de erro do orçamento (esquecimento e/ou má avaliação dos encargos etc.).

Todos os demais dispêndios da obra que não se enquadram na classificação de custo direto ou custos indiretos são considerados despesas indiretas, que serão tratadas no Cap. 9.

Na presente edição foram feitas algumas alterações na classificação dos itens de custo. Assim, a administração local deixou de contemplar alguns serviços da área da manutenção do canteiro de obras, que passou a ser um item da planilha, e os equipamentos que constituem a estrutura de apoio à produção foram transferidos para o canteiro de obras, que agora passou a ter a seguinte estruturação:

- *Implantação do canteiro*: compreende serviços básicos de infraestrutura, como água, energia etc., instalações físicas para escritórios, almoxarifado, sanitários e refeitório, semelhantemente a uma unidade fabril. Além disso, pode incluir alguns serviços auxiliares de terraplenagem, como acessos a jazidas etc., desde que não figurem na planilha do projeto, para não proporcionar duplicidade de serviços.
- *Manutenção do canteiro*: contempla itens como aluguel de áreas para canteiro, aluguel de mobiliário e equipamentos de escritório, custo com a elaboração de relatórios de engenharia de segurança e licenças e aquisição de ferramentas, equipamentos de proteção coletiva (EPCs) e EPIs não previstos no *kit* básico já mencionado. Também fazem parte desse grupo os dispêndios com a manutenção das instalações físicas do canteiro, de acessos etc.
- *Estrutura de apoio à produção*: enquadram-se neste item os equipamentos não incluídos nas composições de preço, como elevadores de obra, gruas, guinchos de coluna, andaimes apoiados fachadeiros e tubulares, andaimes suspensos tipo pesado (jaús), tratores

de pneu com carreta, *dumpers*, grupos geradores, transformadores etc. Incluem-se ainda os veículos de passeio e transporte e seus respectivos custos de manutenção.

De modo geral, não há um critério rígido para a inclusão dos equipamentos nas composições de custo unitário (custo direto) ou no canteiro (custo indireto), mas, em princípio, vai para a composição de custo o equipamento que é incorporado à atividade construtiva, conforme já mencionado. Assim, numa escavação em solo de segunda categoria, geralmente executada com trator, não há dúvida de que o custo com esse equipamento – inclusive quando estiver parado, mas à disposição da obra – deverá ser considerado na composição de custo da escavação, isto é, no custo direto.

Se uma carregadeira encontrar-se na obra com o fim específico de efetuar a carga das escavações, seu custo deverá ser apropriado na composição do serviço "carga mecanizada".

Numa outra situação, havendo uma carregadeira no canteiro somente com a finalidade de manter o canteiro limpo durante um certo período de tempo, o custo com esse equipamento poderá ser apropriado como indireto, salvo se a limpeza da obra for prevista em planilha, sendo, portanto, um serviço objeto de medição (m^2, m^3 etc.).

Enfoque-se agora uma betoneira, instalada numa obra com prazo de duração de dez meses, para produzir argamassas e concretos. Se você pensou em computar o custo do aluguel desse equipamento no canteiro de obras – estrutura de apoio à produção, pensou de forma acertada. De outra maneira, seria preciso calcular seu custo horário e definir sua incidência na formação do preço dos concretos e das argamassas, o que não seria de fácil precisão. Observe-se que, ao fazer uma avaliação imprecisa da participação da betoneira na composição desses serviços, essa imprecisão se propagará em todos os demais que utilizam a argamassa, como as alvenarias de pedra e de tijolos, os revestimentos etc.

A grua, um equipamento vital na construção de edifícios, deverá igualmente ter seus custos lançados naqueles referentes aos equipamentos da estrutura de apoio à produção.

Algumas taxas percentuais do custo direto indicadas neste livro, como, por exemplo, o valor estimativo do canteiro, devem ser entendidas como um ensaio inicial de avaliação. Para a apropriação de seu custo, a estimativa correta do canteiro de obras deve ser feita por meio de uma planilha como a sugerida no Anexo A.1, adaptando-a às especificidades da obra que se quer orçar.

Nessa planilha, foi introduzida mais uma coluna, referente à durabilidade, aplicável a itens como mobiliário e ferramentas de grande durabilidade, entre outros, antes adotadas como consumo, mas que doravante podem incidir na formação do custo como amortização mensal durante o prazo da obra. Dessa maneira, a amortização de um mobiliário com durabilidade de 72 meses poderá acontecer ao longo de várias obras, até que seus prazos sejam suficientes para atingir a vida útil desse mobiliário.

Para o cálculo, foi adotada a fórmula do sistema de amortização constante (SAC), e, para as durabilidades, foi utilizada a tabela constante da Instrução Normativa SRF nº 162, adotando-se esses valores reduzidos e iguais a 60%, em face de as condições de utilização na maioria dos canteiros serem consideradas severas.

4.4.1 Administração local

A avaliação do custo da administração local também pode ser feita por meio de uma planilha (ver Anexo A.1). Essa planilha objetiva não só dar transparência, mas melhorar a precisão dessa avaliação, contrariamente à determinação dos agentes financiadores e controladores, que preferem o uso de taxas preestabelecidas.

Essas taxas quase sempre não expressam a realidade dos custos observados durante a construção, causando problemas aos contratados e, por extensão, aos contratantes. Como na maioria das vezes essas taxas são imprecisas, os valores percentuais a elas atribuídos não são suficientes para contemplar alguns serviços significativos, sendo, entretanto, forçosamente absorvidos pelo contratado a seu ônus exclusivo. É como se tivesse que ser usado, num pé de tamanho 42, um sapato de numeração 39.

Uma das principais inovações a que chegou a comissão DNIT/Aneor (DNIT, 2010, p. 36), criada pelas Portarias nº 156/2009 e nº 341/2010, para o desenvolvimento do Sicro 3, consistiu em

> [...] reconhecer que a Administração Local não pode ser orçada a partir de um percentual fixo. Isso porque, conforme elucida o *Manual de Custos de Infra-estrutura de Transportes* – Volume 1:
>
> > O item Administração é facilmente mensurável, extremamente variável e dependente de diversos fatores. Não é

> função apenas do valor da obra e, sim, das particularidades de cada empresa e das facilidades de que a mesma dispõe. Admitir um percentual fixo sobre o custo pode conduzir a erros grosseiros.
>
> Assim, no Sicro 3 a proposta é que a Administração Local passe a constituir um item próprio no orçamento, deixando, portanto, de figurar no BDI.

Já o *Manual de instruções para contratação e execução dos programas e ações do Ministério das Cidades* (Brasil, 2014, p. 73) estabelece que:

> O valor máximo admissível com recursos do repasse da União para o item Administração Local é de 5% (cinco por cento), calculado sobre o valor do Termo de Compromisso, devendo o excedente, se ocorrer, ser assumido como contrapartida.
>
> Esse limite poderá ser ampliado, conforme [Tab. 4.6] – coluna A, se na composição dos custos da administração local estiverem previstos os encargos complementares: EPI, ferramentas manuais, alimentação e transporte de pessoal para toda a obra.
>
> Em casos especiais, devidamente justificados pelo Proponente e aceitos pela Mandatária, poderão ser utilizados recursos de repasse nos limites descritos na [Tab. 4.6] – coluna B.

Tab. 4.6 Limites percentuais médio (A) e máximo (B) de administração local, possíveis de inserção no custo direto

Percentual de administração local inserido no custo direto	Limite de repasse da União	
	(A, %)	(B, %)
Construção de edifícios	6,23	8,87
Construção de rodovias e ferrovias	6,99	10,68
Construção de redes de abastecimento de água, coleta de esgoto e construções correlatas	7,64	10,89
Construção e manutenção de estações e redes de distribuição de energia elétrica	5,05	7,45
Obras portuárias, marítimas e fluviais	7,48	9,09

Fonte: Brasil (2014).

Não só o custo da administração local, mas também os demais custos indiretos referentes ao canteiro de obras, à mobilização e aos encargos sociais complementares, além das despesas indiretas com as quais é calculado o BDI, sempre que possível, sem exceção, devem ser analisados, discriminados e apropriados em planilhas próprias a partir das especificidades da obra, e, se e quando necessário, devem ser acompanhados de relatório explicativo e justificativo, evitando, assim, a simples adoção de taxas.

A boa prática da análise discriminada desses custos pode ser entendida como uma demonstração de competência do profissional responsável pelo orçamento do projeto básico, que tem inclusive o dever de providenciar seu registro no Crea de sua região por meio da anotação de responsabilidade técnica (ART).

Quando essas taxas são tabeladas e não representam com fidelidade os gastos efetivos, as diferenças nas parcelas do orçamento do projeto básico podem ir se acumulando e conduzir a imprecisões e aviltamento de seu valor final, o que provoca demandas nas licitações e dificuldades no relacionamento com o contratado durante a obra, redundando, como já dito, em atrasos nos prazos contratuais de execução e, por vezes, seu abandono.

Reconhecemos a praticidade dessa medida simplificadora, de rápida e eficiente aplicação para fiscais e auditores, mas, em alguns casos, pode comprometer sua eficácia, sobretudo em se tratando de emissão de pareceres e julgamentos.

Quanto ao custo do canteiro de obras, a apropriação de seu valor poderá também ser feita a partir de uma planilha como a sugerida no Anexo A.1, adaptando-a para cada caso.

4.5 Controle

De acordo com o Dicionário Houaiss, *controle* é a monitoração, a fiscalização ou o exame minucioso, que obedece a determinadas expectativas, convenções etc. Segundo Herrera (2007), as principais atividades de controle são as relacionadas a seguir:

- acompanhamento (medição, coleta e registro de informações);
- avaliação dos dados coletados (desvios, erros, perdas);
- análise e divulgação das informações resultantes da avaliação (*feedback*).

O controle previne que os erros se propaguem pelas várias etapas, possibilitando a correção do planejamento a tempo de os prazos serem recuperados para atingir os objetivos inicialmente definidos, sendo classificado como (Herrera, 2007):

- *contínuo*: ocorre ao longo de todo o processo;
- *interativo*: concomitantemente com as ações planejadas (tempo real);
- *iterativo*: é repetitivo;
- *permanente*: não deve ser interrompido;
- *eficaz*: aponta que o andamento das ações está em concordância com o planejado.

Ainda conforme Herrera (2007), a detecção dos problemas, como falhas e atrasos, é facilitada pela adoção de indicadores de desvios ou resultados que forneçam referenciais de acompanhamento e aferição das ações nas perspectivas:

- temporais (prazos);
- dimensionais (qualidade);
- ambientais (riscos);
- quantitativas (produtividade, capacidade).

As conclusões desse autor são as seguintes:

- o planejamento define como, por quem, quando e onde as ações devem acontecer;
- o controle investiga e avalia os resultados das ações, procurando corrigir as falhas em tempo e registrando as lições aprendidas;
- não adianta planejar o que não vai ser controlado, nem controlar o que não sabemos.

Convém observar que a atividade de controlar os custos de uma obra é também, de forma indireta, um mecanismo de controle da produtividade e dos tempos (prazos), tão importantes em qualquer empreendimento de engenharia.

4.5.1 Gráfico ou diagrama de Gantt

É provavelmente o gráfico preferido e mais usado pelos engenheiros civis. Desenvolvido em 1918 pelo engenheiro industrial francês Henry Gantt, consta de barras horizontais que representam as atividades, sendo dispostas em uma escala de tempo em que são demarcados o início e o fim de cada atividade. Pode ser desenhado com barras duplas, correspondentes às durações das atividades programadas e das efetivamente executadas. Permite uma rápida visualização de interdependência entre as atividades. A Fig. 4.2 apresenta um exemplo desse diagrama.

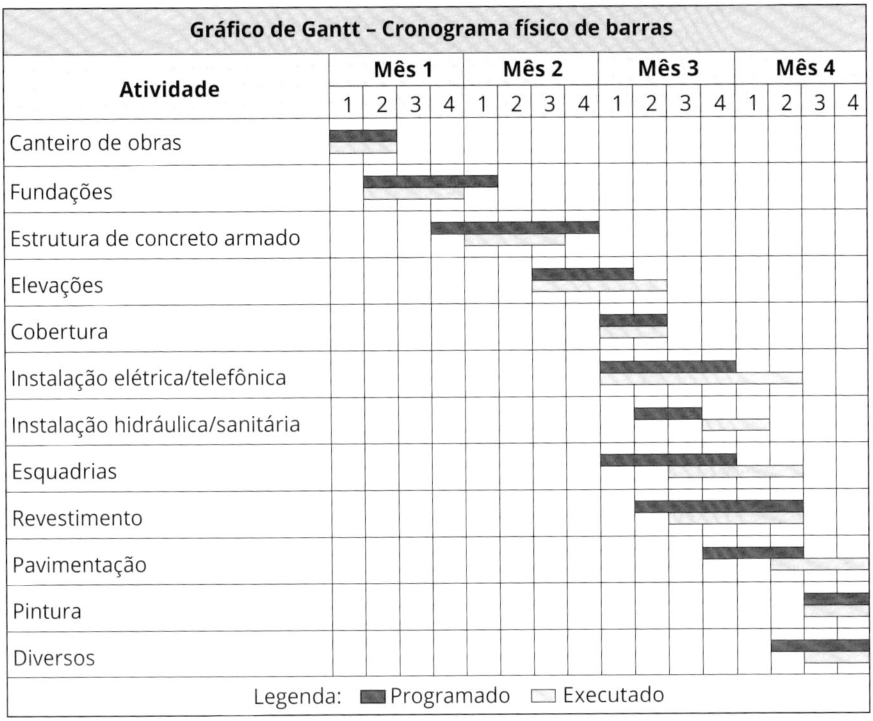

Fig. 4.2 *Diagrama de Gantt*

4.5.2 Cronograma físico-financeiro

Pode-se agregar valor ao gráfico de Gantt definindo, para cada atividade, os percentuais programados em cada unidade de tempo, bem como seu custo correspondente. Os totais por unidade de tempo representam os desembolsos necessários (mensais, quinzenais etc.) à construção do empreendimento. A Fig. 4.3 mostra um exemplo de cronograma físico-financeiro.

Com o planejamento, esse cronograma perdeu um pouco de sua utilidade, embora seja um documento integrante do contrato. Nele estão estabelecidos os percentuais de avanço físico-financeiro que o contratado se compromete a cumprir mensalmente, podendo inclusive ser penalizado em caso de descumprimento injustificado.

Cronograma físico-financeiro de barras																		
Atividade	Valor R$	%	Mês 1				Mês 2				Mês 3				Mês 4			
			1	2	3	4	1	2	3	4	1	2	3	4	1	2	3	4
Canteiro de obras	9.000,00	3,00	50%	50%														
			4.500,00	4.500,00														
Fundações	42.000,00	14,00		25%	25%	25%	25%											
				10.500,00	10.500,00	10.500,00	10.500,00											
Estrutura de concreto armado	54.000,00	18,00				20%	20%	20%	20%	20%								
						10.800,00	10.800,00	10.800,00	10.800,00	10.800,00								
Elevações	18.000,00	6,00							33%	33%	33%							
									6.000,00	6.000,00	6.000,00							
Cobertura	27.000,00	9,00									50%	50%						
											13.500,00	13.500,00						
Instalação elétrica/ telefônica	24.000,00	8,00								20%	20%	20%	20%	20%				
										4.800,00	4.800,00	4.800,00	4.800,00	4.800,00				
Instalação hidráulica/ sanitária	12.000,00	4,00										50%	50%					
												6.000,00	6.000,00					
Esquadrias	30.000,00	10,00									25%	25%	25%	25%				
											7.500,00	7.500,00	7.500,00	7.500,00				
Revestimento	27.000,00	9,00										20%	20%	20%	20%	20%		
												5.400,00	5.400,00	5.400,00	5.400,00	5.400,00		
Pavimentação	30.000,00	10,00											33%	33%	33%			
													10.000,00	10.000,00	10.000,00			
Pintura	21.000,00	7,00															50%	50%
																	10.500,00	10.500,00
Diversos	6.000,00	2,00														33%	33%	33%
																2.000,00	2.000,00	2.000,00

Fig. 4.3 *Cronograma físico-financeiro*

Atividade	Valor R$	%	Mês 1				Mês 2				Mês 3				Mês 4			
			1	2	3	4	1	2	3	4	1	2	3	4	1	2	3	4
Total simples	-	-	4.500,00	15.000,00	21.300,00	21.300,00	10.800,00	16.800,00	21.600,00	31.800,00	37.200,00	33.700,00	27.700,00	7.400,00	15.400,00	7.400,00	12.500,00	12.500,00
Total acumulado	300.000,00	100,00	4.500,00	19.500,00	30.000,00	51.300,00	72.600,00	83.400,00	100.200,00	121.800,00	153.600,00	190.800,00	224.500,00	252.200,00	267.600,00	275.000,00	287.499,99	299.999,99
% simples	-	-	1,50	5,00	3,50	7,10	7,10	3,60	5,60	7,20	10,60	12,40	11,23	9,23	5,14	2,46	4,17	4,17
% acumulado	-	100,00	1,50	6,50	10,00	17,10	24,20	27,80	33,40	40,60	51,20	63,60	74,83	84,06	89,20	91,66	95,83	100,00

Cronograma físico-financeiro de barras

Fig. 4.3 *(continuação)*

4.5.3 *Softwares* de planejamento

São inúmeras as vantagens da utilização de um *software* para o desenvolvimento do planejamento e do controle da obra, destacando-se a rapidez na produção de informações, a segurança quanto às informações produzidas, a boa apresentação de relatórios e a identificação de inconsistências entre a execução do projeto e as metas estabelecidas, além da possibilidade de serem estudados diferentes cenários que permitam tomadas de decisão com maior probabilidade de acerto.

O principal *software* existente no mercado para o planejamento e acompanhamento de obras é o *MS Project* da Microsoft.

Cabe ao profissional escolher o *software* que melhor se identifique com suas necessidades profissionais, podendo matricular-se num curso intensivo de 20 horas e, em duas semanas, estar apto a realizar pequenos planejamentos. Com determinação e afinco, em pouco tempo poderá desenvolver redes de grande número de eventos. O conhecimento sobre planejamento pode significar um diferencial na carreira do engenheiro, abrindo-lhe grandes oportunidades profissionais.

É interessante observar que os benefícios atingem inclusive a vida pessoal. Assim, a festa de 15 anos da filha debutante, por exemplo, que pode demandar providências (atividades) capazes de entediar toda a família, pode também ser extremamente facilitada com o estabelecimento de uma estrutura analítica detalhada das principais atividades, escritas em obediência às precedências, estimando as durações de cada atividade, identificando o caminho crítico e redobrando a atenção nas atividades que fazem parte desse caminho.

A atividade de planejar deve constituir um hábito do engenheiro. Muitas vezes, escolhemos uma parte da obra que será objeto de planejamento para colocar-lhe uma espécie de lente de aumento, com o fim de analisar o processo de execução. Por exemplo, os dias em que serão realizadas as concretagens das lajes dos pavimentos-tipo merecem toda a atenção possível quanto ao planejamento das ações, para que nada falte ou nada de errado aconteça, e, além disso, para que sejam atingidos os índices projetados (otimização na aplicação dos materiais no que se refere a perdas, cumprimento dos horários de início e término das atividades, ausência da necessidade de retrabalhos quanto a correções de fôrma, de armação ou de instalações embutidas, não ocorrência de acidentes etc.).

Não podemos esquecer que as atividades de planejar e controlar podem estar conjugadas numa plataforma BIM, que permite o desenvolvimento dos trabalhos de forma colaborativa a partir dos projetos e do orçamento.

Enfim, planejamos para acertar ao máximo, para driblar as contingências, para errar o mínimo possível.

Planejamos para ter sucesso!

Licitações e orçamentos de obras

5

"Uma vez que aceitamos nossos limites, conseguimos ir além deles."
Albert Einstein

5.1 Conceito

O estudo da licitação como um procedimento estatal é, antes de tudo, matéria dos autores da área do Direito.

Para Hely Lopes Meirelles (2004), por exemplo, "licitação é o procedimento administrativo mediante o qual a Administração Pública seleciona a proposta mais vantajosa para o contrato de seu interesse".

Celso Antônio Bandeira de Melo (2004, p. 505), por seu turno, define licitação como

> um certame que as entidades governamentais devem promover e no qual abrem disputa entre os interessados em com elas travar determinadas relações de conteúdo patrimonial, para escolher a proposta mais vantajosa às conveniências públicas. Estriba-se na ideia de competição, a ser travada isonomicamente entre os que preencham os atributos e aptidões necessários ao bom cumprimento das obrigações a que se propõe a assumir.

Maria Odete Medauar (2010, p. 187), em última análise, conceitua a licitação como

> um processo administrativo em que a sucessão de fases e atos leva à indicação de quem vai celebrar contrato com a Administração. Visa, portanto, a selecionar quem vai contratar com a Administração, por oferecer proposta mais vantajosa ao seu interesse – que é sempre o interesse público – com vista a algum contrato, em geral de aquisição, que pretenda celebrar.

São ideias centrais do conceito de licitação, assim, a noção de um conjunto de atos formais e prévios (procedimento) e a existência de uma competição ou certame, com vistas a um objetivo: selecionar uma proposta vantajosa para o Poder Público, que será objeto de um contrato.

Analisando essas definições, é possível entender o instituto jurídico da licitação como sendo não só um procedimento administrativo, mas também um instituto público ou de direito público, já que deve ser obrigatoriamente praticado por órgãos da Administração Direta e Indireta, conforme preceitua a Constituição Federal em seus Arts. 22, inciso XXVII, e 37, inciso XXI.

O objetivo deste capítulo não é o estudo das licitações em si. A partir da construção de algumas noções gerais, apenas introdutórias, o foco será direcionado àquilo que acreditamos ser mais sensível ao tema de orçamentos de obras: critérios de julgamento dos preços, especialmente aqueles levados em conta para considerar uma proposta como manifestamente inexequível, assim entendida aquela que se verifica, prematuramente, não estar apta a ser executada.

Uma proposta que flagrantemente não pode ser executada jamais poderia autorizar a celebração de um contrato público.

Como se verá adiante, todavia, defendemos que há um descompasso entre os melhores critérios técnicos da Engenharia e da Economia para considerar uma proposta como inexequível e os critérios da Lei nº 8.666.

5.2 Licitações: noções gerais

5.2.1 Evolução histórica

O ano de 1967 foi marcante para a legislação brasileira, com a implantação da reforma administrativa decorrente do Decreto-Lei nº 200, de 27 de fevereiro daquele ano.

Antes de 1967, o termo *licitação* sequer era empregado no meio jurídico. A expressão usual era *concorrência*, a qual era regulada pelo Decreto nº 4.536, de 28 de janeiro de 1922. A concorrência era obrigatória, só havendo dispensa nos casos excepcionais especificados pelo legislador.

Assim, a concorrência era obrigatória:

- para a execução de quaisquer obras e serviços públicos ou de utilidade pública de valor superior a dez mil contos de réis;
- para o fornecimento à Administração, embora parcelado, de valor superior a cinco mil contos de réis;
- para a alienação de bens públicos móveis e imóveis.

Eis uma cronologia sintética da evolução normativa sobre licitações no Brasil:

- o Decreto-Lei nº 200, editado em 25 de fevereiro de 1967, sob a égide do governo militar de Castelo Branco, dispõe sobre a organização da Administração Federal e estabelece diretrizes para a Reforma Administrativa;
- o Decreto nº 73.140, de 9 de novembro de 1973, regulamenta as licitações e os contratos relativos a obras e serviços de engenharia;
- a Lei nº 8.666, de 21 de junho de 1993, regulamenta o Art. 37, inciso XXI, da Constituição Federal e institui normas para licitações e contratos da Administração Pública;
- a Lei nº 8.883, de 8 de junho de 1994, altera dispositivos da Lei nº 8.666 e institui normas para licitações;
- a Lei nº 9.648, de 27 de maio de 1998, altera dispositivos das Leis nº 3.890-A, de 25 de abril de 1961, nº 8.666, de 21 de junho de 1993, nº 8.987, de 13 de fevereiro de 1995, nº 9.074, de 7 de julho de 1995, e nº 9.427, de 26 de dezembro de 1996, e autoriza o Poder Executivo a promover a reestruturação da Eletrobras (Centrais Elétricas Brasileiras S.A.) e de suas subsidiárias;
- a Lei nº 10.520, de 17 de julho de 2002, institui o pregão como modalidade de licitação;
- a Lei Complementar nº 123, de 14 de dezembro de 2006, institui o Estatuto Nacional da Microempresa e da Empresa de Pequeno Porte.

Essas são as principais normas federais. Mas ressalta-se que Estados e municípios, em casos que a Constituição Federal especifica, também podem legislar sobre procedimentos em licitações e contratos administrativos, nos termos do Art. 22, inciso XXVII e parágrafo único. Assim, outros decretos e leis federais, estaduais e municipais também devem ser observados por todos aqueles que trabalham com o instituto das licitações.

Chama-se atenção ainda para as propostas de alterações no regime de licitações no Brasil, que foram objeto do Projeto de Lei nº 7.709, de 24 de janeiro de 2007. Embora tenha sido arquivado definitivamente em 18 de março de 2019, esse projeto sintetiza algumas das mudanças que podem ocorrer nos próximos anos, entre as quais se destacam as seguintes: a) transformar a inversão de fases na regra do procedimento licitatório; b) maior utilização de ferramentas eletrônicas, como procedimentos em meio virtual ou pela internet; c) incorporação do pregão ao texto da Lei nº 8.666; d) criação de um cadastro nacional de registro de preços; e e) alterações nos recursos administrativos, com redução de prazos, fim do efeito suspensivo e restrição quanto a matérias recorríveis.

Por questões históricas, cabe registrar que também era objeto desse projeto de lei a mudança dos valores utilizados para a definição das modalidades licitatórias, realmente um problema ao considerar que o Art. 23 da Lei nº 8.666 foi alterado em 1998 e, desde então, permanecem em vigor os parâmetros ali determinados para fins de escolha do convite, da tomada de preços e da concorrência, assim como, por consequência, da dispensa de licitação fundada em valor.

Na mesma esteira de mudanças, registram-se ainda a Lei nº 12.462, de 4 de agosto de 2011, que instituiu o Regime Diferenciado de Contratações Públicas (RDC), e a Lei nº 13.303, de 30 de junho de 2016, que regulamentou o estatuto jurídico da empresa pública, da sociedade de economia mista e de suas subsidiárias, no âmbito da União, dos Estados, do Distrito Federal e dos municípios.

Esse último diploma legal citado contempla um capítulo próprio sobre licitações, que, por seu caráter inovador, ainda se encontra em implantação pelos diversos entes da administração indireta nas três esferas da Federação brasileira. Por esse motivo, e também por seu caráter disperso, afinal cada empresa poderá dispor de um regulamento próprio sobre licitações, a análise dessas mudanças não foi objeto deste livro.

5.2.2 Modalidades, tipos e regimes de execução

Modalidades de licitação

Retomando a noção de licitação como um conjunto de atos formais e prévios (procedimento), mediante uma competição ou certame, com vistas ao objetivo de selecionar uma proposta vantajosa para o Poder Público, tem-se aquilo que a Lei nº 8.666 classificou como modalidades de licitação.

Nos termos do Art. 22 da lei mencionada, são modalidades de licitação a concorrência, a tomada de preços, o convite, o concurso e o leilão.

Como a licitação é um procedimento, para o estudo de cada uma dessas modalidades importa compreender formalidades, rotinas, providências, condutas e prazos distintos, cujo domínio é obrigatório para quem milita na área de licitações.

No que se refere ao estudo do orçamento de obras, cabe apenas citar que a escolha das modalidades de licitação dá-se preponderantemente em função do preço de seu objeto, ou seja, do orçamento da Administração. É o Art. 23, inciso I, da Lei nº 8.666 que regulamenta essa questão:

> Art. 23. As modalidades de licitação a que se referem os incisos I a III do artigo anterior serão determinadas em função dos seguintes limites, tendo em vista o valor estimado da contratação:
>
> I – para obras e serviços de engenharia:
>
> a) convite – até R$ 150.000,00 (cento e cinqüenta mil reais);
>
> b) tomada de preços – até R$ 1.500.000,00 (um milhão e quinhentos mil reais);
>
> c) concorrência: acima de R$ 1.500.000,00 (um milhão e quinhentos mil reais); [...]

Esses valores foram fixados pela Lei nº 9.648, de 27 de maio de 1998, e estão flagrantemente defasados. Se fossem atualizados, o valor para convite, por exemplo, seria de R$ 717.196,32 em março de 2020, considerando a variação de 378,13% do INCC no período.

Ressalta-se ainda que a Lei nº 8.666 também prevê situações em que a Administração Pública, excepcionalmente, pode contratar sem procedimento competitivo. São as hipóteses de dispensa de licitação (Art. 24) e inexigibilidade de licitação (Art. 25).

Tipos de licitação (ou critérios de julgamento)

Segundo o § 1º do Art. 45 da Lei nº 8.666, constituem tipos de licitação, exceto na modalidade concurso:

> I – a de menor preço – quando o critério de seleção da proposta mais vantajosa para a Administração determinar que será vencedor o licitante que apresentar a proposta de acordo com as especificações do edital ou convite e ofertar o menor preço;
>
> II – a de melhor técnica;
>
> III – a de técnica e preço;
>
> IV – a de maior lance ou oferta – nos casos de alienação de bens ou concessão de direito real de uso.

Como determina o Art. 46 da mesma lei,

> Os tipos de licitação "melhor técnica" ou "técnica e preço" serão utilizados exclusivamente para serviços de natureza predominantemente intelectual, em especial na elaboração de projetos, cálculos, fiscalização, supervisão e gerenciamento e de engenharia consultiva em geral e, em particular, para a elaboração de estudos técnicos preliminares e projetos básicos e executivos [...].

Regimes de execução

Outra noção importante ao estudo dos orçamentos é o regime de execução. No que interessa aos regimes de execução, tem-se que a Administração Pública pode fazer as obras por seus órgãos e agentes (execução direta) ou após a celebração de um contrato (execução indireta). Essa última, segundo o Art. 10 da Lei nº 8.666, se dará mediante:

> a) empreitada por preço global – quando se contrata a execução da obra ou do serviço por preço certo e total;
> b) empreitada por preço unitário – quando se contrata a execução da obra ou do serviço por preço certo de unidades determinadas;
> [...]
> c) empreitada integral – quando se contrata um empreendimento em sua integralidade, compreendendo todas as etapas das obras, serviços e instalações necessárias, sob inteira responsabilidade da contratada até a sua entrega ao contratante em condições de entrada em operação, atendidos os requisitos técnicos e legais para sua utilização em condições de segurança estrutural e operacional e com as características adequadas às finalidades para que foi contratada.

A pergunta que se faz é: deve-se decidir por uma empreitada por preço unitário ou por preço global?

De modo geral, decide-se pela empreitada por preço unitário quando se dispõe do projeto básico, entendido como um projeto não simplificado, mas sim de acordo com o que define a Lei nº 8.666 (Art. 6º, inciso IX), isto é, como aquele que contempla um conjunto de elementos necessários e suficientes, com nível de precisão adequado, para caracterizar a obra ou serviço, ou complexo de obras ou serviços objeto da licitação, elaborado com base nas indicações dos estudos técnicos preliminares, que assegurem a viabilidade técnica e o adequado tratamento do impacto ambiental do empreendimento, e que possibilite a avaliação do custo da obra e a definição dos métodos e do prazo de execução, devendo conter os seguintes elementos:

a) desenvolvimento da solução escolhida de forma a fornecer visão global da obra e identificar todos os seus elementos construtivos com clareza;
b) soluções técnicas globais e localizadas, suficientemente detalhadas, de forma a minimizar a necessidade de reformulação ou de variantes durante as fases de elaboração do projeto executivo e de realização das obras e montagem;
c) identificação dos tipos de serviços a executar e de materiais e equipamentos a incorporar à obra, bem como suas especificações que assegurem os melhores resultados para o empreendimento, sem frustrar o caráter competitivo para a sua execução;
d) informações que possibilitem o estudo e a dedução de métodos construtivos, instalações provisórias e condições organizacionais para a obra, sem frustrar o caráter competitivo para a sua execução;
e) subsídios para montagem do plano de licitação e gestão da obra, compreendendo a sua programação, a estratégia de suprimentos, as normas de fiscalização e outros dados necessários em cada caso;
f) orçamento detalhado do custo global da obra, fundamentado em quantitativos de serviços e fornecimentos propriamente avaliados.

O projeto executivo pode ser desenvolvido durante a execução da obra, após o que uma nova planilha de orçamento deverá ser elaborada com os quantitativos e o preço total redefinidos, sendo, então, procedidas as devidas alterações contratuais – rerratificação do contrato.

Esse fato pode se repetir durante a execução do contrato, de forma que, ao término da obra, a planilha do orçamento deve corresponder ao *as-built* da construção.

Para a empreitada por preço global, o Art. 47 da Lei nº 8.666 assim disciplina:

> Nas licitações para a execução de obras e serviços, quando for adotada a modalidade de execução de empreitada por preço global, a Administração deverá fornecer obrigatoriamente, junto com o edital, todos os elementos e informações necessários para que os licitantes possam elaborar suas propostas de preços com total e completo conhecimento do objeto da licitação.

Na empreitada por preço global, a Administração tem por obrigação produzir um orçamento muito mais elaborado, uma vez que dispõe de todas as informações em nível executivo, ou, quando não, num nível bastante detalhado e com as especificações completamente definidas. Como, nesse regime de empreitada, todas as informações são disponibilizadas aos licitantes, eventuais dúvidas remanescentes podem ainda ser sanadas durante o processo licitatório, agregando mais qualidade ainda à planilha do orçamento. Em consequência, é de se supor que, durante a execução da obra, não haverá necessidade de se efetuar qualquer rerratificação à planilha do orçamento.

Na empreitada por preço unitário, todos os pagamentos correspondem a medições referentes a serviços efetivamente executados.

Teoricamente, na empreitada por preço global os pagamentos podem ser regulados quase que exclusivamente pelo cronograma físico-financeiro, dispensando a fiscalização da árdua tarefa de efetuar medições regulares em todos os itens da planilha orçamentária. Por exemplo, em se tratando de esquadrias, pode-se liberar o percentual referente às esquadrias do pavimento térreo, posteriormente as esquadrias ou um percentual do primeiro pavimento e assim por diante.

Na prática, mesmo nas obras contratadas sob o regime de empreitada por preço global, podem ocorrer diferenças entre as quantidades constantes da planilha do orçamento e as quantidades efetivamente executadas. Nesse caso, como deve proceder o engenheiro fiscal responsável pela liberação dos pagamentos?

Duas situações distintas podem ocorrer:

- quantidade executada maior que a prevista;
- quantidade executada menor que a prevista.

Finalizando, é possível tirar os ensinamentos a seguir.

A vantagem da contratação em regime de empreitada por preço global parece residir na comodidade de, com grande probabilidade de ocorrência, não haver necessidade de serem feitos ajustes no contrato, durante sua execução, ante as mínimas diferenças encontradas nos quantitativos de planilha do orçamento, quando da realização das medições.

Quando essas diferenças são expressivas, ou quando surgem serviços novos não previstos no projeto, é necessária a formalização dessas alterações da planilha e, consequentemente, do valor do contrato por meio de termo aditivo, o qual deve ser devidamente instruído com justificativa técnica, verificação do percentual de acréscimo do valor do aditivo em relação ao valor original do contrato, parecer favorável da Assessoria ou Procuradoria Jurídica e outras formalidades afins, o que pode demandar algum tempo. É importante observar que, enquanto tramitar o processo referente ao termo aditivo, a obra deverá ter seu curso normal, sem atrasos ou paralisações, entretanto o contratado não poderá emitir qualquer fatura que inclua esses novos serviços ou serviços cujos quantitativos tenham sido acrescidos em relação à planilha original e esgotados (totalmente faturados).

Esse fato é um dos campeões entre os problemas que ocorrem entre o particular e a Administração, motivado geralmente pela falta de compromisso da Administração com a celeridade dos processos.

A planilha do orçamento, tanto nas obras contratadas em regime de empreitada por preço global quanto naquelas em regime de preço unitário, tem servido de instrumento para o "apadrinhamento" de licitantes protegidos pela Administração. O artifício de criar alguns itens de serviço cuja execução não será necessária durante a obra ou de alterar para mais os quantitativos de alguns itens de serviço cuja informação é privilégio do "afilhado" pode permitir a esse mesmo "afilhado" trabalhar os preços unitários desse item ou itens, proporcionando o resultado esperado pelo agente e pelo favorecido.

5.2.3 Julgamento das propostas (e dos orçamentos)

O Art. 44 da Lei nº 8.666 estabelece que

> No julgamento das propostas, a Comissão levará em consideração os critérios objetivos definidos no edital ou convite, os quais não devem contrariar as normas e princípios estabelecidos por esta Lei.

A regra mais importante quanto a esse tema vem expressa no § 3º do Art. 44 e no Art. 48, inciso II.

> Art. 44.
> [...]
> § 3º: Não se admitirá proposta que apresente preços global ou unitários simbólicos, irrisórios ou de valor zero, incompatíveis com os preços dos insumos e salários de mercado, acrescidos dos respectivos encargos, ainda que o ato convocatório da licitação não tenha estabelecido limites mínimos, exceto quando se referirem a materiais e instalações de propriedade do próprio licitante, para os quais ele renuncie a parcela ou à totalidade da remuneração.

> Art. 48. Serão desclassificadas:
> [...]
> II – propostas com valor global superior ao limite estabelecido ou com preços manifestamente inexeqüíveis, assim considerados aqueles que não venham a ter demonstrada sua viabilidade através de documentação que comprove que os custos dos insumos são coerentes com os de mercado e que os coeficientes de produtividade são compatíveis com a execução do objeto do contrato, condições estas necessariamente especificadas no ato convocatório da licitação.

Esse é o texto legal que compõe a regra. Cabe à Administração aplicá-la eficientemente.

O atendimento à regra requer a compreensão de alguns pontos a serem observados sobre as seguintes situações:

Preços excessivos

Preço de mercado

O entendimento desse jargão oriundo do "economês" é de que o preço de mercado está associado a produto industrializado, produzido em escala, de fácil obtenção, com preço facilmente aferido (no mercado). Não é o caso das obras públicas, que não se repetem, salvo poucos projetos de escolas, postos de saúde e delegacias, mas, ainda assim, em condições especiais para cada uma das obras, como o terreno de implantação.

Em não sendo possível estabelecer o preço de mercado para a obra como um todo, tem-se a alternativa de dividi-la em pequenas partes (serviços e/ou insumos), cujos respectivos preços praticados podem ser conhecidos com segurança, como os preços de mercado de concretos, esquadrias de madeira, tintas, telhas, mão de obra etc. É desta forma que são feitos (elaborados) os orçamentos: compõem-se os preços das partes, avaliam-se suas quantidades e chega-se ao valor global; os orçamentos com valor superior são considerados com preços excessivos.

O rigor com que o tema dos preços de mercado é tratado pela lei decorre da preocupação em criar barreiras e mecanismos de controle do orçamento contra o superfaturamento.

Nesse sentido, desde 2010, com a Lei nº 12.017 (LDO 2010), e mais recentemente com o Decreto Presidencial nº 7.983/2013, ficaram estabelecidas regras e critérios para a elaboração de orçamentos de referência de obras e serviços de engenharia contratados e executados com recursos da União. Essas regras preveem que os valores dos serviços e dos insumos deverão ser os constantes no banco de dados do Sistema Nacional de Pesquisa de Custos e Índices da Construção Civil (Sinapi). Dessa forma, serão considerados atendidos quanto à condição do preço de mercado os orçamentos para os quais forem utilizados insumos e composições de preço do Sinapi.

Quando, nesse banco, não forem encontradas composições de preço unitário que correspondam às especificidades do projeto em orçamentação, deverão ser elaboradas as composições que se façam necessárias, por profissional devidamente habilitado, com a adoção dos insumos constantes no banco. Se esses insumos não estiverem presentes no banco – o que acontece com razoável frequência, pois ele ainda não está completamente atualizado –, deverá ser providenciada uma pesquisa no mercado e elaborado um relatório circunstanciado, assinado pelo profissional responsável.

Aceitabilidade do preço global

O critério do menor preço retrata uma condição necessária, mas não suficiente para garantir o enquadramento da proposta naquilo que a lei denomina *preço de mercado*. Para que a escolha da proposta de menor preço global atenda a esse requisito, é preciso que a proposta passe por um processo de aferição em relação ao limite máximo de admissibilidade do preço global. De outra forma, a proposta de menor preço global poderá ser somente a menos desvantajosa, já que existe a possibilidade de todas as propostas possuírem preços superiores ao de mercado, fugindo à regra.

Esse limite máximo, conforme previsto em lei, corresponde ao valor orçado pela Administração. É necessário, portanto, que o orçamento elaborado pela Administração possua a mais absoluta segurança e confiabilidade no que diz respeito à precisão dos quantitativos levantados e dos preços unitários estabelecidos, sobretudo se não fizerem parte de um sistema de registro de preços de reconhecida procedência e confiabilidade.

No Cap. 2, foram mostrados alguns cuidados especiais, a serem observados na elaboração dos orçamentos, para que seja possível atingir o resultado almejado.

O estabelecimento do limite máximo das ofertas deve estar presente no edital, de modo a afugentar do certame as propostas superfaturadas e, por outro lado, limitar a responsabilidade do Administrador quanto à aceitação do valor delas.

Aceitabilidade dos preços unitários

A fixação do limite máximo de admissibilidade do preço global pode e deve ser estendida a todos os preços unitários da planilha. A imposição de fronteiras também nos preços unitários contribui para que sejam evitadas ofertas de alguns preços unitários superiores ao valor de mercado e de outros inferiores, de maneira a compensar convenientemente o preço global. Em assim sendo e ocorrendo acréscimos de quantitativos concentrados nos itens com preços mais altos, poderá haver a desfiguração da proposta, fazendo com que ela perca a condição de vantagem em relação a um ou mais licitantes.

Preços manifestamente inexequíveis

A questão da inexequibilidade tem sido objeto de análise por parte dos estudiosos da Lei nº 8.666. Vejamos:

> Art. 40. O edital conterá no preâmbulo o número de ordem em série anual, o nome da repartição interessada e de seu setor, a modalidade, o regime de execução e o tipo da licitação, a menção de que

será regida por esta Lei, o local, dia e hora para recebimento da documentação e proposta, bem como para início da abertura dos envelopes, e indicará, obrigatoriamente, o seguinte:

[...]

X – o critério de aceitabilidade dos preços unitário e global, conforme o caso, permitida a fixação de preços máximos e vedados a fixação de preços mínimos, critérios estatísticos ou faixas de variação em relação a preços de referência, ressalvado o disposto nos parágrafos 1° e 2° do art. 48;

Art. 44.

[...]

§ 3°: Não se admitirá proposta que apresente preços global ou unitários simbólicos, irrisórios ou de valor zero, incompatíveis com os preços dos insumos e salários de mercado, acrescidos dos respectivos encargos, ainda que o ato convocatório da licitação não tenha estabelecido limites mínimos, exceto quando se referirem a materiais e instalações de propriedade do próprio licitante, para os quais ele renuncie a parcela ou à totalidade da remuneração.

Art. 48.

[...]

§ 1°: Para os efeitos do disposto no inciso II deste artigo consideram-se manifestamente inexeqüíveis, no caso de licitações de menor preço para obras e serviços de engenharia, as propostas cujos valores sejam inferiores a 70% (setenta por cento) do menor dos seguintes valores:

a) média aritmética dos valores das propostas superiores a 50% (cinqüenta por cento) do valor orçado pela administração, ou
b) valor orçado pela administração.

§ 2°: Dos licitantes classificados na forma do parágrafo anterior cujo valor global da proposta for inferior a 80% (oitenta por cento) do menor valor a que se referem as alíneas "a" e "b", será exigida, para a assinatura do contrato, prestação de garantia adicional, dentre as modalidades previstas no § 1° do Art. 56, igual a diferença entre o valor resultante do parágrafo anterior e o valor da correspondente proposta.

Em nosso entendimento, a Lei nº 8.666, em seu Art. 44, § 3º, foi a que melhor pôde expressar e definir a questão da inexequibilidade, pois os preços global ou unitários não devem ser "incompatíveis com os preços dos insumos e salários de mercado, acrescidos dos respectivos encargos".

O atual critério, estabelecido no Art. 48, com a redação que lhe deu a Lei nº 9.648, conduz a valores inferiores e bem distantes do valor do custo orçado pela Administração, o que significa admitir a oferta de preços com BDI negativo, não se computando no preço ofertado sequer os tributos incidentes, o que, a nosso ver, é um erro grave.

No meio jurídico, é recorrente a opinião segundo a qual a Administração não tem alternativa, senão contratar, sempre que lhe aparecer uma proposta extremamente vantajosa, pouco importando quanto de diferença em relação ao valor orçado ela representa. Se o particular assim propôs, melhor para o Estado, que economizou. E caberia ao particular provar que a proposta não se poderia executar.

Não concordamos com esse pensamento comum, pois não há outra prova da exequibilidade, a não ser pela demonstração dos valores apresentados para todas as parcelas que constituem o orçamento, como materiais, equipamentos, pessoal, encargos sociais, fiscais, seguros, taxas e despesas indiretas, inclusive a parcela referente ao lucro.

A avaliação dessas parcelas, cada uma individualmente considerada, é de fundamental importância para a precisão do orçamento. Portanto, essas parcelas deveriam ser exigidas no edital. A omissão de uma parcela expressiva de forma intencional, ou mesmo por erro ou imperícia, que possa acarretar, como consequência, uma redução do valor do orçamento, jogando os preços para baixo, deve ser considerada motivo suficiente para desqualificação e eliminação da proposta do licitante correspondente.

Ainda sobre o patrimônio do licitante, não vemos, na prática, como a avaliação de sua capacidade patrimonial possa contribuir para o bom desempenho da obra, salvo em caso de litígio, em que o patrimônio pode cobrir eventuais descumprimentos de cláusulas contratuais.

A constatação da "posse de recursos suficientes" não representa, em nosso entendimento, condição satisfatória para credenciamento ou estabelecimento de garantia de realização da obra para o contratante, principalmente sabendo que o ativo imobilizado das empresas pode facilmente mudar de mão, desonerando de fato (ainda que não de direito) o empreiteiro de suas responsabilidades.

Achamos, finalmente, que o julgamento pelo menor preço de forma absoluta, sem levar em consideração uma criteriosa análise do preço, proporciona ao Administrador a condição de julgar as propostas por meio de um critério puramente matemático. Nessas condições, um aventureiro que oferte um preço bem aquém do valor-limite, não apresentando condição de exequibilidade, pode ter sua proposta plenamente aprovada pelo critério matemático, isentando por conseguinte o Administrador de qualquer responsabilidade sobre o muito provável insucesso do contrato que vai ser firmado.

Não são poucos os casos de empreiteiros que vencem certames apresentando propostas com preços muito baixos e que, para evitar o consequente fracasso, durante toda a execução do contrato passam a reinvidicar acréscimos e alterações de preços, serviços e especificações dos mais engenhosos, descabidos e inconsistentes. No jargão da engenharia, esse procedimento é conhecido como *mergulho*.

Não gostamos da expressão *vantagem* contida no texto legal. Ela poderia ser substituída por *justeza*. A *vantagem* parece estar associada à esperteza, ao proveito.

O critério da lei induz o “motorista” a levar o foco de sua atenção para o “espelho retrovisor”. O gestor moderno foca a “estrada” à sua frente, prevê riscos contra acidentes, impõe equilíbrio em sua trajetória e, assim, entende que lhe compete, por dever de ofício, assegurar o máximo de garantia quanto ao sucesso na aplicação dos recursos públicos e verificar, sim, as condições de exequibilidade.

A inexequibilidade, segundo o critério vigente, tem levado os órgãos de governo a fazer negócios ruins, resultando em obras sem qualidade, de pouca durabilidade, quando não paralisadas por abandono, ocasionando enormes prejuízos. Mais racional e justo seria, por exemplo, não permitir propostas com valores abaixo do custo orçado, pois a aceitação desses valores significaria admitir antecipadamente a ocorrência de prejuízo. Nenhuma empresa, salvo por motivos escusos, lança-se num negócio com deliberada decisão de tomar prejuízo.

No Cap. 9, ao tratar do cálculo do BDI, tentaremos, a partir da análise das diversas parcelas que compõem o custo total da obra, propor um critério transparente para a definição de um valor mínimo, abaixo do qual as propostas poderão ser consideradas inviáveis e, nesses exatos termos, inexequíveis.

A contratação de obras por preços abaixo do custo é uma prática que pode atender aos quesitos mais rigorosos das Leis nº 8.666 e nº 9.648, mas gera um problema dos mais graves para os governos, inclusive porque obras sem qualidade, mesmo quando concluídas, geralmente demandam recursos adicionais para a correção de vícios, os quais constituem um ônus a mais, já que esses recursos poderiam ser aplicados em novos investimentos.

Finalmente, lembramos que esses contratos inexequíveis são de difícil administração. Até mesmo a rescisão contratual é problemática, e, em alguns casos, as dificuldades de relacionamento podem transformar-se em litígios que duram anos, impedindo a entrada em operação de obras da mais alta importância para a população.

No Cap. 9 voltaremos a tratar desse tema com um exemplo prático.

5.2.4 Regime Diferenciado de Contratações Públicas (RDC) – a nova lei das licitações

A Lei nº 12.462, de 4 de agosto de 2011, que instituiu o Regime Diferenciado de Contratações Públicas (RDC), estabeleceu os seguintes objetivos:

> I – ampliar a eficiência nas contratações públicas e a competitividade entre os licitantes;
> II – promover a troca de experiências e tecnologias em busca da melhor relação entre custos e benefícios para o setor público;
> III – incentivar a inovação tecnológica; e
> IV – assegurar tratamento isonômico entre os licitantes e a seleção da proposta mais vantajosa para a administração pública.

Essa lei, além dos princípios estabelecidos na norma anterior, a Lei nº 8.666 (legalidade, moralidade, igualdade, impessoalidade, publicidade, probidade, vinculação ao edital e julgamento objetivo), acresceu os da eficiência, da economicidade e do desenvolvimento nacional sustentável.

Embora ela tenha sido concebida para ter sua aplicabilidade exclusiva às licitações necessárias à realização das obras relacionadas aos Jogos Olímpicos e Paralímpicos (2016), à Copa das Confederações (2013) e à Copa do Mundo (2014), às ações integrantes do Programa de Aceleração do Crescimento (PAC) e especificamente às obras e serviços de engenharia no âmbito do Sistema Único de Saúde (SUS), entre outras, temos o sentimento de que ela veio para ficar.

Prova disso é o alargamento de seu objeto, em 2015, para prever ações no âmbito da segurança pública e ações em órgãos e entidades dedicados à ciência, à tecnologia e à inovação, entre outros.

Finalmente, temos a lamentar que essa lei, em seu Art. 24, tenha herdado da Lei nº 8.666 o critério de desclassificação de propostas, por ter mantido o critério dos chamados "preços manifestamente inexequíveis". Em nosso entendimento, trata-se de um critério descabido, baseado na aplicação de uma fórmula que conduz o limite de referência a valores muito abaixo do custo de produção, transferindo para o administrador a incumbência de realizar diligência para aferir a exequibilidade das propostas, sempre que o licitante não tiver condições de demonstrá-la.

No Cap. 9, será apresentado um exemplo em que ocorrem os seguintes valores de orçamentos:

- Administração: R$ 1.000.000,00;
- valor-limite a partir do qual as propostas serão consideradas inexequíveis: R$ 564.200,00;
- proposta vencedora: R$ 566.000,00.

Perguntamos:

- Que diligência pode ser realizada para averiguar uma proposta no valor de R$ 566.000,00, representando uma redução de 43,40% em relação ao orçamento do projeto básico?
- Que demonstração pode o licitante apresentar que justifique seu preço com tamanha diferença?

Respondemos:

Se o orçamento da Administração representa e demonstra o valor de mercado, não há qualquer diligência a ser realizada porque não há o que se diligenciar, nem há demonstração que justifique tamanha distorção, salvo *erro* intencional (ou não) do licitante.

Em nosso entendimento, a lei não deveria amparar esse tipo de procedimento, que provocará atrasos no processo de licitação; e, se celebrado um contrato, estar-se-ia estendendo tal efeito danoso para a execução da obra, podendo acarretar até seu completo abandono.

O legislador, em sua obstinada busca pela maior vantagem para o Estado, como querem as leis, tem levado muitos empreendimentos ao insucesso e à má aplicação do dinheiro público.

Entendemos, pois, que o legislador, na feitura da Lei nº 12.462, perdeu a oportunidade de afastar os problemas apontados na Lei nº 8.666, relacionados a critérios de qualidade dos preços e das propostas. Ao contrário, esses seus pontos fracos foram incorporados à lei do RDC, o que terá como consequência a manutenção dos problemas práticos já apontados neste capítulo.

Planilha do orçamento 6

"Com talento ganhamos partidas; com trabalho em equipe e inteligência ganhamos campeonatos."
Michael Jordan

6.1 Componentes da planilha

A utilização de planilha para o cálculo do orçamento de uma obra é uma técnica consagrada porque permite apropriar todos os custos diretos e indiretos de forma discriminada e sistematizada, facilitando sua análise, aprovação e, inclusive, o manuseio durante a fase de acompanhamento e controle. Neste capítulo vamos dar continuidade ao estudo dessa ferramenta.

No Cap. 4, apresentamos a discriminação dos itens de planilha que julgamos mais adequada, por proporcionar ao engenheiro um fracionamento completo da obra, por meio de um *checklist* didático, escrito na forma sequenciada em que a obra se desenvolve.

Os três primeiros itens – "Serviços preliminares", "Canteiro de obras e acampamento" e "Administração local" – representam o custo indireto, enquanto os seguintes (itens 4 a 18) são o custo direto do empreendimento.

Observar que, no grupo do item 1 ("Serviços preliminares"), foi introduzido um subitem correspondente aos encargos sociais complementares, um tanto incomum até o presente. É que, como há uma imposição de ordem legal (Lei nº 12.708 – LDO 2013) para a utilização do Sistema Nacional de Pesquisa de Custos e Índices da Construção Civil (Sinapi), mas esse sistema não considera esses encargos em seus cálculos, a alternativa é considerá-los na planilha do orçamento. Em nosso entendimento, trata-se de um retrocesso, pois esses encargos, embora complementares, são todos obrigatórios; logo, deveriam estar adicionados aos encargos principais. Além disso, consideramos não só deselegante, mas também antiético o tratamento de temas como alimentação e vale-transporte, entre outros, num documento onde são discriminados itens de obra como concreto, aço, pintura, escavações etc.

Em junho de 2014, a Caixa Econômica Federal divulgou o documento intitulado *Sinapi: manual de metodologias e conceitos* (versão 001), em que finalmente resolveu tratar do assunto referente aos encargos complementares, isto é, aos dispêndios com alimentação, transporte, equipamentos de proteção individual, ferramentas, seguro de vida em grupo e contra acidentes pessoais e exames admissionais e demissionais, até então não assimilados ou considerados pelo Sinapi.

De acordo com esse trabalho, são admitidas três possibilidades de apropriação desses custos, a saber:

- como percentual, usualmente aplicado em conjunto com os encargos sociais;
- como itens detalhados em planilha de custos diretos;
- como custo horário alocado diretamente à mão de obra.

A Caixa manifesta sua preferência pela terceira opção. O procedimento de apropriação desses custos encontra-se na memória de cálculo apresentada no Anexo A.1.

Os itens 17 e 18, respectivamente "Equipamentos do empreendimento" e "Obras externas", estão destacados dos demais para que o engenheiro, ao término do orçamento, possa extrair informações referentes aos quantitativos de alguns serviços, que servem de subsídio para a formação de dados paramétricos como o custo por metro quadrado de construção, a taxa da área de alvenaria em relação à área total construída, o peso total de aço em relação ao volume total de concreto, o número de tomadas do pavimento-tipo em relação à área de alvenaria desse mesmo pavimento, e tantos outros que julgar interessantes, sem que os valores desses dois itens (17 e 18) influenciem os parâmetros que se deseja conhecer.

Esses dados (paramétricos), se desenvolvidos e organizados por tipo de obra, constituem um interessante banco de dados e permitem, numa primeira aproximação, a elaboração com rapidez de orçamentos estimativos paramétricos de obras com características semelhantes a outras já executadas e cujas planilhas tiveram sua eficácia demonstrada durante a execução.

Outro aspecto de grande praticidade consiste em duplicar uma planilha existente e editá-la para a elaboração do orçamento de outra obra de características similares. A edição consistirá na adaptação quanto ao preenchimento dos novos quantitativos e na eliminação e/ou inclusão dos poucos itens não existentes na planilha original.

O item 2 ("Canteiro de obras"), por sua importância e complexidade, será tratado separadamente no Cap. 8.

6.2 Formatação da planilha

Para obras de edificação, a planilha de orçamento pode ter a formatação do modelo apresentado a seguir (Tab. 6.1), onde os três primeiros itens são reservados aos custos indiretos, e os demais, aos custos diretos, cuja identificação e quantitativos são extraídos dos projetos. Observar que a elaboração em dois níveis foi suficiente. Mas, em havendo necessidade de organizar melhor os serviços, pode-se descer os subitens para outros níveis, tantos quantos sejam necessários.

Por exemplo, seja o caso de uma obra em que uma parte de sua estrutura é metálica, composta por perfis e chapas de aço, e a parte restante é em concreto armado. É possível, então, organizar o item 5 da planilha, referente à estrutura da obra, da seguinte forma:

5. *Estrutura*
   - 5.1. Estrutura metálica
     - 5.1.1. Perfil W150 × 24,0
     - 5.1.2. Perfil W200 × 19,3
     - 5.1.3. Chapa 11MSG (3 mm)
     - 5.1.4. Solda elétrica
   - 5.2. Estrutura em concreto armado
     - 5.2.1. Forma para estruturas, em chapa compensada plastificada 14 mm – 7 usos, inclusive escoramento
     - 5.2.2. Aço CA-50
     - 5.2.3. Concreto usinado, F_{ck} = 25 MPa, bombeado, lançado e adensado

Quanto aos demais itens, em não havendo necessidade, trabalha-se somente com dois níveis em vez de três.

Também é possível enriquecer a planilha com uma coluna adicional, onde são indicados os percentuais dos itens e dos subitens em relação ao global do orçamento, conforme o exemplo da Tab. 6.2.

A planilha assim desenhada tem uma formatação gerencial bem interessante, pois permite distinguir quais itens da obra possuem maior peso percentual e são, consequentemente, de maior importância; a esses itens, deve-se dedicar especial atenção. Costumeiramente, os itens de maior peso no orçamento são mais bem estudados, e seus insumos correspondentes, negociados e comprados pela direção da empresa ou por seus gerentes.

Tab. 6.1 Planilha-modelo para obra de edificação

Item	Discriminação	Unidade	Quantidade	P. unit. R$	P. total R$
1	Serviços preliminares				464.525,46
1.1	Mobilização e desmobilização*	GL	1,00	18.366,54	18.366,54
1.2	Projetos executivos*	GL	1,00	108.500,00	108.500,00
1.3	Encargos sociais complementares*	GL	1,00	337.658,92	337.658,92
2	Canteiro de obras e acampamento				245.551,71
2.1	Implantação do canteiro*	GL	1,00	143.258,94	143.258,94
2.2	Manutenção do canteiro*	GL	1,00	62.748,46	62.748,46
2.3	Estrutura de apoio à produção*	GL	1,00	39.544,31	39.544,31
3	Administração local				517.877,45
3.1	Equipe dirigente*	GL	1,00	498.257,45	498.257,45
3.2	Outros custos administrativos*	GL	1,00	19.620,00	19.620,00
4	Fundações				582.617,16
4.1	Locação	m^2	3.564,00	5,41	19.281,24
4.2	Escavação manual de vala até 1,50 mm	m^3	72,25	23,85	1.723,16
4.3	Aterro com areia fina adensado	m^3	2.170,00	59,45	129.006,50
4.4	Forma plana para fundações, em chapa compensada resinada 12 mm – 3 usos	m^2	1.625,00	36,65	59.556,25
4.5	Aço CA-50	kg	12.800,00	5,71	73.088,00
4.6	Aço CA-60	kg	3.200,00	6,15	19.680,00
4.7	Concreto simples produzido na obra e lançado, F_{ck} = 15 MPa (magro)	m^3	13,84	362,14	5.012,02

Tab. 6.1 (continuação)

Item	Discriminação	Unidade	Quantidade	P. unit. R$	P. total R$
4.8	Concreto simples usinado, bombeado, lançado e adensado, $F_{ck} = 30$ MPa	m³	155,50	444,63	69.139,97
4.9	Alvenaria de pedra calcárea argamassada	m³	378,25	257,70	97.475,03
4.10	Camada impermeabilizadora de concreto simples, $F_{ck} = 21$ MPa, $e = 0{,}08$ m	m²	3.100,00	35,05	108.655,00
...	...	...	...	...	...
Total da obra					7.245.368,90

*Valores a serem demonstrados em planilhas em separado.

Tab. 6.2 **Planilha de orçamento com coluna adicional de percentuais**

Item	Discriminação	Unidade	Quantidade	P. unit. R$	P. total R$	%
1	Serviços preliminares				464.525,46	6,41
1.1	Mobilização e desmobilização*	GL	1,00	18.366,54	18.366,54	0,25
1.2	Projetos executivos*	GL	1,00	108.500,00	108.500,00	1,50
1.3	Encargos sociais complementares*	GL	1,00	337.658,92	337.658,92	4,66
2	Canteiro de obras e acampamento				245.551,71	3,39
2.1	Implantação do canteiro*	GL	1,00	143.258,94	143.258,94	1,98
2.2	Manutenção do canteiro*	GL	1,00	62.748,46	62.748,46	0,87
2.3	Estrutura de apoio à produção*	GL	1,00	39.544,31	39.544,31	0,55
3	Administração local				517.877,45	7,15
3.1	Equipe dirigente*	GL	1,00	498.257,45	498.257,45	6,88
3.2	Outros custos administrativos*	GL	1,00	19.620,00	19.620,00	0,27
4	Fundações				582.617,16	8,04
4.1	Locação	m²	3.564,00	5,41	19.281,24	0,27

Tab. 6.2 (continuação)

Item	Discriminação	Unidade	Quantidade	P. unit. R$	P. total R$	%
4.2	Escavação manual de vala até 1,50 m	m^3	72,25	23,85	1.723,16	0,02
4.3	Aterro com areia fina adensado	m^3	2.170,00	59,45	129.006,50	1,78
4.4	Forma plana para fundações, em chapa compensada resinada 12 mm – 3 usos	m^2	1.625,00	36,65	59.556,25	0,82
4.5	Aço CA-50	kg	12.800,00	5,71	73.088,00	1,01
4.6	Aço CA-60	kg	3.200,00	6,15	19.680,00	0,27
4.7	Concreto simples produzido na obra e lançado, F_{ck} = 15 MPa (magro)	m^3	13,84	362,14	5.012,02	0,07
4.8	Concreto simples usinado, bombeado, lançado e adensado, F_{ck} = 30 MPa	m^3	155,50	444,63	69.139,97	0,95
4.9	Alvenaria de pedra calcárea argamassada	m^3	378,25	257,70	97.475,03	1,35
4.10	Camada impermeabilizadora de concreto simples, F_{ck} = 21 MPa, e = 0,08 m	m^2	3.100,00	35,05	108.655,00	1,50
...	...	...	...	...	...	...
Total da obra					7.245.368,90	100,00

*Itens a serem demonstrados em planilhas em separado.

6.3 Unidade dos serviços

Aos quantitativos de serviço, devem, sempre que possível, ser atribuídas unidades do sistema oficial brasileiro de pesos e medidas, tais como:

- metro (m) para as unidades de comprimento – não há a necessidade de identificar a unidade de comprimento por metro linear, cujo símbolo não pode ser ml, já que este representa o mililitro;
- metro quadrado (m^2) para as unidades de área;
- metro cúbico (m^3) para os volumes;
- quilo (kg) ou tonelada (t) para as unidades de peso – atualmente deram lugar ao newton (N), sendo que 1 kN (quilonewton) = 101,97 kgf (quilogramas-força);
- unidade (un), quando convier;
- alguns serviços podem ter unidade composta, como os momentos de transporte por volume, cuja unidade é $m^3 \cdot km$, ou os momentos de transporte por peso, representados por $t \cdot km$;
- outros serviços, como aluguéis de peças (andaimes, por exemplo), podem ter sua unidade definida pelo produto das letras $p \cdot d$, associando-as ao custo da peça por dia;
- atualmente não é permitido o uso da unidade verba (vb);
- todos os subitens devem ser objeto de medição e de aferição de seu custo unitário.

6.4 Quantidades dos serviços

O orçamento tem por objetivo chegar a um número, que é seu valor representativo e corresponde ao valor total da obra. Esse número é o resultado dos produtos das quantidades (ou quantitativos) dos serviços por seus respectivos preços unitários, com a soma de todas essas parcelas. Dessa forma, o valor do orçamento será tão mais preciso quanto mais rigorosos forem os critérios de levantamento dos quantitativos dos serviços e quanto mais acurados ou representativos forem os valores de seus respectivos preços unitários. Como se trata de uma série de produtos e de sua soma, a precisão do orçamento dependerá de uma das três situações seguintes em que o orçamento se enquadre:

a) quantitativos bem calculados com preços unitários bem avaliados;
b) quantitativos bem calculados com preços unitários mal avaliados;
c) quantitativos mal calculados com preços unitários mal avaliados.

A situação a) é a ideal e deve ser sempre perseguida. A condição prevista no item c) é a pior possível, podendo levar a problemas de toda ordem, inclusive a prejuízos financeiros e ao insucesso, conforme já visto na seção 4.2.

As quantidades de serviços que irão para a planilha orçamentária devem ser reais. Em sua elaboração, todos os vazios existentes no projeto de arquitetura devem ser descontados. Assim, no cálculo das áreas de alvenaria devem ser descontadas as áreas de esquadria de quaisquer dimensões, de elementos vazados etc. Nos cruzamentos dos pilares com as vigas, é preciso considerar esse volume comum em um dos elementos estruturais, e não nos dois. Um levantamento rigoroso dos quantitativos de serviço também proporcionará um relatório com as quantidades dos insumos da obra bastante próximas das quantidades reais, os quais serão objeto de pesquisa de preço, negociação e compra; por isso mesmo é considerado o primeiro passo para a redução do desperdício, um dos componentes do custo que deve ser minimizado.

A essa lista de insumos, quando escrita na ordem decrescente dos percentuais de representatividade nesse rol, dá-se o nome de *curva ABC de insumos*.

6.4.1 Curva ABC de insumos

Suponha-se que seja necessário fazer uma cotação de preços para a aquisição de materiais hidráulicos para a instalação de uma caixa-d'água. A lista é composta de 20 itens de materiais assim agrupados:

- 16 itens referentes a tubos e conexões de PVC, cujo valor total (esperado) é da ordem de R$ 6.000,00;
- os quatro itens restantes são os conjuntos motobomba, quadro de comando, quadro de medição e mão de obra, os quais deverão custar em torno de R$ 24.000,00.

Não é necessário explicar que será dedicada imediata atenção aos itens do segundo grupo, cujo peso relativo na obra é quatro vezes maior que o do primeiro grupo.

De modo geral, quando se analisa uma listagem de insumos e seus respectivos pesos percentuais, pode-se concluir que eles podem ser classificados em três classes, a saber:

- *classe A*: materiais de grande valor financeiro e pequenas quantidades físicas, como as motobombas e os quadros;
- *classe C*: materiais de pequeno valor financeiro e grandes quantidades físicas, como os tubos e as conexões;
- *classe B*: materiais cujo valor financeiro e quantidades físicas situam-se intermediariamente entre as classes A e C.

A ideia do estabelecimento das classes A, B e C é conhecida como *classificação da curva ABC*, *método da curva ABC*, *curva 80-20* ou, finalmente, *método de Paretto*.

A curva ABC é, portanto, uma informação gerencial relevante para o planejamento e o controle de custos da obra e tem por objetivo propiciar um tratamento adequado a cada item ou grupo de itens de materiais.

De acordo com Pereira (1999), em outros segmentos da atividade econômica, como na indústria e no comércio, a curva ABC também assume papel vital para controle de estoques × planejamento da produção. Os itens do estoque de um almoxarifado, por exemplo, podem ser classificados em três grupos em função do valor de suas demandas anuais. O valor de demanda (ou de consumo) pode ser obtido multiplicando-se o consumo anual por seu preço (ou custo) unitário. Os resultados podem ser agrupados em três classes, que correspondem a:

- *classe* A: itens que possuem alto valor de demanda anual;
- *classe* B: itens que possuem valor de demanda anual intermediário;
- *classe* C: itens que possuem valor de demanda anual baixo.

Ainda segundo Pereira (1999), numa classificação ABC típica de itens de estoque:

- 20% dos itens são A e correspondem a 65% do valor de demanda anual;
- 30% dos itens são B e correspondem a 25% do valor de demanda anual;
- 50% dos itens são C e correspondem a 10% do valor de demanda anual.

Conclusão: os itens A merecem um tratamento ou nível de serviço diferenciado dos demais, por sua importância no valor da demanda anual total. No comércio, esses itens são aqueles que jamais podem faltar na prateleira, mas um estoque em excesso deles pode significar um custo oneroso de capital. Já os itens C podem receber da administração um tratamento mais relaxado, já que representam somente 10% do valor de demanda.

Voltando à construção civil, que é o foco deste livro, a curva ABC de insumos poderá fornecer uma orientação para a definição do cronograma de compra dos materiais da obra, por meio do estabelecimento de uma estratégia de não formação de estoques excessivos no almoxarifado. Em outras palavras, os materiais devem chegar ao canteiro na data planejada, a mais próxima possível da data de sua aplicação, desonerando o contrato. Conclui-se, então, que a obra bem administrada deverá dispor de um almoxarifado o menor possível, com um estoque mínimo ao longo de sua execução. Esse procedimento, em qualquer empreendimento, constitui um fator de redução do custo de produção.

Os modernos *softwares* de orçamento fornecem o relatório da curva ABC assim que a planilha orçamentária é processada.

Nos dias atuais, em que a competitividade é acirrada e o resultado financeiro da obra depende da eficácia de todo o processo construtivo, a logística do suprimento dos materiais assume um papel relevante no fluxo de caixa.

6.5 Levantamento dos quantitativos de serviço do orçamento

6.5.1 Importância da geometria plana no cálculo das áreas das regiões poligonais

Muito embora a tecnologia BIM disponível nos *softwares* atuais calcule com rigor matemático os valores de áreas e volumes com formas as mais diversas, é preciso estar preparado para solucionar esses problemas com a velha e companheira máquina de calcular. Assim é que, frequentemente, defronta-se com esse tipo de problema ao levantar quantitativos de materiais e de serviços em orçamentos. Como geralmente se necessita desses dados com o máximo de brevidade, muitas vezes se assumem certas premissas simplificadoras com o objetivo de conseguir soluções rápidas, afinal *time is money*, como diz um antigo provérbio americano.

Em assim procedendo, isto é, trabalhando num regime do tipo "com o olho no relógio", mas sem estar preparado para tanto, pode-se correr o risco de adotar soluções imprecisas, as quais nem sempre conduzem a resultados satisfatórios e podem ser consideradas falta de zelo profissional.

Imagine-se que, numa certa etapa de trabalho numa obra, foram previstos o fornecimento e o lançamento de 30 m³ de concreto a serem adquiridos de uma empresa concreteira, a qual, segundo entendimentos, deveria proceder ao fornecimento de forma contínua, em quatro caminhões-betoneira completos com 7 m³ cada, mais um caminhão com o complemento de 2 m³. Os trabalhos de lançamento teriam ocorrido com absoluto sucesso, não tivesse o engenheiro responsável sido surpreendido com o fato de, ao término do bombeamento do quarto caminhão, isto é, após terem sido consumidos 28 m³ de concreto, todas as fôrmas da estrutura previstas nessa etapa de concretagem encontrarem-se completamente preenchidas, não havendo, por conseguinte, necessidade do quinto caminhão. Teria, portanto, acontecido um erro de 2 m^3 na estimativa do volume de concreto. Que justificativas poderiam ser arguidas pelo engenheiro para com seu chefe e para com sua equipe de trabalho ao ter que explicar a falha ocorrida? Dificilmente se encontrará uma justificativa razoável para uma situação como essa.

Certos erros são imperdoáveis; alguns podem deixar "cicatrizes". Em qualquer profissão, os erros sempre devem ser evitados.

6.5.2 Fórmulas de Heron, Brahmagupta e Pick

A intenção desta seção é resgatar alguns conhecimentos valiosos da álgebra, como as fórmulas de Heron, Brahmagupta e Pick, para fornecer ao profissional da engenharia uma interessante ferramenta para o cálculo de áreas de uma região poligonal – reunião de um número finito de triângulos não sobrepostos e coplanares.

Fórmula de Heron

A Heron de Alexandria é atribuída a fórmula para o cálculo de triângulos cíclicos, isto é, inscritos num círculo. Escritores árabes afirmam que essa fórmula é de autoria de Arquimedes.

Considere-se um triângulo ABC cujos lados medem a, b e c (Fig. 6.1). A área S, segundo Heron, é dada por:

$$S = \sqrt{p\,(p-a)\,(p-b)\,(p-c)}$$

em que p é o semiperímetro do triângulo ABC e equivale a ½ $(a + b + c)$.

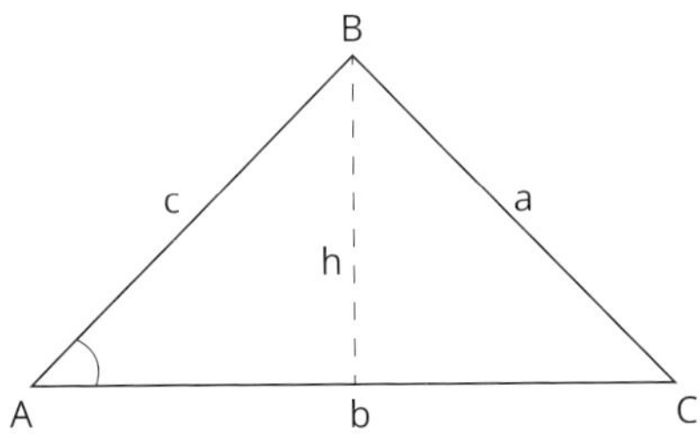

Fig. 6.1 *Triângulo de lados desiguais*

Fórmula de Brahmagupta

O indiano Brahmagupta generalizou a fórmula de Heron para o cálculo de áreas de quadriláteros, partindo da diagonal, que é o lado comum aos triângulos BCA e DCA (Fig. 6.2), e aplicando a lei dos cossenos, tendo chegado à seguinte expressão da área:

$$S = \sqrt{(P-a)(P-b)(P-c)(P-d)}$$

em que P é o semiperímetro do quadrilátero ABCD e equivale a ½ $(a + b + c + d)$.

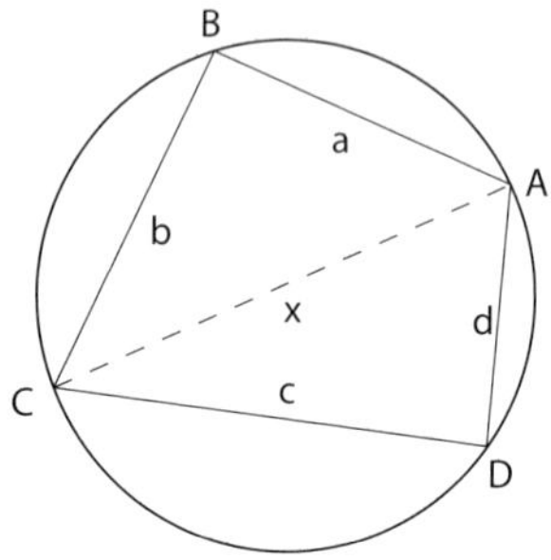

Fig. 6.2 *Quadrilátero de lados desiguais*

Observação: Os polígonos com número de lados maior que quatro, como os mostrados na Fig. 6.3, podem ser divididos em triângulos, após o que se aplica a fórmula de Heron para cada triângulo separadamente, somando as áreas em seguida.

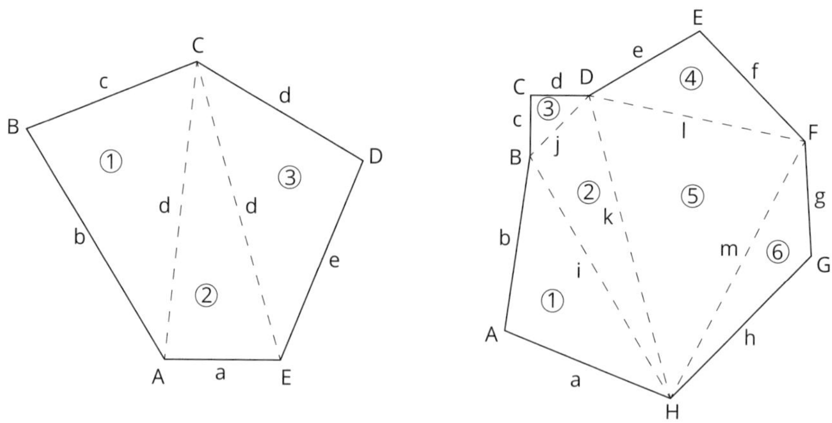

Fig. 6.3 *Polígonos com mais de quatro lados desiguais*

Fórmula de Pick

O teorema do matemático austríaco Pick tem o seguinte enunciado: a área de uma figura cujos vértices situam-se em uma quadrícula regular (geoplano) é igual ao número de vértices da quadrícula que se encontram no interior da figura, mais metade do número de vértices que se encontram sobre a linha-limite da figura, de que se retira uma unidade.

Esse teorema só é válido para figuras simples, isto é, para figuras em que os lados não se interceptam, a não ser, eventualmente, nos vértices. Em assim sendo:

$$S = i + (b/2) - 1 \text{ (unidades de área da quadrícula)}$$

em que i representa o número de pontos que se encontram no interior da figura, e b, o número de pontos sobre a linha-limite (fronteira).

Considere-se a Fig. 6.4, desenhada sobre uma quadrícula, para a qual se deseja determinar sua área. Procedendo à contagem do número de pontos da quadrícula que se encontram no interior e no perímetro da figura, serão obtidos respectivamente:

$$I = 30, b = 16$$
$$S = 30 + (16/2) - 1 = 37 \text{ unidades de área}$$

Nesse caso, a unidade de área é o quadradinho do reticulado usado.

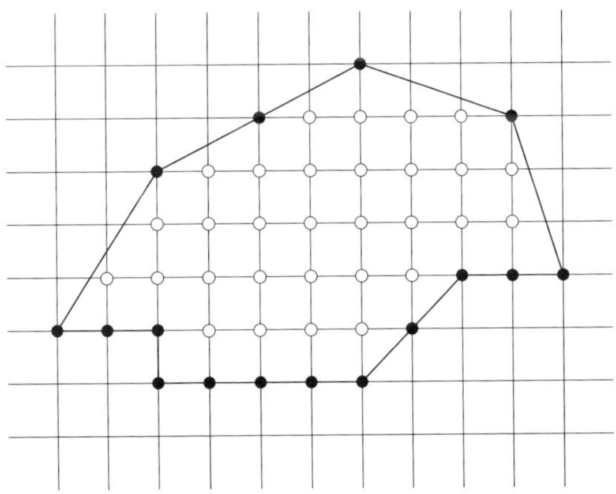

Fig. 6.4 *Exemplo de figura plana para o cálculo da área pela fórmula de Pick*

Caso se queira provar o valor obtido, é possível dividir a figura geométrica em retângulos e triângulos, calcular suas áreas e totalizá-las posteriormente (Fig. 6.5 e Tab. 6.3).

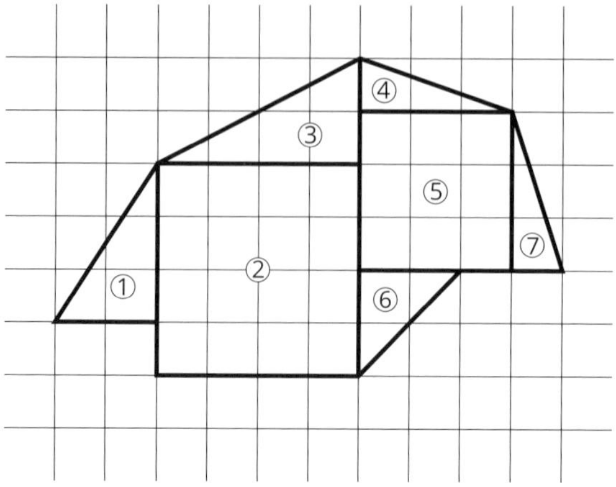

Fig. 6.5 *Divisão da área em elementos*

Tab. 6.3 Cálculo das áreas dos elementos componentes

Elemento	Área	Valor em unidade de área
1	2 × 3/2	3
2	4 × 4	16
3	4 × 2/2	4
4	3 × 1/2	1,5
5	3 × 3	9
6	2 × 2/2	2
7	1 × 3/2	1,5
Total		37

6.5.3 Conceito de heurística

Além das fórmulas vistas anteriormente, os conhecimentos de heurística também são uma ferramenta auxiliar e um aliado do engenheiro em sua labuta diária, geralmente envolvida com cálculos os mais variados, inclusive de áreas e volumes. Mas o que vem a ser a heurística?

O Aurélio apresenta, para o substantivo feminino, as seguintes definições:

Heurística

4. arte de encontrar;
5. regras e métodos que conduzem à descoberta, à invenção e à resolução de problemas;
6. do grego *heúreka* – achei, encontrei.

Para facilitar o raciocínio, imagine-se que seja necessário determinar a área da Fig. 6.6A. Antes de calcular a área do trecho 1, somá-la à do trecho 2 (igual) e depois adicionar a área do semicírculo CD, caso se analise a figura com calma será possível notar que os trechos 1 e 2, quando transpostos para a parte superior, formam um retângulo (Fig. 6.6B) cuja área pode ser obtida rapidamente, com uma só operação aritmética.

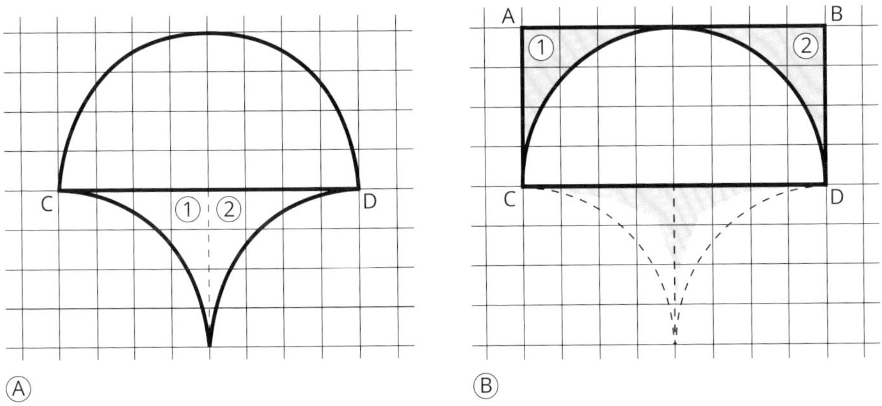

Fig. 6.6 *Exemplo 1*

Tome-se agora o exemplo da Fig. 6.7A, onde se quer demonstrar a igualdade de áreas das partes 1 e 2, qualquer que seja a posição do segmento AB. Flores e Moretti (2006) têm o seguinte entendimento: traçando-se a diagonal e prolongando-a no retângulo total, ela o dividirá em dois triângulos, sendo o superior composto dos elementos E4 + E1 + E3 e o inferior formado pelos elementos E4 + E2 + E3, como mostrado na Fig. 6.7B. Nessas condições, pode-se escrever que, com relação às áreas dos elementos, tem-se:

$$E4 + E1 + E3 = E4 + E2 + E3$$

Eliminando os elementos E4 e E3 de cada lado da equação, chega-se a:

$$E1 = E2$$

Será vista agora uma interessante aplicação prática para demonstrar o teorema de Pitágoras.

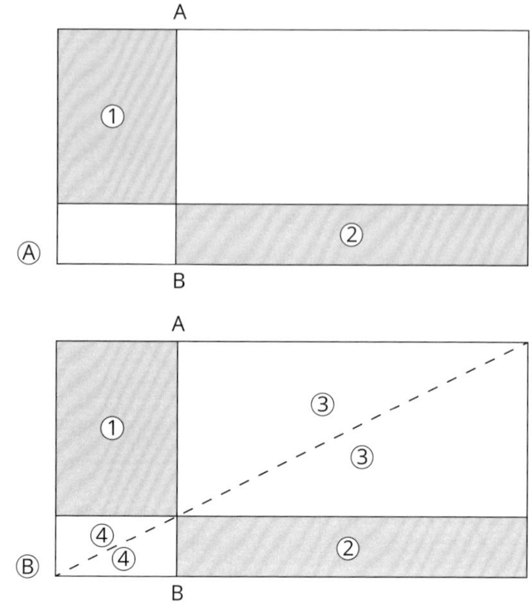

Fig. 6.7 *Exemplo 2: as áreas 1 e 2 são iguais?*

Sejam os quadrados de lado $(a + b)$ mostrados na Fig. 6.8.

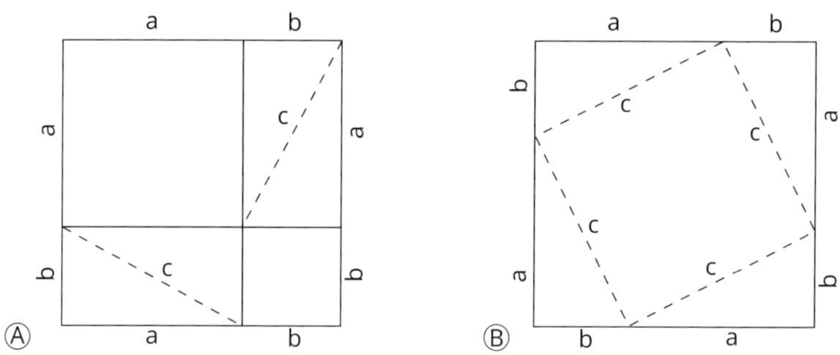

Fig. 6.8 *(A) Quadrado para a demonstração da fórmula de Pitágoras e (B) redesenho do quadrado de Pitágoras*

Como as figuras têm áreas iguais, pode-se escrever:

$$a^2 + 2 \cdot a \cdot b + b^2 = 4 \cdot \frac{a \cdot b}{2} + c^2$$

$$a^2 + 2a \cdot b - 2a \cdot b + b^2 = c^2$$

$$a^2 + b^2 = c^2$$

Conhecimentos de heurística enriquecem a formação técnica e proporcionam uma visão aguçada na análise dos problemas da engenharia, além de desenvoltura no raciocínio.

6.5.4 Critérios para o levantamento dos quantitativos

Segundo o Aurélio, critério é "modo de apreciar coisas e/ou pessoas, caráter, norma ou modelo, discernimento, circunspeção, prudência".

A atividade de orçar exige habilidade e conhecimento, além de rigor e critério. Não menos importante é a destreza no trato com a informática e, em particular, com *softwares* de orçamentos de obras, associados a um banco de dados que contemple preços de insumos e composições de custo unitário atualizados.

Obras de maior complexidade geram planilhas de orçamento muito grandes que, na maioria dos casos, são "rodadas" várias vezes, a depender dos ajustes e/ou "ensaios" correspondentes a diversos cenários que o engenheiro orçamentista faz para otimizar o custo.

Nesse enfrentamento, o engenheiro de custos necessita de recursos técnicos; entre eles, boa literatura para consulta, catálogos atualizados de materiais e uma planilha para organizar fácil e sistematicamente o levantamento dos quantitativos do orçamento.

De outra maneira, o que não significa necessariamente prejuízo à qualidade do trabalho, o levantamento pode ser realizado mais informalmente, porém registrado em folhas de papel, com os devidos comentários e ilustrações que tornem possível a qualquer tempo a verificação dos cálculos das quantidades de serviço.

Atualmente os desenhos são, em sua maioria, elaborados no CAD 2D. Uma parte pequena das empresas e dos profissionais, mas em crescimento, vem trabalhando com plataforma BIM, principalmente nos Estados de São Paulo e Santa Catarina, sendo nos outros em menor escala. Enquanto a plataforma BIM não se consolida como forma corriqueira de trabalho, pode ser utilizada nessa fase de transição uma planilha simples para o registro dos cálculos dos levantamentos, como as mostradas nas Figs. 6.9 e 6.10.

Os critérios de cálculo devem ser pactuados e uniformizados entre os técnicos da equipe de trabalho e/ou da empresa. Todos devem não somente conhecer os critérios estabelecidos e estar de acordo com eles, mas acima de tudo praticá-los, para evitar a falta de homogeneização no levantamento

Planilha para levantamento de quantidades – alvenarias

Obra:
Local:
Responsável:
Data:

Parede	Esp.	Dimensões			Descontos de vãos			Área líquida	Chapisco	Reboco
		L	H	Área total	Vãos	Esquadrias	Área total			
Totais										

Fig. 6.9 *Exemplo de planilha para o levantamento das áreas de alvenaria*

Planilha de levantamento de quantidades – esquadrias

Obra:
Local:
Responsável:
Data:

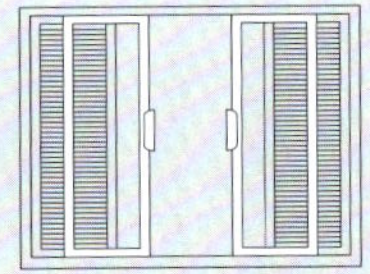

Tipo	Dimensões		Área útil	Ambiente	Quant. total	Área total	Pintura			Vidros			Vergas e c/ vergas	Soleira	Peitoril
	L	H					Fator	Ferro	Madeira	Tipo	mm	Área total			
Esquadrias externas															
Portas															
Janelas															
Esquadrias internas															
Portas															
Totais															

*Para esquadrias de ferro, utilizar fator = 2,00; para esquadrias de madeira com aduela tipo meio caixão ou caixilho com alizares, utilizar fator = 2,35; e, para esquadrias de madeira com aduela tipo caixão e alizares, utilizar fator = 2,70.

Fig. 6.10 *Exemplo de planilha para o levantamento das áreas de esquadrias*

dos quantitativos ao longo de todo o projeto sempre que o trabalho for realizado por mais de um profissional. Dessa forma, preserva-se a qualidade do trabalho.

Geralmente, o engenheiro de custos (ou sua equipe de trabalho), à medida que amplia suas habilidades e conhecimentos, passa a desenvolver novos mecanismos de cálculo, complementares ou substitutivos, para controle e aferição.

Os critérios de cálculo que julgamos satisfatórios para os serviços mais corriqueiros são apresentados no Quadro 6.1.

Quadro 6.1 Discriminação dos critérios de cálculo dos levantamentos de quantitativos da planilha

Serviço	Critério
Serviços preliminares	
Mobilização e desmobilização	Discriminar por subitens em planilha.
Projetos executivos	Separar por projeto. Unidade: un.
Encargos sociais complementares	Discriminar por subitens em planilha. Pagamento *pro rata* conforme o avanço financeiro.
Demolições	Por tipo (concretos, revestimento, coberturas etc.) e respectivas unidades.
Canteiro de obras e acampamento	
Implantação do canteiro	Pode ser usada uma planilha discriminativa anexa ou serem demonstradas por subitem, na própria planilha do orçamento, todas as unidades físicas a serem edificadas. Podem ser usadas unidades de escritório, de refeitório etc., como no sistema ORSE, ou unidades discriminativas próprias.
Limpeza do terreno	Em glebas urbanas, considerar toda a área do terreno. Em glebas rurais, definir as dimensões do sítio onde será implantada a obra. A área do sítio deverá ser a área objeto da limpeza. Unidade: m^2.
Locação de construção, com gabarito de madeira	Executar com tábuas de 22 cm de largura, criando um perímetro com afastamento de 2,00 m para cada lado em relação à planta da edificação. A área em planta assim obtida deverá ser a área de locação. No sistema ORSE, foram consideradas áreas de construção de até 200 m^2, entre 200 m^2 e 1.000 m^2, e acima de 1.000 m^2. Unidade: m^2.

Quadro 6.1 (continuação)

Serviço	Critério
	Canteiro de obras e acampamento
Barracão para escritório de obra de porte pequeno, médio ou grande	O ORSE possui modelo-padrão de barracão de obra para obras de pequeno, médio e grande porte, com áreas de 25,41 m^2, 43,56 m^2 e 53,24 m^2, respectivamente. Nas especificações básicas do sistema, podem ser obtidas as respectivas plantas baixas de cada unidade. Unidade: un.
Barracão aberto para refeitório	O ORSE dispõe de modelo-padrão com capacidade para 24 refeições simultâneas. Pode-se, assim, adotar tantos barracões quantos forem necessários. Unidade: un.
Barracão fechado, porte pequeno, para depósito de cimento e almoxarifado	O padrão existente possui área de 38,72 m^2. Unidade: un.
Barracão para banheiros e vestuários	O padrão possui capacidade para 20 operários. Unidade: un.
Placa de obra	Unidade: m^2.
Demolição de alvenaria de pedra, de bloco cerâmico, de bloco de concreto, de tijolo maciço, de concreto simples ou armado	Volume real, geométrico, previsto em projeto.
Demolição de pisos em geral	Unidade: m^2.
Tapumes de chapa comp/ metálica	Área real do tapume. Unidade: m^2.
Manutenção do canteiro	De acordo com a planilha anexa referente ao canteiro de obra.
Estrutura de apoio à produção	Pode ser apropriado o custo global em planilha anexa, e medido *pro rata* conforme o avanço financeiro real.
Equipamentos de produção	De acordo com a planilha anexa.

Quadro 6.1 (continuação)

Serviço	**Critério**
	Canteiro de obras e acampamento
Administração local	*Idem* ao item anterior.
	Fundações
Escavação manual para alvenarias de pedra ou sapatas corridas	Largura (*e*): igual à largura da alvenaria de pedra ou da base da sapata. Profundidade (*h*): será definida em função da altura da alvenaria de pedra, da ancoragem da alvenaria no solo e do nível do piso acabado. Unidade: m^3.
Aterro	Em obras de edificações, será considerado o aterro da caixa, delimitada pelas paredes externas. O volume a ser medido será o geométrico, obtido da área em planta multiplicada pela espessura da camada de aterro. Unidade: m^3. Observação importante – para as demais obras, todo e qualquer serviço definido como aterro poderá ser substituído pelos seguintes serviços: • Aquisição de material de jazida com CBR > 10, > 20, 40 ou > 60. Unidade: m^3. • Carga do material. Unidade: m^3. • Transporte do material da jazida até a obra. Unidade: $m^3 \cdot km$. Esse *momento de transporte* refere-se ao transporte do material no estado frouxo, isto é, empolado. Para as areias, pode ser adotado um fator em torno de 1,10 a 1,20, e, no caso de solos argilosos, de 1,30 a 1,35. Para as pedras, podem ser adotados valores entre 1,40 e 1,50. • Espalhamento: operação geralmente executada com a motoniveladora; às vezes pode ser feita com trator, para operações de pequenas distâncias. Unidade: m^3. • Compactação de aterros: função do grau de compactação desejado. Unidade: m^3. Observar que, para caracterizar o aterro, discriminamos todas as operações envolvidas, desde a aquisição em jazida até a compactação.
Alvenaria de pedra	Volume real. Unidade: m^3.
Concreto simples	Considerar o volume real das peças (sapatas, vigas-baldrame, blocos etc.). Observação: as partes comuns deverão ser computadas somente uma vez. Unidade: m^3.

Quadro 6.1 (continuação)

Serviço	Critério
	Fundações
Fôrma de sapatas ou blocos sobre estacas	Corresponde à área lateral da sapata ou dos blocos. Para todas as fôrmas, identificar inicialmente o tipo de material com o qual deverão ser confeccionadas (tábua, chapa compensada resinada, e suas espessuras); em seguida, definir o número de reutilizações. Unidade: m^2. Observação: na inexistência do projeto de fundações, sugerimos adotar uma taxa de 4 m^2 de fôrma por metro cúbico de concreto.
Fôrma de vigas-baldrame	Obtida da área das superfícies laterais, somada à área do fundo. Unidade: m^2. Em não se dispondo do projeto de fundações, podemos, em função dos vãos, fazer um pré-dimensionamento das seções das vigas, obtendo-se o volume de concreto, e a partir daí adotar uma taxa de aproximadamente 15 m^2 de fôrma por metro cúbico de concreto. Essa é a quantidade total de fôrma que deverá ser montada na obra para a execução das vigas-baldrame. Não significa dizer que essa é a quantidade de fôrma que será produzida na obra, pois essa avaliação deverá ser feita em função do número máximo de reutilizações da fôrma, ainda na fase de orçamentação. O levantamento das fôrmas deve ser feito por tipo de material (tábua, chapa compensada resinada com respectiva espessura, chapa compensada plastificada com espessura também definida) e pela quantidade de reaproveitamentos (ou utilizações).
Aço CA-50 ou 60	Os pesos de aço devem obrigatoriamente ser discriminados nos desenhos de armação do projeto estrutural. Unidade: kg. Em se dispondo somente do projeto básico, quando não está ainda elaborado o projeto estrutural, poderão ser adotados os seguintes índices: • Sapatas: 40 kg de aço CA-50 por metro cúbico de concreto armado. • Blocos sobre estacas: 100 kg/m^3 de concreto armado (CA-50). • Vigas-baldrame: 75 kg/m^3 de aço CA-50 + 35 kg/m^3 de aço CA-60. • Lajes: 40 kg/m^3 de aço CA-60. • Pilares: 100 kg/m^3 de aço CA-50 + 20 kg/m^3 de CA-60. Em edifícios altos, a taxa de armadura dos pilares pode crescer principalmente nos andares mais baixos.

Quadro 6.1 (continuação)

Serviço	**Critério**
	Fundações
Camada impermeabilizadora (contrapiso)	Uma vez definidas a espessura e a qualidade do concreto, a camada impermeabilizadora pode ser levantada pela área efetiva que cobre toda a superfície da planta baixa do projeto. Levantar por conjuntos de ambientes que possuam a mesma espessura de contrapiso. Pode também ser medida pelo volume de concreto lançado e adensado. Unidade: m².
	Estrutura
Fôrma, concreto e aço	Valem os mesmos critérios referentes à fôrma, ao concreto e ao aço para fundações. Para as lajes, deve ser levantada a área total de fôrmas em todos os pavimentos e, então, ser feito o estudo econômico quanto ao número possível de reutilizações. O levantamento da área de fôrma nas construções prediais está associado ao processo construtivo. Em edifícios, as fôrmas convencionais das lajes maciças foram com o tempo sendo substituídas pelas lajes nervuradas, executadas com fôrmas de polietileno/PVC, conhecidas como *cabacinhas*. Mais recentemente, as lajes maciças estão voltando a ser utilizadas, numa concepção diferente. Possuem espessuras maiores, dispensam as vigas centrais e são protendidas.
Escoramentos de madeira	Em lajes pré-fabricadas ou maciças com pé-direito ≤ 4,00 m e em vãos de até aproximadamente 4,50 m, em que o escoramento pode ser feito com 2 ou 3 linhas de escoras sob forma de estroncas de madeira, o levantamento pode ser feito pela área em planta (desde que exista composição que represente esse serviço). Unidade: m². Caso contrário, pode-se levantar o volume dos ambientes que receberão laje e consequentemente necessitarão de escoramento, adotando-se uma taxa de volume de madeira por volume do ambiente. Essa taxa pode ser avaliada, supondo-se por exemplo uma escora a cada 1,20 m aproximadamente, nas duas direções.

Quadro 6.1 (continuação)

Serviço	Critério
	Estrutura
Escoramentos metálicos	Há no mercado fornecedores tradicionais de escoras metálicas, para vigas e lajes, tipo A ($h = 2{,}11$ m a 3,20 m), B ($h = 3{,}00$ m a 4,50 m) ou C ($h = 1{,}76$ m a 2,80 m). Uma vez definida a escora a ser usada, medir o volume de abrangência, obtido da área em planta multiplicada pelo pé-direito. O aluguel é mensal, por volume escorado ou por unidades de escora. Unidade: $m^3 \cdot$ mês ou un · mês. Geralmente, não estão inclusos no preço o transporte e a montagem. Esses custos devem ser avaliados para a formação do preço final do escoramento.
Cimbramentos de madeira para reservatórios	Os reservatórios elevados são geralmente constituídos por uma estrutura de pilares e vigas que sustentam a caixa, a qual pode ter os mais diversos aspectos: prismáticos, cilíndricos, em pétalas etc. A fôrma da caixa, além das paredes e da tampa, geralmente é alargada no nível da laje do fundo para possibilitar não só o escoramento das fôrmas laterais das paredes (em ângulos que variam entre 30° e 45°), mas, também, para permitir o acesso dos operários ao longo do perímetro da caixa e possibilitar a execução da concretagem. Dessa forma, o volume do cimbramento, que alcança até a laje do fundo, depende essencialmente dessa área projetada, em planta. O volume de cimbramento é obtido pelo produto dessa área pela altura correspondente. Essas fôrmas podem ser do tipo convencional, deslizantes, trepantes etc. Antes de se proceder ao levantamento dos quantitativos do cimbramento do reservatório, é necessária a definição do processo construtivo a ser adotado, em função do custo e do tempo de execução. Unidade: m^3.
Lajes pré-moldadas de qualquer tipo	Medir a área em planta por tipo (convencional, treliçada, protendida etc). Na direção das vigotas pré-moldadas, incluir a largura das cintas (ou vigas). Na outra direção, a medida será a distância interna entre as cintas. O preço deve incluir o material inerte (blocos cerâmicos, blocos de cimento, de isopor etc.). Unidade: m^2.
Vergas e contravergas	Considerar o vão de cada esquadria, acrescido de 0,25 m para cada lado. L (vergas) $= L$ (esquadrias) $+ 0{,}50$ m. Unidade: m.

Quadro 6.1 (continuação)

Serviço	Critério
Elevações	
Alvenaria de tijolos maciços ou cerâmicos, de seis ou oito furos, de elementos vazados, de tijolos de vidro etc.	Levantar separadamente a área de alvenaria externa, obtida a partir do perímetro externo, acrescida da área de empenas. Alternativamente, numerar todas as paredes e calcular a área de cada painel separadamente. Depois, levantar a área de alvenaria interna, a partir do perímetro interno (*Pi*). Essas áreas devem ser as efetivas, isto é, devem ser calculadas descontando-se todos os claros decorrentes de aberturas, vãos de portas, janelas, basculantes etc. O levantamento deverá ser feito por tipo de elemento construtivo, por exemplo: alvenaria de bloco cerâmico esp. 0,09 m, alvenaria de tijolo maciço dobrada esp. 0,18, combogó de cimento tipo escama ou veneziana etc. Observar que os elementos vazados serão considerados alvenarias (painéis), mas também serão considerados claros (vazios) a serem retirados do quantitativo das alvenarias. Lembrar que esses elementos não receberão chapisco nem emboço e provavelmente serão pintados de forma diferente da parede que lhe é contígua. Unidade: m^2.
Divisórias	Área real, prevista em projeto; levantar por tipo de divisória (simples, naval, espessura especial, com revestimento acústico, com perfis de aço ou de alumínio etc.). Deverão ser descontadas todas as áreas de porta, as quais deverão ser remuneradas em separado, por unidade de vão de porta. Os painéis com vidro (especificar tipo e espessura) serão, também, levantados separadamente. Unidade : m^2.
Cobertura	
Madeiramento para os diversos tipos de telha	Área medida na planta baixa de arquitetura, incluindo os beirais, e acrescida de: 4%, quando a telha for cerâmica ou for de fibrocimento com 4 mm; 0,5% e 1%, para os calhetões e telhas de 8 mm, respectivamente. Unidade: m^2. Observação: no ORSE, as composições de preço para madeiramento só preveem os caibros (ripões) e as ripas, não incluindo as peças principais de suporte. Essas peças (linhas, terças, cumeeiras, tesouras etc.) devem ser igualmente levantadas.

Quadro 6.1 (continuação)

Serviço	Critério
	Cobertura
Peça de madeira em maçaranduba (ou outra madeira de lei – diversas seções)	Levantar na planta de cobertura, em todos os apoios dos caibros (terças, frechais, cumeeiras etc.), pelas dimensões das seções transversais requeridas, considerando, para os ripões de seção 7 cm × 5 cm, o vão máximo de 1,90 m a 2,00 m, além de espaçamento máximo de 33 cm. Unidade: m.
Telhamento	Adotar mesmo critério do madeiramento, observado o tipo de telha.
Emassamento de cumeeiras, de beiral (beira e bico), dos algerozes, rufos etc.	Comprimento medido na planta de cobertura. Unidade: m.
Condutores de águas pluviais	Comprimento total por diâmetro, previsto em projeto. Unidade: m.
	Instalação elétrica/telefônica
De posse do projeto elétrico	1. Transpor para a planilha do orçamento toda a lista de insumos, parte integrante do projeto. 2. Apropriar a respectiva mão de obra e estimar o tempo necessário para a execução dos serviços.
Não dispondo do projeto elétrico	3. Estudar e pré-dimensionar os pontos de luz, de força, os pontos de tomada, os pontos de interruptor e outros, a partir do projeto de arquitetura. 4. Verificar a especificação das luminárias e quantificá-las por tipo. 5. A partir do nível de iluminamento especificado e de acordo com a norma, quantificar as luminárias. 6. Levantar os acessórios importantes, como quadros, disjuntores etc. Observar as seguintes recomendações das NBRs 5410 e 5419: 7. Para tomadas de uso geral (TUG): 100 VA. 8. Mínimo de uma tomada por dependência com área menor que 6 m^2. 9. Uma tomada para cada 5 m de perímetro ou fração. 10. Uma tomada para cada 3,5 m^2 ou fração em cozinha, copa ou área de serviço, sendo pelo menos três tomadas de 600 VA. 11. Uma tomada de 600 VA sobre o lavatório do banheiro.

Quadro 6.1 (continuação)

Serviço	Critério
	Instalação elétrica/telefônica
Não dispondo do projeto elétrico	12. Pelo menos uma tomada em varandas, garagens, subsolos e circulação. 13. Para iluminação: ◇ Cômodos com área menor ou igual a 6 m^2: 100 VA. ◇ Cômodos com área maior que 6 m^2: 100 VA para os primeiros 6 m^2, acrescidos de 60 VA para cada aumento de 4 m^2 inteiros.
	Instalação hidrossanitária
Com ou sem projeto	Valem as recomendações anteriores descritas para os itens 1 e 2 de instalação elétrica/telefônica. Para as unidades de tratamento, como fossas, filtros e sumidouros, considerar: • Para as fossas, levantar por sua capacidade, em função da quantidade de pessoas atendidas (10, 15, 20, 30, 50, 75, 100 ou 150 pessoas). Verificar se no preço do fornecedor estão incluídas sua escavação e montagem. Unidade: un. • Para os sumidouros, fazer um pré-dimensionamento em função da capacidade de absorção do subsolo. No ORSE existem composições de preço elaboradas para sumidouros com dimensões de 1,00 × 1,00 × 0,80 a 3,00 × 1,50 × 1,50. Unidade: un. • Em havendo necessidade de filtração do efluente, no ORSE podem ser encontrados alguns filtros em concreto armado com dimensões variando entre 1,00 × 1,00 × 2,00 e 6,00 × 6,00 × 3,00. Unidade: un.
	Esquadrias
Orientação geral	Levantar por tipo (janelas, basculantes, portas, portões, grades, gradis etc.) e por material (madeira, alumínio cor natural ou preta, ferro etc.).
Janelas de madeira	Levantar por tipo/especificação. Unidade: m^2.
Janelas de alumínio	Levantar por tipo/especificação. Unidade: m^2.
Basculantes de madeira	Levantar por tipo ou modelo (convencional, modulado, pivotante etc.). Unidade: m^2.
Basculantes de alumínio/ferro	Podem possuir os mesmos modelos dos de madeira, com comandos. Unidade: m^2.

Quadro 6.1 (continuação)

Serviço	Critério
Esquadrias	
Portas de madeira, internas, lisas	Dimensões de 0,60 m × 2,10 m a 1,00 m × 2,10 m, com batentes. Unidade: un.
Portas de madeira em veneziana	Tipo Z ou comum. Unidade: m^2.
Portas de madeira em almofada	Em madeira de lei, com dimensões de 0,60 m × 2,10 m a 1,00 m × 2,10 m, com batentes. Unidade: un.
Portas em madeira tipo assoalho, fechado	Unidade: m^2.
Porta pantográfica em alumínio	Verificar a especificação. Unidade: m^2.
Porta de enrolar em chapa de ferro galvanizado	Unidade: m^2.
Grades	Levantar por tipo, bitola e densidade das barras por metro quadrado. Unidade: m^2.
Vidro	Levantar as quantidades por tipo e espessura. Unidade: m^2. Observações: em não havendo o projeto das esquadrias, poderão ser adotados os seguintes percentuais de vidro: • Vidro/esq. de madeira = 0,80. • Vidro/esq. de alumínio = 0,85. • Vidro/esq. de ferro = 0,92. Para os espelhos, se de forma arredondada, considerar o retângulo ou o quadrado circunscritos.
Revestimentos de paredes	
Chapisco	Igual a duas vezes a área de alvenaria, mais uma vez a área de teto, quando houver laje e for especificado. Unidade: m^2.
Emboço ou reboco	Como há muito pouca diferença entre esses dois serviços, eles serão considerados como um só. Em princípio, sua área deve ser igual à área de chapisco. Unidade: m^2.
Revestimentos externos em cerâmica, pastilhas, pedras, granitos, mármore, chapas de alumínio etc.	Área real, por tipo, descontando-se todos os claros e vãos de esquadrias. Unidade: m^2.

Quadro 6.1 (continuação)

Serviço	**Critério**
	Revestimentos de paredes
Revestimentos internos em azulejos, cerâmicas, pedras, chapas melamínicas etc.	*Idem* ao item anterior. Unidade: m^2.
Forros	Quando houver em toda a área, corresponderão à soma das áreas úteis de todos os ambientes especificados. Unidade: m^2.
Impermeabilizações	Medir em toda a área desenvolvida, inclusive as ancoragens. Assim, numa viga-calha corresponderão a uma vez a área do fundo da viga, mais duas vezes as áreas das paredes laterais da viga, mais as ancoragens superiores (dobras) correspondentes à espessura das paredes da calha (ou mais). Unidade: m^2.
Peitoris	Medir 4 cm para cada lado, além da distância obtida de fora a fora, entre os caixilhos da esquadria. Também deverão ser 4 cm mais largos que a espessura total das paredes. Unidade: m ou, conforme a tradição local, m^2.
Isolamentos térmicos ou acústicos	Independentemente do tipo, serão medidos pela área efetiva. Unidade: m^2.
	Revestimentos de pisos
Pisos de madeira em geral, réguas, assoalhos etc.	Área efetiva. Unidade: m^2.
Pisos em cerâmica, em pedras naturais, em placas de mármore ou granito	Área efetiva. Unidade: m^2.
Pisos externos à base de cimento: cimentados, de alta resistência, concreto simples ou armado, cor natural ou coloridos	Serão medidos pela área efetiva e de acordo com o tipo e a espessura da camada constituinte. Unidade: m^2.
Soleiras de mármore, granito, madeira ou cimento	Se internas, terão o comprimento medido de fora a fora entre os batentes da porta. Se externas, essa largura deverá ser acrescida de 4 cm. A espessura mínima deve ser de 2 cm. Unidade: m ou m^2.

Quadro 6.1 (continuação)

Serviço	Critério
	Revestimentos de pisos
Rodapés de madeira, cimento, mármore ou granito e cerâmicos	Possuem, geralmente, largura de 7 cm a 10 cm. Unidade: m.
	Pinturas e tratamentos
Geral	A pintura será sempre medida pela área real (efetiva). Deverá sempre ser agrupada por tipo, de acordo com a definição das especificações. As quantificações devem ser feitas por tipo de preparo das paredes e por tipo de pintura. Assim, as paredes que receberão massa corrida deverão ser separadas das que receberão massa acrílica, e assim por diante. Unidade: m².
Pintura externa	$P_{externa} = A_{alv.\ ext.} - A_{rev.\ ext.} - (A_{esq.} - A_{portas\ ext.})$ em que: $P_{externa}$ = pintura externa; $A_{alv.\ ext.}$ = área de alvenaria externa; $A_{rev.\ ext.}$ = área de revestimento externo; $A_{esq.}$ = área total de esquadrias; $A_{portas\ ext.}$ = área de portas externas. Unidade: m².
Pintura interna	$P_{interna} = 2 \cdot A_{alv.\ int.} + 1 \cdot A_{alv.\ ext.} + A_{teto} - (A_{esq.} - A_{portas\ int.}) - A_{rev.\ int.}$ em que: $P_{interna}$ = pintura interna; $A_{alv.\ int.}$ = área de alvenaria interna; $A_{alv.\ ext.}$ = área de alvenaria externa; A_{teto} = área de teto; $A_{esq.}$ = área de esquadria; $A_{portas\ int.}$ = área de portas internas; $A_{rev.\ int.}$ = área de revestimento interno. Observação: em havendo laje em toda a área construída, a área de teto é igual à área de piso.

Quadro 6.1 (continuação)

Serviço	Critério
	Pinturas e tratamentos
Pintura em esmalte	Em esquadrias de ferro: considerar duas vezes a área real de esquadria. Em esquadrias de madeira com batente em meio caixão ou caixilhos com um jogo de alisar: considerar 2,35 vezes a área da esquadria. Em esquadrias de madeira com batente em caixão (largura da parede) com dois jogos de alisar: considerar 2,70 vezes a área da esquadria. Unidade: m^2. Em combogós, adotar um coeficiente de 2,50. Observação: no cálculo das áreas para fins de pintura, em esquadrias tanto metálicas como de madeira, não será levado em conta qualquer desconto com vidros, salvo nas esquadrias tipo moldura-vidro, porque nesse caso a área de vidro é predominante.
	Diversos
Diversos	Neste item podem ser incluídos os serviços não classificados nos itens anteriores.

6.6 Composições de custo unitário

Anteriormente, foi visto que a precisão do orçamento está diretamente relacionada com a qualidade das composições de custo unitário. No estabelecimento do preço de um determinado serviço, isto é, na elaboração de sua composição de preço unitário, uma regra básica deve ser observada: *o preço deve remunerar o serviço.*

Quando se fala em remuneração, faz-se referência à remuneração justa, ou seja, nem para mais, nem para menos, assim como a relação de conforto que deve existir entre os tamanhos do pé e do sapato.

A composição do preço deve expressar a execução do serviço com todos os materiais e suas respectivas quantidades, toda a mão de obra direta necessária, envolvida na execução da tarefa, medida no intervalo de tempo dispendido em sua execução, seus respectivos encargos sociais e, finalmente, o equipamento necessário, se for o caso, conforme já discutido.

6.6.1 Tipos de composição de custo

Quando, numa composição de custo, o equipamento representar uma parcela importante (ou dominante), é necessário levar em conta a remuneração desse equipamento não só em operação, mas também quando estiver parado, porém à disposição da obra. Diante dessa particularidade, as composições são usualmente classificadas em dois grandes grupos, a saber:

- *Composições de custo de obras civis, ou composições de custo unitário*: representam a grande maioria dos serviços referentes às obras civis, compreendendo fundações, estruturas de concreto armado e metálicas, alvenarias, revestimentos, coberturas, pinturas etc.
- *Composições padrão Sicro (Sistema de Custos Referenciais de Obras) ou de custo horário*: são as composições desenvolvidas inicialmente pelo Departamento Nacional de Estradas de Rodagem (DNER), sucedido pelo Departamento Nacional de Infraestrutura Terrestre (DNIT). Compreendem as composições de serviços como escavação, carga, transporte, compactação, execução de bases e sub-bases etc., as quais utilizam, como parte componente, os equipamentos envolvidos na produção do serviço. Diferem das composições de custo unitário porque são calculadas a partir das produções horárias.

6.6.2 Elaboração das composições de custo unitário

Dispor de um banco de dados de composições de preço que seja compatível com as tecnologias e os materiais da atualidade pode representar um enorme diferencial de qualidade e competitividade, porque a velocidade na elaboração de orçamentos é um fator de eficiência com reflexos positivos. Pode significar sucesso em licitações, negociações com clientes e fechamentos de contratos.

Há no mercado alguns bancos de dados, destacando-se o da Pini (Tabela de Composições e Preços para Orçamentos – TCPO), que é o pioneiro e mais tradicional e completo. Esses bancos devem ser usados como uma referência inicial, e não como uma verdade absoluta, o que não impede que o engenheiro que irá utilizá-los proceda à sua avaliação comparando alguns índices de produtividade com os seus próprios, provenientes de suas observações e registros em obras semelhantes.

Esses índices particulares de produtividade constituem o capital tecnológico das empresas e estão geralmente associados a "processos que deram certo". Alguns exemplos:

- índice de produtividade consagrado na empresa para execução de alvenaria de bloco cerâmico com dimensões 9 × 19 × 25 com utilização de argamassa colante = 7,0 m²/h;

- índice de produtividade característico da empresa em escavação de vala com retroescavadeira – material de primeira categoria com até 1,50 m de profundidade = 11,0 m^3/h.

Esses índices (marcas) alimentam o banco de dados das empresas, de onde são extraídas as composições de custo que dão suporte à confecção dos orçamentos; muitas vezes fazem a diferença nas licitações, proporcionando-lhes ampliar a coleção de vitórias.

No desenvolvimento dos bancos de dados de composições, alguns cuidados devem ser observados, sendo o principal o esmero na redação das nomenclaturas dos insumos e das composições de custo, preferencialmente compatíveis com as adotadas pelas principais revistas técnicas do mercado. Não menos importantes são a ortografia e a classificação, bem como a sistematização, tudo com vistas a facilitar a pesquisa e a organização pelos usuários do sistema.

Considere-se o caso típico da fôrma. Para caracterizar esse serviço e, a partir daí, ter sua composição de custo perfeitamente definida com seu respectivo valor, é necessário atribuir-lhe determinadas especificidades e características, como o tipo de material com o qual será confeccionada, como em compensado, suas características (resinado, plastificado, sua espessura – por exemplo, 12 mm) e suas condições de utilização (por exemplo, quatro usos). Nessa condição, pode-se conferir ao serviço uma redação personalizada e inconfundível como a seguinte: "Fôrma de madeira para lajes planas, em compensado plastificado – 12 mm – 4 usos".

Caso se resolva utilizar essa fôrma mais vezes, com um número de reutilizações, por exemplo, igual a cinco, para saber seu custo respectivo será necessário elaborar uma nova composição de custo correspondente a essa nova situação, bem como para seis, oito ou dez usos, enfim, para quantas vezes se pretenda utilizar o material com condições satisfatórias de segurança, acabamento e durabilidade.

A decisão referente ao número de reutilizações a que a fôrma deve atender envolve, entre outras variáveis, o tipo do material escolhido (resinado, plastificado, de primeira ou segunda qualidade) e sua consequente durabilidade, o prazo contratual para a entrega da obra, o tempo requerido pelo processo construtivo adotado para a desforma das peças estruturais, e, além de tudo, os aspectos econômico-financeiros, destacando-se o fluxo de caixa.

Considere-se agora outra atividade, a execução dos pisos cerâmicos. Eles podem gerar uma quantidade muito grande de serviços e suas respectivas composições de custo, bastando imaginar as variações correspondentes às principais marcas, graus de resistência à abrasão superficial (escala PEI – Porcelain Enamel Institute) e dimensões disponíveis no mercado.

A avaliação dos consumos da mão de obra empregada em cada serviço deve ser feita por meio de observações constantes, em que são anotados os tempos gastos por cada profissional para realizar as tarefas objeto da pesquisa. Esses tempos devem também ser medidos sempre que houver variação das condições do ambiente de trabalho. Desse modo, por exemplo, caso se esteja medindo o tempo que um pedreiro gasta para levantar uma alvenaria de bloco cerâmico, pode-se apropriar essa atividade em duas etapas: a primeira até a altura ainda confortável de 1,40 m, e a segunda, dessa altura até 2,80 m. Isso porque, assim que o pedreiro passar para as fiadas mais altas, os tempos de execução provavelmente se elevarão, já que parte de sua atenção estará voltada para sua segurança pessoal contra queda, reduzindo sua produtividade. O tempo a ser adotado deverá ser a média dos tempos observados numa e noutra condição de trabalho.

Normalmente, na construção civil, o insumo *mão de obra* representa um percentual que se situa entre 25% e 45% do valor do custo do serviço correspondente. Evidentemente, nos casos em que não há o fornecimento de materiais, esse percentual pode chegar a 100%. Para exemplificar, considere-se o desenvolvimento da composição de custo da atividade *lançamento e adensamento de concreto* produzido em usina.

Numa determinada construtora, após a realização de uma pesquisa, foram feitas as seguintes anotações:

- *obra objeto*: edifício de apartamentos;
- *número de pavimentos*: 12 lajes de piso mais uma de cobertura;
- *número de apartamentos*: 48 – quatro por pavimento;
- *área total de cada pavimento*: 320,00 m²;
- *volume total estimado a ser lançado por laje*: 50,00 m³;
- *tempo de lançamento*: para o lançamento do volume referido, o tempo gasto, levando em conta eventuais descontinuidades provocadas por pequenos atrasos do caminhão-betoneira, manteve-se em torno de 9 h, incluindo a limpeza e a guarda de equipamentos e ferramentas após o término da concretagem;
- *equipe de trabalho*: dois pedreiros, dois carpinteiros, um armador e nove serventes.

A Tab. 6.4 apresenta os consumos de mão de obra para o caso em questão, discriminados por profissional, considerando o tempo gasto de 9 h.

Tab. 6.4 **Consumos de mão de obra discriminados por profissional**

Profissional	Consumo (h)
Pedreiro	18,0
Carpinteiro	18,0
Armador	9,0
Servente	81,0

Tab. 6.5 **Índices para a composição de preços**

Profissional	Índice (h/m³)
Pedreiro	18/50 = 0,36
Carpinteiro	18/50 = 0,36
Armador	9/50 = 0,18
Servente	81/50 = 1,62

Como o volume total de concreto lançado considerado era de 50,0 m³, foram adotados os índices mostrados na Tab. 6.5 para a composição de preços da atividade *lançamento e adensamento de concreto.*

Em outra empresa pesquisada, ocorria uma pequena diferença na quantidade de serventes (dez, no total), e na equipe havia também um eletricista durante a jornada de trabalho para garantir a integridade e o posicionamento dos eletrodutos e das caixas. Nesse caso, o servente teria uma carga de 1,80 h, e o eletricista, de 0,18 h.

Suponha-se, agora, que se pretende avaliar quais índices devem ser adotados para a execução de alvenaria de blocos cerâmicos com dimensões de 9 cm × 19 cm × 25 cm, ½ vez, isto é, executada com espessura igual à espessura do bloco, 9 cm. Para caracterizar esse cenário, imagine-se um certo pano de parede a ser executado e os respectivos profissionais envolvidos na atividade construtiva. Considere-se a presença de dois pedreiros, um servente para produzir a argamassa e mais um servente para entregar a argamassa e os blocos cerâmicos no local da execução, sobre o andaime.

Com um pouco de experiência, é possível desde já verificar que, nesse cenário, o servente que produz a argamassa com mistura mecânica em betoneira está superdimensionando a equipe, ou seja, ele passará parte do tempo ocioso, podendo ter parte de sua jornada dedicada a dar suporte a outro par de pedreiros.

Caso se decida usar a argamassa industrializada, em sacos de 20 kg, pode-se prescindir do servente que produz a argamassa, já que ela poderá ser finalizada pelos próprios pedreiros.

Suponha-se, ainda, que as condições de fornecimento incluam a entrega dos blocos dentro do canteiro, em paletes plastificados com 200 unidades cada. Nessa nova condição, seria possível prescindir do segundo servente, previsto inicialmente para o suprimento dos materiais na frente de trabalho.

Pode-se concluir, então, que uma composição de custo, ao ser elaborada, necessariamente deve refletir todas as condições previstas no planejamento da execução do serviço. Isso vale, portanto, para um arranjo específico desenhado em função do cenário traçado por seus técnicos.

Uma vez que as condições de execução mudam, fugindo da concepção inicial, a composição de custo deixa de ter validade ou, pelo menos, de possuir exatidão.

Assim, se o item de serviço *alvenaria de bloco cerâmico, esp. = 0,09 m*, for relevante numa determinada obra, ou seja, se sua quantidade representar um valor expressivo ou mesmo predominante em relação ao valor do orçamento, o engenheiro de custos, ao orçá-lo, deverá conceber as condições com as quais pretende implementar o serviço e, a partir daí, elaborar sua respectiva composição. Caso contrário, se a alvenaria constituir um item de serviço com pouca representatividade no contexto da obra, uma pequena variação no preço unitário desse serviço não será suficiente para comprometer a qualidade do orçamento.

Para a situação final desenhada, tem-se a composição de preços mostrada na Tab. 6.6.

Tab. 6.6 **Composição de preços para a situação final**

Item	Unidade	Índice
Pedreiro	h	0,72
Bloco cerâmico	un	19
Argamassa industrializada	m^3	0,0088

No Cap. 7, será visto que a mão de obra demanda outros custos legais e obrigatórios, decorrentes dos chamados encargos sociais.

Alguns materiais, como as tintas, têm seus consumos definidos em função do rendimento (L/m²/demão) e da forma de aplicação (pincel, rolo ou pistola a ar comprimido), os quais influem na espessura da camada ou demão. Na elaboração dessas composições, devem ser observadas as especificações do fabricante quanto a esses dois fatores.

As composições de custo dos serviços que compõem a planilha do orçamento da obra devem espelhar correta e integralmente todas as atividades da construção, pois só assim o relatório correspondente à curva ABC de insumos fornecerá com a precisão necessária a listagem com as quantidades de todos os materiais que serão aplicados na obra.

6.7 Elaboração de termos aditivos aos contratos – manipulação da planilha do orçamento ("jogo de planilha")

O Art. 7° da Lei n° 8.666 prevê que

> As licitações para a execução de obras e para a prestação de serviços obedecerão ao disposto neste artigo e, em particular, à seguinte sequência:
>
> i. projeto básico;
> ii. projeto executivo;
> iii. execução das obras e serviços.

A quase totalidade das licitações é realizada com o orçamento desenvolvido a partir do projeto básico. Ao ser elaborado o projeto executivo, uma parte significativa dos serviços pode ser substituída ou sofrer variação em seus quantitativos, o que leva à necessidade de a Administração rerratificar a planilha do orçamento, assim como providenciar o termo aditivo ao contrato.

O levantamento rigoroso dos novos quantitativos e a apuração do custo correspondente, a partir da aplicação dos preços unitários contratados, constantes da planilha do licitante vencedor, não constituem condição suficiente para garantir que não esteja sendo posto em prática o chamado "jogo de planilha". Mas o que isso vem a ser?

Campiteli (2006, p. 37-38) define-o como uma manipulação, assim o caracterizando:

> O "jogo de planilha", também conhecido por "jogo de preços", é um artifício utilizado por licitantes que, a partir de projetos básicos deficitários e/ou por informações privilegiadas, conseguem saber antecipadamente quais os serviços que terão o quantitativo aumentado, diminuído ou suprimido ao longo da execução da obra a ser licitada e manipulam os custos unitários de suas propostas, atribuindo custos unitários elevados para os itens que terão o seu quantitativo aumentado e custos unitários diminutos nos serviços cujo quantitativo será diminuído ou suprimido. Com isso, vencem a licitação por conseguirem um valor global abaixo dos concorrentes, graças aos custos unitários diminutos que não serão executados.

> Assim, após as alterações contratuais já previstas pelo vencedor do certame no momento da elaboração da proposta, o valor global do objeto contratual passa a encarecer em relação ao seu valor de mercado, podendo tornar-se a proposta mais desvantajosa para a Administração entre as demais da licitação.

O "jogo de planilha" pode ocorrer quando a Administração não faz constar no edital de licitação, como deve, o critério de aceitabilidade dos preços unitários, previsto não só no Art. 40, inciso X, da Lei nº 8.666, mas também no Art. 112 da Lei de Diretrizes Orçamentárias desde 2003. Conclui-se, portanto, que não basta o preço global estar dentro dos valores de mercado; os preços unitários devem obedecer a idêntico controle. No caso de obras com recursos federais, segundo a Lei de Diretrizes Orçamentárias e o Tribunal de Contas da União (TCU), esses preços unitários devem ser balizados pelo Sistema Nacional de Pesquisa de Custos e Índices da Construção Civil (Sinapi) ou, no caso de obras rodoviárias, pelo Sistema de Custos Referenciais de Obras (Sicro).

Existem dois tipos de manobras frequentemente utilizadas pelas empresas para auferir ganhos superiores aos devidos. A primeira resulta de uma contratação cara desde o início, por seu valor global, como resultado de conluio ou direcionamento. A segunda refere-se a contratações baratas (com vantagem) em princípio, mas que se tornam caras após os aditivos contratuais (perda de vantajosidade).

Nos exemplos apresentados adiante, será visto que essa perda de vantajosidade é devida ao desequilíbrio econômico-financeiro ocorrido no orçamento em desfavor do contratante, provocado pelo termo aditivo celebrado, em decorrência das variações dos quantitativos da planilha. Poderia então o leitor perguntar: todo termo aditivo provoca desequilíbrio econômico-financeiro ao contrato? A resposta é não. Isso só acontece quando essas variações de quantidades são remuneradas com preços unitários distanciados dos preços de mercado.

Para que o equilíbrio do contrato seja preservado, os preços unitários de remuneração das quantidades acrescidas ou reduzidas devem ser os de mercado, com a aplicação do chamado *fator de concorrência* (f), que é o quociente obtido entre o valor do orçamento do licitante vencedor e o valor do orçamento-base da licitação, parte integrante do projeto básico. O valor da subtração ($1 - f$) corresponde ao valor do desconto oferecido pelo licitante e com o qual ele se sagrou vencedor do certame licitatório. Esses preços unitários assim obtidos são denominados *preços de equilíbrio*.

Atualmente, consolidou-se no TCU o entendimento de que as empresas contratadas para obras em regime de preços unitários não têm o direito de exigir que preços unitários acima dos preços médios de mercado sejam estabelecidos para os quantitativos não licitados.

Atente-se para o fato de que, se o valor global contratado estiver situado abaixo do valor do orçamento do projeto básico e se não ocorrerem variações dos quantitativos da respectiva planilha do orçamento, em princípio, nenhum dano será causado ao contratante, mesmo não havendo critério de aprovação de preços unitários.

A prática do controle dos preços unitários da planilha do orçamento por parte dos gestores e dos engenheiros fiscais de contratos é mais ou menos recente, embora a Lei nº 8.666 tenha definido a necessidade de estabelecer um critério de aceitabilidade de preços unitários, com a fixação de preços máximos. O usual era tão somente fixar o preço global máximo.

O TCU vem realizando estudos sobre o assunto, tendo desenvolvido cinco métodos de controle de preços, a saber:

- método da limitação dos preços dos quantitativos excedentes;
- método do balanço;
- método do segundo colocado;
- método do desconto;
- método do desconto localizado.

Esses métodos, com pequenas diferenças entre si, podem ser aplicados conforme a necessidade, isolados ou associadamente, como será visto nas seções a seguir. O objetivo é proceder a uma análise dos termos aditivos decorrentes das variações de quantitativos – não só os acréscimos de serviços com sobrepreço, mas também as reduções ou eliminações de serviços com subpreço – e, finalmente, calcular o valor do possível dano causado.

Independentemente de constar ou não no edital um critério de aprovação (limitação) dos valores dos preços unitários, é prudente que o engenheiro fiscal do contrato verifique a ocorrência de preços fora do valor de mercado, para mais ou para menos, com base em um banco de dados oficial (Sinapi e Sicro, entre outros). O ORSE possui um banco de dados com boa margem de segurança e realiza coletas mensalmente, utilizando-se de um critério de amostragem por família de insumos capaz de expressar o mercado.

6.7.1 Método da limitação dos preços dos quantitativos excedentes

Se houver variação das quantidades de alguns itens que apresentam preços fora do mercado, esses excedentes deverão ser tratados numa planilha à parte, que passará a ser a planilha do termo aditivo. Seus preços unitários serão desvinculados dos valores constantes da planilha do contrato e terão seus valores estabelecidos a partir dos valores de mercado multiplicados pelo fator de concorrência *f* já descrito.

Observe-se que:

- se a planilha estava originalmente equilibrada, isto é, se os preços altos equilibravam os preços baixos;
- se o valor global contratado estava abaixo do valor do orçamento do projeto básico;
- se por meio desse método, para os quantitativos excedentes, forem adotados preços unitários iguais aos preços de equilíbrio,

então o termo aditivo assim elaborado não provocará desequilíbrio no contrato.

Os *preços unitários de equilíbrio* são aqueles obtidos a partir dos valores praticados pelo mercado (ou os constantes do projeto básico, que forçosamente devem expressar o mercado) multiplicados pelo fator de concorrência *f*.

Em assim procedendo, um mesmo serviço, como o reboco, poderá apresentar dois preços unitários num mesmo contrato: um originalmente contratado e que veio da planilha do licitante vencedor, válido até o limite dos quantitativos previstos no projeto básico, e outro para as quantidades excedentes.

As Tabs. 6.7 a 6.11 mostram os orçamentos do órgão contratante (projeto básico) e do licitante vencedor antes e depois das alterações sofridas nos quantitativos de alguns itens da planilha, por necessidade de ajustes durante a obra ou em função do projeto executivo.

Pode-se observar que a simples operação dos novos quantitativos sobre a planilha original do licitante vencedor conduzirá a um valor desequilibrado, pois esse licitante, que se sagrou vencedor graças a um desconto de [1 – (584.915,00/590.840,00)] × 100 = 1%, caso tenha aprovado o termo aditivo por meio dessa nova planilha assim calculada, terá elevado o valor de seu contrato para R$ 668.915,00, transformando o desconto inicialmente concedido de 1% em um acréscimo indevido (sobrepreço ou superfaturamento) de [(668.915,00/590.849,00) – 1] × 100 = 13,21%.

O procedimento correto consiste em calcular o valor do aditivo a partir dos preços unitários de equilíbrio, os quais levam em consideração o fator de concorrência *f*, no caso igual a 584.915,00/590.840,00 = 0,99.

Tab. 6.7 Orçamento do contratante – inicial (projeto básico)

Item	Discriminação	Unidade	Quantidade	Preço unitário (R$)	Preço total (R$)	%
1	Serviços preliminares				10.410,00	
1.1	Limpeza manual do terreno com vegetação rasteira, incluindo roçagem e queima	m^2	9.000,00	0,75	6.750,00	1,14
1.2	Locação de construção de edificação com gabarito de madeira	m^2	600,00	6,10	3.660,00	0,62
2	Fundações				53.150,00	
2.1	Concreto simples (magro), F_{ck} = 13,5 MPa	m^3	6,80	250,00	1.700,00	0,29
2.2	Concreto simples, F_{ck} = 25 MPa	m^3	35,00	320,00	11.200,00	1,90
2.3	Fôrma em chapa compensada 12 mm – três usos	m^2	350,00	40,00	14.000,00	2,37
2.4	Aço CA-50	kg	3.500,00	7,50	26.250,00	4,44
3	Elevações				277.380,00	
3.1	Alvenaria de bloco cerâmico, *e* = 0,09 m	m^2	3.600,00	16,00	57.600,00	9,75
3.2	Alvenaria de bloco de cimento	m^2	3.900,00	25,20	98.280,00	16,63

Tab. 6.7 (continuação)

Item	Discriminação	Unidade	Quantidade	Preço unitário (R$)	Preço total (R$)	%
3.3	Painéis pré-moldados 1,00 m × 2,80 m	un	450,00	270,00	121.500,00	20,56
4	Revestimento				249.900,00	
4.1	Chapisco	m^2	15.000,00	2,91	43.650,00	7,39
4.2	Reboco interno	m^2	7.500,00	12,50	93.750,00	15,87
4.3	Reboco externo	m^2	7.500,00	15,00	112.500,00	19,04
Total geral					590.840,00	100,00

Tab. 6.8 Orçamento do licitante vencedor – inicial

Item	Discriminação	Unidade	Quantidade	Preço unitário (R$)	Preço total (R$)	%
1	Serviços preliminares				14.280,00	
1.1	Limpeza manual do terreno com vegetação rasteira, incluindo roçagem e queima	m^2	9.000,00	1,20	10.800,00	1,85
1.2	Locação de construção de edificação com gabarito de madeira	m^2	600,00	5,80	3.480,00	0,59
2	Fundações				50.510,00	
2.1	Concreto simples (magro), F_{ck} = 13,5 MPa	m^3	6,80	237,50	1.615,00	0,28
2.2	Concreto simples, F_{ck} = 25 MPa	m^3	35,00	304,00	10.640,00	1,82

Tab. 6.8 (continuação)

Item	Discriminação	Unidade	Quantidade	Preço unitário (R$)	Preço total (R$)	%
2.3	Fôrma em chapa compensada 12 mm – três usos	m²	350,00	38,00	13.300,00	2,27
2.4	Aço CA-50	kg	3.500,00	7,13	24.955,00	4,27
3	Elevações				281.400,00	
3.1	Alvenaria de bloco cerâmico, e = 0,09 m	m²	3.600,00	8,50	30.600,00	5,23
3.2	Alvenaria de bloco de cimento	m²	3.900,00	32,00	124.800,00	21,34
3.3	Painéis pré-moldados 1,00 m × 2,80 m	un	450,00	280,00	126.000,00	21,54
4	Revestimento				238.725,00	
4.1	Chapisco	m²	15.000,00	2,85	42.750,00	7,31
4.2	Reboco interno	m²	7.500,00	11,88	89.100,00	15,23
4.3	Reboco externo	m²	7.500,00	14,25	106.875,00	18,27
Total geral					584.915,00	100,00

Tab. 6.9 **Orçamento do contratante – após alterações**

Item	Discriminação	Unidade	Quantidade	Preço unitário (R$)	Preço total (R$)	%
1	Serviços preliminares				13.410,00	
1.1	Limpeza manual do terreno com vegetação rasteira, incluindo roçagem e queima	m²	13.000,00	0,75	9.750,00	1,47

Tab. 6.9 (continuação)

Item	Discriminação	Unidade	Quantidade	Preço unitário (R$)	Preço total (R$)	%
1.2	Locação de construção de edificação com gabarito de madeira	m²	600,00	6,10	3.660,00	0,55
2	Fundações				53.150,00	
2.1	Concreto simples (magro), $F_{ck} = 13{,}5$ MPa	m³	6,80	250,00	1.700,00	0,26
2.2	Concreto simples, $F_{ck} =$ 25 MPa	m³	35,00	320,00	11.200,00	1,69
2.3	Fôrma em chapa compensada 12 mm – três usos	m²	350,00	40,00	14.000,00	2,12
2.4	Aço CA-50	kg	3.500,00	7,50	26.250,00	3,97
3	Elevações				344.700,00	
3.1	Alvenaria de bloco cerâmico, $e = 0{,}09$ m	m²	3.600,00	16,00	57.600,00	8,71
3.2	Alvenaria de bloco de cimento	m²	5.500,00	25,20	138.600,00	20,96
3.3	Painéis pré-moldados 1,00 m × 2,80 m	un	550,00	270,00	148.500,00	22,46
4	Revestimento				249.900,00	
4.1	Chapisco	m²	15.000,00	2,91	43.650,00	6,60
4.2	Reboco interno	m²	7.500,00	12,50	93.750,00	14,18
4.3	Reboco externo	m²	7.500,00	15,00	112.500,00	17,02
Total geral					661.160,00	100,00

Tab. 6.10 Orçamento do licitante vencedor – após alterações

Item	Discriminação	Unidade	Quantidade	Preço unitário (R$)	Preço total (R$)	%
1	Serviços preliminares				19.080,00	
1.1	Limpeza manual do terreno com vegetação rasteira, incluindo roçagem e queima	m^2	13.000,00	1,20	15.600,00	2,33
1.2	Locação de construção de edificação com gabarito de madeira	m^2	600,00	5,80	3.480,00	0,52
2	Fundações				50.510,00	
2.1	Concreto simples (magro), F_{ck} = 13,5 MPa	m^3	6,80	237,50	1.615,00	0,24
2.2	Concreto simples, F_{ck} = 25 MPa	m^3	35,00	304,00	10.640,00	1,59
2.3	Fôrma em chapa compensada 12 mm – três usos	m^2	350,00	38,00	13.300,00	1,99
2.4	Aço CA-50	kg	3.500,00	7,13	24.955,00	3,73
3	Elevações				360.600,00	
3.1	Alvenaria de bloco cerâmico, e = 0,09 m	m^2	3.600,00	8,50	30.600,00	4,57
3.2	Alvenaria de bloco de cimento	m^2	5.500,00	32,00	176.000,00	26,31
3.3	Painéis pré-moldados 1,00 m × 2,80 m	un	550,00	280,00	154.000,00	23,02
4	Revestimento				238.725,00	
4.1	Chapisco	m^2	15.000,00	2,85	42.750,00	6,39
4.2	Reboco interno	m^2	7.500,00	11,88	89.100,00	13,32
4.3	Reboco externo	m^2	7.500,00	14,25	106.875,00	15,98
Total geral					668.915,00	100,00

Tab. 6.11 Resumo

Orçamento inicial da Administração referente ao projeto básico	R$ 590.840,00
Orçamento da Administração após alterações de quantitativos	R$ 661.160,00
Orçamento do licitante vencedor (inicial): para menos em R$ 5.925,00 (1% a menos)	R$ 584.915,00
Orçamento do licitante vencedor após alterações	R$ 668.915,00
Variação em relação ao projeto básico inicial: para mais em R$ 78.075,00	+13,21%

Passemos então a calcular o valor do termo aditivo. De acordo com a Tab. 6.12, o termo aditivo correto é de R$ 69.610,00. Esse valor mantém a vantajosidade, não alterando as condições contratuais pactuadas, o que pode ser confirmado por meio de (69.610,00 + 584.915,00)/661.160,00 = 0,99 ⇒ OK.

Tab. 6.12 Planilha referente ao termo aditivo

Item que sofreu acréscimo	Quantidade acrescida	Preço unitário (projeto básico) (R$)	Preço unitário de equilíbrio (R$)	Valor total (R$)
1.1	4.000,00	0,75	0,74	2.960,00
3.2	1.600,00	25,20	24,95	39.920,00
3.3	100,00	270,00	267,30	26.730,00
Total geral				69.610,00

6.7.2 Método do balanço

Esse método permite identificar situações de prejuízo para a Administração nos casos em que são realizados aditivos de preço em decorrência de *alterações para mais e/ou para menos* dos quantitativos da planilha do contrato. Desenvolvido pelo ex-ministro Marcos Vilaça, consiste basicamente em estabelecer um balanço, ou seja, um cotejo dos itens que sofreram variação em seus quantitativos.

São considerados prejuízos para a Administração (e, consequentemente, vantagem para o contratado) os acréscimos dos itens com sobrepreço e os decréscimos dos itens com subpreço. Por outro lado, são considerados vantagens para a Administração os acréscimos dos serviços com subpreço e os decréscimos dos serviços com sobrepreço.

As quantidades e os preços unitários que sofreram acréscimos são considerados positivos, enquanto os que sofreram decréscimos são considerados negativos. Ao produto das quantidades pelos preços são aplicadas as regras da aritmética, isto é:

$$(+) \times (+) = +$$
$$(+) \times (-) = -$$
$$(-) \times (-) = +$$
$$(-) \times (+) = -$$

Esse método admite a compensação de eventuais ganhos obtidos pela Administração com os acréscimos dos itens com subpreço e/ou as reduções dos itens com sobrepreço, encontrando respaldo no Acórdão nº 583/2003-P do TCU.

A título de ilustração, considerem-se as planilhas de orçamento apresentadas nas Tabs. 6.13 a 6.17.

Tab. 6.13 Orçamento do contratante – inicial (projeto básico)

Item	Discriminação	Unidade	Quantidade	Preço unitário (R$)	Preço total (R$)	%
1	Serviços preliminares				11.730,00	
1.1	Limpeza manual do terreno com vegetação rasteira, incluindo roçagem e queima	m^2	9.000,00	1,10	9.900,00	3,66
1.2	Locação de construção de edificação com gabarito de madeira	m^2	300,00	6,10	1.830,00	0,68
2	Fundações				34.100,00	
2.1	Concreto simples (magro), $F_{ck} = 13,5$ MPa	m^3	2,80	250,00	700,00	0,26

Tab. 6.13 (continuação)

Item	Discriminação	Unidade	Quantidade	Preço unitário (R$)	Preço total (R$)	%
2.2	Concreto simples, $F_{ck} = 25$ MPa	m³	25,00	320,00	8.000,00	2,95
2.3	Fôrma em chapa compensada 12 mm – três usos	m²	260,00	40,00	10.400,00	3,84
2.4	Aço CA-50	kg	2.000,00	7,50	15.000,00	5,54
3	Elevações				164.600,00	
3.1	Alvenaria de bloco cerâmico, $e = 0{,}09$ m	m²	2.800,00	17,00	47.600,00	17,58
3.2	Alvenaria de bloco de cimento	m²	2.500,00	25,20	63.000,00	23,27
3.3	Painéis pré-moldados 1,00 m × 2,80 m	un	200,00	270,00	54.000,00	19,95
4	Revestimento				60.300,00	
4.1	Chapisco	m²	3.600,00	3,00	10.800,00	3,99
4.2	Reboco interno	m²	1.800,00	12,50	22.500,00	8,31
4.3	Reboco externo	m²	1.800,00	15,00	27.000,00	9,97
Total geral					270.730,00	100,00

Tab. 6.14 **Orçamento do licitante vencedor – inicial**

Item	Discriminação	Unidade	Quantidade	Preço unitário (R$)	Preço total (R$)	%
1	Serviços preliminares				10.740,00	

Tab. 6.14 (continuação)

Item	Discriminação	Unidade	Quantidade	Preço unitário (R$)	Preço total (R$)	%
1.1	Limpeza manual do terreno com vegetação rasteira, incluindo roçagem e queima	m^2	9.000,00	1,00	9.000,00	3,50
1.2	Locação de construção de edificação com gabarito de madeira	m^2	300,00	5,80	1.740,00	0,68
2	Fundações				32.405,00	
2.1	Concreto simples (magro), $F_{ck} = 13{,}5$ MPa	m^3	2,80	237,50	665,00	0,26
2.2	Concreto simples, $F_{ck} = 25$ MPa	m^3	25,00	304,00	7.600,00	2,95
2.3	Fôrma em chapa compensada 12 mm – três usos	m^2	260,00	38,00	9.880,00	3,84
2.4	Aço CA-50	kg	2.000,00	7,13	14.260,00	5,54
3	Elevações				156.850,00	
3.1	Alvenaria de bloco cerâmico, e = 0,09 m	m^2	2.800,00	7,00	19.600,00	7,62
3.2	Alvenaria de bloco de cimento	m^2	2.500,00	32,50	81.250,00	31,58
3.3	Painéis pré-moldados 1,00 m × 2,80 m	un	200,00	280,00	56.000,00	21,77
4	Revestimento				57.294,00	
4.1	Chapisco	m^2	3.600,00	2,85	10.260,00	3,99
4.2	Reboco interno	m^2	1.800,00	11,88	21.384,00	8,31
4.3	Reboco externo	m^2	1.800,00	14,25	25.650,00	9,97
Total geral					257.289,00	100,00

Tab. 6.15 Orçamento do contratante – após alterações

Item	Discriminação	Unidade	Quantidade	Preço unitário (R$)	Preço total (R$)	%
1	Serviços preliminares				11.730,00	
1.1	Limpeza manual do terreno com vegetação rasteira, incluindo roçagem e queima	m²	9.000,00	1,10	9.900,00	3,67
1.2	Locação de construção de edificação com gabarito de madeira	m²	300,00	6,10	1.830,00	0,68
2	Fundações				34.100,00	
2.1	Concreto simples (magro), $F_{ck} = 13{,}5$ MPa	m³	2,80	250,00	700,00	0,26
2.2	Concreto simples, $F_{ck} = 25$ MPa	m³	25,00	320,00	8.000,00	2,96
2.3	Fôrma em chapa compensada 12 mm – três usos	m²	260,00	40,00	10.400,00	3,85
2.4	Aço CA-50	kg	2.000,00	7,50	15.000,00	5,56
3	Elevações				163.700,00	
3.1	Alvenaria de bloco cerâmico, $e = 0{,}09$ m	m²	1.000,00	17,00	17.000,00	6,30
3.2	Alvenaria de bloco de cimento	m²	4.000,00	25,20	100.800,00	37,36
3.3	Painéis pré-moldados 1,00 m × 2,80 m	un	170,00	270,00	45.900,00	17,01
4	Revestimento				60.300,00	
4.1	Chapisco	m²	3.600,00	3,00	10.800,00	4,00
4.2	Reboco interno	m²	1.800,00	12,50	22.500,00	8,34
4.3	Reboco externo	m²	1.800,00	15,00	27.000,00	10,01
Total geral					269.830,00	100,00

Tab. 6.16 **Orçamento do licitante vencedor – após alterações**

Item	Discriminação	Unidade	Quantidade	Preço unitário (R$)	Preço total (R$)	%
1	Serviços preliminares				10.740,00	
1.1	Limpeza manual do terreno com vegetação rasteira, incluindo roçagem e queima	m²	9.000,00	1,00	9.000,00	3,16
1.2	Locação de construção de edificação com gabarito de madeira	m²	300,00	5,80	1.740,00	0,61
2	Fundações				32.405,00	
2.1	Concreto simples (magro), F_{ck} = 13,5 MPa	m³	2,80	237,50	665,00	0,23
2.2	Concreto simples, F_{ck} = 25 MPa	m³	25,00	304,00	7.600,00	2,67
2.3	Fôrma em chapa compensada 12 mm – três usos	m²	260,00	38,00	9.880,00	3,47
2.4	Aço CA-50	kg	2.000,00	7,13	14.260,00	5,00
3	Elevações				184.600,00	
3.1	Alvenaria de bloco cerâmico, e = 0,09 m	m²	1.000,00	7,00	7.000,00	2,46
3.2	Alvenaria de bloco de cimento	m²	4.000,00	32,50	130.000,00	45,61
3.3	Painéis pré-moldados 1,00 m × 2,80 m	un	170,00	280,00	47.600,00	16,70
4	Revestimento				57.294,00	
4.1	Chapisco	m²	3.600,00	2,85	10.260,00	3,60
4.2	Reboco interno	m²	1.800,00	11,88	21.384,00	7,50
4.3	Reboco externo	m²	1.800,00	14,25	25.650,00	9,00
Total geral					285.039,00	100,00

Fator de concorrência f = 257.289,00 / 270.730,00 = 0,95035

Tab. 6.17 **Aplicação do método do balanço**

Item	Variação de quantitativos ΔQ	Preços licitante vencedor (R$)	Preços uni. pr. básico (mercado) (R$)	Preços de equilíbrio (R$) f = 0,95035	Variação de preços (R$) (sobrepreços) $\Delta P1$	Variação de preços (R$) (subpreços) $\Delta P2$	$\Delta Q \cdot \Delta P$ (R$)
3.1	−1.800,00	7,00	17,00	16,156		−9,156	+16.480,79
3.2	+1.500,00	32,50	25,20	23,949	+8,551		+12.826,50
3.3	−30,00	280,00	270,00	256,595	+23,405		−702,15
Balanço (prejuízo)							+28.605,14

Conclusão: ao valor do orçamento correspondente à planilha alterada de R$ 285.039,00 deverá ser exigido um desconto de R$ 28.605,14, passando o valor da obra para R$ 256.433,86, em sintonia com a variação sofrida no orçamento da Administração (projeto básico), ou seja:

[256.433,86/257.289,00] = [269.830,00/270.730,00] = 0,9967

ou ainda

256.433,86/269.830,00 = 0,95035 (inalterabilidade do fator de concorrência)

6.7.3 Método do segundo colocado

A análise do termo aditivo pelo método do balanço *deve ser complementada* com a aplicação do chamado método do segundo colocado.

Suponha-se agora que a planilha da empresa classificada em segundo lugar apresente os valores das Tabs. 6.18 e 6.19.

Com base no Acórdão nº 1.757/2008-P do TCU, o método prevê que, se não fosse o artifício ("jogo de planilha") de que lançou mão o licitante vencedor, no exemplo, com o valor inicial de sua proposta de R$ 257.289,00, após alterações de quantitativos, passaria esse valor para R$ 285.039,00 (graças ao "jogo de planilha"), e venceria o certame o licitante classificado em segundo

Tab. 6.18 Orçamento do segundo colocado – inicial

Item	Discriminação	Unidade	Quantidade	Preço unitário (R$)	Preço total (R$)	%
1	Serviços preliminares				12.885,00	
1.1	Limpeza manual do terreno com vegetação rasteira, incluindo roçagem e queima	m^2	9.000,00	1,22	10.980,00	4,11
1.2	Locação de construção de edificação com gabarito de madeira	m^2	300,00	6,35	1.905,00	0,71
2	Fundações				31.382,50	
2.1	Concreto simples (magro), $F_{ck} =$ 13,5 MPa	m^3	2,80	243,75	682,50	0,26
2.2	Concreto simples, $F_{ck} = 25$ MPa	m^3	25,00	312,00	7.800,00	2,92
2.3	Fôrma em chapa compensada 12 mm – três usos	m^2	260,00	39,00	10.140,00	3,79
2.4	Aço CA-50	kg	2.000,00	6,38	12.760,00	4,77
3	Elevações				164.274,00	
3.1	Alvenaria de bloco cerâmico, $e = 0,09$ m	m^2	2.800,00	16,58	46.424,00	17,36
3.2	Alvenaria de bloco de cimento	m^2	2.500,00	23,94	59.850,00	22,39
3.3	Painéis pré-moldados 1,00 m × 2,80 m	un	200,00	290,00	58.000,00	21,69
4	Revestimento				58.824,00	
4.1	Chapisco	m^2	3.600,00	2,93	10.548,00	3,95
4.2	Reboco interno	m^2	1.800,00	12,19	21.942,00	8,21
4.3	Reboco externo	m^2	1.800,00	14,63	26.334,00	9,85
Total geral					267.365,50	100,00

Tab. 6.19 Orçamento do segundo colocado – após alterações

Item	Discriminação	Unidade	Quantidade	Preço unitário (R$)	Preço total (R$)	%
1	Serviços preliminares				12.885,00	
1.1	Limpeza manual do terreno com vegetação rasteira, incluindo roçagem e queima	m^2	9.000,00	1,22	10.980,00	4,15
1.2	Locação de construção de edificação com gabarito de madeira	m^2	300,00	6,35	1.905,00	0,72
2	Fundações				31.382,50	
2.1	Concreto simples (magro), F_{ck} = 13,5 MPa	m^3	2,80	243,75	682,50	0,26
2.2	Concreto simples, F_{ck} = 25 MPa	m^3	25,00	312,00	7.800,00	2,95
2.3	Fôrma em chapa compensada 12 mm – três usos	m^2	260,00	39,00	10.140,00	3,83
2.4	Aço CA-50	kg	2.000,00	6,38	12.760,00	4,82
3	Elevações				161.640,00	
3.1	Alvenaria de bloco cerâmico, $e = 0{,}09$ m	m^2	1.000,00	16,58	16.580,00	6,26
3.2	Alvenaria de bloco de cimento	m^2	4.000,00	23,94	95.760,00	36,17
3.3	Painéis pré-moldados 1,00 m × 2,80 m	un	170,00	290,00	49.300,00	18,62
4	Revestimento				58.824,00	
4.1	Chapisco	m^2	3.600,00	2,93	10.548,00	3,98
4.2	Reboco interno	m^2	1.800,00	12,19	21.942,00	8,29
4.3	Reboco externo	m^2	1.800,00	14,63	26.334,00	9,95
Total geral					264.731,50	100,00

lugar, com o orçamento inicial de R$ 267.365,50 e que, após alterações, teria seu valor reduzido para R$ 264.731,50, inferior, portanto, ao orçamento alterado do primeiro colocado, conforme a planilha apresentada.

Esse método apresenta uma dificuldade quando surgem serviços novos no processo, inclusive também com insumos novos, pois nesse caso não seria possível afirmar com certeza qual seria o valor do orçamento para esses serviços e, consequentemente, qual seria o valor final para o orçamento do segundo colocado, já que ele não apresentou preços unitários para esses novos serviços. Isso não impede que a Administração (gerente ou fiscal do contrato) pesquise os preços de mercado, conforme reza a Lei nº 8.666, e apure o resultado a partir das composições de preço unitário de um banco de dados oficial. Em assim sendo, poderá ser entendido que houve prejuízo ao erário, uma vez que não foi aplicado o fator de concorrência *f*.

O TCU recomenda que esses casos devem ser analisados com cautela, em face da possibilidade de alegação pelas empresas contratadas de que, em itens novos, sem qualquer correspondência com insumos originais e métodos de trabalho previstos inicialmente, pode não ser possível a manutenção do desconto dado durante o processo licitatório.

6.7.4 Método do desconto

Esse método varia em relação ao método do balanço por tratar dos prejuízos acrescidos ou das vantagens suprimidas com percentuais, e não com valores absolutos. É baseado no Acórdão nº 1.755/2004 do TCU:

- havendo necessidade de celebração de aditivos contratuais, certificar-se de que a alteração contratual não se destina a suprimir a vantagem econômica inicialmente obtida pela Administração ("jogo de planilha"), devendo a revisão ser coerente com o projeto básico;
- na eventualidade de ter sido celebrado termo aditivo que evidencie a prática do "jogo de planilha", deverá ser exigida a restauração do desconto percentual ofertado inicialmente pelo licitante vencedor, a fim de manter as condições efetivas da proposta e preservar a vantagem do contrato, e, se for o caso, deverá ser anulado o termo aditivo modificador das condições originais.

A Tab. 6.20 mostra como esse método seria aplicado ao exemplo.

Tab. 6.20 **Método do desconto**

Situação	Valor (R$)	Observação
Valor inicial do orçamento do projeto básico	270.730,00	–
Valor inicial do licitante vencedor	257.289,00	Desconto de 4,965%
Valor após alterações do orçamento do projeto básico	269.830,00	Redução de 0,33%
Valor após alterações do licitante vencedor	285.039,00	Acréscimo de 5,29%
Valor a ser rerratificado do contrato para restauração do desconto original	256.439,95	= 257.289,00 × (1 – 0,0033)
Valor do débito caso tivesse sido firmado o termo aditivo sem observação deste método	28.599,05	= 285.039,00 – 256.439,95

Método do desconto W

Esse método é aplicado nos casos de substituição de serviços decorrentes de alterações de soluções de engenharia em parte (fração localizada) do contrato. Consiste, pois, na aplicação do método do desconto "apenas no âmbito da parte da obra em que se verificou a manobra". A seguir, cita-se o exemplo apresentado no XII Simpósio Nacional de Auditoria de Obras Públicas, realizado em Brasília, em 2008:

> Há uma licitação para a construção de uma rodovia orçada em R$ 100 milhões na qual consta um viaduto. A solução original orçada, apenas para o viaduto, vale R$ 5 milhões, por exemplo, a preços médios de mercado. A empresa venceu a licitação cotando esse item por R$ 3.500.000,00.
>
> Posteriormente, durante a execução da obra, a empresa propõe a alteração da solução para utilização de pré-moldados. A nova solução, a preços de mercado, custa R$ 3.500.000,00. A empresa, então, "aceita" um preço negociado de R$ 3.465.000,00 e, assim, justifica a mudança apresentando o "desconto" de 1% em relação aos valores que seriam originalmente despendidos.
>
> Ocorre que havia uma vantagem original de R$ 1.500.000,00, que se evapora na alteração da solução. Há que se aplicar algum

método para que o equilíbrio econômico-financeiro seja mantido em favor da Administração.

No presente caso, para a manutenção do equilíbrio econômico-financeiro do contrato em favor da Administração, isto é, para a manutenção da vantagem original, deve-se aplicar um desconto de 30% (diferença ofertada originalmente no item "viaduto") sobre a solução em pré-moldados, passando seu valor de R$ 3.500.000,00 para R$ 2.450.000,00.

6.7.5 Sobre as alterações dos contratos

A Lei nº 8.666, que trata da alteração dos contratos, prevê:

> Art. 65.
>
> [...]
>
> § 1º O contratado fica obrigado a aceitar, nas mesmas condições contratuais, os acréscimos que se fizerem nas obras, serviços ou compras, até 25% (vinte e cinco por cento) do valor inicial atualizado do contrato, e, no caso particular de reforma de edifício ou de equipamento, até o limite de 50% (cinqüenta por cento) para os seus acréscimos.

Esse enunciado parece não deixar dúvidas quanto ao procedimento a ser adotado em caso de acréscimo de serviço. Entretanto, na prática, além dos acréscimos de serviços, por aumento de quantitativos ou por serviços não previstos, podem ocorrer supressões, e, nesse caso, deve ser observado o entendimento estabelecido no Acórdão nº 591/2011 do TCU:

> [...] para efeito de observância dos limites de alterações contratuais previstos no Art. 65 da Lei 8666/1993, passe a considerar as reduções ou supressões de quantidades de forma isolada, ou seja, o conjunto de reduções e o conjunto de acréscimos devem ser sempre calculados sobre o valor original do contrato, aplicando-se a cada um desses conjuntos, individualmente e sem nenhum tipo de compensação entre eles, os limites de alteração estabelecidos no dispositivo legal.

Considere-se o exemplo a seguir:

- valor original do contrato: R$ 1.000.000,00;
- valor de serviços suprimidos: R$ 150.000,00;
- valor dos serviços acrescidos: R$ 350.000,00;
- valor do contrato rerratificado: R$ 1.200.000,00;
- percentual de acréscimo do contrato: 20%.

Pergunta: a condição da lei foi atendida?

A resposta é não!

Embora para o contratante tenha ocorrido um aumento em seu compromisso financeiro de 20% (assim entendido em face da compensação entre as supressões e os acréscimos), na realidade o acréscimo representou um percentual de aumento de 35%, além, portanto, do limite legal permitido, que é de 25%, e corresponderia a R$ 300.000,00.

Observar que o valor das supressões de R$ 150.000,00 atendeu ao valor máximo permitido, que no caso é de R$ 250.000,00.

Encargos sociais na construção civil

7

"Hoje é sempre o dia certo de fazer as coisas certas de maneira certa. Amanhã será tarde."

Martin Luther King

7.1 Conceituação

Considere-se a composição de preço apresentada na Tab. 7.1.

Tab. 7.1 Fabricação e lançamento de concreto simples, $F_{ck} = 15$ MPa un (m^3)

Item	Discriminação	Unidade	Quantidade	Custo unitário	Custo total
1	Materiais				
1.1	Brita 1	m^3	0,26	93,75	24,37
1.2	Brita 2	m^3	0,54	87,50	47,25
1.3	Areia grossa	m^3	0,58	47,50	27,55
1.4	Cimento Portland comum	kg	338	0,52	175,76
Total de materiais					*274,93*
2	Pessoal				
2.1	Fabricação				
2.1.1	Servente	H	5,00	3,41	17,05
2.2	Lançamento				
2.2.1	Servente	H	1,62	3,41	5,52
2.2.2	Pedreiro	H	0,36	5,06	1,82
2.2.3	Armador	H	0,18	5,06	0,91
2.2.4	Carpinteiro	H	0,36	5,06	1,82
Subtotal de mão de obra					27,12
2.3	Encargos sociais (167,20%)				45,34
Total de mão de obra					*72,46*
Total geral					*347,39*

No caso exemplificado, o item "encargos sociais" constitui a maior parcela do item "pessoal", representando 167,20% do custo com a mão de obra. Mas o que vêm a ser os encargos sociais, também conhecidos como leis sociais?

Do Aurélio, obtém-se para o vocábulo *encargo*:

1. responsabilidade, incumbência, obrigação;
2. peso, fardo;
3. despesa.

E, para o vocábulo *fardo*, "o que impõe responsabilidades". Já o Aulete define-o como "obrigações impostas por lei".

Os encargos sociais são, de fato, um fardo dos mais pesados, que todo empregador assume ao admitir um empregado.

No caso da composição de preço citada, pode-se observar que, para cada R$ 100,00 pagos em folha de pagamento, deverão ser provisionados R$ 167,20, correspondentes aos encargos sociais que o empregador necessariamente tem que assumir como de sua responsabilidade (mais adiante esse valor será demonstrado).

Constituem encargos sociais, entre outros, os feriados oficiais, o repouso remunerado, o salário-família, o Fundo de Garantia do Tempo de Serviço (FGTS), as férias, o 13° salário, o aviso prévio, a licença-maternidade e a licença-paternidade. São, portanto, conquistas sociais conseguidas pelos trabalhadores.

De modo geral, além dos custos com os encargos sociais propriamente ditos, representam também parte integrante desses encargos aqueles decorrentes da remuneração do chamado tempo não trabalhado, como férias, salário, abonos etc.

O valor total desses encargos, geralmente expresso em porcentagem conhecida como taxa de encargos sociais, varia de acordo com cada atividade econômica. No caso da construção civil, essa taxa depende das características da obra, principalmente do prazo de execução, o qual determina o tempo máximo de permanência do empregado na obra, assim como dos respectivos custos indenizatórios, os quais representam uma importante parcela dessa taxa. Os encargos podem variar ao longo do tempo, pois parcelas significativas, como a alimentação, que também constitui um encargo, estão sujeitas à variação mensal de preços.

O cálculo dos encargos obedece a uma fundamentação legal decorrente da legislação vigente e de acordos ou convenções coletivas firmadas entre os sindicatos dos empregados e os representantes patronais (Sinduscons).

Alguns desses itens dependem de parâmetros muitas vezes obtidos por meio de dados estatísticos, hipóteses ou certas premissas, o que torna a própria metodologia de cálculo um fator a mais na variação da taxa de encargos. Desse modo, a taxa de encargos sociais não é um valor absoluto, imutável, que possa ser considerado isento de qualquer reavaliação ou crítica.

7.2 Um pouco da história

As principais conquistas sociais dos trabalhadores foram conseguidas no governo de Getúlio Vargas, por meio do Decreto-Lei nº 5.452, de maio de 1943, que aprovou a chamada Consolidação das Leis do Trabalho (CLT), um avançado conjunto de direitos sociais e trabalhistas. Dessa forma, foram criados o salário mínimo e a jornada de trabalho de oito horas e instituída a carteira profissional de trabalho como documento obrigatório para o exercício de qualquer emprego.

Getúlio Vargas possuía profundo conhecimento dos problemas nacionais. Sua visão estratégica e suas ações sempre firmes e decididas promoveram a criação da Companhia Siderúrgica Nacional (CSN), da Petrobras, da Fábrica Nacional de Motores (FNM), da Companhia Nacional de Álcalis, da Companhia Vale do Rio Doce, do Departamento Administrativo do Serviço Público (Dasp), do Instituto Brasileiro de Geografia e Estatística (IBGE), da Companhia Hidrelétrica do São Francisco (Chesf), do Serviço Nacional de Aprendizagem Industrial (Senai), da Comissão do Vale do São Francisco (CVSF; mais tarde Suvale e posteriormente Codevasf), do Serviço do Patrimônio Histórico e Artístico Nacional (SPHAN), do Banco Nacional de Desenvolvimento Econômico (BNDE), do Plano de Valorização da Amazônia (mais tarde Sudam) e do Correio Aéreo Nacional, além do projeto da Eletrobras.

Em seu governo, o ensino básico tornou-se obrigatório e as universidades federais foram criadas.

7.3 Base legal dos encargos sociais

O Quadro 7.1 apresenta a legislação pertinente aos encargos sociais.

Quadro 7.1 **Base legal dos encargos sociais**

Encargo	Legislação	Data	Descrição do ato
Instituto Nacional de Seguridade Social (INSS)	Decreto nº 356	7/12/1991	Aprova o regulamento da organização e do custeio da Seguridade Social.
	Decreto nº 3.048	6/5/1999	Aprova o regulamento da Previdência Social.
	Ordem de Serviço nº 209	20/5/1999	Estabelece procedimentos de arrecadação e fiscalização da retenção, incidente sobre o valor dos serviços e das contribuições devidas sobre a remuneração decorrente da prestação de serviços através de cessão de mão de obra ou empreitada.
	Decreto nº 3.265	29/11/1999	Altera o regulamento da Previdência Social criado pelo Decreto nº 3.048.
	Decreto nº 3.298	20/12/1999	Altera o Decreto nº 3.048.
	Decreto nº 3.452	9/5/2000	Regulamenta a Lei nº 7.853, de 24/10/1989.
	Decreto nº 3.668	22/11/2000	Altera o Decreto nº 3.048.
	Decreto nº 4.032	26/11/2001	Altera o Decreto nº 3.048.
	Decreto nº 4.079	9/1/2002	Altera o Decreto nº 3.048.
	Decreto nº 4.729	9/6/2003	Altera o Decreto nº 3.048.
	Decreto nº 5.399	24/3/2005	Altera o Decreto nº 3.048.
	Lei nº 8.212	24/7/1991	Dispõe sobre a organização da Seguridade Social, institui plano de custeio e dá outras providências.
	Medida Provisória nº 612	4/4/2013	Inclui a desoneração da folha de pagamento.
	Lei nº 12.844	19/7/2013	Altera o regime de desoneração da folha de pagamento.

Quadro 7.1 (continuação)

Encargo	Legislação	Data	Descrição do ato
Fundo de Garantia do Tempo de Serviço (FGTS)	Lei nº 5.107	13/9/1966	Cria o Fundo de Garantia do Tempo de Serviço e dá outras providências.
	Decreto nº 59.820	20/12/1966	Regulamenta a Lei nº 5.107.
	Lei nº 8.036	11/5/1990	Dispõe sobre o FGTS e dá outras providências.
	Decreto nº 99.684	8/11/1990	Consolida as normas regulamentares do FGTS.
	Decreto nº 1.522	13/6/1995	Altera o regulamento consolidado do FGTS, aprovado pelo Decreto nº 99.684/90.
	Lei Complementar nº 110	29/6/2001	Institui contribuição social devida pelos empregadores mediante o acréscimo de cinco décimos por cento sobre a remuneração devida, no mês anterior, a cada trabalhador e, em caso de demissão de empregado sem justa causa, o acréscimo de dez por cento sobre o montante de todos os depósitos devidos, referentes ao FGTS, durante a vigência do contrato de trabalho.
	Instrução Normativa nº 25	20/12/2001	Baixa instruções para a fiscalização do FGTS e das contribuições sociais instituídas pela Lei Complementar nº 110.
Salário-educação	Lei nº 4.863	29/11/1965	Reajusta os vencimentos dos servidores civis e militares, altera as alíquotas dos impostos de renda, importação, consumo e selo e da quota de previdência social, unifica contribuições baseadas nas folhas de salários e dá outras providências.
	Decreto nº 60.466	14/3/1967	Expede nova regulamentação do Art. 35 da Lei nº 4.863.

Quadro 7.1 (continuação)

Encargo	Legislação	Data	Descrição do ato
Salário--educação	Decreto-Lei nº 1.422	23/10/1975	Dispõe sobre o salário-educação.
	Decreto nº 87.043	22/3/1982	Regulamenta o Decreto-Lei nº 1.422.
	Lei nº 7.787	30/6/1989	Dispõe sobre alterações na legislação de custeio da previdência social e dá outras providências.
Serviço Nacional de Aprendizagem Industrial (Senai)	Decreto nº 60.466	14/3/1967	Expede nova regulamentação do Art. 35 da Lei nº 4.863.
	Decreto-Lei nº 1.861	25/2/1981	Altera a legislação referente às contribuições compulsórias recolhidas pelo IAPAS à conta de diversas entidades e dá outras providências.
	Decreto-Lei nº 1.867	25/3/1981	Dá nova redação ao Decreto--Lei nº 1.861.
	Lei nº 8.029	12/4/1990	Dispõe sobre a extinção e dissolução de entidades da administração pública federal e dá outras providências.
	Lei nº 8.154	28/12/1990	Altera a redação do § 3º do Art. 8º da Lei nº 8.029, de 12/4/1990.
	Lei nº 8.029 alterada	12/4/1990	Dispõe sobre a extinção de entidades da administração pública federal e dá outras providências.
	Resolução nº 43 da Previdência Social	17/1/1991	Institui o formulário Guia de Recolhimento da Previdência Social GRPS INSS, aprova instruções para seu preenchimento, tabelas de códigos e percentuais de contribuições previdenciárias e de terceiros.
	Lei nº 9.819	23/8/1999	Acrescenta os §§ 1º e 2º ao Art. 17 da Lei nº 8.029, renumerado para Art. 20, nos termos da Lei nº 8.154.

Quadro 7.1 (continuação)

Encargo	Legislação	Data	Descrição do ato
Serviço Social da Indústria (Sesi)	Decreto nº 60.466	14/3/1967	Expede nova regulamentação do Art. 35 da Lei nº 4.863.
	Decreto-Lei nº 1.867	25/3/1981	Dá nova redação ao Decreto-Lei nº 1.861.
	Lei nº 8.154	28/12/1990	Altera a redação do § 3º do Art. 8º da Lei nº 8.029, de 12/4/1990.
	Lei nº 8.029 alterada	12/4/1990	Dispõe sobre a extinção de entidades da administração pública federal e dá outras providências.
	Decreto nº 99.570	9/10/1990	Desvincula da administração pública federal o Centro Brasileiro de Apoio à Pequena e Média Empresa (Cebrae), transformando-o em serviço social autônomo.
	Resolução nº 43 da Previdência Social	17/1/1991	Institui o formulário Guia de Recolhimento da Previdência Social GRPS INSS, aprova instruções para seu preenchimento, tabelas de códigos e percentuais de contribuições previdenciárias e de terceiros.
	Lei nº 9.819	23/8/1999	Acrescenta os §§ 1º e 2º ao Art. 17 da Lei nº 8.029, renumerado para Art. 20, nos termos da Lei nº 8.154.
Instituto Nacional de Colonização e Reforma Agrária (Incra)	Decreto nº 60.466	14/3/1967	Expede nova regulamentação do Art. 35 da Lei nº 4.863.
	Decreto-Lei nº 1.146	31/12/1970	Consolida os dispositivos sobre as contribuições criadas pela Lei nº 2.613 e dá outras providências.
	Lei Complementar nº 11	26/11/1971	Institui o Programa de Assistência ao trabalhador rural e dá outras providências.

Quadro 7.1 (continuação)

Encargo	Legislação	Data	Descrição do ato
Instituto Nacional de Colonização e Reforma Agrária (Incra)	Decreto-Lei nº 1.687	25/3/1981	Dá nova redação ao Decreto--Lei nº 1.861.
	Lei nº 7.787	30/6/1989	Dispõe sobre alterações na legislação de custeio da Previdência Social e dá outras providências.
Serviço Brasileiro de Apoio às Micro e Pequenas Empresas (Sebrae)	Resolução nº 43 da Previdência Social	17/1/1991	Institui o formulário Guia de Recolhimento da Previdência Social GRPS INSS, aprova instruções para seu preenchimento, tabelas de códigos e percentuais de contribuições previdenciárias e de terceiros.
Férias	Decreto-Lei nº 5.452	1º/5/1943	Consolidação das Leis do Trabalho (CLT).
	Constituição	5/10/1988	Constituição da República Federativa do Brasil.
Feriados	Lei nº 605	5/1/1949	Repouso semanal remunerado e pagamento de salário nos dias de feriados civis e religiosos.
	Decreto-Lei nº 5.452	1º/5/1943	Consolidação das Leis do Trabalho (CLT).
Repouso semanal remunerado	Lei nº 605	5/1/1943	Repouso semanal remunerado e pagamento de salário nos dias de feriados civis e religiosos.
Auxílio-enfermidade	Decreto-Lei nº 66	21/11/1966	Altera disposições da Lei nº 3.607.
Acidente do trabalho	Lei nº 3.807	26/8/1960	Dispõe sobre a Lei Orgânica da Previdência Social.
	Decreto-Lei nº 66	21/11/1966	Altera disposições da Lei nº 3.607.
	Decreto nº 63.230	10/9/1968	Dispõe sobre aposentadoria especial de que trata o Art. 31 da Lei nº 3.807.
	Lei nº 5.831	30/11/1972	Acrescenta item ao Art. 79 da Lei nº 3.807.

Quadro 7.1 (continuação)

Encargo	Legislação	Data	Descrição do ato
Acidente do trabalho	Lei nº 5.890	8/6/1973	Altera a legislação da Previdência Social e dá outras providências.
	Decreto nº 72.771	6/9/1973	Aprova regulamento da Lei nº 3.807 com as alterações introduzidas pela Lei nº 5.890.
	Lei nº 6.438	31/8/1977	Altera a redação do § 3º do Art. 24 da Lei nº 3.807.
	Lei nº 6.636	8/5/1979	Dá nova redação ao parágrafo único do Art. 12 da Lei nº 3.807.
	Lei nº 7.356	30/8/1985	Altera a Lei nº 3.807, de 26/8/1960.
	Lei nº 8.212	24/7/1991	Dispõe sobre a organização da Seguridade Social, institui plano de custeio e dá outras providências.
	Decreto nº 356	7/12/1991	Aprova o regulamento da organização e do custeio da Seguridade Social.
	Decreto nº 3.048	6/5/1999	Aprova o regulamento da Providência e dá outras providências. Alterado pelos Decretos nº 3.265/99, 3.298/99, 3.452/2000, 3.668/2000, 4.032/2001, 4.079/2002, 4.729/2003 e 5.399/2005.
Faltas justificadas	Decreto-Lei nº 5.452	1º/5/1943	Consolidação das Leis do Trabalho (CLT).
Licença-paternidade	Constituição	5/10/1988	Constituição da República Federativa do Brasil.
13º salário	Lei nº 4.090	13/7/1962	Institui a gratificação de natal aos trabalhadores.
Aviso prévio	Decreto-Lei nº 5.452	1º/5/1943	Consolidação das Leis do Trabalho (CLT).

Quadro 7.1 (continuação)

Encargo	Legislação	Data	Descrição do ato
Multa por rescisão do contrato do trabalho	Lei nº 5.107	13/9/1996	Cria o Fundo de Garantia do Tempo de Serviço e dá outras providências.
	Decreto nº 59.820	20/12/1966	Regulamenta a Lei nº 5.107.
	Constituição	5/10/1988	Constituição da República Federativa do Brasil (Disposições Transitórias).
Indenização adicional por dispensa	Lei nº 7.238	29/10/1984	Dispõe sobre a manutenção da correção automática semestral dos salários, de acordo com o Índice Nacional de Preços ao Consumidor (INPC), e revoga dispositivos do Decreto-Lei nº 2.065.
	Instrução Normativa nº 3 – SRT	21/6/2002	Estabelece procedimentos para assistência ao empregado na rescisão de contrato de trabalho e revoga a IN2.
Contribuição previdenciária sobre aviso prévio indenizado (CPAPI)/ indenização adicional (IA)	Medida Provisória nº 1.523-11	23/10/1997	Institui normas sobre a Previdência Social, altera dispositivos das Leis nº 8.212 e nº 8.213, ambas de 24/7/1991, e dá outras providências.
Vale--transporte	Lei nº 7.418, alterada pela Lei nº 7.619, de 30/9/1987	16/12/1985	Institui o vale-transporte e dá outras providências.
	Decreto nº 95.247	17/11/1987	Regulamenta a Lei nº 7.418, com a alteração da Lei nº 7.619.

7.4 Premissas estabelecidas para a mão de obra direta (horistas)

Por falta de dados regionais, serão utilizados os dados referentes ao Estado de São Paulo, do Setor de Economia do Sinduscon/SP:

- Proporção de homens na construção civil: 97%.

- Proporção de homens na população: 49,27%.
- Taxa de fecundidade total do Estado de São Paulo: 3,24%.
- Proporção de homens em idade de procriação (15 a 54 anos): 52,60%.
- Probabilidade de um homem na faixa etária mencionada ser pai: [3,24/(0,4927 × 0,5260)] = 12,5%.
- Porcentagem média de serventes no canteiro de obra: 30% (ver encargo E.1).
- Porcentagem média de oficiais no canteiro de obra: 70%.
- Salário/hora do servente (3/2019): Ss = R$ 971,34 (R$ 4,41/h).
- Salário/hora do oficial (3/2019): So = R$ 1.410,00 (R$ 6,41/h).
- Salário médio no canteiro: $Sm = (0,30 \times 4,41) + (0,70 \times 6,41) =$ R$ 5,81/h.
- Porcentagem de participação do empregado no vale-transporte: 6%.
- Porcentagem de participação do empregado nas refeições: 20%.
- Utilização de condução pelo empregado: duas vezes ao dia.
- Porcentagem de beneficiários do INSS que recorrem ao auxílio--enfermidade, de acordo com o anuário estatístico do IBGE de 1989: 10,73%.
- Faltas abonadas:
  - ◇ morte do cônjuge, ascendente, descendente, irmão ou dependente: dois dias;
  - ◇ casamento: três dias;
  - ◇ obtenção de título eleitoral: dois dias;
  - ◇ internação hospitalar da esposa ou filho menor de idade: um dia;
  - ◇ serviço militar: período equivalente às obrigações;
  - ◇ o número de faltas pelos motivos mencionados é, em média, de dois dias.
- Tempo médio de permanência do empregado na empresa: dez meses.
- Rotatividade da mão de obra: 20% são demitidos sem justa causa.
- Acidentes de trabalho e trajeto: considera-se que 16% dos trabalhadores podem ser acometidos de acidente de trabalho, com um afastamento médio de 15 dias (CEE/CBIC, Sinduscon/RJ).
- Auxílio-enfermidade: de acordo com o anuário estatístico do IBGE (1989), o número de beneficiários do INSS que recorrem ao auxílio--enfermidade é de 10,73%.
- Porcentagem de participação do engenheiro no seguro de vida/acidente: 2,50%.

7.5 Discriminação e cálculo dos encargos sociais dos empregados horistas

Os encargos, como taxas de acréscimo da mão de obra, serão discriminados por tipo, em cinco grupos.

7.5.1 Grupo A – encargos institucionais

Esse grupo compreende os encargos básicos, isto é, aqueles que incidem diretamente sobre a folha de pagamento.

A.1 Instituto Nacional de Seguridade Social (INSS) – 20%

A partir de setembro de 1989, a alíquota da contribuição para a Previdência Social passou para 20% sobre o total das remunerações, inclusive horas extras e salário, pagas ou creditadas no decorrer do mês aos segurados empregados, avulsos, autônomos e administradores, limitadas a até dez salários mínimos.

Como será visto adiante, esse encargo foi suprimido provisoriamente pela Lei nº 12.844, de 19 de julho de 2013.

A.2 Fundo de Garantia do Tempo de Serviço (FGTS) – 8%

À alíquota de 8% paga sobre a remuneração do mês anterior a cada trabalhador, conforme a Lei nº 5.107/66, disciplinada pela Lei nº 8.036/90, deverá ser acrescido 0,5% referente à contribuição social devida pelo empregador de acordo com a Lei Complementar nº 110, de 29 de junho de 2001. Posteriormente essa alíquota voltou a seu valor original de 8%.

A.3 Seguro contra acidentes do trabalho – 3%

De acordo com a Lei nº 8.212, de 24 de julho de 1991.

A.4 Salário-educação – 2,5%

Corresponde a 2,5% sobre a remuneração paga ao empregado, conforme o Decreto nº 60.466/67, o Decreto nº 87.043/82 e a Lei nº 7.787/89.

A.5 Serviço Social da Indústria (Sesi) – 1,5%

O Sesi foi criado em 25 de junho de 1946 pelo Presidente da República, o general Eurico Gaspar Dutra, por meio do Decreto-Lei nº 9.403, para prestar assistência social aos trabalhadores industriais. Sua missão é a seguinte:

> Contribuir para o fortalecimento da indústria e o exercício de sua responsabilidade social, prestando serviços integrados de educação, saúde e lazer, com vistas à melhoria da qualidade de vida para o trabalho e ao desenvolvimento sustentável.

O Sesi conta hoje, espalhadas pelo território nacional, com 501 escolas, 615 unidades fixas, 533 unidades móveis e 114 unidades de vida saudável. São muitos os benefícios sociais promovidos por essa instituição, proporcionando, entre outros, educação básica, complementar e especializada, assistência médico-odontológica, lazer, esporte e cultura.

Na formação dos encargos sociais da construção civil, o Sesi contribui com um percentual de 1,5% da folha de pagamento. Concorrem para a composição da receita do Sesi as indústrias em geral, inclusas as de telecomunicações, pesca, construção civil e transporte ferroviário. A arrecadação dessa receita é feita pelo INSS, que cobra uma taxa de 3,5% por esse serviço.

A.6 Serviço Nacional de Aprendizagem Industrial (Senai) – 1%

Criado em 22 de janeiro de 1942 pelo Presidente Getúlio Vargas, por meio do Decreto-Lei nº 4.048, o Senai é uma instituição subordinada à Confederação Nacional da Indústria (CNI) e às Federações das Indústrias nos Estados, sendo altamente qualificada para assessorar a indústria brasileira no campo da tecnologia de processos, de produtos e de gestão. Mantém permanentemente programas nas áreas de educação profissional, tecnologia industrial, mercado operacional e informação tecnológica.

Algumas das principais ações estratégicas desenvolvidas pelo Senai são certificação profissional, formação por competência, políticas e diretrizes de educação profissional, Programa Tecnologia e Gestão Ambiental (TGA) e Programa Senai de Ações Industriais, entre outras.

Essa instituição possui 555 unidades fixas, 442 unidades móveis, dois barcos-escola, 57 institutos de tecnologia e 25 institutos de inovação.

Sua receita, de 1% sobre a folha de pagamento, também é arrecadada pelo INSS.

A.7 Serviço Brasileiro de Apoio às Micro e Pequenas Empresas (Sebrae) – 0,6%

O Sebrae foi criado em 17 de julho de 1972, por iniciativa do Banco Nacional de Desenvolvimento Econômico (BNDE), com a criação do Centro Brasileiro de Assistência Gerencial à Pequena Empresa (Cebrae), órgão vinculado ao então Ministério do Planejamento.

A partir de 1982, o Cebrae já atuava politicamente como interlocutor dos micro, pequenos e médios empresários e como elo desses segmentos econômicos com os órgãos governamentais. Sua transformação em Sebrae se deu em 9 de outubro de 1990, por meio do Decreto n° 99.570, que complementou a Lei n° 8.029, transformando-o em serviço social autônomo.

O principal objetivo dessa instituição é promover a competitividade e o desenvolvimento sustentável das microempresas, bem como das de pequeno e médio portes.

Sua receita principal advém da arrecadação do percentual de 0,6% sobre a folha de pagamento, realizada também pelo INSS.

A.8 Instituto Nacional de Colonização e Reforma Agrária (Incra) – 0,2%

A história da distribuição de terras em nosso país não é das mais exemplares. O instituto das capitanias hereditárias, implementado no Brasil Colônia, a partir de 1530, propiciou, além da escravidão, a chamada "ação entre amigos", criando um problema fundiário de difícil solução. Como não havia, por parte da Coroa, um projeto de nação para o Brasil, a orientação portuguesa para sua jovem colônia era a do lucro absoluto, isto é, quanto maior, melhor, independentemente das ações, atitudes ou gestos necessários à obtenção de resultados considerados satisfatórios.

Tendo em vista que não existiam critérios justos e racionais para o acesso à terra, surgiram os latifúndios e seus inevitáveis conflitos. No Nordeste brasileiro, por exemplo, algumas famílias possuíam terras da Bahia ao Maranhão. Pelo sistema de sesmarias, grandes glebas de terra eram distribuídas pela Coroa, na condição de esta ser remunerada com um sexto de tudo o que fosse produzido.

Em 1850, o Império editou a Lei das Terras, segundo a qual era proibida a ocupação de terras públicas, estabelecendo ainda que a aquisição das propriedades só poderia se dar mediante o pagamento em moeda corrente.

Não é necessário mencionar os incontáveis e sérios conflitos que ocorreram em decorrência de tamanha injustiça.

Em 1889, com a República, aconteceu a libertação dos escravos, o que em nada concorreu para a melhoria da distribuição das terras.

A primeira tentativa de solucionar esse problema teve início em 1964, por meio da edição da Lei nº 4.504/64, que criou o Instituto Brasileiro de Reforma Agrária (Ibra). Somente em 9 de julho de 1970, com o Decreto-Lei nº 1.110, foi criado o Instituto Nacional de Colonização e Reforma Agrária (Incra), em substituição aos órgãos existentes.

Em 1985, foi instituído o Plano Nacional de Reforma Agrária, com a meta de assentar 1,4 milhão de famílias em 43 milhões de hectares num período de quatro anos, tendo sido criado o Ministério da Reforma e do Desenvolvimento Agrário. Ao cabo desse período, os números observados eram modestos quando comparados com os previstos: 82.689 famílias assentadas em aproximadamente 4,5 milhões de hectares.

A principal fonte de receita desse ministério, além de recursos orçamentários, provém da alíquota de 0,20% calculada sobre a folha de pagamento.

A.9 Serviço Social da Construção Civil (Seconci) – 1%

Em 20 de março de 1964, na cidade de São Paulo, um grupo de empresários insatisfeitos com o atendimento médico prestado pelo sistema público de saúde resolveu fundar uma instituição filantrópica e sem fins lucrativos, o Seconci, cuja missão seria "prestar assistência social e, em particular, atendimento ambulatorial médico e odontológico aos trabalhadores da indústria da construção civil do Estado de São Paulo e a seus dependentes".

O Seconci possui uma história de sucesso e é um exemplo a ser seguido pelos demais Estados da Federação, tendo recebido diversos prêmios, um dos quais internacional, conferido pela Organização Mundial da Saúde (OMS).

Sua receita é, em geral, de 1% sobre a folha de pagamento das empresas associadas.

O resumo dos encargos do grupo A é mostrado na Tab. 7.2.

Em 19 de julho de 2013, foi editada a Lei nº 12.844, que veio consolidar o teor da Medida Provisória nº 601, de 28 dezembro de 2012, que trata da desoneração da folha de pagamentos. Essa lei atingia quatro grupos da Classificação Nacional das Atividades Econômicas (CNAE):

Tab. 7.2 **Resumo dos encargos do grupo A (horistas)**

Encargo	Alíquota (%)
INSS	20,00
FGTS	8,00
Seguro contra acidentes do trabalho	3,00
Salário-educação	2,50
Sesi	1,50
Senai	1,00
Sebrae	0,60
Incra	0,20
Seconci (1% somente nos Estados onde implantado)	-
Total	*36,80*

- construções de edifícios (412);
- instalações elétricas, hidráulicas e outras instalações em construção (432);
- obras de acabamento (433);
- outros serviços especializados em construção (439).

A desoneração consistia na eliminação da contribuição previdenciária (alíquota de 20%) sobre a folha de pagamentos e na inclusão de um imposto de 2% sobre a receita bruta, chamado de Contribuição Previdenciária sobre a Receita Bruta (CPRB) (Art. 8ª da Lei nº 12.546/2011).

Segundo o texto legal, os objetivos da desoneração foram:

- ampliar a competitividade da indústria nacional por meio da redução dos custos laborais;
- estimular as exportações, isentando-as das contribuições previdenciárias;
- reduzir assimetrias entre os preços dos produtos nacional e importado, impondo sobre este último um adicional sobre a alíquota de Cofins-Importação igual à alíquota sobre a receita bruta que a produção nacional pagará à Previdência Social.

Era esperado um resultado favorável somente para as empresas que empregavam grandes contingentes de pessoal. Nas empresas que terceirizavam parte de sua produção, a lei da desoneração poderia acarretar um aumento da carga tributária. As empresas cuja folha tivesse um peso de 10%

seriam o divisor de águas entre as que se beneficiariam e as que teriam um acréscimo em suas despesas.

As obras de infraestrutura enquadradas nos grupos da CNAE a seguir, desde 1° de janeiro de 2014, estão sujeitas à Lei n° 12.844:

- construção de rodovias, ferrovias, obras urbanas e obras de arte especiais (421);
- obras de infraestrutura para energia elétrica (422);
- construção de outras obras de infraestrutura (429);
- demolição e preparação do terreno (431).

As microempresas e empresas de pequeno porte optantes pelo Simples Nacional e enquadradas no Anexo IV da Lei Complementar n° 123/2006 estão sujeitas ao recolhimento da contribuição de 2% sobre a receita bruta, desde que desenvolvam atividades enquadradas nos grupos 412, 432, 433 e 439 da CNAE 2.0.

No Quadro 7.2 são mostradas as condições de aplicabilidade da lei de desoneração, bem como as regras de transição.

Quadro 7.2 Condições de aplicabilidade da lei de desoneração e regras de transição

Abertura da matrícula no Cadastro Específico do INSS (CEI)	**Contribuição previdenciária**	**Prazo para o cumprimento das regras**
Até 31/3/13	Contribuição de 20% sobre a folha	Até o término da obra
De 1°/4/13 a 30/5/13	Contribuição de 2% sobre a receita bruta	Até o término da obra
De 1°/6/13 a 31/10/13 (último dia do 3° mês subsequente ao da publicação da lei, em 19/7/2013)	Opção pela contribuição de 2% sobre a receita bruta ou 20% sobre a folha de pagamento (regime antigo)	Até o término da obra
A partir de 1°/11/2013, primeiro dia do 4° mês subsequente ao da publicação da lei	Contribuição de 2% sobre a receita bruta	Até o término da obra

As empresas que tenham aberto CEI até 31 de maio e recolhido em julho 20% sobre a folha deverão fazer o recolhimento de 2% sobre a receita bruta e pedir compensação ou restituição.

Nos casos de empresas que exerçam atividades enquadradas e não enquadradas na desoneração, o CNAE representativo da empresa será o correspondente à atividade de maior receita auferida ou esperada, e, finalmente, quando o CNAE principal estiver nas atividades sujeitas à desoneração da folha, deverá ser efetuado o recolhimento do imposto de 2% sobre a receita bruta correspondente a todas as suas atividades, e não proporcionalmente a cada uma delas.

7.5.2 Grupo B – encargos trabalhistas

São classificados nesse grupo os valores devidos e pagos ao empregado, como salário, nos dias em que não há a prestação de serviço. Receberão, portanto, a incidência dos encargos do grupo A.

Como serão remunerados os dias nos quais não há a prestação do serviço, é necessário conhecer os dias efetivamente trabalhados, conforme demonstrado pelos parâmetros do Quadro 7.3.

Quadro 7.3 Parâmetros

Item	Discriminação	Valor
1	Número médio de dias por ano, considerando-se um dia a mais a cada quatro anos para o ajuste dos dias do ano com o calendário solar. São seis horas a mais por ano, que completam um dia inteiro (24 horas) após quatro anos.	365,25 dias
2	Número de feriados em 2018 no Estado de Sergipe: 1º de janeiro: Confraternização Universal 5 de fevereiro: Carnaval 19 de abril: Paixão de Cristo 21 de abril: Tiradentes (domingo) 1º de maio: Dia do Trabalho 31 de maio: Corpus Christi (pode variar de data) 24 de junho: Dia do Trabalhador da Construção Civil (domingo) 8 de julho: emancipação política do Estado de Sergipe (domingo) 7 de setembro: Independência do Brasil 12 de outubro: Nossa Senhora Aparecida, padroeira do Brasil 2 de novembro: Finados 15 de novembro: Proclamação da República 25 de dezembro: Natal Menos coincidências de domingos e férias = 3 dias (13 – 3)	10 dias

Quadro 7.3 (continuação)

Item	Discriminação	Valor
3	Número de dias por ano afastados para licença-paternidade (97% × 12,5% × 5 dias)	0,61 dia
4	Auxílio-enfermidade (10,73% × 1 vez ao ano × 15 dias)	1,61 dia
5	Faltas abonadas	2 dias
6	Férias	30 dias
7	Repouso semanal obrigatório: 52 domingos no ano, menos quatro domingos coincidentes com as férias	48 dias
8	Acidente do trabalho 16% × 15	2,40 dias
9	Total de dias não trabalhados no ano	94,62 dias
10	Total de dias produtivos = 365,25 − 94,62	270,63 dias
11	Tempo médio de permanência do empregado na obra	10 meses

B.1 Repouso semanal remunerado e feriados

Aos 48 dias de domingo (item 7) serão somados 13 dias correspondentes aos feriados e subtraídos dois dias que, por hipótese, terão grande probabilidade de cair num domingo. O encargo corresponde ao peso relativo desses dias em relação ao total de dias produtivos (efetivamente trabalhados).

$$B.1 = [(48 + 13 - 2)/270{,}63] \times 100 = 21{,}80\%$$

B.2 Férias

Instituídas pelo Decreto-Lei nº 5.452, a CLT, e aperfeiçoadas pela Constituição de 1988, as férias constituem o mais nobre dos direitos trabalhistas constitucionalmente outorgados a todos os trabalhadores públicos e privados, após um período de 12 meses de frequência ao trabalho.

O estabelecimento do prazo de duração das férias leva em consideração o número de faltas cometidas pelo empregado durante o período aquisitivo, a saber:

- até 5 faltas anuais: 30 dias corridos;
- 6 a 14 faltas anuais: 24 dias corridos;
- 15 a 23 faltas anuais: 18 dias corridos;

- 24 a 32 faltas anuais: 12 dias corridos;
- acima de 32 faltas: o empregado perderá o direito às férias.

As faltas a serem consideradas no cálculo da duração das férias são as não abonadas, ou as abonadas que excedam a três por mês e a 12 por ano.

A remuneração de férias compreende o salário normal acrescido de pelo menos um terço de seu valor, entendendo-se salário normal como a soma dos vencimentos e das vantagens percebidas excetuando-se indenizações, auxílios pecuniários e o salário-família, e deverá ser creditada ao empregado no mês imediatamente anterior ao indicado para seu gozo.

Ao empregado é reservado o direito de optar pelo gozo de somente dois terços da duração do período de férias e pelo efetivo trabalho do um terço do período restante (abono pecuniário).

$$B.2 = (30 \times 1{,}333/270{,}63) \times 100 = 14{,}78\%$$

B.3 13º salário

Também conhecido como gratificação de Natal, foi instituído pela Lei nº 4.090 e corresponde a 30 dias de salário.

$$B.3 = (30/270{,}63) \times 100 = 11{,}09\%$$

B.4 Auxílio-enfermidade

$$B.4 = (1{,}61/270{,}63) \times 100 = 0{,}59\%$$

B.5 Licença-paternidade

$$B.5 = (0{,}61/270{,}63) \times 100 = 0{,}22\%$$

B.6 Acidente de trabalho

$$B.6 = (2{,}40/270{,}63) \times 100 = 0{,}89\%$$

B.7 Faltas abonadas

$$B.7 = (2/270{,}63) \times 100 = 0{,}74\%$$

O resumo dos encargos do grupo B é mostrado na Tab. 7.3.

Tab. 7.3 **Resumo dos encargos do grupo B (horistas)**

Encargo	**Alíquota (%)**
Repouso semanal remunerado e feriados	21,80
Férias	14,78
13° salário	11,09
Auxílio-enfermidade	0,59
Auxílio-paternidade	0,22
Acidente de trabalho	0,89
Faltas abonadas	0,74
Total	*50,11*

7.5.3 Grupo C – encargos indenizatórios

C.1 Aviso prévio indenizado

Segundo Martins (2016), *aviso prévio* é a comunicação que uma parte do contrato de trabalho (com prazo indeterminado) deve fazer à outra de que pretende rescindir o referido pacto sem justa causa, de acordo com o prazo previsto em lei, sob pena de pagar uma indenização substitutiva.

O prazo do aviso prévio, de acordo com o inciso XXI do Art. 7° da Constituição, é de no mínimo 30 dias.

A indenização deve corresponder ao salário do empregado na ocasião do despedimento, levando em conta todos os adicionais pagos com habitualidade, como insalubridade, periculosidade, adicional noturno, horas extras etc. Embora ocorra com pouca frequência, a concessão do aviso prévio pelo empregador ao empregado também pode ser feita sob a forma de redução em sua jornada de trabalho, podendo esta ser reduzida em duas horas contínuas e diárias ou, alternativamente, em sete dias corridos de folga, sem prejuízo de seu salário.

Esse custo adicional para o empregador, correspondente a 30 dias de trabalho, terá maior ou menor expressão relativamente aos dias de efetiva prestação de serviço, durante o período em que houve o vínculo empregatício. Dessa forma, é preciso valer-se de alguns dados estatísticos verificados com mais frequência no setor da construção civil, como mostrado a seguir:

- 100% dos empregados recebem aviso prévio;
- tempo médio de permanência do empregado na obra: dez meses;
- número de dias efetivamente trabalhados durante esse período: será assumido como proporcional ao número de dias produtivos no ano, ou seja, (10/12) × 270,63 = 225,52 dias;

- prazo do aviso: 30 dias;
- 87% dos empregados recebem a indenização (Fonte Sinduscon/RJ);
- 13% dos empregados trabalham durante o aviso. Para essa parcela de empregados, o encargo corresponderá à redução da jornada de duas horas diárias. Logo, para uma jornada diária de 44/5 = 8,8 horas, o encargo respectivo é de (2/8,8) = 0,23 dia por dia, durante 30 dias, o que equivale a 6,90 dias. Será adotado o valor de sete dias, de acordo com a legislação.

Em assim sendo, o encargo correspondente ao aviso prévio será, para os empregados que recebem o aviso trabalhando:

$$(0{,}13 \times 7/225{,}52) \times 100 = 0{,}40\%$$

E, para os empregados que recebem o aviso indenizado:

$$(0{,}87 \times 30/225{,}52) \times 100 = 11{,}57\%$$

Para esses encargos, não incidem os encargos básicos, excetuando-se o FGTS (8,00%).

$$\text{Total C.1} = 0{,}40 + 11{,}57 = 11{,}97\%$$

Contrato de experiência

A partir de 28 de fevereiro de 1967, com a nova redação oferecida ao Art. 443 da CLT pelo Decreto-Lei n° 229, o contrato de experiência passou a ser considerado contrato por tempo determinado, e não mais cláusula do contrato por tempo indeterminado (Martins, 2016).

Um dos objetivos desse contrato é verificar, no período de experiência, a capacidade técnica e de desempenho do empregado, bem como sua adaptabilidade com os colegas de trabalho. Seu prazo máximo é de 90 dias; em sendo inferior, poderá ser prorrogado somente uma vez (Art. 451 da CLT). Em hipótese alguma poderá exceder a 90 dias, seja na prorrogação, seja por uma única contratação.

Em se tratando de contrato por tempo determinado, o empregado terá direito a férias proporcionais, mesmo tendo trabalhado na empresa por um período inferior a um ano. O obreiro fará jus, também, ao levantamento do

FGTS, embora a indenização de 50% não seja devida, já que não houve despedida por parte do empregador.

Pode-se concluir, dessa forma, que os encargos sociais são variáveis em função do prazo de execução da construção, e, no caso da parcela referente ao aviso prévio, ela inexiste nos três primeiros meses da construção, apresentando depois seu valor máximo nas obras com quatro meses de prazo de duração, decrescendo, então, daí por diante.

C.2 Multa por rescisão do contrato de trabalho

Os depósitos correspondentes ao FGTS (8,00%) sobre a folha de pagamentos durante os dez meses de tempo médio de permanência na obra têm o seguinte peso relativo:

$$\text{FGTS} = [0{,}08 \times (30/225{,}52) \times 10] \times 100 = 10{,}64\%$$

Como a multa é de 50%,

$$\text{C.2} = 0{,}50 \times 10{,}64 = 5{,}32\%$$

C.3 Indenização adicional

De acordo com o Art. 9° da Lei n° 7.238/84, o empregado dispensado sem justa causa no período de 30 dias que antecede a data de sua correção salarial terá direito a uma indenização adicional equivalente a um salário mensal, seja ele optante ou não pelo FGTS.

A probabilidade de ocorrência adotada é em geral de 1 para 12, logo:

$$\text{C.3} = \{[(1/12) \times 30]/225{,}52\} \times 100 = 1{,}11\%$$

O resumo dos encargos do grupo C é mostrado na Tab. 7.4.

Tab. 7.4 Resumo dos encargos do grupo C (horistas)

Encargo	**Alíquota (%)**
Aviso prévio indenizado	11,97
Multa por rescisão do contrato de trabalho	5,32
Indenização adicional	1,11
Total	*18,40*

7.5.4 Grupo D – incidências ou efeitos

No grupo A, foram considerados os encargos sociais básicos, isto é, aqueles que incidem diretamente sobre a folha de salários. O grupo B abrangeu as despesas correspondentes aos dias em que não há a prestação de serviço. Como essas despesas devem ser consideradas parte dos salários, sobre elas também incidem os encargos do grupo A. É o que será chamado de incidência do grupo A sobre o grupo B.

D.1 Incidência do grupo A (36,80%) sobre o grupo B (50,11%)

$$D.1 = (0{,}3680 \times 0{,}5011) \times 100 = 18{,}44\%$$

D.2 Incidência do grupo A (36,80%) sobre o aviso prévio trabalhado (0,40%)

$$D.2 = (0{,}3680 \times 0{,}0040) \times 100 = 0{,}15\%$$

D.3 FGTS (8,00%) sobre o aviso prévio indenizado (11,97%)

$$D.3 = (0{,}08 \times 0{,}1197) \times 100 = 0{,}96\%$$

D.4 FGTS (8,00%) sobre indenização adicional (1,11%)

$$D.4 = 0{,}08 \times 0{,}0111 \times 100 = 0{,}09\%$$

D.5 Efeitos do aviso prévio

O instituto do aviso prévio não encerra de imediato o pacto laboral. Com sua emissão, há a integração do tempo de serviço no contrato de trabalho, isto é, ocorre o acréscimo de 1/12 de salário e de férias proporcionais, logo:

D.5A Incidência do aviso prévio (11,97%) sobre o 13º salário (11,09%)

$$D.5A = 0{,}1197 \times 0{,}1109 \times 100 = 1{,}33\%$$

D.5B Incidência do aviso prévio (11,97%) sobre as férias (14,83%)

$$D.5B = 0{,}1197 \times 0{,}1478 \times 100 = 1{,}77\%$$

$$\text{Total D.5} = 1{,}33 + 1{,}77 = 3{,}10\%$$

O resumo dos encargos do grupo D é mostrado na Tab. 7.5.

Tab. 7.5 **Resumo dos encargos do grupo D (horistas)**

Encargo	**Alíquota (%)**
Incidência do grupo A sobre o grupo B	18,44
Incidência do grupo A sobre o aviso prévio trabalhado	0,15
FGTS sobre o aviso prévio indenizado	0,96
FGTS sobre indenização adicional	0,09
Efeitos do aviso prévio sobre férias e 13° salário	3,10
Total	*22,74*

7.5.5 Grupo E – encargos complementares ou intersindicais

O Art. 102 da Lei n° 12.708 (LDO 2013) estabelece:

> O custo global das obras e dos serviços de engenharia contratados e executados com recursos dos orçamentos da União será obtido a partir de composições de custos unitários, previstas no projeto, menores ou iguais à mediana de seus correspondentes no Sistema Nacional de Pesquisa de Custos e Índices da Construção Civil – Sinapi, mantido e divulgado, na internet, pela Caixa Econômica Federal (CEF) e pelo IBGE, e, no caso de obras e serviços rodoviários, à tabela do Sistema de Custos de Obras Rodoviárias – Sicro, excetuados os itens caracterizados como montagem industrial ou que não possam ser considerados como de construção civil.

O Sinapi é um banco de dados antigo, tendo sido criado há mais de quatro décadas pelo Banco Nacional da Habitação (BNH). Vem, portanto, de uma época em que as tecnologias eram mais limitadas, a gama de materiais de construção mais restrita, os orçamentos imprecisos, e os Tribunais de Conta e órgãos assemelhados exerciam sobre a atividade de elaborar os orçamentos de projeto básico um controle menos rigoroso e exigente que os atualmente praticados.

A CEF, ao assumir o controle do Sinapi, implementou uma nova dinâmica ao programa, tornando-o um banco de dados de valor prático, abrangente e científico, incluindo uma ampla variedade de serviços atualmente praticados. Assim, em novembro de 2015 foi feita a primeira grande revisão, com o lançamento do livro *Sinapi: metodologias e conceitos*, contemplando inclusive os encargos sociais complementares, um pleito dos profissionais que se dedicam à Engenharia de Custos. Eles foram atendidos sob a forma de custo horário alocado diretamente à mão de obra. Até então esses custos vinham sendo negligenciados e necessariamente absorvidos pelas contratadas. Atualmente esse trabalho se encontra na oitava edição, nas formas impressa e eletrônica.

Outra alternativa consistiria em alocar esses encargos complementares (em torno de 40,05%) como itens de custo na planilha do orçamento, aparentemente reduzindo o valor dos encargos sociais (mais adiante demonstrados no valor de 168,10%), o qual passaria a valer (168,10 – 40,05) = 128,05%; entretanto, o custo final do orçamento seria o mesmo, com o inconveniente de se proceder à apropriação desses itens acessórios juntamente com itens de serviço, como fôrma, aço etc.

Em nosso entendimento, os encargos complementares, por não diferirem dos demais encargos sociais discriminados nos grupos A, B, C e D, poderiam ser totalizados em um único número, mais prático, menos susceptível a erros, não havendo a necessidade de segregá-los com um tratamento à parte. Ao incluí-los como parte dos encargos sociais, o processo de cálculo é automático, eliminando mais uma possibilidade de erro de avaliação, até mesmo por esquecimento.

Constituem encargos sociais complementares os seguintes itens:

- refeições;
- cesta básica;
- vale-transporte;
- equipamento de proteção individual (EPI);
- ferramentas;
- seguro de vida em grupo.

Durante muito tempo, a classe empresarial não deu a atenção necessária ao peso percentual que a alimentação representava no cômputo da renda familiar do operário da construção civil. Nesse período não exemplar de nossa história, era comum assistir no canteiro de obras ao operário da construção produzir sua própria refeição, quase sempre composta de uma minúscula porção de carne seca, salgada, assada sem qualquer preparo sobre a chama produzida pela queima de restos de tábua, barrotes e tudo o mais que fosse combustível, inservível ou ainda não. Como acompanhamento dessa refeição assim preparada, nada mais que um pouco de farinha, quase sempre compartilhada com os colegas de jornada, em torno de um círculo, servida na maioria das vezes sobre o lado anverso de um saco de cimento e regada a água natural, conversas e "lorotas".

Felizmente, esse cenário mudou. As despesas com refeição no canteiro de obra são decorrentes do Programa de Alimentação do Trabalhador, criado pela Lei nº 6.321, de 14 de abril de 1976, e complementado pela Portaria Interministerial nº 1, de 29 de janeiro de 1992. Na maioria dos sindicatos, vem ganhando posição a demanda da ampliação desse benefício, com a inclusão do fornecimento de café da manhã. Observa-se que, mesmo nos Estados onde os Sinduscons não têm pactuado com os trabalhadores no ajuste referente ao fornecimento de café da manhã, a adoção desse procedimento vem se firmando cada vez mais, principalmente por essa refeição matinal ser considerada um importante fator de prevenção contra acidentes do trabalho por médicos e nutricionistas e pela própria classe empresarial.

Outro importante avanço diz respeito ao vestuário. A substituição de vestes simples, humildes, quase sempre desgastadas pelo excesso de uso, bem como de sandálias inseguras, por uniformes bonitos e calçados adequados ao trabalho teve grande impacto no setor, além de imprimir um *status* de profissionalismo ao ambiente de trabalho e um clima festivo ao canteiro de obras.

Esses procedimentos levaram a dignidade para dentro do canteiro, contribuindo para o aumento da satisfação dos operários e de sua autoestima (um dos S do programa "5 S").

A elevação dos padrões de qualidade, a melhoria dos índices de produtividade e o desenvolvimento de um ambiente de trabalho receptivo ao aprendizado de novas tecnologias foram consequências esperadas, mas, acima de tudo, surpreendentes e gratificantes para mestres de obra, engenheiros e líderes empresariais.

A humanização dos canteiros de obra tem representado uma inteligente e avançada estratégia para a implementação dos programas de qualidade e de segurança, sem o que seria impossível atingir os atuais padrões de produtividade.

Se houver folha de pagamento, existirá custo com refeição do pessoal. O primeiro demanda automaticamente o segundo, o que permite enunciar que os custos com refeição no canteiro de obras são parte integrante dos custos de produção, isto é, do custo direto.

E.1 Refeições

Como se deseja medir o impacto do custo da refeição sobre o salário, deve-se calcular o valor do salário médio no canteiro de obras.

Atualmente, com o desenvolvimento de tecnologias mais modernas que conduzem a melhores indicadores de produtividade, a tendência é que se possa ter no canteiro uma relação servente/pedreiro não mais igual a 1. Uma proporção de 0,4 servente para cada oficial (pedreiro, carpinteiro, armador etc.) é considerada razoável. Em assim sendo, para cada grupo de quatro serventes, haverá dez oficiais. Logo, a porcentagem de serventes na obra será de 4/(4 + 10) = 0,286, isto é, aproximadamente 29%. Será adotado o valor de 30%.

Para a região Nordeste, considerando que os pisos salariais do servente e do oficial, em março de 2019, eram respectivamente de R$ 971,34 e R$ 1.410,00, tem-se o seguinte salário médio: (0,30 × 971,34) + (0,70 × 1.410,00) = R$ 1.278,40/mês, ou seja, SM = R$ 1.278,40/220 h = R$ 5,81/h.

E.1A Café da manhã

O valor estimado para um café da manhã básico, em março de 2019, é de R$ 4,00 *per capita*/dia, ou seja, R$ 4,00/8,8 h = R$ 0,45/h, então:

$$E.1A = (0{,}45/5{,}81) \times 100 = 7{,}74\%$$

Mas, levando em conta que essa despesa só ocorre nos dias de trabalho efetivo (dias produtivos = 270,63):

$$E.1A = 7{,}74 \times (270{,}63/365{,}25) = 7{,}74 \times 0{,}741 = 5{,}73\%$$

E.1B Almoço

Um almoço balanceado, servido numa embalagem de alumínio, em março de 2019 custa R$ 8,50 *per capita*/dia, ou R$ 8,50/8,8 h = R$ 0,97/h.

$$E.1B = (0{,}97/5{,}81) \times 0{,}741 \times 100 = 12{,}37\%$$
$$E.1 = E.1A + E.1B = 5{,}73 + 12{,}37 = 18{,}10\%$$

De acordo com a Portaria nº 3, de março de 2002, a participação financeira do trabalhador fica limitada a 20% do custo direto da refeição, então a participação do empregador será de 80%.

$$E.1 = 18{,}10 \times 0{,}80 = 14{,}48\%$$

E.2 Cesta básica

Valor mensal da cesta básica (março de 2019) = R$ 130,00
Valor por hora da cesta = R$ 130,00/220 h = R$ 0,591/h
E.2 = (0,591/5,81) × 100 = 10,17%

E.3 Vale-transporte

O vale-transporte foi criado pela Lei nº 7.418, de 16 de dezembro de 1985, e por meio dele o empregador passou a antecipar parte do salário ao empregado para utilização efetiva em despesas de deslocamento residência-trabalho e vice-versa. Segundo essa lei, o empregador passa a participar dos gastos de deslocamento do trabalhador com a ajuda de custo equivalente à parcela que exceder a 6% de seu salário básico.

Em se tratando de sistemas integrados de transporte urbano, como ocorre em algumas capitais brasileiras, são necessários ao trabalhador somente dois bilhetes de passagem por dia, visto que, com um bilhete, o usuário tem condições de acessar qualquer ponto situado dentro dos limites urbanos. Em assim sendo, e considerando:

Valor unitário do bilhete: R$ 4,00 (março de 2019)
Número de passagens diárias: 2
Custo diário: 2 × R$ 4,00 = R$ 8,00 *per capita*/dia
Custo horário bruto: 8,00/8,8 = R$ 0,91/h
Participação do empregado = 0,06 × R$ 1.278,40/220 = R$ 0,35/h
Valor líquido do encargo = 0,91 – 0,35 = R$ 0,56/h
E.3 = (0,56/5,81) × 0,741 × 100 = 7,14%

Nas unidades da Federação em que o sistema de transporte não é integrado e muito provavelmente o operário necessite tomar quatro conduções para ir e vir do trabalho, esse encargo dobra de valor.

E.4 Equipamento de proteção individual (EPI)

Segundo o extinto Ministério do Trabalho e Emprego (MTE), EPI é todo dispositivo ou produto de uso individual utilizado pelo trabalhador destinado a protegê-lo de riscos à sua segurança e saúde no trabalho.

O extinto Ministério da Previdência Social (MPS) definiu como acidente de trabalho aquele que ocorre pelo exercício do trabalho a serviço da empresa, ou ainda pelo exercício do trabalho de segurados especiais, provocando lesão corporal ou perturbação funcional permanente ou temporária, que cause a redução ou a perda da capacidade para o trabalho ou até a morte.

Classificação dos acidentes

O MPS estabelece a seguinte classificação para os acidentes:

- *acidentes registrados*: correspondem ao número de acidentes cuja comunicação de acidente do trabalho (CAT) foi cadastrada no INSS;
- *acidentes típicos*: são os decorrentes da característica da atividade profissional desempenhada pelo acidentado;
- *acidentes de trajeto*: são os ocorridos no trajeto entre a residência e o local de trabalho do segurado e vice-versa;
- *acidentes devidos à doença do trabalho*: são os ocasionados por qualquer tipo de doença profissional peculiar a determinado ramo de atividade constante na tabela da Previdência Social.
- *acidentes liquidados*: correspondem ao número de acidentes cujos processos foram encerrados administrativamente pelo INSS, depois de completado o tratamento e indenizadas as sequelas.

De acordo com Zocchio (2001), os seguintes conceitos podem ser afirmados:

- são ocorrências indesejáveis e anormais no exercício do trabalho;
- interrompem a atividade onde ocorrem;
- interferem negativamente também em outras atividades;
- agridem os trabalhadores com pequenas lesões ou até grandes mutilações e, às vezes, com a morte;

- causam diversos e consideráveis prejuízos às empresas;
- contribuem para o desequilíbrio socioeconômico da nação.

Ainda segundo o mesmo autor, referindo-se aos acidentes do trabalho:

> Eles acontecem e são produzidos por uma ou mais causas, e sua permanência está limitada aos segundos ou minutos da ocorrência. Depois que aconteceram, deixam de existir. Mas ficam as consequências, quase sempre tristes e onerosas. Para que aconteça um acidente, é preciso que existam condições propícias ao acontecimento. Essas condições são os riscos de acidente que poderão estar nas condições e meios de trabalho ou no comportamento das pessoas. (Zocchio, 2001).

Um pouco da história

> A informação mais antiga sobre a preocupação com a segurança do trabalho está registrada num documento egípcio, o papiro Anastácius V, quando descreve as condições de trabalho de um pedreiro: se trabalhares sem vestimenta, teus braços se gastam e tu te devoras a ti mesmo, pois não tens outro pão que os teus dedos. (Ruppenthal, 2013).

> O Império Romano aprofundou o estudo da proteção médico-legal dos trabalhadores e elaborou leis para a sua garantia. Os pioneiros do estabelecimento de medidas de prevenção de acidentes foram Plínio e Rotário, que pela primeira vez recomendaram o uso de máscaras para evitar que os trabalhadores respirassem poeiras metálicas.
> Na África, Ásia, Austrália e América Latina, os comitês de segurança e higiene nasceram logo após a fundação da Organização Internacional do Trabalho (OIT). (Histórico..., s.d.).

Obrigações do empregador

Compete ao empregador, quanto ao EPI:

- adquirir o equipamento adequado ao risco de cada atividade;
- exigir seu uso;

- fornecer ao trabalhador somente o equipamento aprovado pelo órgão nacional competente em matéria de segurança e saúde no trabalho;
- orientar e treinar o trabalhador sobre seu uso adequado, guarda e conservação;
- substituí-lo imediatamente quando danificado ou extraviado;
- responsabilizar-se por sua higienização e manutenção periódica;
- comunicar ao órgão competente qualquer irregularidade observada.

Achamos que, quanto à higienização, a empresa deve estimular que cada trabalhador assuma essa responsabilidade como uma prática salutar e educativa.

O trabalhador não deve assimilar o EPI como algo desconfortável, mas, antes de tudo, entendê-lo como seu “anjo da guarda protetor”.

Cumpre ressaltar que a Norma Regulamentadora nº 8 estabelece as penalidades a que estarão sujeitos aqueles que descumprirem os preceitos dessa norma e de outras igualmente aplicáveis.

Independentemente da obrigação do fornecimento dos EPIs, é dever do engenheiro civil zelar pela saúde e pela segurança de todos os seus funcionários que operam no canteiro de obras. Cabe-lhe, portanto, procurar manter-se atualizado com a legislação em vigor, incluindo as normas regulamentadoras e portarias dos órgãos competentes, e cumpri-las rigorosamente.

Zocchio (2001) assim escreve sobre as atividades prevencionistas adotadas pelo engenheiro responsável com o intuito de prevenir acidentes no trabalho:

- aqueles que podem se acidentar são seus subordinados e estão sob sua responsabilidade;
- você deve conhecer muito bem o trabalho de sua área para ensinar seus subordinados a trabalhar com segurança;
- você que está “sempre de olho” na produção de seu pessoal deve estar também “de olho” em sua segurança;
- assim como você chama a atenção de seus subordinados ou os corrige em algum erro operacional, deve fazer o mesmo quando se trata da segurança do trabalho;
- além do mais, você é o responsável pelo cumprimento das normas de segurança e saúde nas áreas sob sua supervisão, conforme está configurado na lei.

Independentemente da ação de um engenheiro especialista em segurança, no canteiro de obras o engenheiro civil ou de produção deve pautar suas decisões técnicas sempre levando em conta o fator da segurança. Assim, ao decidir por um determinado tipo de escoramento, deverá obrigatoriamente considerar, além do custo, os aspectos inerentes aos riscos envolvidos. Essa decisão é de sua inteira responsabilidade, não havendo, portanto, como dividi-la ou transferi-la a outro.

Conjunto de normas regulamentadoras

Entendemos ser obrigatório que toda empresa possua em seus arquivos, e disponibilize para conhecimento de todos os seus funcionários, o conjunto das normas regulamentadoras, pois o desconhecimento da lei não exime o cidadão da obrigação de cumpri-la. O Quadro 7.4 lista as principais normas e seus respectivos títulos.

Quadro 7.4 **Principais normas de segurança e suas especificações**

Norma	**Descrição**	**Especificação**
NR-1	Disposições gerais	Trata de assuntos administrativos referentes ao cumprimento das normas de segurança e saúde no trabalho.
NR-2	Inspeção prévia	Determina que todos os estabelecimentos novos devem solicitar, ao Órgão Regional do Ministério do Trabalho e Emprego, a aprovação de suas instalações, antes do início das atividades.
NR-3	Embargo ou interdição	Dá competência ao Delegado Regional do Trabalho ou ao Delegado do Trabalho Marítimo, conforme o caso, para interditar estabelecimento, setor de serviço, máquina ou equipamento, ou embargar obra, quando for constatado risco grave e iminente para o trabalhador.
NR-4	Serviços especializados em Engenharia de Segurança e em Medicina do Trabalho	Indica as empresas que têm obrigação de organizar e manter serviços especializados em Engenharia de Segurança e em Medicina do Trabalho.
NR-5	Comissão Interna de Prevenção de Acidentes (Cipa)	Indica as empresas e estabelecimentos que são obrigados a constituir uma Cipa e mantê-la em funcionamento.
NR-6	Equipamentos de proteção individual (EPIs)	Conceitua e indica os vários tipos de EPIs para as diversas partes do corpo a serem protegidas.

Quadro 7.4 (continuação)

Norma	Descrição	Especificação
NR-7	Programa de Controle Médico de Saúde Ocupacional (PCMSO)	Define a obrigação de instalar um PCMSO por parte de todas as empresas e instituições que admitam trabalhadores como empregados.
NR-8	Edificações	Trata dos requisitos técnicos mínimos a serem observados nas edificações, a fim de garantir segurança e conforto aos que nelas trabalham.
NR-9	Programa de Prevenção de Riscos Ambientais (PPRA)	O PPRA constitui uma formalidade para administrar os controles dos riscos cujos agentes são químicos, físicos e biológicos.
NR-10	Instalações e serviços em eletricidade	Fixa as condições mínimas para garantir a segurança dos empregados que trabalham com energia elétrica.
NR-11	Transporte, movimentação, armazenagem e manuseio de materiais	Trata da segurança nas operações com equipamentos mecânicos de movimentação de materiais nas empresas, tanto na movimentação horizontal como vertical.
NR-12	Máquinas e equipamentos	Trata dos dispositivos de segurança das máquinas, instalações e áreas de trabalho, para garantia dos trabalhadores contra riscos de mutilações.
NR-13	Caldeiras e vasos sob pressão	Fornece orientação para instalação e operação desses equipamentos.
NR-14	Fornos	Trata da instalação e segurança em fornos.
NR-15	Atividades e operações insalubres	Estabelece condições de trabalho, limites e tolerâncias para os trabalhadores expostos a condições ambientais consideradas insalubres.
NR-16	Atividades e operações perigosas	Trata de atividades e operações com explosivos, inflamáveis líquidos ou gasosos, radiação ionizante ou substância radiativa.
NR-17	Ergonomia	Estabelece parâmetros para adaptação das condições de trabalho aos trabalhadores, a fim de proporcionar-lhes conforto, segurança e eficiência no trabalho.
NR-18	Condições e meio ambiente de trabalho na indústria da construção	Estabelece diretrizes de ordem administrativa, de planejamento e de organização, que objetivam a implementação de medidas de controle e sistemas preventivos de segurança nos processos, nas condições e no meio ambiente de trabalho na indústria da construção.

Quadro 7.4 (continuação)

Norma	Descrição	Especificação
NR-19	Explosivos	Trata da segurança nos depósitos, manuseio e armazenagem de explosivos.
NR-20	Líquidos combustíveis e inflamáveis	Trata das medidas de segurança que devem ser adotadas na armazenagem de líquidos combustíveis e inflamáveis e gás liquefeito de petróleo (GLP).
NR-21	Trabalho a céu aberto	Estabelece as medidas obrigatórias de proteção aos trabalhadores que exercem atividades a céu aberto.
NR-22	Trabalhos subterrâneos	Trata da segurança dos trabalhadores em mineração subterrânea.
NR-23	Proteção contra incêndio	Determina as condições que cada empresa deve possuir para proteção contra incêndio em seus estabelecimentos.
NR-24	Condições sanitárias e de conforto nos locais de trabalho	Trata das exigências quanto aos programas de necessidades de ambientações e funcionais a que cada projeto deve atender.
NR-25	Resíduos industriais	Trata dos cuidados que as empresas devem ter com os resíduos gasosos, líquidos ou sólidos produzidos nos seus processos industriais.
NR-26	Sinalização de segurança	Fixa as cores que devem ser usadas nos locais de trabalho e as normas de rotulagem de produtos perigosos para fins de segurança e saúde dos trabalhadores, e também para proteção do patrimônio da empresa.
NR-27	Registro profissional do técnico de segurança do trabalho	Refere-se ao exercício da profissão do técnico de segurança do trabalho.
NR-28	Fiscalização e penalidades	Orienta a fiscalização a ser exercida no cumprimento das disposições legais e/ou regulamentares sobre segurança e saúde dos trabalhadores.

O engenheiro civil que pretenda se dedicar à área de custos e orçamentos deve estar disposto a manter-se permanentemente atualizado em quase todas as áreas da Engenharia, conservando aceso o espírito investigativo. Em muitos editais de licitação, uma simples referência ou citação sobre uma ou mais das normas listadas, ou outras, pode significar o completo enquadramento da obra em certas exigências normatizadas, as quais geram custos importantes que não podem ser omitidos.

Obrigações do empregado

Ao empregado, são atribuídas as seguintes obrigações quanto ao EPI:

- usá-lo apenas para a finalidade a que se destina;
- responsabilizar-se por sua guarda e conservação (e, segundo nosso entendimento, também por sua limpeza);
- comunicar ao empregador qualquer alteração que o torne impróprio ao uso.

No Brasil, a segurança do trabalho foi institucionalizada a partir de 1943, com a CLT. Em 1944, o Decreto-Lei nº 7.036 criou a Comissão Interna de Prevenção de Acidentes (Cipa), e em 1978 surgiram as primeiras normas regulamentadoras. Nos dias atuais, as grandes empresas têm encarado o tema com seriedade e eficácia, embora o mesmo não se possa afirmar das pequenas e microempresas, que constituem a maioria das empresas no Brasil. Evidentemente que cabe aos agentes promotores e ao Poder Público, que são os maiores contratantes, fazer cumprir a legislação com bom senso, mas com absoluto rigor.

Consequências do acidente de trabalho

Ocorrido um acidente de trabalho, suas consequências podem ser classificadas segundo as seguintes categorias:

- *Simples assistência médica*: o segurado recebe atendimento médico e retorna imediatamente a suas atividades profissionais.
- *Incapacidade temporária*: o segurado fica afastado do trabalho por um período, até que esteja apto para retomar sua atividade profissional. Para a Previdência Social, é importante particionar esse período em inferior a 15 dias e superior a 15 dias, uma vez que, no segundo caso, é gerado um benefício pecuniário, o auxílio-doença por acidente de trabalho.
- *Incapacidade permanente*: o segurado fica incapacitado de exercer a atividade profissional que exercia à época do acidente. Essa incapacidade permanente pode ser total ou parcial. No primeiro caso, o segurado fica impossibilitado de exercer qualquer tipo de trabalho e passa a receber uma aposentadoria por invalidez. No segundo caso, o segurado recebe uma indenização pela incapacidade sofrida (auxílio-acidente), mas é considerado apto para o desenvolvimento de outra atividade profissional.
- *Óbito*: o segurado falece em função do acidente de trabalho.

Prevenção de acidentes

No Brasil, a prevenção de acidentes está ligada a dois ministérios:

- Ministério do Trabalho e Emprego, órgão da administração federal direta que tem, entre outras áreas de competência, a função de estabelecer políticas e diretrizes para a modernização das relações do trabalho e de segurança e saúde no trabalho.
- Ministério da Previdência Social, o qual tem por fim assegurar a seus beneficiários meios indispensáveis de manutenção, por motivo de incapacidade, idade avançada, desemprego involuntário, encargos de família, e reclusão ou morte daqueles de que dependiam economicamente.

Dados estatísticos

Como sensibilização, a Tab. 7.6 apresenta alguns números referentes a acidentes em todo o território brasileiro no ano de 2003, de acordo com dados oficiais do MTE e da Dataprev, isto é, acidentes que tiveram Comunicado de Acidente de Trabalho (CAT), segundo o setor de atividade econômica.

Tab. 7.6 **Acidentes no Brasil por setor de atividade econômica**

Setor de atividade econômica	Número de acidentes registrados	%
Agricultura	30.665	9,54
Indústria		
Extrativa mineral	2.260	0,70
Construção civil	21.972	6,84
Serviços industriais de utilidade pública	6.611	2,06
Indústria de transformação		
Produtos alimentares e bebidas	23.118	7,19
Produtos têxteis	4.556	1,42
Fabricação de celulose e papel	2.963	0,92
Refino de petróleo e produção de álcool	2.836	0,88
Produtos químicos	4.797	1,49
Artigos de borracha e plástico	6.631	2,06
Produtos de minerais não metálicos	5.792	1,80
Metalurgia básica	6.354	1,98
Fabricação de produtos de metal	8,461	2,63

Tab. 7.6 (continuação)

Setor de atividade econômica	**Número de acidentes registrados**	**%**
Fabricação de máquinas e equipamentos	7.657	2,38
Fabricação de máquinas e aparelhos elétricos	2.183	0,68
Montagem de veículos e equipamentos de transporte	10.657	3,32
Outras indústrias de transformação	24.125	7,51
Serviços		
Comércio de veículos e combustíveis	6.283	1,96
Comércio por atacado	9.139	2,84
Comércio varejista	25.252	7,86
Alojamento e alimentação	6.799	2,11
Transporte e armazenagem	18.000	5,60
Comunicações	5.399	1,68
Intermediários financeiros	4.160	1,29
Atividades imobiliárias	2.505	0,78
Atividades de informática e conexas	1.388	0,43
Serviços prestados principalmente a empresas	23.009	7,16
Administração pública, defesa e seguridade social	6.942	2,16
Educação	3.834	1,19
Saúde e serviços sociais	25.502	7,94
Atividades associativas, culturais e desportivas	9.837	3,06
Outros	2.003	0,62
Total	*321.390*	*100,00*

Como vemos, o setor da agricultura, com 30.665 acidentes de trabalho registrados no período, correspondeu à maior parcela de acidentados. O setor agrícola é seguido de perto pela indústria de transformação – segmento de alimentos/bebidas e outras indústrias não especificadas –, acompanhada pela indústria da construção. Somados, respondem por quase um terço de todos os acidentes de trabalho ocorridos no Brasil.

Os recursos da Previdência gastos na recuperação dessa enorme força de trabalho representam enormes somas de dinheiro desperdiçadas e que poderiam ser aplicadas em obras de interesse social, como escolas e hospitais, ou em programas de formação de professores qualificados para a melhoria da educação de nossos jovens.

Ainda para o ano de 2003, a Tab. 7.7 mostra a distribuição desses 21.972 acidentes na construção ao longo das Unidades da Federação. Nessa tabela, deixamos de apresentar os percentuais por não possuirmos as informações sobre o volume de obras realizadas em cada Estado. Caso dispuséssemos desses dados, seria possível avaliar a expressão do acidente relativamente à área construída e eleger a Unidade da Federação que proporcionou melhor qualidade de segurança e resultados nessa nobre missão de prevenir acidentes.

Tab. 7.7 **Distribuição dos acidentes por Unidades da Federação**

Estado	Número de acidentes	Estado	Número de acidentes
Acre	23	Paraíba	101
Alagoas	80	Pernambuco	548
Amazonas	173	Piauí	121
Amapá	33	Paraná	1.348
Bahia	1.091	Rio de Janeiro	1.797
Ceará	269	Rio Grande do Norte	177
Distrito Federal	380	Rondônia	130
Espírito Santo	642	Roraima	10
Goiás	717	Rio Grande do Sul	2.114
Maranhão	150	Santa Catarina	965
Minas Gerais	2.494	Sergipe	130
Mato Grosso do Sul	221	São Paulo	7.228
Mato Grosso	347	Tocantins	158
Pará	525		

Total geral do número de acidentes: 21.972

A Tab. 7.8 lista alguns dados estatísticos de acidentes, apresentados pelo INSS, levando em consideração as partes do corpo mais atingidas.

Pela Tab. 7.9, vemos que aproximadamente metade dos acidentes que ocorrem na construção civil incide na categoria dos serventes, o que talvez se deva a seu nível mais baixo de instrução. A essa categoria, pois, deve ser dada especial atenção quanto à promoção sistemática de ações de segurança.

Tab. 7.8 Partes do corpo mais atingidas em acidentes

Membro	Ocorrência (%)
Mãos	23,12
Pernas	18,34
Braços	14,57
Pés	14,32
Rosto	8,29
Tórax	4,52
Cabeça	3,77
Abdômen	2,76
Ombros	1,51
Outros	8,80

Fonte: Sesi (1990).

Tab. 7.9 Incidência de acidentes por categoria profissional

Categoria	%
Servente	48,38
Carpinteiro	13,24
Pedreiro	11,35
Tratorista	7,03
Eletricista	6,22
Encarregado	3,79
Motorista	3,51
Encanador (bombeiro)	1,35
Soldador	1,35
Armador	0,81
Pintor	0,54
Outros	2,43

Dados referentes às causas de acidentes, obtidos mediante a análise de prontuários hospitalares, são apresentados na Tab. 7.10.

Fizemos questão de expor os dados estatísticos disponíveis sobre a incidência dos acidentes por categoria profissional e por causa, porque seu conhecimento contribui para o estabelecimento de uma política trabalhista e empresarial que preserve o trabalhador e evite os enormes prejuízos às empresas e ao INSS. O conhecimento desses dados é indispensável para uma boa avaliação dos riscos.

Tab. 7.10 **Incidência de acidentes por causa**

Causa	Ocorrência (%)
Quedas	37,3
Contato com ferramentas	16
Acidente de trajeto	12,7
Impacto por objeto	11,3
Corpo estranho	8
Agressão	4
Contato com vidro	2,7
Exposição à corrente elétrica	2,7
Contato com fontes de calor	1,3
Outros	4

Fonte: Silveira, Robazzi e Marziale (2005).

Segundo a Fundacentro (2019), somente em 2017 foram registrados 549.000 acidentes de trabalho envolvendo afastamentos, incapacitações temporárias e permanentes, além de mutilações e óbitos. Do ano de 2018 a março de 2019 esse número elevou-se para 802.000.

Para que tenhamos uma ideia do prejuízo causado pelos acidentes de trabalho em nosso País, o Sesi (2016) registra que "dados do anuário estatístico da Previdência Social mostram o quanto acidentes de trabalho são prejudiciais para a economia: de 2007 a 2013, o Instituto Nacional de Seguridade Social (INSS) pagou R$ 58 bilhões em indenizações para acidentados no País".

Classificação dos EPIs

Conforme o Quadro 7.4, os EPIs são normalmente classificados de acordo com a parte do corpo humano que irão proteger: cabeça, olhos, rosto, ouvidos, mãos, braços, pernas, pés etc. Algumas vezes esses equipamentos são produzidos de forma conjugada, por exemplo, para proteger cabeça e ouvido.

A classificação que adotaremos será a elaborada pela Coordenação de Registros (Coreg) do Departamento de Segurança e Saúde no Trabalho, vinculada à Secretaria de Inspeção do Trabalho (SIT), do MTE, através da Nota Técnica nº 09/2002 (Quadro 7.5).

Quadro 7.5 **Enquadramento dos EPIs nas normas técnicas**

EPI	Enquadramento NR-6 – Anexo I	Norma técnica aplicável
Calçado de segurança	Proteção contra impactos de quedas de objetos sobre os artelhos/contra choques elétricos/contra agentes térmicos/contra agentes cortantes e escoriantes/contra umidade proveniente de operações com uso de água/contra respingos de produtos químicos	NBR 12594/1992 EN 344/1992 Antiestático, condutivo, isolamento ao frio, contra calor de contato, contra óleos e combustíveis
Calçados de segurança impermeáveis – construídos em materiais elastoméricos e poliméricos (borracha/PU/PVC)	Proteção contra umidade proveniente de operações com uso de água/contra respingos de produtos químicos/contra impactos de quedas de objetos sobre os artelhos/contra agentes térmicos/contra agentes cortantes e escoriantes	EN 345/1992 EN 347/1992 BS 5145/1989
Capacete de segurança para uso na indústria classe A/classe B	Proteção contra impactos de objetos sobre o crânio/contra choques elétricos	NBR 8221/1983 ou alteração posterior
Cinturão tipo abdominal, com talabarte de segurança	Proteção contra risco de queda no posicionamento em trabalhos em altura	NBR 11370/2001 ou alteração posterior
Cinturão tipo paraquedista, com talabarte de segurança	Proteção contra risco de queda em trabalhos em altura	NBR 11370/2001 ou alteração posterior
Creme protetor de segurança	Proteção contra agentes químicos	Portaria SSST nº 26, de 29/12/1994
Dedeira de segurança	Proteção contra agentes abrasivos e escoriantes	NBR 13599/1996
Dispositivo trava-queda de segurança a) guiado em linha flexível b) guiado em linha rígida c) retrátil	Proteção contra quedas em operações com movimentação vertical ou horizontal, quando utilizado com cinturão de segurança para proteção contra quedas (paraquedista)	a) NBR 14626/2000 ou alteração posterior b) NBR 14627/2000 ou alteração posterior c) NBR 14628/2000 ou alteração posterior Todas com NBR 11370/2001 ou alteração posterior

Quadro 7.5 (continuação)

EPI	Enquadramento NR-6 – Anexo I	Norma técnica aplicável
Luva de segurança à base de borracha natural	Proteção em atividades domésticas e industriais – contra agentes químicos e mecânicos	NBR 13393/1995 ou alteração posterior
Luva de segurança cirúrgica	Proteção em áreas médico-cirúrgico-hospitalares – contra agentes biológicos	NBR 13391/1995 ou alteração posterior
Luva de segurança contra agentes abrasivos e escoriantes – uso geral (couro e tecido)	Proteção contra agentes abrasivos e escoriantes	NBR 13712/1996 ou alteração posterior
Luva de segurança contra agentes mecânicos	Proteção contra agentes abrasivos, escoriantes, cortantes e perfurantes (abrasão, corte, rasgo e perfuração)	EN 388/1994
Luva de segurança contra agentes químicos	Proteção contra agentes químicos	MT 11/1977 EN 374/1994
Luva de segurança de malha de aço	Proteção contra agentes cortantes	AFNOR NF.S.75-002/1987
Luva de segurança isolante de borracha	Proteção contra choques elétricos	NBR 10622/1989 ou alteração posterior
Luva de segurança para procedimentos não cirúrgicos	Proteção em áreas médico-hospitalares, odontológicas, laboratoriais e ambulatoriais contra agentes biológicos	NBR 13392/1995 ou alteração posterior
Manga de segurança isolante de borracha	Proteção contra choques elétricos	NBR 10623/1989 ou alteração posterior
Máscara de solda de segurança	Proteção contra impactos de partículas volantes e contra radiação ultravioleta, radiação infravermelha e luminosidade intensa	ANSI.Z/87/1/1989
Óculos de segurança	Proteção contra impactos de partículas volantes e contra luminosidade intensa, radiação ultravioleta ou radiação infravermelha	ANSI.Z/87/1/1989

Quadro 7.5 (continuação)

EPI	Enquadramento NR-6 – Anexo I	Norma técnica aplicável
Protetor auditivo	Proteção contra níveis de pressão sonora superiores ao estabelecido na NR nº 15 – Anexos I e II	ANSI.S12.6/1997 – método B – método do ouvido real – colocação pelo ouvinte
Protetor facial de segurança	Proteção contra impactos de partículas volantes e contra radiação infravermelha, ultravioleta ou contra luminosidade intensa	ANSI.Z/87/1/1989
Respirador de adução de ar tipo linha de ar comprimido com capuz, para uso em operações de jateamento	Proteção em atmosferas não imediatamente perigosas à vida e à saúde em operações de jateamento	NBR 14750/2001 ou alteração posterior
Respirador de adução de ar tipo linha de ar comprimido de fluxo contínuo/tipo linha de ar comprimido de demanda com pressão positiva	Proteção em atmosferas não imediatamente perigosas à vida e à saúde	NBR 14372/1999 ou alteração posterior NBR 13694/1996 ou alteração posterior NBR 13695/1996 ou alteração posterior NBR 13696/1996 ou alteração posterior NBR 13697/1996 ou alteração posterior
Respirador de adução de ar tipo máscara autônoma de circuito aberto	Proteção em atmosferas com concentração imediatamente perigosas à vida e à saúde e em ambientes confinados	NBR 13716/1996 ou alteração posterior
Respirador purificador de ar tipo peça facial inteira/¼ facial/semifacial, com filtros químicos, combinados ou mecânicos	Proteção contra partículas (poeiras, névoas, fumos e radionuclídeos) e gases emanados de produtos químicos	NBR 13694/1996 ou alteração posterior NBR 13695/1996 ou alteração posterior NBR 13696/1996 ou alteração posterior NBR 13697/1996 ou alteração posterior
Respirador purificador de ar tipo peça semifacial filtrante para partículas PFF1/PFF2/PFF3	Proteção contra poeiras, névoas, fumos e radionuclídeos	NBR 13698/1996 ou alteração posterior

Quadro 7.5 (continuação)

EPI	Enquadramento NR-6 – Anexo I	Norma técnica aplicável
Respirador purificador de ar tipo peça semi-facial filtrante para partículas com FBC1	Proteção contra poeiras, névoas, fumos e radionuclídeos/contra vapores orgânicos ou gases ácidos em ambientes com concentração inferior a 50 ppm	NBR 13698/1996 ou alteração posterior NBR 13696/1996 ou alteração posterior
Vestimenta de segurança tipo avental/bata/blusa/blusão/calça/camisa/capa/capote/casaco/conjunto/corpo inteiro/guarda-pó/jaleco/japona/jaqueta/jardineira/macacão/paletó, resistentes à água	Proteção contra umidade proveniente de operações com uso de água	BS 3424/1982 BS 1774/1961 BS 3546/1974
Vestimenta de segurança tipo avental/bata/blusa/blusão/calça/camisa/capa/capote/casaco/conjunto/corpo inteiro/guarda-pó/jaleco/japona/jaqueta/jardineira/macacão/paletó/manga/mangote/braçadeira/perneira/capuz/touca/boné, de couro ou tecido	Proteção contra agentes abrasivos e escoriantes, para uso em soldagem e processos similares	EN 470/1995 BS 2653/1960
Vestimenta de segurança tipo avental de elos de aço	Proteção contra agentes cortantes	EN 412/1993

Apropriação dos custos com EPI

Neste item, faremos uma avaliação do percentual que representam os EPIs sobre o valor da mão de obra; isto é, procuraremos definir qual seu peso na formação dos encargos sociais.

Apropriar os custos dos EPIs como componentes dos encargos sociais é o procedimento mais correto? Acreditamos que sim. Esses custos podem e devem ser agregados ao custo da mão de obra, a exemplo do tratamento dado anteriormente para o custo com as refeições. Sabemos que essa é uma despesa que não pode ser negligenciada; antes, pelo contrário, deve ser considerada como inevitável, obrigatória, casada, inseparável, indissociável, ante a importância dos EPIs para a preservação da integridade física do trabalhador.

Em assim sendo, e havendo a certeza de que os custos com os EPIs estão inclusos nos valores apropriados para a mão de obra, sua aquisição pode e deve se tornar uma inquestionável e obrigatória rotina.

De outra forma, se esses custos forem apropriados na planilha do orçamento ou na planilha discriminativa do BDI como vinham sendo processados até recentemente, estarão susceptíveis a outros entendimentos nem sempre corretos, passíveis inclusive de omissão pelo orçamentista, desestimulando o empresário a adquiri-los.

Kit básico de EPI

Definiremos como *kit* básico de EPI o conjunto dos equipamentos listados na Tab. 7.11, que consideraremos obrigatórios para todo empregado ao ser admitido no canteiro de obra, com sua respectiva durabilidade prevista.

O *kit* escolhido consta dos equipamentos básicos, a serem usados nas obras horizontais e mais simples.

Em se tratando de obras de edificação, verticais, o cinturão tipo abdominal com talabarte de segurança deve ser parte integrante do *kit*.

Os equipamentos que não forem enquadrados no *kit* básico, se e quando necessários, deverão ser computados na planilha do canteiro de obras no subitem "EPI(s) não incluído(s) no *kit* básico".

E.5 Ferramentas

Apropriação dos custos com ferramentas

Este é mais um item que agrega valor à mão de obra, isto é, se existir operário no canteiro, forçosamente existirão ferramentas para seu desempenho profissional.

Não é fácil proceder a uma avaliação precisa dos custos com ferramentas nas obras de construção, ante a grande variedade de tipos disponíveis no mercado, para os mais diversos tipos de serviço, sejam de construção civil ou de infraestrutura, com diversas qualidades, tamanhos e preços. Mas, com um pouco de esforço, e de forma simplificada, tentaremos listar as mais comuns, por categoria funcional, estipulando para cada uma delas sua possível durabilidade em condições médias de utilização (Tabs. 7.12 a 7.20).

Tab. 7.11 Cálculo do custo do encargo EPI – *kit* básico – horistas

EPI	Unidade	Quantidade prevista (un) (A)	Custo unitário (R$) (B)	Coeficiente de utilização (C)	Horas trabalhadas/mês (D)	Durabilidade – mês (E)	Coeficiente F = [A · B · C/D · E]	Encargo E4 = (F/SMh) · 100
Uniforme	cj	2,00	77,00	1,00	220,00	6,00	0,117	2,014
Bota de couro	un	1,00	42,00	1,00	220,00	6,00	0,032	0,551
Capacete	un	1,00	10,00	1,00	220,00	8,00	0,006	0,103
Óculos protetores	par	1,00	5,00	1,00	220,00	6,00	0,004	0,069
Luva de raspa	par	1,00	7,50	1,00	220,00	2,00	0,017	0,295
Protetor auricular	par	1,00	17,00	1,00	220,00	1,00	0,077	1,325
Capa de chuva	un	1,00	10,80	0,33	220,00	6,00	0,003	0,052
Protetor solar FPS30	un	1,00	36,00	1,00	220,00	2,50	0,065	1,119
Total								*5,528*
SMh = R$ 1.278,40/220 = R$ 5,81/h					E4 (%) = 5,53%			

Alguns orçamentistas costumam arbitrar um valor percentual para cobrir esses custos.

Tab. 7.12 Estudo da incidência da mão de obra no custo da construção por tipo de obra

Obra	Mão de obra – percentual do custo	Percentuais do custo total para categoria						
		Servente	Pedreiro	Carpinteiro	Eletricista	Armador	Pintor	Encanador
Construção da Praça Joel Nascimento	16,01	8,47	5,64	0,76	0,37	0,15	0,00	0,62

Tab. 7.12 (continuação)

Obra	Mão de obra – percentual do custo	Percentuais do custo total para categoria						
		Servente	Pedreiro	Carpin-teiro	Eletricista	Armador	Pintor	Encanador
Construção do Mercado Municipal de Santo Amaro das Brotas	18,38	9,75	3,93	2,33	0,77	0,46	1,02	0,12
Distribuição (%) p/ categoria	100,00	53,05	21,38	12,68	4,19	2,50	5,55	0,65
Edifício residencial com 21 pavimentos, 40 apartamentos	16,16	3,99	5,59	0,56	0,32	0,84	1,37	3,49
Distribuição (%) p/ categoria	100,00	24,68	34,60	3,47	1,98	5,20	8,48	21,60
Construção de edifício de almoxarifado	26,65	12,36	5,93	3,74	2,27	0,41	1,76	0,18
Distribuição (%) p/ categoria	100,00	46,38	22,25	14,03	8,52	1,54	6,60	0,68
Construção de quadra poliesportiva coberta	14,70	7,47	4,11	0,68	0,32	0,54	1,46	0,12
Distribuição (%) p/ categoria	100,00	50,82	27,96	4,63	2,18	3,67	9,93	0,82
Construção de posto policial de fronteira	20,36	8,65	4,86	3,45	1,33	0,39	1,41	0,27
Distribuição (%) p/ categoria	100,00	42,49	23,87	16,94	6,53	1,92	6,93	1,33
Construção de escola com oito salas de aula	19,28	8,34	5,29	3,41	0,69	0,43	0,83	0,29
Distribuição (%) p/ categoria	100,00	43,26	27,44	17,69	3,58	2,23	4,30	1,50
Construção de centro de excelência de ginástica	22,85	8,75	6,90	2,16	0,73	0,59	3,53	0,19

Tab. 7.12 (continuação)

Obra	Mão de obra – percentual do custo	Percentuais do custo total para categoria						
		Servente	Pedreiro	Carpinteiro	Eletricista	Armador	Pintor	Encanador
Distribuição (%) p/ categoria	100,00	38,29	30,20	9,45	3,19	2,58	15,45	0,83
Média	19,30	43,98	27,87	10,45	4,06	2,57	7,16	3,91
Valor adotado	20,00	42,00	27,00	12,00	4,00	4,00	7,00	4,00

Tab. 7.13 **Cálculo do custo do encargo complementar *ferramentas* – servente**

Item	Unidade	Quantidade prevista (un) (A)	Custo unitário (R$) (B)	Coeficiente de utilização (C)	Horas trabalhadas/mês (D)	Durabilidade – mês (E)	Coeficiente F = [A · B · C/D · E]	Encargo E5 = (F/SM) · 100
Carrinho de mão	un	1	116,00	0,25	220,00	5,00	0,026	0,454
Pá quadrada	un	1	48,00	0,25	220,00	5,00	0,011	0,189
Talhadeira	un	1	7,60	0,25	220,00	4,00	0,002	0,034
Marreta	un	1	18,90	0,25	220,00	18,00	0,001	0,017
Total								*0,694*

Tab. 7.14 **Cálculo do custo do encargo complementar *ferramentas* – pedreiro**

Item	Unidade	Quantidade prevista (un) (A)	Custo unitário (R$) (B)	Coeficiente de utilização (C)	Horas trabalhadas/mês (D)	Durabilidade – mês (E)	Coeficiente F = [A · B · C/D · E]	Encargo E5 = (F/SM) · 100
Nível de bolha madeira	un	1,00	15,50	1,00	220,00	18,00	0,004	0,069
Martelo sem unha	un	1,00	14,00	1,00	220,00	36,00	0,002	0,034

Tab. 7.14 (continuação)

Item	Unidade	Quantidade prevista (un) (A)	Custo unitário (R$) (B)	Coeficiente de utilização (C)	Horas trabalhadas/mês (D)	Durabilidade – mês (E)	Coeficiente F = [A · B · C/D · E]	Encargo E5 = (F/SM) · 100
Colher de pedreiro	un	1,00	8,50	1,00	220,00	24,00	0,002	0,034
Desempeno (régua alumínio)	un	1,00	16,20	1,00	220,00	18,00	0,004	0,069
Prumo de face	un	1,00	24,00	1,00	220,00	36,00	0,003	0,052
Desempoladeira de madeira	un	1,00	11,80	1,00	220,00	6,00	0,009	0,155
Escala métrica de bambu	un	1,00	9,10	1,00	220,00	6,00	0,007	0,120
Serra mármore	un	1,00	278,00	0,20	220,00	24,00	0,011	0,189
Total								*0,722*

Tab. 7.15 **Cálculo do custo do encargo complementar *ferramentas* – carpinteiro**

Item	Unidade	Quantidade prevista (un) (A)	Custo unitário (R$) (B)	Coeficiente de utilização (C)	Horas trabalhadas/mês (D)	Durabilidade – mês (E)	Coeficiente F = [A · B · C/D · E]	Encargo E5 = (F/SM) · 100
Serrote 40 cm	un	1,00	30,00	1,00	220,00	36,00	0,004	0,069
Martelo com unha	un	1,00	18,70	1,00	220,00	24,00	0,003	0,052
Formão grande	un	1,00	19,30	1,00	220,00	24,00	0,004	0,069
Chave de fenda 30 cm	un	1,00	13,40	1,00	220,00	24,00	0,002	0,034
Furadeira elétrica profissional	un	1,00	264,00	0,20	220,00	24,00	0,001	0,172
Serra circular elétrica portátil	un	1,00	395,00	0,20	220,00	24,00	0,015	0,258
Total								*0,654*

Tab. 7.16 Cálculo do custo do encargo *ferramentas* – eletricista

Item	Unidade	Quantidade prevista (un) (A)	Custo unitário (R$) (B)	Coeficiente de utilização (C)	Horas trabalhadas/mês (D)	Durabilidade – mês (E)	Coeficiente F = [A · B · C/D · E]	Encargo E5 = (F/SM) · 100
Chave de fenda 30 cm	un	1,00	13,40	1,00	220,00	24,00	0,002	0,044
Alicate com isolamento	un	1,00	19,50	1,00	220,00	24,00	0,004	0,064
Volt-amperímetro alicate	un	1,00	198,00	1,00	220,00	24,00	0,037	0,645
Chave inglesa	un	1,00	42,80	0,25	220,00	36,00	0,001	0,017
Total								*0,770*

Tab. 7.17 Cálculo do custo do encargo complementar *ferramentas* – pintor

Item	Unidade	Quantidade prevista (un) (A)	Custo unitário (R$) (B)	Coeficiente de utilização (C)	Horas trabalhadas/mês (D)	Durabilidade – mês (E)	Coeficiente F = [A · B · C/D · E]	Encargo E5 = F/SM) · 100
Desempenadeira de metal	un	1,00	11,00	1,00	220,00	36,00	0,001	0,017
Espátula	un	1,00	9,80	1,00	220,00	36,00	0,001	0,017
Rolo lã de carneiro 20 cm	un	1,00	13,20	1,00	220,00	3,00	0,002	0,344
Pincel de seda 2"	un	1,00	23,00	1,00	220,00	1,00	0,104	1,79
Trincha	un	1,00	3,60	1,00	220,00	1,00	0,016	0,275
Escada alumínio de abrir	un	1,00	152,00	0,67	220,00	36,00	0,013	0,224
Total								*2,667*

Tab. 7.18 Cálculo do custo do encargo complementar *ferramentas* – encanador

Item	Unidade	Quantidade prevista (un) (A)	Custo unitário (R$) (B)	Coeficiente de utilização (C)	Horas trabalhadas/ mês (D)	Durabilidade – mês (E)	Coeficiente F = [A · B · C/D · E]	Encargo E5 = (F/SM) · 100
Tarraxa de 1/2"	un	1,00	19,70	1,00	220,00	4,00	0,022	0,379
Tarraxa de 3/4"	un	1,00	26,80	1,00	220,00	6,00	0,02	0,344
Tarraxa de 1"	un	1,00	29,90	1,00	220,00	8,00	0,017	0,293
Tarraxa de 1 1/4"	un	1,00	32,60	1,00	220,00	12,00	0,012	0,212
Tarraxa de 1 1/2"	un	1,00	46,40	1,00	220,00	12,00	0,018	0,302
Lima chata de 1 1/2"	un	1,00	30,50	0,67	220,00	24,00	0,006	0,066
Praio simples 30 cm	un	1,00	41,90	0,20	220,00	24,00	0,002	0,027
Total								*1,623*

Tab. 7.19 Cálculo do custo do encargo complementar *ferramentas* – armador

Item	Unidade	Quantidade prevista (un) (A)	Custo unitário (R$) (B)	Coeficiente de utilização (C)	Horas trabalhadas/ mês (D)	Durabilidade – mês (E)	Coeficiente F = [A · B · C/D · E]	Encargo E5 = (F/SM) · 100
Arco de serra	un	1	12,80	1	220,00	24,00	0,002	0,042
Torquesa	un	1	17,90	1	220,00	24,00	0,003	0,052
Total								*0,094*

Tab. 7.20 Cálculo do custo do encargo complementar *ferramentas* – soldador

Item	Unidade	Quantidade prevista (un) (A)	Custo unitário (R$) (B)	Coeficiente de utilização (C)	Horas trabalhadas/mês (D)	Durabilidade – mês (E)	Coeficiente F = [A · B · C/D · E]	Encargo E5 = (F/SM) · 100
Martelo de soldador tipo picareta c/ cabo	un	1	153,90	0,40	220,00	36	0,008	0,138
Talhadeira c/ punho proteção 22 × 225 mm	un	1	52,30	0,20	220,00	36	0,001	0,023
Alicate climpador	un	1	40,00	0,20	220,00	36	0,001	0,017
Esquadro alumínio com duas morsas 35 × 35 × 4,5 cm	un	1	14,30	0,50	220,00	24	0,001	0,023
Grampo de aperto rápido 16″	un	1	35,00	0,40	220,00	24	0,003	0,052
Alicate de pressão 11″	un	1	43,00	0,30	220,00	24	0,002	0,042
Alicate de pressão p/ solda tipo U, 11″	un	1	109,00	0,30	220,00	24	0,006	0,107
Alicate de pressão p/ solda de chapa 18″	un	1	181,80	0,30	220,00	24	0,010	0,178
Alicate diagonal p/ corte rente 5″ a 8″	un	1	26,90	0,30	220,00	24	0,002	0,034
Alicate para anéis de pistão 50-100 mm	un	1	60,00	0,30	220,00	24	0,003	0,052
Chave inglesa 15″	un	1	95,00	0,30	220,00	24	0,005	0,092

Tab. 7.20 (continuação)

Item	Unidade	Quantidade prevista (un) (A)	Custo unitário (R$) (B)	Coeficiente de utilização (C)	Horas trabalhadas/mês (D)	Durabilidade – mês (E)	Coeficiente F = [A · B · C/D · E]	Encargo E5 = (F/SM) · 100
Selador horizontal p/ fita de aço 1"	un	1	550,00	0,20	220,00	24	0,021	1,361
Esmerilhadeira angular elétrica portátil 4 1/2" 1.000 W	un	1	365,00	0,50	220,00	36	0,023	0,397
Cavalete de ferro nº 1	un	1	88,00	0,50	220,00	36	0,006	0,103
Maçarico de solda	un	1	289,00	0,70	220,00	36	0,025	0,440
Total								*2,059*

Da pesquisa realizada para a definição da incidência do tipo de profissional na construção civil, obtivemos as seguintes taxas: servente 42%, pedreiro 27%, carpinteiro 12%, eletricista 4%, armador 4%, pintor 7% e encanador 4%.

Aplicando essas taxas aos encargos anteriormente calculados, chegamos ao seguinte percentual médio representativo:

$$E5 = 0,42 \times 0,694 + 0,27 \times 0,722 + 0,12 \times 0,654 + 0,04 \times 0,77 + 0,04 \times 0,094 + 0,07 \times 2,667 + 0,04 \times 1,623 = 0,851$$

$$E5 = 0,85\%$$

E.6 Seguro de vida em grupo

Custo do seguro de vida em grupo

Para grupos de funcionários acima de 50 pessoas, esse seguro custa em média R$ 12,54 *per capita*/mês; em assim sendo, o custo por hora será de R$ 12,54/220 = R$ 0,0057/h, e sua incidência sobre o salário médio no canteiro será:

$$E6 = 0,057/5,81 \times 100 = 0,98\%$$

A Tab. 7.21 apresenta um resumo dos encargos sociais da mão de obra direta.

Observar que, como o cálculo dos encargos foi efetuado no presente mês de março e até essa data os salários ainda não se encontram atualiza-

Tab. 7.21 Resumo dos encargos sociais da mão de obra direta (horistas)

Encargos grupo A – institucionais	**Alíquota (%)**
INSS	20,00
FGTS	8,00
Seguro contra acidentes do trabalho	3,00
Salário-educação	2,50
Sesi	1,50
Senai	1,00
Sebrae	0,60
Incra	0,20
Seconci (1% somente nos Estados da Federação onde implantado)	–
Total	*36,80*
Encargos grupo B – trabalhistas	**Alíquota (%)**
Repouso semanal remunerado e feriados	21,80
Férias	14,78
13º salário	11,09
Auxílio-enfermidade	0,59
Auxílio-paternidade	0,22
Acidente do trabalho	0,89
Faltas abonadas	0,74
Total	*50,11*
Encargos grupo C – indenizatórios	**Alíquota (%)**
Aviso prévio indenizado	11,97
Multa por rescisão do contrato de trabalho	5,32
Indenização adicional	1,11
Total	*18,40*
Encargos grupo D – incidências	**Alíquota (%)**
Incidência do grupo A sobre o grupo B	18,44
Incidência do grupo A sobre o aviso prévio trabalhado	0,15
FGTS sobre o aviso prévio indenizado	0,96
FGTS sobre indenização adicional	0,09
Efeitos do aviso prévio sobre férias e 13º salário	3,10
Total	*22,74*

Tab. 7.21 (continuação)

Encargos grupo E – complementares	Alíquota (%)
Café da manhã + almoço	14,48
Cesta básica	10,17
Vale-transporte	7,14
EPI	5,53
Ferramentas	0,85
Seguro de vida em grupo	0,98
Total	*39,15*
Total geral	*167,20%*

dos, aguardando a nova convenção coletiva, o valor obtido é ligeiramente superior ao anterior porque o encargo passa a ter um peso relativo maior.

Para estabelecermos uma base de comparação com o sistema oficial de referência (Sinapi), devemos excluir a parcela dos encargos complementares (E), transferindo-a para a planilha do orçamento. Uma sugestão é criar composições de custo específicas para a mão de obra, que serão intituladas: encargos complementares do servente, encargos complementares do pedreiro e assim por diante. Desse modo, ao cadastrar numa certa composição de custo um insumo de mão de obra, por exemplo, o servente, com um quantitativo de 1,75 h, devemos logo em seguida cadastrar uma composição "encargos complementares do servente", com um quantitativo igual, isto é, 1,75 h.

Em assim sendo, o resumo dos encargos sociais dos empregados horistas é apresentado na Tab. 7.22.

Tab. 7.22 **Resumo dos encargos dos horistas sem a participação dos encargos complementares**

Encargo – grupos	Alíquota (%)
A – Institucionais	36,80
B – Trabalhistas	50,11
C – Indenizatórios	18,40
D – Incidências	22,74
Total	*128,05*

Para atender à Lei nº 12.844, que trata da desoneração da folha de pagamentos, precisamos eliminar a alíquota de 20% no grupo A e atualizar sua incidência no grupo D. Passaremos então para os valores mostrados na Tab. 7.23.

Tab. 7.23 Resumo dos encargos dos horistas sem a participação dos encargos complementares e com a aplicação da Lei nº 12.844 – desoneração da folha

Encargo – grupos	Alíquota (%)
A – Institucionais	16,80
B – Trabalhistas	50,11
C – Indenizatórios	18,40
D – Incidências	12,72
Total	*98,03*

Observar que, ao transferir os encargos complementares do cômputo dos encargos sociais para a planilha do orçamento (ou para as composições de custo), os encargos sociais passam a ter seu valor reduzido para 128,05%. Contudo, não haverá redução do valor do orçamento, pois a planilha, com essa inclusão, foi onerada em 39,15% (como se tivesse a mão de obra aumentada).

Quanto à desoneração da folha de pagamento, prevista na Lei nº 13.670/2018 e de acordo com a Instrução Normativa nº 1.812/2018 da Secretaria da Receita Federal do Brasil (SRFB), as pessoas jurídicas estão autorizadas a substituir a contribuição previdenciária de 20% sobre a folha de pagamento pela contribuição previdenciária de 4,5% sobre a receita bruta (CPRB). É evidente que em obras de pequeno porte pode acontecer de o primeiro critério, ou a aplicação do percentual de 20% sobre a folha, ser inferior ao valor obtido pelo cálculo da CPRB, havendo oneração da empresa e provocando um efeito contrário. A empresa deve analisar as duas situações com rigor, pois a decisão pela desoneração é considerada irredutível.

7.6 Encargos sociais da mão de obra indireta ou dos mensalistas

7.6.1 Conceituação

No item anterior apresentamos com detalhes a composição dos encargos sociais da mão de obra direta. Veremos agora quais as diferenças existentes com relação à mão de obra indireta (ou mensalistas). Uma parte dessa mão de obra é locada no canteiro de obras e formada por engenheiros, mestre, encarregados, técnicos industriais, técnicos em construção civil, almoxarife etc. Essa força de trabalho constitui a equipe dirigente da administração local.

A outra parte, que trabalha nos bastidores e se situa no escritório da firma, é formada por diretores, gerentes, engenheiros de orçamento ou de custos, engenheiros de planejamento e de controle, inclusive da qualidade, advogados, contadores, RH, auxiliares técnicos e administrativos, compradores, responsável por contas a pagar, faturista, secretárias, motoristas, telefonista, copeira, vigia, estagiários, entre outros, e constitui a administração central da empresa.

7.7 Desenvolvimento dos encargos sociais dos mensalistas

7.7.1 Grupo A – encargos institucionais

Não há alterações a serem consideradas em relação aos encargos dos empregados horistas, já vistos anteriormente (Tab. 7.24).

Tab. 7.24 Resumo dos encargos do grupo A (mensalistas)

Encargo	Alíquota (%)
INSS	20,00
FGTS	8,00
Seguro contra acidentes do trabalho	3,00
Salário-educação	2,50
Sesi	1,50
Senai	1,00
Sebrae	0,60
Incra	0,20
Seconci (1% somente nos Estados da Federação onde implantado)	–
Total	*36,80*

7.7.2 Grupo B – encargos trabalhistas

Vejamos que parâmetros poderão ser mantidos e/ou alterados em relação aos estabelecidos para a mão de obra direta (Tab. 7.25).

Tab. 7.25 **Parâmetros mantidos e/ou alterados em relação aos da mão de obra direta**

Item	Discriminação	Valor
1	Número médio de dias por ano	365,25 d
2	Número de feriados por ano, menos coincidências com domingos e férias	11 d
3	Número de dias por ano com afastamento para licença-paternidade	0,30 d*
4	Auxílio-enfermidade	0,80 d*
5	Faltas abonadas	–
6	Férias	30 d
7	Repouso semanal obrigatório: 52 domingos no ano, menos quatro domingos coincidentes com as férias	48 d
8	Acidente do trabalho	–
9	Total de dias não trabalhados no ano	90,10 d
10	Total de dias produtivos = 365,25 – 89,10	276,15 d
11	Tempo médio de permanência do empregado na empresa	18 meses

*Adotado.

B.1 Repouso semanal remunerado, feriados e outros

O entendimento é que esse encargo não deve ser considerado, pois a base de cálculo da remuneração é o salário mensal, estando incluídas nesse salário, portanto, todas as ausências. Igual procedimento será dado aos encargos auxílio-enfermidade, licença-paternidade e faltas abonadas. Os acidentes de trabalho, embora de muito baixa ocorrência, podem ser considerados, uma vez que o deslocamento do empregado entre seu domicílio e a sede da empresa faz parte de sua jornada diária.

B.2 Férias

$$B.2 = (30 \times 1{,}333/276{,}15) \times 100 = 14{,}48\%$$

B.3 13º salário

$$B.3 = (30/276{,}15) \times 100 = 10{,}86\%$$

Um resumo dos encargos do grupo B é apresentado na Tab. 7.26.

Tab. 7.26 Resumo dos encargos do grupo B (mensalistas)

Encargo	Alíquota (%)
Férias	14,48
13º salário	10,86
Acidente do trabalho	0,45*
Total	*25,79*

*Considerado metade do valor dos horistas.

7.7.3 Grupo C – encargos indenizatórios

C.1 Aviso prévio indenizado

- 100% dos empregados recebem aviso prévio.
- Tempo médio de permanência do empregado na firma: adotaremos 18 meses.
- Número de dias efetivamente trabalhados durante esse período: adotaremos como sendo proporcional ao número de dias produtivos no ano: (18/12) × 276,15 = 414,22 dias.
- Prazo do aviso: 30 dias.
- Será considerado que 50% dos empregados recebem a indenização e que os 50% restantes trabalham durante o período do aviso. Para esta parcela de empregados, o encargo corresponderá à redução da jornada de 2 h diárias. Logo, para uma jornada diária de 44/5 = 8,8 h, o encargo respectivo é de (2/8,8) = 0,23 dia por dia, durante [30 × (276,15/365,25)] dias úteis, isto é, 0,23 × 30 × 0,7561 = 0,23 × 22,7 = 5,22 dias.

Em assim sendo, o encargo correspondente ao aviso prévio será:

- Para os empregados que recebem o aviso trabalhando:

$$0{,}50 \times (5{,}22/414{,}22) \times 100 = 0{,}63\%$$

- Para os empregados que recebem o aviso indenizado:

$$0{,}50 \times (30/414{,}22) \times 100 = 3{,}62\%$$

- Para esses encargos, não incidem os encargos básicos, excetuando-se o FGTS (8,00%).

$$\text{Total C.1} = 4{,}25\%$$

C.2 Multa por rescisão do contrato de trabalho

Os depósitos correspondentes ao FGTS (8,00% sobre a folha de pagamentos), durante os 18 meses, têm o seguinte peso relativo:

$$\text{FGTS} = 0{,}080 \times (30/414{,}22) \times 18 \times 100 = 10{,}43\%$$

Como a multa é de 50%, C.2 = 0,50 × 10,43 = 5,21%.

C.3 Indenização adicional

$$\text{C.3} = \{[(1/12) \times 30]/276{,}15\} \times 100 = 0{,}91\%$$

Um resumo dos encargos do grupo C é apresentado na Tab. 7.27.

Tab. 7.27 Resumo dos encargos do grupo C (mensalistas)

Encargo	Alíquota (%)
Aviso prévio indenizado	4,25
Multa por rescisão do contrato de trabalho	5,21
Indenização adicional	0,91
Total	*10,37*

7.7.4 Grupo D – incidências ou efeitos

D.1 Incidência do grupo A (36,80%) sobre o grupo B (25,79%)

$$\text{D.1} = (0{,}368 \times 0{,}2579) \times 100 = 9{,}49\%$$

D.2 Primeira incidência do grupo A (36,80%) sobre o aviso prévio trabalhado (0,63%)

$$\text{D.2} = (0{,}3680 \times 0{,}0063) \times 100 = 0{,}23\%$$

D.3 FGTS (8,00%) sobre o aviso prévio indenizado (3,62%)

$$\text{D.3} = (0{,}080 \times 0{,}0362) \times 100 = 0{,}29\%$$

D.4 FGTS (8,00%) sobre a indenização adicional (0,91%)

$$D.4 = 0{,}080 \times 0{,}0091 \times 100 = 0{,}07\%$$

D.5 Efeitos do aviso prévio

D.5A Incidência do aviso prévio (4,25%) sobre o 13° salário (10,86%)

$$D.5A = 0{,}0425 \times 0{,}1086 \times 100 = 0{,}46\%$$

D.5B Incidência do aviso prévio (4,25%) sobre as férias (14,53%)

$$D.5B = 0{,}0425 \times 0{,}1453 \times 100 = 0{,}62\%$$

$$\text{Total } D.5 = 0{,}46 + 0{,}62 = 1{,}08\%$$

Um resumo dos encargos do grupo D é apresentado na Tab. 7.28.

Tab. 7.28 Resumo dos encargos do grupo D (mensalistas)

Encargo	Alíquota (%)
Incidência do grupo A sobre o grupo B	9,49
Incidência do grupo A sobre o aviso prévio trabalhado	0,23
FGTS sobre o aviso prévio indenizado	0,29
FGTS sobre a indenização adicional	0,07
Efeitos do aviso prévio sobre as férias e o 13° salário	1,08
Total	*11,16*

7.7.5 Grupo E – encargos complementares ou intersindicais

Os encargos desse grupo são:

- refeições;
- vale-transporte;
- seguro de vida em grupo.

E.1 Refeições

E.1A Café da manhã

Não será considerado.

E.1B Almoço

$$\text{Custo do almoço básico (3/2019)} = R\$\ 13{,}00$$
$$\text{Custo efetivo mensal} = R\$\ 13{,}00 \times 30 \times (276{,}15/365{,}25) = R\$\ 294{,}86$$

O empregador participa com 80%.

Admitiremos, para o pessoal do escritório e da administração local, um salário médio de 4,5 salários mínimos, igual a R$ 4.491,00.

Consideraremos que 3/4 = 0,75 do pessoal faz uso desse benefício. Em assim sendo:

$$E.1 = (0{,}75 \times 0{,}80 \times 294{,}86/4.491{,}00) \times 100 = 3{,}94\%$$

$$E.1 = 3{,}94\%$$

E.2 Vale-transporte

O pessoal mensalista não usará esse benefício, pois o percentual de 6% sobre seu salário é superior ao valor efetivamente gasto com o transporte, conforme se vê a seguir:

$$\text{Participação do empregado} = (6\%) \text{ de S.M.} = 0{,}06 \times 4.491{,}00 = R\$\ 269{,}46$$

$$\text{Custo diário} = 2 \times R\$\ 4{,}00 = R\$\ 8{,}00$$

$$\text{Custo mensal} = 22 \times 8{,}00 = R\$\ 176{,}00$$

E.3 Equipamentos de proteção individual

A Tab. 7.29 apresenta o cálculo do custo com EPI.

$$E.3 - 0{,}35\%$$

Tab. 7.29 Cálculo do custo com EPI – *kit* básico (mensalistas)

EPI	(A) Unidade	(B) Quantidade	(C) Custo unitário (R$)	(D) Durabilidade (M)	(E) % de colaboradores que utiliza	(F) B · C · E (%)/D	(G) (F/SM) · 100
Bota de couro	par	1	60,00	6	100	10,00	0,22
Capacete	un	1	10,00	8	100	1,25	0,03
Protetor auricular	par	1	17,00	4	100	4,25	0,09
Óculos protetores	par	1	5,00	12	100	0,42	0,01
Total							*0,35*

Salário médio SM = R$ 4.491,00.

E.4 Ferramentas

Não são aplicáveis aos mensalistas.

E.5 Seguro de vida em grupo

Para grupos de funcionários acima de 20 pessoas, um seguro razoável custa em média R$ 17,00 *per capita*/mês.

$$E.5 = (17{,}00/4.491{,}00) \times 100 = 0{,}38\%$$

Um resumo dos encargos do grupo E é apresentado na Tab. 7.30.

A Tab. 7.31 mostra um resumo final dos encargos dos mensalistas.

Os encargos dos mensalistas sem a participação dos encargos complementares passam a ser de 84,35% e, atendendo à Lei nº 12.844, alterada pela Lei nº 13.670, de 30 de maio de 2018, que estabelece a data de 31 de dezembro como prazo de permanência da desoneração da folha de pagamentos, eliminaremos a alíquota de 20% no grupo A e atualizaremos sua incidência no grupo D, passando então os encargos para os valores mostrados na Tab. 7.32.

Tab. 7.30 Resumo dos encargos do grupo E (mensalistas)

Encargo	Alíquota (%)
Almoço	3,94
EPI	0,35
Seguro de vida em grupo	0,38
Total	*4,67*

Tab. 7.31 Resumo final dos encargos dos mensalistas

Grupo	Alíquota (%)
Grupo A	36,80
Grupo B	25,79
Grupo C	10,60
Grupo D	11,16
Grupo E	4,67
Total	*89,02*

Tab. 7.32 Resumo dos encargos dos mensalistas sem a participação dos encargos complementares e com a aplicação da Lei nº 12.844 – desoneração da folha de pagamento

Encargo – grupo	Alíquota (%)
A – Institucionais	16,80
B – Trabalhistas	25,79
C – Indenizatórios	10,37
D – Incidências	5,89
Total	*58,85*

Canteiro de obras 8

"Nunca fiz nada dar certo por acidente; nem nenhuma das minhas invenções surgiu por acidente; elas vieram do meu trabalho."
Thomas A. Edison

8.1 Implantação do canteiro de obras

"As oportunidades normalmente se apresentam disfarçadas de trabalho árduo e é por isso que muitos não as reconhecem."
Ann Landers

No Cap. 4 (seção 4.3.3 – planilha no nível 2), estudamos que os custos com o canteiro de obras e o acampamento podem ser agrupados em três itens: i) implantação do canteiro, ii) manutenção do canteiro e iii) estrutura de apoio à produção. A implantação do canteiro corresponde à construção da fábrica que irá produzir o produto (edifício). É o que veremos a seguir.

Tradicionalmente, os dispêndios com o canteiro sempre foram considerados despesas indiretas, e não custo indireto, como atualmente. A apropriação de seu valor limitava-se à previsão de um pequeno percentual do custo direto, quase nunca aferido no decorrer da obra. Com o passar dos tempos, com o surgimento das normas de segurança e a implementação dos programas de qualidade, os canteiros passaram a ser mais estudados e a ganhar mais atenção e importância por parte dos empresários. A atenção dada ao projeto do canteiro não é menos importante do que a dispensada ao projeto do empreendimento propriamente dito, pois sabemos da influência que o primeiro exerce sobre o segundo. Estudos mais científicos dos canteiros surgiram como necessidade de racionalizar os gastos com sua implantação, os quais, a depender do tipo e do porte da obra, podem chegar a assumir valores expressivos.

De acordo com o Instituto de Engenharia de São Paulo e o TCU (Acórdão nº 325/2007 – Plenário), todos esses dispêndios com o canteiro de obras devem ser lançados na planilha orçamentária, pois dizem respeito ao custo do empreendimento, podendo, portanto, ser objeto de medição.

O canteiro de obras, além do gasto inicial com sua implantação, demanda um custo mensal com a correspondente manutenção, durante todo o período da construção, até sua completa desmobilização.

É, pois, uma fábrica ambulante que não tem tamanho fixo nem local determinado para se estabelecer. Essas características variam em cada caso, exigindo do engenheiro, a todo instante, capacidade criativa para estabelecer soluções inovadoras e eficazes.

O projeto do canteiro de obras depende de alguns fatores que devem ser considerados, como as quantidades dos materiais a serem consumidas, suas velocidades de aplicação, a respectiva mão de obra necessária empregada, a tecnologia, ou seja, o processo construtivo escolhido e os respectivos equipamentos e, finalmente, o prazo de construção. Quanto maior for o porte da construção, maior será a quantidade de operários que num certo período de suas vidas conviverão juntos no canteiro, bem como maior será o volume dos materiais utilizados.

Atualmente, todas as empresas de construção usam o canteiro de obras como instrumento de *marketing*, dotando-o de características particulares quanto ao arranjo dos diversos barracões provisórios, funcionalidade, cores, logomarca etc., que podem ser identificadas à distância.

Quando a obra é de infraestrutura, e não de edificação, como a construção de uma estrada ou de uma adutora, as quais se desenvolvem ao longo de um eixo, algumas vezes longo, o canteiro geralmente é subdividido em canteiros segmentados mais ou menos autossuficientes, capazes de proporcionar o suporte necessário.

O tema do canteiro de obras tem merecido a atenção de estudiosos, pesquisadores e empresários, além do Governo Federal, o qual, por meio da Secretaria de Segurança e Saúde no Trabalho, do antigo Ministério do Trabalho, editou a importante norma NR-18 ("Condições e meio ambiente de trabalho na indústria da construção").

O engenheiro tem por hábito associar o canteiro de obras ao "chão de fábrica", por suas características comuns, devendo ser bonito, limpo e funcional e oferecer a segurança necessária durante o processo de fabricação.

Essa fábrica se diferencia das demais, pois, na fábrica convencional, sai o produto depois de produzido. No canteiro, depois de produzido o produto, sai a fábrica, que se desmobiliza. Também ocorre outra diferença fundamental e complicadora: na fábrica convencional, "diariamente é o mesmo dia para o operário". As tarefas são repetitivas diariamente durante todo o ano. No canteiro, nenhum dia é igual ao anterior, pois o edifício a cada dia torna-se diferente, exigindo novas tarefas e atividades.

Por esse motivo, os programas de implementação de ações de qualidade são hoje considerados indispensáveis na produção. Entre outros, o programa 5S é tido como a melhor opção técnica para auxílio no projeto do canteiro.

Segundo Costa e Rosa (1999), os benefícios decorrentes da implantação desse programa são os seguintes:

- eliminação do excesso de materiais, ferramentas e objetos;
- maior disponibilidade de espaço;
- redução do desperdício;
- economia de tempo;
- redução do índice de acidentes na obra;
- reaproveitamento de recursos da obra;
- estímulo do trabalho em equipe;
- ambiente de trabalho mais agradável;
- melhoria da aparência do canteiro de obra.

Temos observado entre os engenheiros uma saudável competição entre seus canteiros de obra. Neles, os painéis indicativos de recordes quanto à não ocorrência de acidentes são orgulhosamente exibidos com destaque. Num ambiente assim formado, a engenharia nacional tende a se engrandecer e crescer com seus profissionais.

Para avaliar corretamente o custo com o canteiro de obras, parte integrante do custo direto total, necessitamos, ao menos, de um anteprojeto do canteiro, identificando e quantificando as áreas de estocagem, de produção, de vivência, de escritórios e das demais atividades de trabalho. Na prática, muitas vezes, em obras de menor porte ou em obras de ampliação e reforma, podemos resolver as instalações do canteiro valendo-nos das próprias construções existentes ou de imóveis localizados nas proximidades do local da obra, sempre que for possível seu aluguel. O *trailer* e o *container* metálicos também são uma forma interessante e prática de solução que deve ser considerada.

8.1.1 Visita de observação ao local da obra

"No meio de qualquer dificuldade encontra-se a oportunidade."

Albert Einstein

Antes de iniciar o orçamento, é indispensável visitar o local onde se desenvolverão as obras, examinando-o cuidadosamente quanto aos mais diversos aspectos. Um pequeno detalhe, às vezes capcioso, pode ser o suficiente para proporcionar uma condição privilegiada numa licitação e conduzir a empresa à vitória.

O autor recorda que, certa feita, como pequeno empresário de construção, participou de uma licitação para execução de uma minúscula barragem de pedra para captação de água. Para ter acesso ao rio, os caminhões que transportariam as pedras deveriam descer uma estrada de serviço não pavimentada, cujo leito, argiloso, possuía acentuada declividade, tornando o acesso intransitável com a ocorrência de chuvas, ainda que de curta duração. Em razão dessas condições topográficas e relacionadas com o solo e o clima, os subempreiteiros caçambeiros propuseram preços elevados para realizar o transporte das pedras ladeira abaixo, sob a alegação de que a produtividade desse serviço na estação chuvosa seria muito baixa, visto que, uma vez tendo descido a estrada sob chuva, só teriam condição de retorno algumas horas ou mesmo um dia após o tempo levantar.

Na visita ao local da obra, num sábado pela manhã, com mais calma, sem a pressa natural com que somos treinados para agir, foi possível observar que havia na região uma grande quantidade de carroças de tração animal e que se prestavam muito bem para aquele tipo de serviço, com uma vantagem adicional: o material poderia ser transportado e tombado mais próximo ainda do local previsto no projeto, reduzindo tempo e custo. Elaboramos o orçamento com essa estratégia e obtivemos o menor preço em relação aos demais licitantes, sagrando-nos vencedores daquele certame.

8.1.2 Relatório de visita ao local da obra e organização do canteiro de obras

O modelo apresentado na Fig. 8.1, para preenchimento durante visita ao futuro canteiro, visa chamar a atenção do engenheiro para o registro de alguns pontos importantes que, às vezes, só são lembrados quando estamos retornando ao escritório, já distantes do local recém-visitado. A organização do canteiro de obras é mostrada nas Figs. 8.2 a 8.6.

1. Dados
   1.1 Obra: ____________________
   1.2 Cliente: ____________________
   1.3 Licitação: ____________________ Data: ___/___/_____
   1.4 Endereço: ____________________
   1.5 Exigências: ____________________
   ☐ Fotos ☐ Atestados – marcar data: ___/___/___ Horário: ___ : ___ Fone: _______
2. Acesso
   2.1 Roteiro: ____________________
   2.2 Distância até o escritório: ____________________
   2.3 Condições de tráfego: ____________________
3. Terreno
   3.1 Conformidade com escritura/limites: ____________________
   3.2 Área: ____________________
   3.3 Topografia: ____________________
   3.4 Vegetação: ____________________
   3.5 Limpeza: ____________________
   3.6 Demolições: ____________________
   3.7 Limites (cerca, muro): ____________________
   3.8 Tipo de solo/sondagens: ____________________
   3.9 Charcos: ____________________
4. Entorno do terreno
   4.1 Vizinhança: ____________________
   4.2 Barulho/ruídos: ____________________
   4.3 Indústria de chaminés/poluentes: ____________________
   4.4 Lixeiras: ____________________
   4.5 Cidades/povoados mais próximos/distâncias: ____________________
5. Infraestrutura básica
   5.1 Água: ____________________
   5.2 Rede de energia AT – distância: BT – distância: ____________________
   5.3 Rede telefônica: ____________________
   5.4 Coletor de esgoto ø: _______ mm/material: PV mais próximo: ___________m
   5.5 Interferências: ____________________
   5.6 Drenagem de águas pluviais: ____________________
   5.7 Pavimentação: ____________________
6. Mão de obra
   6.1 Qualidade: ____________________
   6.2 Disponibilidade: ____________________
7. Infraestrutura complementar
   7.1 Hotéis/pousadas: ____________________
   7.2 Casas para aluguel: ____________________
   7.3 Hospitais/clínicas/laboratórios: ____________________
   7.4 Alimentação industrializada: ____________________
   7.5 Materiais disponíveis: ____________________
   7.6 Subempreiteiras: ____________________
   7.7 Outras informações: ____________________

_____/_____/_______ ____________________

Assinatura do responsável

Fig. 8.1 *Modelo de relatório de visita ao local da obra*

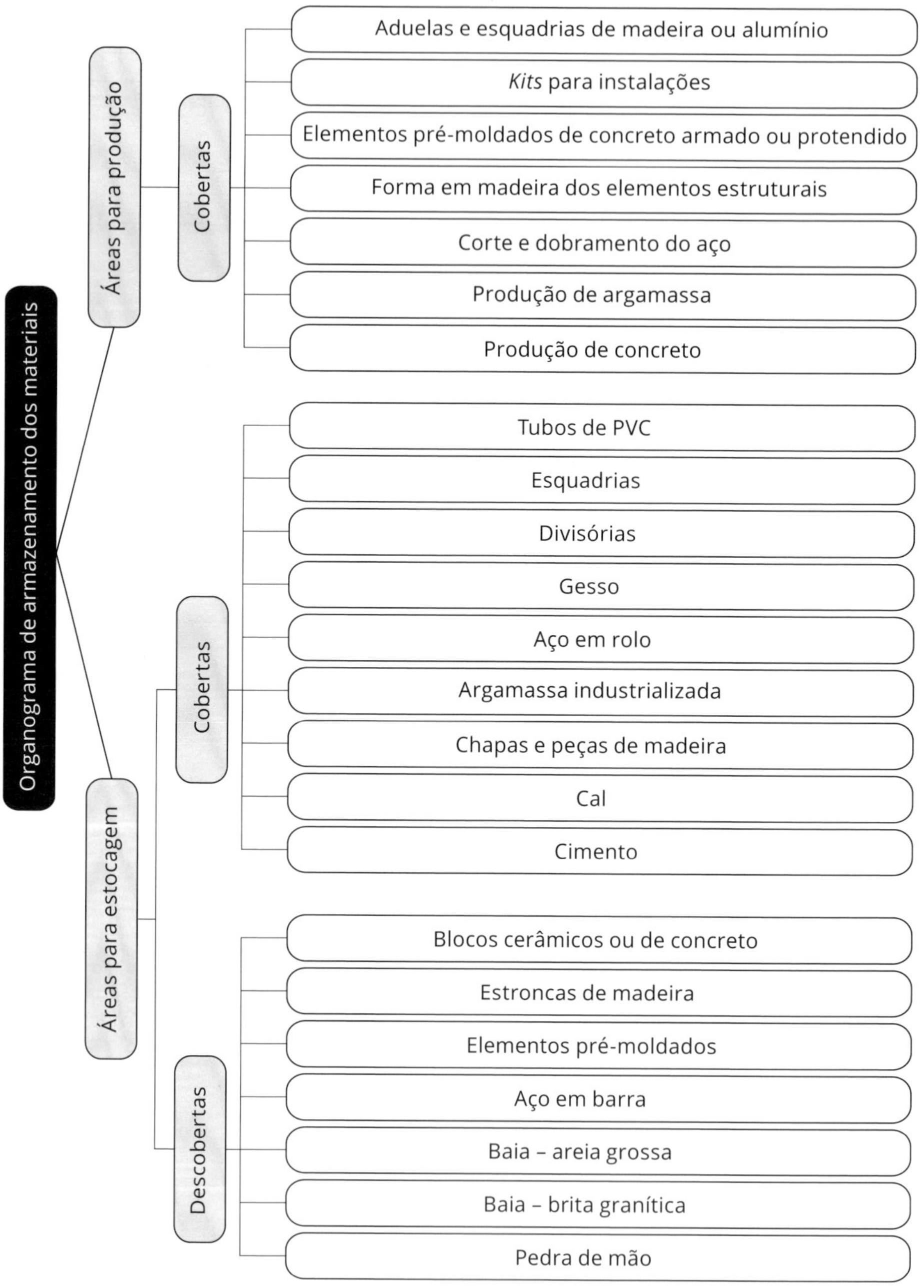

Fig. 8.2 *Armazenamento dos materiais*

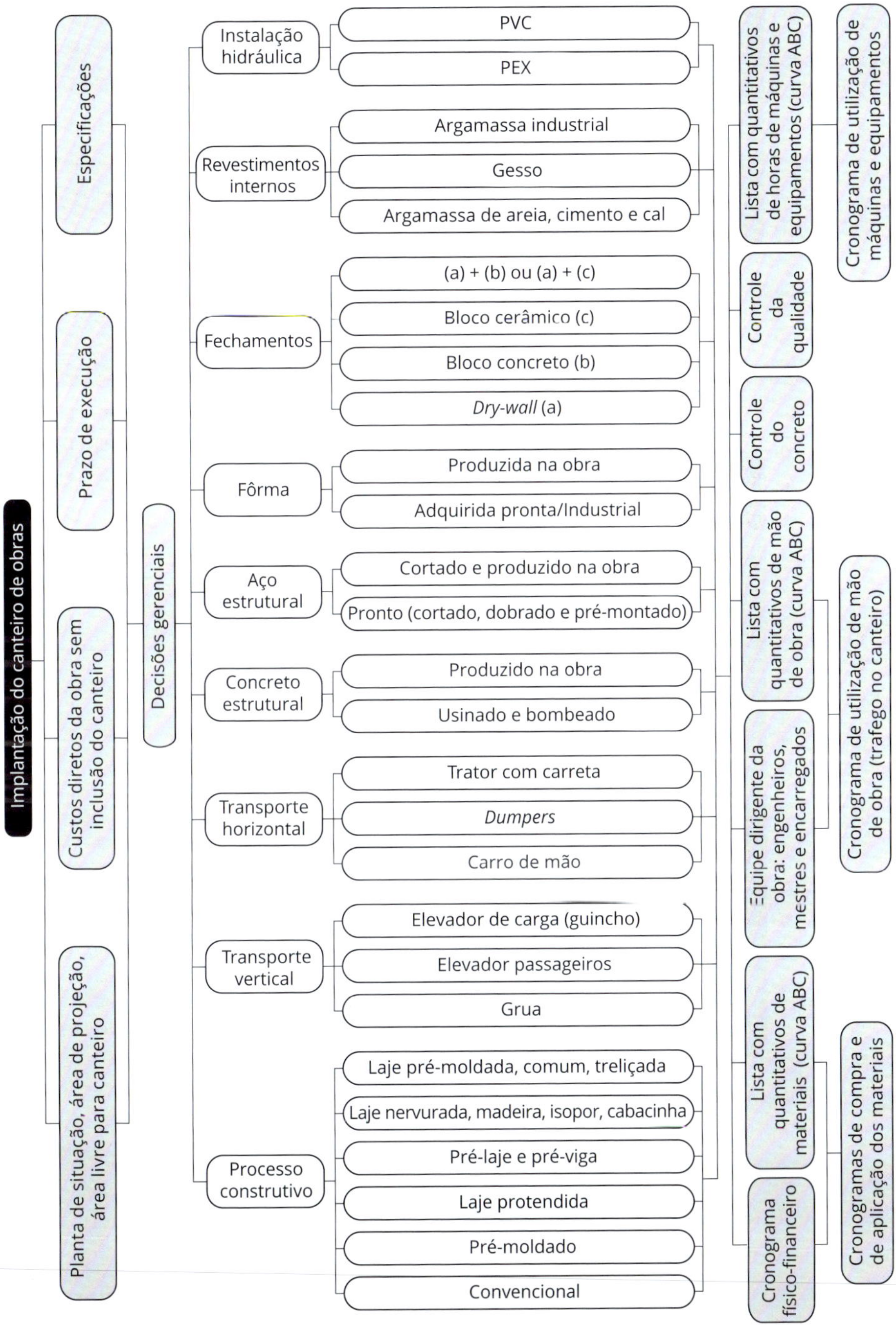

Fig. 8.3 *Implantação do canteiro de obras*

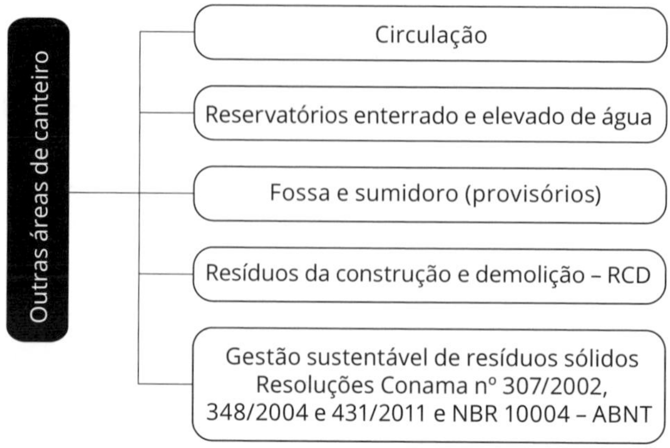

Fig. 8.4 *Outras áreas de canteiro*

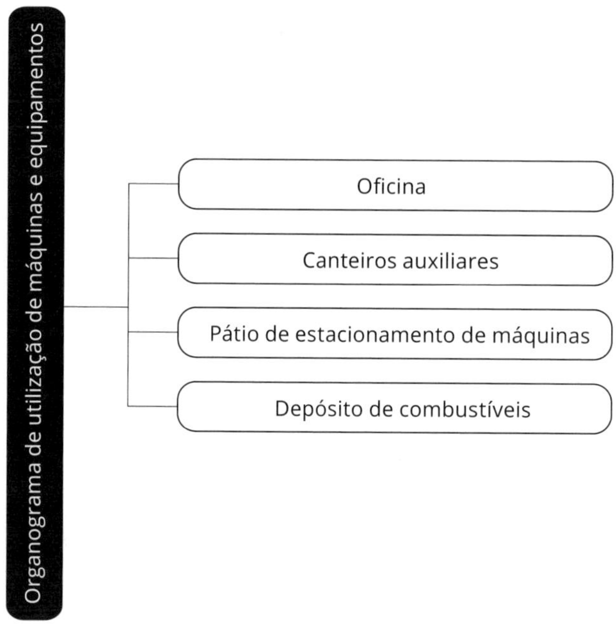

Fig. 8.5 *Utilização de máquinas e equipamentos*

8.1.3 Impactos ambientais dos canteiros

Segundo Degani (2003), são os seguintes os impactos ambientais identificados:

- *No meio biótico* (relativo à biota, que vem a ser o conjunto da flora e da fauna de uma região):

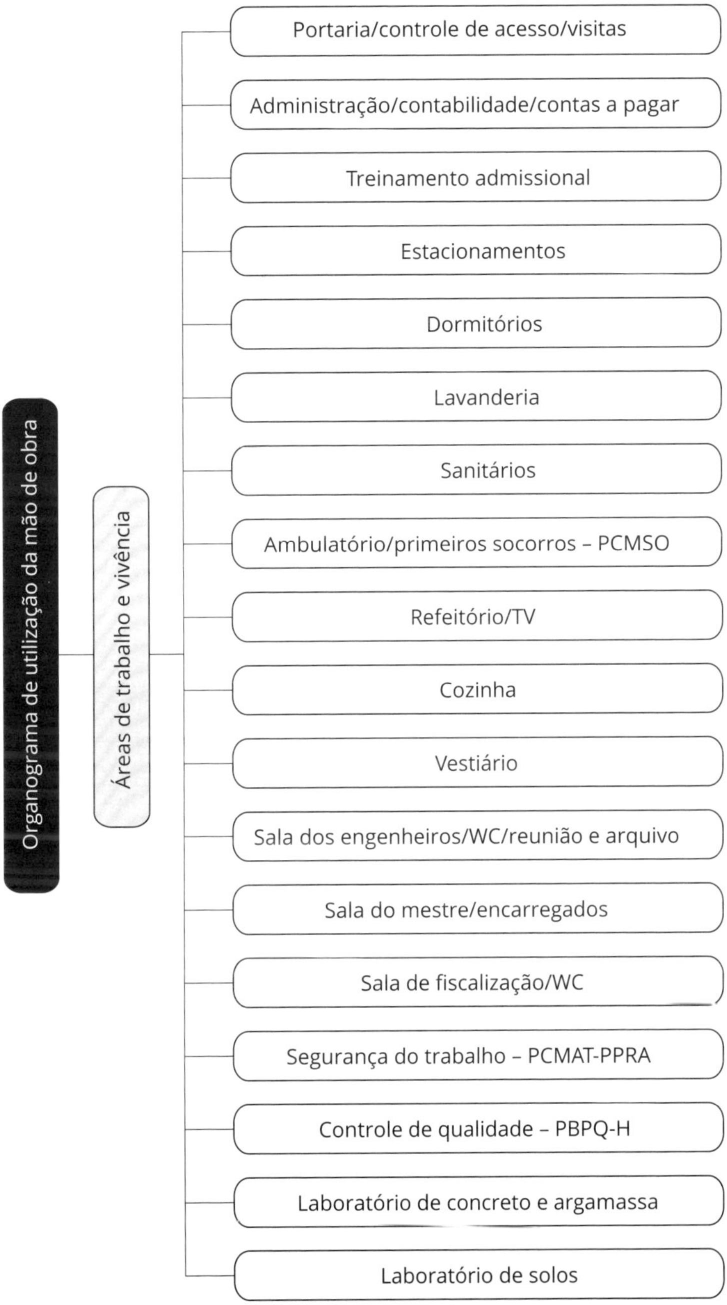

Fig. 8.6 *Utilização da mão de obra*

- ◇ interferências na fauna;
- ◇ interferências na flora;
- ◇ alteração na dinâmica dos ecossistemas.

- *No meio antrópico* (Antropia é a ciência que estuda a ação do homem sobre o meio ambiente; antrópico – o que é resultado da ação do homem no universo):
  - ◇ alteração da qualidade paisagística;
  - ◇ escassez de energia elétrica;
  - ◇ alteração nas condições de saúde;
  - ◇ incômodo para a comunidade circunvizinha;
  - ◇ alteração do tráfego nas vias locais;
  - ◇ pressão sobre serviços urbanos;
  - ◇ alteração nas condições de segurança na circunvizinhança;
  - ◇ danos a bens edificados;
  - ◇ aumento no volume dos aterros de resíduos;
  - ◇ geração de emprego e renda;
  - ◇ aumento das despesas do município e/ou da empresa;
  - ◇ interferência na drenagem urbana;
  - ◇ perda de solos férteis;
  - ◇ dinamização econômica.

No Brasil, os temas ambientais já constituem objeto de estudo da Engenharia e do Direito. A Resolução Conama nº 237/97 foi a norma pioneira no estabelecimento de definições importantes, como *licenciamento ambiental*, *licença ambiental*, *estudos ambientais*, *impacto ambiental* etc. Outras também avançaram sobre essa disciplina, como as Resoluções Conama nº 307/2002, nº 348/2004 e nº 431/2011, além da NBR 10004.

Segundo o Art. 2º da referida resolução:

> A localização, construção, instalação, ampliação, modificação e operação de empreendimentos e atividades utilizadoras de recursos ambientais consideradas efetiva ou potencialmente poluidoras, bem como os empreendimentos capazes, sob qualquer forma, de causar degradação ambiental, dependerão de prévio licenciamento do órgão ambiental competente, sem prejuízo de outras licenças legalmente exigíveis.
>
> > § 1º – Estão sujeitos ao licenciamento ambiental os empreendimentos e as atividades relacionados no Anexo 1, parte integrante desta resolução.

> § 2º – Caberá ao órgão ambiental competente definir os critérios de exigibilidade, o detalhamento e a complementação do Anexo 1, levando em consideração as especificidades, os riscos ambientais, o porte e outras características do empreendimento ou atividade.

Cumpre lembrar que a licença ambiental depende do exame inicial, ou seja, da Avaliação Inicial do Impacto Ambiental (AIA), do Estudo de Impacto Ambiental (EIA) e, finalmente, de um documento mais completo e complexo, que é o Relatório de Impacto Ambiental (Rima), o qual contém os resultados dos estudos técnicos e científicos, as soluções etc.

O orçamento correspondente a essas atividades exige conhecimentos específicos, por se tratar de assunto especializado, ainda sob domínio de parcela restrita de engenheiros.

8.1.4 Diretrizes para o anteprojeto do canteiro de obras

"Obstáculos são aquilo que vemos quando afastamos nossos olhos do objetivo."

Henry Ford

Definições

A NR-18 dá a seguinte definição para o canteiro de obras: "área de trabalho fixa e temporária, onde se desenvolvem operações de apoio e execução de uma obra".

Já a NB-1367 assim conceitua o canteiro: "áreas destinadas à execução e apoio dos trabalhos da indústria da construção, dividindo-se em áreas operacionais e áreas de vivência".

Frankenfeld (1990 apud Saurin, 1997) define *layout* como a disposição física de homens, materiais, equipamentos, áreas de trabalho e de estocagem e, de modo geral, a disposição racional dos diversos serviços de uma empresa.

A abordagem que faremos a seguir tem a finalidade de estabelecer condições para a elaboração do anteprojeto do canteiro de obras e a avaliação de seu custo correspondente, para fins de composição do orçamento. Neste item, ao usarmos a expressão "canteiro", estaremos nos referindo aos canteiros de obras de edifícios de apartamentos, por serem os mais completos no contexto das obras de construção civil. Em obras de tipo e porte diferentes, basta fazermos as adaptações necessárias.

Para o anteprojeto do canteiro de obras, são requeridos os seguintes documentos, diretrizes e/ou informações:

- projetos completos em nível executivo e revisados, com a definição do processo construtivo;
- planta de situação do prédio;
- cadastro das redes de água, esgoto, drenagem de águas pluviais, energia BT/AT;
- planilha do orçamento (ainda que não contemple o custo do canteiro de obras ou inclua somente uma estimativa preliminar);
- cronograma físico-financeiro do empreendimento;
- cronograma de compras e recebimentos dos materiais;
- histograma de mão de obra;
- planilha da administração local com toda a equipe dirigente do canteiro;
- relatório da curva ABC de insumos;
- PCMAT, inclusive com o projeto e as especificações das proteções coletivas e o cronograma de implementação das medidas preventivas estabelecidas;
- definição quanto à tomada de decisão referente à confecção de concretos e argamassas na obra;
- definição quanto a implantação da cozinha no canteiro ou aquisição de refeição pronta;
- definição quanto à construção de alojamentos no interior do canteiro ou sua transferência para as proximidades (imóveis alugados etc.);
- definição quanto à instalação de um, dois ou mais guinchos, alternativamente ou complementarmente à grua.

Passemos então à definição dos diversos componentes do canteiro e ao estabelecimento das áreas de cada um desses ambientes, de acordo com as informações apresentadas e as normas anteriormente citadas.

Se dispusermos do histograma de mão de obra, juntamente com a planilha da administração local, poderemos calcular com segurança a quantidade máxima de trabalhadores no canteiro de obras, na fase de pico.

Em não dispondo desses dados, poderemos extrair da curva ABC a quantidade total de homens-horas por categoria funcional e, a partir daí, fazer uma estimativa do efetivo que vai trabalhar na obra, juntamente com o pessoal da administração local.

Áreas de vivência

No Anexo A.2 são apresentadas sugestões para o projeto dos padrões para o canteiro de obras, dormitório, ambulatório, barracões para escritório, banheiros e refeitório. Essas sugestões foram concebidas em formato modulado, para permitir a sua fácil adaptação para a obra que se pretende orçar.

Alojamento

Deve ter uma área mínima de 3,00 m² por módulo cama/armário, incluindo a área de circulação. É permitido o uso de beliches de duas camas, sendo a altura entre camas e entre a última cama e o teto de no mínimo 1,20 m. O pé-direito mínimo é de 2,50 m para cama simples e de 3,00 m para cama dupla. Os alojamentos devem ter armários duplos individuais com as seguintes dimensões mínimas: 1,20 m de altura por 0,30 m de largura e 0,40 m de profundidade, com separação ou prateleira, de modo que um compartimento, com altura de 0,80 m, destine-se a abrigar a roupa de uso comum e o outro compartimento, com altura de 0,40 m, a guardar a roupa de trabalho. Em havendo alojamento no canteiro, obrigatoriamente deve haver lavanderia e área de lazer.

Lavanderia

Não há na norma o estabelecimento do número mínimo de tanques com batedor por trabalhador. Acreditamos que as relações de 1:8 a 1:10, isto é, um tanque para cada oito a dez trabalhadores alojados, sejam suficientes. Além dos locais de enxugar e passar, obrigatórios, as instalações devem possuir mesa de passar e ferros elétricos em quantidade suficiente para atender aos alojados.

Vestiário

Deve possuir área capaz de alojar os armários individuais (dotados de fechadura ou dispositivo com cadeado) para a troca de roupa dos trabalhadores. No projeto desenvolvido para o sistema ORSE, que inclui sanitários, lavatórios, chuveiros e mictório, chegou-se a uma taxa de 1,21 m²/trabalhador. Deve ter bancos em número suficiente para atender aos usuários, com largura de 0,30 m. Como a norma não especifica as dimensões dos armários do vestiário, sugere-se adotar as mesmas do armário especificado para o alojamento.

Banheiros

Um vaso sanitário, um mictório e um lavatório para cada grupo de 20 trabalhadores e um chuveiro para cada grupo de dez trabalhadores. Os banheiros estão integrados ao projeto de vestiário. A área livre do espaço do vaso é de 1,0 m × 1,0 m e, para o boxe do chuveiro, de 0,80 m × 1,00 m.

Ambulatório/primeiros socorros

É constituído de duas salas com dimensões de 2,50 m × 3,00 m cada, uma para exames médicos e outra para primeiros socorros e curativos, e mais uma sala para recepção com dois bancos e auxiliar de enfermagem, medindo 1,80 m × 6,00 m. Total: 25,80 m².

Refeitório

A norma não dá uma referência para a estimativa da área. Nos projetos desenvolvidos para o ORSE, chegamos a um barracão aberto com dimensões de 9,80 m × 4,40 m, com condições de proporcionar 24 refeições simultâneas, o que conduz a uma taxa de (9,80 × 4,40)/24 = 1,80 m²/refeição. O refeitório deve ter televisão e servir também para lazer, treinamentos e palestras.

Cozinha

É preferível transferir as atribuições de armazenamento, manipulação, definição de cardápio e preparo dos alimentos para uma empresa idônea com suficiente experiência. Em decidindo pela instalação da cozinha, é necessário observar os seguintes cuidados:

- Deve haver nutricionista como responsável técnico pelos alimentos.
- A construção deve ter piso liso (cimentado ou cerâmica), suficiente iluminação e ventilação.
- Deve possuir mesa com tampo impermeável para preparo, equipamento de refrigeração, fogão e pia com dimensões e número de cubas compatíveis com a quantidade de refeições preparadas.
- Deve possuir instalações sanitárias completas (com chuveiro), que não se comuniquem com a cozinha, de uso exclusivo dos encarregados de manipular gêneros alimentícios, refeições e utensílios, não devendo ser ligadas à caixa de gordura.
- Deve ser situada contígua ao refeitório.

- A área mínima para uma unidade sanitária composta de vaso, chuveiro, lavatório e *hall* é de aproximadamente 6,00 m² e, para a cozinha com um fogão de cinco queimadores e uma pia de 2 m com duas cubas, é de 18,00 m². A norma não especifica a necessidade de previsão de unidades sanitárias isoladas por sexo, devendo essa avaliação ser feita em função do porte do projeto e do número de funcionários na cozinha.

Áreas operacionais

Guarita com cobertura para alojamento do cartão de ponto

São suficientes 8 m².

Portão de entrada

Prever portão de entrada com 4,50 m a 5,00 m de largura para facilitar o acesso de veículos de carga e máquinas.

Tapumes

É obrigatória a colocação de tapumes ou barreiras. Devem ter altura mínima de 2,20 m.

Escritório de obra (engenheiro, técnico, estagiário, mestre, RH e apontador)

Foram desenvolvidos para o ORSE três tipos de escritório para obras, de porte pequeno, médio e grande, com respectivamente 25,41 m², 43,56 m² e 53,24 m². É possível escolhê-los isoladamente ou fazer uma combinação entre eles, com quantidades parciais ou múltiplas, de maneira a atender às necessidades específicas de cada caso.

Almoxarifado

Não existem índices ou indicadores para o dimensionamento do almoxarifado, pois suas dimensões dependem muito da logística de cada empresa em face dos seguintes aspectos:

- Os cronogramas de compra dos materiais que demandam uma área razoável para seu estoque, como esquadrias, luminárias, louças e revestimentos, são geralmente estabelecidos de modo que as datas de recebimento e de aplicação se aproximem ao máximo, fazendo com que a descarga possa ser feita de forma associada com o transporte para cada pavimento (movimento da grua). Além do mais, em havendo um descompasso nessas datas, pode ser reservada uma área do subsolo para a guarda desses materiais.

- Restam então a serem protegidos os metais, as válvulas, as ferragens, as peças de fio, as ferramentas mais caras etc. Em geral uma área de 35 m² a 50 m² é suficiente para tal, mas, a depender das características da obra, pode ser necessária uma área bem maior.

Depósito de ferramentas

Carros de mão, pás, picaretas, enxadas e outras ferramentas mais pesadas devem ser guardadas em depósito de fácil acesso. Uma área construída próxima à do almoxarifado deve atender satisfatoriamente.

Depósito fechado de cimento

Quinze sacos/m² mais circulação de 1,20 m entre pilhas duplas. A área dependerá da necessidade de estoque, que é função do consumo, da logística e da velocidade de suprimento desse insumo (a cada três dias, semanal etc.).

Área aberta para depósito

- Bloco cerâmico 9 cm × 19 cm × 25 cm (440 un/m²).
- Bloco de concreto 9 cm × 19 cm × 39 cm (275 un/m²).
- Tijolos com empilhamento máximo de 2,20 m.

Baia revestida e com piso em concreto para depósito de brita (com altura máxima de 1,0 m)

Prever por tipo de brita (0, 1, 2 etc.). Para caminhões-caçamba com capacidade de 8 m³, três carradas de material correspondem a 24 m³. Então, para uma largura de 4,0 m, teremos um comprimento de 6,0 m e uma área útil de 24,0 m², por tipo de brita.

Baia revestida e com piso em concreto para depósito de areia (com altura máxima de 1,0 m)

Deve ter 24 m² para um estoque de 24 m³.

Produção de argamassas e concretos

Cada betoneira de 580 L, autocarregável, é capaz de produzir em média um volume de concreto ou argamassa de 4,80 m³/h. Calculando os volumes totais e os consumos diários desses dois materiais básicos, teremos condição de definir a quantidade necessária de betoneiras para a execução da obra. Cada misturador necessita de uma área coberta e aberta de aproximadamente 5,0 m × 3,0 m = 15,00 m².

Depósito de madeira e chapas compensadas e carpintaria para produção de fôrmas

Prevendo peças de comprimento máximo de 6,0 m, podemos ter um galpão dividido em duas partes. Uma fechada, com dimensões de 7,0 m × 5,0 m, para a guarda de material, e a outra aberta, com 7,0 m × 5,0 m, para a instalação de duas serras circulares, uma serra de fita, um desengrosso e bancadas de confecção de fôrmas. Total: 70,0 m². Essa unidade deve ter pé-direito mais alto, em torno de 4,0 m a 4,50 m, para permitir o acesso de máquinas.

Para pequenas obras, essa área pode ser reduzida à metade ou mais, em função das quantidades de materiais que serão estocadas. Observar que a previsão dessas áreas está relacionada com o cronograma de recebimento dos materiais. Assim, se há a possibilidade de recebimento dos materiais numa quantidade correspondente a uma semana, a área pode ser dimensionada para essa quantidade (com uma margem que cubra eventuais falhas de entrega).

Área aberta com suportes para estocagem dos aços CA-50 e CA-60

Prever suportes elevados de madeira fixados em piquetes, formando uma área de 4,0 m × 17,0 m = 68,0 m², para a estocagem das seguintes quantidades mínimas de barras:

- 25 mm – 50 vergalhões;
- 16 mm – 50 vergalhões;
- 12,5 mm – 100 vergalhões;
- 10 mm – 100 vergalhões;
- 8 mm – 200 vergalhões;
- 6,0 mm – CA-60 – 700 kg.

Produção das armaduras em bancada

Essa atividade é exercida em área coberta e compreende:

- o corte das barras de aço CA-50 com arco de serra ou máquina policorte, ou o corte após o desbobinamento em máquina, para o aço CA-60;

- a estocagem provisória das quantidades de peças com o mesmo tamanho e desenho;
- o dobramento, quando previsto;
- o agrupamento por peça-tipo e o transporte até o local de montagem das armaduras; ou
- a confecção das armaduras dos elementos estruturais (vigas, pilares etc.).

Imaginando uma obra de porte pequeno a médio, em que não deverão ocorrer vigas com altura superior a 1,20 m, e supondo as bancadas de dobramento do aço com 0,50 m de largura e 1,00 m de folga entre bancadas, deveremos ter, no caso de mais de uma bancada, uma largura da faixa por bancada igual a [0,50 + 1,20 + 1,00] = 2,70 m. Para três bancadas, teremos uma largura total de [(0,50 + 1,20) + 1,00 + (0,50 + 1,20) + 1,00 + (0,50 + 1,20)] = 7,10 m × (12,00 + 1,00) = 92,30 m. Essa área coberta é aberta nas laterais. Para pequenas obras, muitas vezes, uma só bancada é o suficiente para produzir as ferragens no tempo necessário.

Elevador de carga, guincho e elevador de passageiros

O conjunto torre-guincho ocupa uma área de aproximadamente 50,0 m². O guincheiro deve trabalhar sob uma cobertura à prova de choques mecânicos. Uma alternativa interessante consiste em alojar o guincheiro sob a laje de projeção do edifício, mantendo-o protegido. Essa condição é possível porque os guinchos modernos são providos de sirenes de alarme, sensores, câmeras e monitores, que possibilitam ao operador uma visão completa do ambiente da cabine (em movimento, parada no pavimento, em descarga ou em carga etc.).

Vias de circulação

Na maioria das vezes os canteiros são do tipo restrito, em que não sobra área para quase nada. Mesmo assim, é preciso prever vias de acesso, manobra e saída para os caminhões de transporte das mercadorias, inclusive os concretos e suas bombas de recalque. Sempre que possível, deve-se evitar o fluxo de caminhões em marcha a ré.

A largura recomendada mínima é de 7 m para o cruzamento com segurança de dois veículos de carga.

Relacionamento entre as áreas

Algumas regras básicas são fundamentais para o projeto do *layout*:

- Inicie o estudo definindo o local do portão de acesso, em função da planta de situação da obra (nos terrenos de esquina, sempre que possível escolha o acesso pela rua de menor tráfego). O portão de acesso é a estaca zero da via principal do canteiro que vai definir o percurso dos veículos de transporte dos materiais e, consequentemente, as condições de descarga e transporte interno.
- Posicione a grua na área de maior abrangência da lança. Em se tratando de um único prédio, esse local é o que maior simetria oferece em relação à planta da edificação.
- O guincho deve ser posicionado em frente a uma parede cega. Depois, escolha o local do elevador de passageiros.
- As baias de areia e brita devem estar próximas da via principal de acesso e das betoneiras, e estas, o mais próximo possível do guincho, objetivando minimizar os transportes horizontais.
- A área para depósito de blocos deve estar ao longo da via de acesso.
- O alojamento e o vestiário devem estar próximos do portão de acesso, para que os trabalhadores só transitem no canteiro devidamente fardados e munidos de seus EPIs.
- A cozinha deve se situar contígua ao refeitório. Estes, assim como o ambulatório, podem se situar num acesso secundário.
- A produção de fôrmas e de armaduras deve preferencialmente se situar na área de atuação da grua, pois, em assim sendo, fôrmas e armaduras podem ser transportadas prontas, restando a instalação no local.

Iniciando o anteprojeto

Segundo Saurin (1997), os canteiros podem ser classificados em:

- restritos, com altas taxas de ocupação e acessos restritos, como nas obras de edifícios em geral;
- amplos, com baixas taxas de ocupação, facilidade e multiplicidade de acessos e de soluções;
- longos e estreitos, restritos em uma só direção, como nas redes de água, nas estradas etc.

Em nosso caso, conforme já afirmamos, estamos focando um canteiro restrito, com as limitações características desse tipo de *layout*.

Como já dispomos das áreas aproximadas das unidades de vivência e operacionais, podemos dar início ao estudo do *layout* usando a técnica dos *templates*, marcando e recortando cada unidade em cartolina em cores diferentes por tipo (de vivência ou operacional), na mesma escala da planta de situação. Então, numa descontraída reunião, podem ser discutidas as mais diversas possibilidades, chegando-se ao consenso quanto ao *layout* final com relativa facilidade, que poderá ser o projeto do canteiro.

Layout *final: o projeto do canteiro de obras*

Para a aprovação do *layout* e sua promoção à condição de canteiro de obras, são necessários estudos complementares de natureza mais científica (e menos empírica) sobre o diagrama de fluxo e as inter-relações dos espaços. Maia (1999) recomenda, para a avaliação do *layout*, o método da análise de fatores proposto por Muther (1978 apud Maia, 1999), o qual consiste na avaliação de dez fatores, a saber:

- flexibilidade do arranjo físico;
- eficiência do fluxo de materiais;
- eficiência do manuseio de materiais;
- eficiência da estocagem;
- utilização de espaço;
- eficiência na integração dos serviços de suporte;
- higiene e segurança;
- utilização do equipamento;
- possibilidade de satisfazer a capacidade produtiva;
- compatibilidade com os planos.

O critério consiste em adotar um peso de 0 a 10 para cada item, conforme a importância que o fator represente para a empresa, estabelecendo-se o peso 10 para o fator mais importante.

Em seguida, aplica-se para cada item uma nota-conceito segundo o critério a seguir:

- (A): nota 4 = excelente;
- (E): nota 3 = muito bom;
- (I) nota 2 = bom;
- (O): nota 1 = razoável;

- (U): nota 0 = fraco;
- (X): insatisfatório.

A soma das parcelas resultantes dos produtos das notas pelos pesos de cada fator ou item conduz a uma nota (pontuação) final, que irá ser comparada com a pontuação máxima. Avalia-se então se a solução deve ser adotada ou se outra que conduza a melhor resultado deve ser pesquisada.

Definidas as unidades do canteiro que irão produzir o edifício, temos que orçar seu custo correspondente.

Podemos atribuir a cada unidade do canteiro uma composição de preço que possua seus respectivos insumos, os quais podem ser atualizados periodicamente. Dessa forma, será possível orçar outros canteiros de obra com extrema rapidez e com boa precisão. Caso necessitemos de uma unidade um pouco maior que o padrão existente, podemos adotar por exemplo 1,5 un ou 2 un etc. As vedações desses padrões de construção dos canteiros podem ser concebidas em alvenaria de tijolos cerâmicos ou de cimento com ou sem revestimento, frisados ou não, ou em chapas compensadas com modulação de 1,10 m conforme foram desenhadas, correspondente à largura dessas chapas.

Outra possibilidade consiste em definir padrões de custo para determinadas unidades-padrão:

- unidade sanitária completa composta de um sanitário masculino e outro feminino;
- unidade padrão vivência tipo fechada;
- unidade padrão operacional tipo aberta etc.

Para cada unidade-padrão, podemos calcular o custo por metro quadrado e, então, trabalhar o custo do canteiro como sendo formado por grupos dessas áreas afins.

Propugnamos por essa metodologia, conforme já nos expressamos, de forma contrária ao estabelecimento de taxas percentuais de forma indiscriminada nos orçamentos de obras.

Exemplos de programa mínimo para o canteiro de obras

O Departamento de Estradas de São Paulo (DER/SP), conforme informações obtidas no Portal do Governo do Estado de São Paulo, classifica suas obras e estabelece os programas para os canteiros como mostrado nas Tabs. 8.1 a 8.5.

Tab. 8.1 Programa mínimo para o canteiro de obras tipo 1 – obras de grande porte

Item	Discriminação	Área mínima (m²)
1	Escritório administrativo do contratado, edifício contendo acomodações para abrigar a totalidade do pessoal técnico-administrativo, onde são instalados os setores de topografia, produção, administração e engenharia, com áreas de circulação, lavatório e copa.	120,00
2	Escritório de serviço e fiscalização, para acomodar todo o pessoal técnico da fiscalização.	40,00
3	Portaria principal e de apoio, para o controle de entrada e saída no canteiro de obras e onde se localiza o relógio de ponto.	20,00
4	Almoxarifado geral, para atender à estocagem dos materiais de utilização na obra, devendo servir também como escritório, expedição e ferramentaria.	70,00
5	Laboratório de campo, com acomodações para abrigar o pessoal e os equipamentos para análise e para a coleta das amostras do campo. O laboratório e seus equipamentos deverão ser compatíveis com o porte e as necessidades da obra.	30,00
6	Ambulatório/Cipa, destinado ao atendimento aos funcionários do canteiro.	30,00
7	Alojamento de operários. Cada dormitório abrigando oito operários em beliche, com armários. O corredor de circulação principal deverá ter no mínimo 1,20 m, e os secundários, 0,80 m de largura. Os dormitórios deverão ter área mínima por pessoa da ordem de 2,50 m².	150,00
8	Vestiário/sanitário, para atendimento do pessoal de mão de obra básica, alojado e não alojado na obra. Deverá ser provido de bancos, chuveiros, cabides e armários. As instalações sanitárias deverão integrar todos os conjuntos habitacionais existentes, obedecer aos quesitos mínimos de conforto e oferecer todas as condições de higiene.	40,00
9	Central de fôrma e armação, para atender à pré-fabricação de painéis de fôrmas, além do corte e dobragem das armaduras para as obras de arte especiais e para as obras de arte correntes e drenagem.	80,00
10	Oficina, abrigo para equipamentos, posto de lubrificação e lavagem, para manutenção preventiva e corretiva e para abrigar os equipamentos da obra.	100,00

Tab. 8.1 (continuação)

Item	Discriminação	Área mínima (m^2)
11	Refeitório e cozinha, com um mínimo de 1 m^2 por funcionário, comportando o equivalente a 30% dos funcionários de cada turno. As paredes do refeitório deverão ser pintadas à meia altura com produto impermeabilizante.	40,00
Subtotal		*720,00*
12	Outros galpões para instalação de central de concreto, argamassa, britagem, usinas de asfalto, de solos etc.	A ser definida
13	Infraestrutura deverá propiciar o bom funcionamento do canteiro de obras através da instalação dos elementos essenciais, tais como rede de água, esgoto, energia elétrica, arruamentos etc.	–

Tab. 8.2 **Estimativa de custo do canteiro de obras tipo 1**

Item	Discriminação	Percentual sobre faturamento
1	Instalação do canteiro.	1,50%
2	Operação e manutenção do canteiro (medições mensais).	0,875%
3	Desmobilização do canteiro.	0,125%
Total		*2,50%*

Tab. 8.3 **Programa mínimo para o canteiro de obras tipo 2 – obras de porte médio**

Item	Discriminação	Área mínima (m^2)
1	Escritório administrativo do contratado, edifício contendo acomodações para abrigar a totalidade do pessoal técnico-administrativo, e com áreas de circulação, lavatório e copa.	50,00
2	Escritório de serviço e fiscalização, para acomodar todo o pessoal técnico da fiscalização.	16,00
3	Portaria principal e de apoio, para o controle de entrada e saída no canteiro de obras e onde se localiza o relógio de ponto.	20,00
4	Almoxarifado geral, para atender à estocagem dos materiais de utilização na obra, servindo também como escritório, expedição e ferramentaria.	30,00

Tab. 8.3 (continuação)

Item	Discriminação	Área mínima (m^2)
5	Laboratório de campo, com acomodações para abrigar o pessoal e os equipamentos para análise e para a coleta das amostras do campo. O laboratório e seus equipamentos deverão ser compatíveis com o porte e as necessidades da obra.	30,00
6	Ambulatório/Cipa, destinado ao atendimento do pessoal.	30,00
7	Alojamento de operários. Cada dormitório abrigando oito operários em beliche, com armários. O corredor de circulação principal deverá ter no mínimo 1,20 m, e os secundários, 0,80 m de largura. Os dormitórios deverão ter área mínima por pessoa da ordem de 2,50 m^2.	75,00
8	Vestiário/sanitário, para atendimento do pessoal de mão de obra básica, alojado e não alojado na obra. Deverá ser provido de bancos, chuveiros, cabides e armários. As instalações sanitárias deverão integrar todos os conjuntos habitacionais existentes, obedecer aos quesitos mínimos de conforto e oferecer todas as condições de higiene.	20,00
9	Central de fôrma e armação, para atender à pré-fabricação de painéis de fôrmas, além do corte e dobragem das armaduras para as obras de arte especiais e para as obras de arte correntes e drenagem.	34,00
10	Oficina, abrigo para equipamentos, posto de lubrificação e lavagem, para manutenção preventiva e corretiva e para abrigar os equipamentos da obra.	80,00
11	Refeitório e cozinha, com um mínimo de 1 m^2 por funcionário, comportando o equivalente a 30% dos funcionários de cada turno. As paredes do refeitório deverão ser pintadas à meia altura com produto impermeabilizante.	20,00
Subtotal		*405,00*
12	Outros galpões para instalação de central de concreto, argamassa, britagem, usinas de asfalto, de solos etc.	A ser definida

Tab. 8.4 Estimativa de custo do canteiro de obras tipo 2

Item	Discriminação	Percentual sobre faturamento
1	Instalação do canteiro.	1,80%
2	Operação e manutenção do canteiro (medições mensais).	1,05%
3	Desmobilização do canteiro.	0,15%
Total		*3,00%*

O programa mínimo para os canteiros de obra das construções de pequeno porte pode ser resumido a um módulo metálico, tipo *container*, com dimensões de 6,00 m × 2,00 m, como estrutura para escritório e pequeno almoxarifado (Tab. 8.5). A infraestrutura, como nos demais casos, deverá atender às necessidades do canteiro.

Tab. 8.5 Estimativa de custo do canteiro de obras tipo 3 – pequeno porte

Item	Discriminação	Percentual sobre o valor de venda do orçamento
1	Instalação do canteiro.	4,80%
2	Operação e manutenção do canteiro (medições mensais).	0,90%
3	Desmobilização do canteiro.	0,30%
Total		*6,00%*

Prazo para execução

Nas obras licitadas, normalmente o prazo é definido pelo contratante, e o licitante não pode alterar essa condição. Quando não cumprido, o prazo é objeto de sanção contratual.

O prazo para execução é importante relativamente ao porte da obra. Assim, um prazo curtíssimo para uma pequena obra pode não ser problemático. Mas, se o prazo é curto e a obra é de porte, a solução requer planejamento e gerenciamento minuciosos. Os instrumentos de controle dos tempos e da produção dos serviços devem ser usados, nesse caso, mais intensamente, o que finda por exercer, na maioria das vezes, pressão sobre os operários, bem como em todas as unidades gerenciais da empresa, influenciando inclusive os fornecedores.

Nessas circunstâncias, as equipes trabalham em condições especiais, gerando para a empresa acréscimo nos custos diretos, como horas extras e refeições adicionais, entre outros.

Para gerenciar a produção fora do horário da jornada normal de trabalho, a empresa irá gerar mais despesas, no caso indiretas, que, se não forem previstas, poderão comprometer o resultado financeiro do empreendimento.

Outras vezes, para que o prazo seja cumprido é necessário aumentar o efetivo da obra, acarretando a necessidade de ampliar as áreas de vivência do canteiro, como os refeitórios e os sanitários.

Nas obras de incorporação, embora seja definido pelo incorporador ou pelo construtor, o prazo usualmente consta de cláusula contratual, com os promitentes compradores assumindo igual importância.

Especificações

Juntamente com a planilha do orçamento da obra, as especificações orientam quanto aos tipos de materiais, seus volumes e os respectivos pesos, além de estabelecerem as condições de recebimento, manipulação e estocagem dos insumos.

Os tipos de insumos, suas quantidades e os respectivos cronogramas de aplicação irão definir as dimensões dos espaços requeridos do canteiro para o alojamento provisório. Conhecimentos da tecnologia *just in time* (JIT) ajudam na elaboração do cronograma de compra e recepção dos materiais, de maneira a recebê-los o mais próximo possível das datas de aplicação, evitando o estoque. Se houver estoque, deverá existir controle e guarda, com perda de receita financeira.

Decisões gerenciais

"Gerenciar é fazer direito as coisas; liderar é fazer as coisas certas."

Peter Drucker

As tomadas de decisão em nível gerencial, durante a elaboração do orçamento, exercem influência no custo final. Decisões estratégicas não devem ser pessoais, do orçamentista. Devem, sim, ser colegiadas, debatidas entre diretores, gerentes e colaboradores, e só assumidas após esgotadas as discussões quanto aos aspectos positivos e negativos.

Entre os pontos-chave, enumeramos o processo construtivo, a mecanização do canteiro no que diz respeito aos transportes vertical e horizontal, a produção dos materiais básicos (produção do concreto, corte e dobramento do aço e execução da fôrma) no canteiro ou de forma terceirizada, os fechamentos internos (alvenaria ou *dry-wall*) e externos (alvenarias ou painéis), os revestimentos e as instalações. Lembrando que, para cada decisão que cogitarmos tomar, necessitaremos estimar com segurança o custo correspondente.

Processo construtivo

Chamaremos de processo convencional aquele em que as fôrmas dos elementos estruturais são confeccionadas com chapa compensada ou tábuas de construção, sem um projeto específico e sistemático quanto à montagem e à desmontagem sucessivas vezes. Ocorre geralmente em pequenas obras, onde os critérios de racionalidade são ainda pouco rígidos.

Algumas vezes o estabelecimento de um processo construtivo menos arrojado pode ter sua origem no projeto de arquitetura. Isso acontece quando o arquiteto, não estando atento aos aspectos de custo do empreendimento, define uma estrutura que não obedece a uma modulação sistemática e econômica, que possibilite a adoção de tecnologias construtivas mais modernas, como é o caso das lajes executadas com as fôrmas em elementos vazios em PVC, tipo cabacinhas ou cubetas.

A decisão por uma solução em pré-moldado, por exemplo, pode estar associada a fatores como:

- falta de área para a instalação do canteiro;
- exíguo prazo de construção.

A racionalização do espaço do canteiro pode ser conseguida, por exemplo, efetuando-se a montagem das peças pré-moldadas no menor espaço de tempo possível e assim que chegarem à obra, conforme preconiza o processo *just in time*, já mencionado.

Outros processos e tecnologias podem ser analisados, sendo comparados seus respectivos custos.

8.2 Manutenção do canteiro

8.2.1 Custos indiretos

Esse segundo grupo contempla os seguintes custos indiretos:

- locação de áreas para a implantação do canteiro;
- aluguel de móveis para escritório, equipamentos para informática e comunicação e material de consumo;
- relatórios de engenharia de segurança do trabalho, licenças e taxas;
- ferramentas com maior durabilidade (aluguel);
- ferramentas de pouca durabilidade (consumo);
- EPIs não incluídos no *kit* básico e equipamentos de proteção coletivos;
- manutenção das instalações físicas e da infraestrutura.

Observações:

i. Embora o segundo item refira-se ao aluguel de móveis, a planilha de cálculo proposta na Tab. A.2 do Anexo A.1 na realidade efetua o cálculo de amortização do insumo de acordo com a tabela Price, em parcelas mensais correspondentes ao prazo da durabilidade de cada item. Assim, se um determinado item tem uma durabilidade de 60 meses e a obra que está sendo orçada possui um prazo de 18 meses, o licitante, se contratado, será ressarcido (segundo esse critério) somente em 18 parcelas. Quanto às 42 parcelas restantes, o empresário será remunerado em contratos futuros.

Esse procedimento deverá pôr fim à antiga reclamação dos órgãos financiadores, que consideravam que esses custos estavam sendo apropriados de forma inadequada quando lançados pelo valor de aquisição, sobretudo quando os contratos eram de menor valor.

ii. Caso a planilha da administração local – equipe dirigente contemple profissionais da área de segurança do trabalho, os custos referentes aos relatórios deverão corresponder somente aos custos com a produção desses mesmos relatórios (fotos, reprodução, encadernação, cópias etc.)

8.3 Estrutura de apoio à produção

Nesse terceiro e último grupo dos dispêndios do canteiro, são calculados os seguintes custos indiretos:

- equipamentos de produção, não incluídos nas composições de custo;
- transporte, combustíveis e manutenção;
- consumos.

8.3.1 Equipamentos de produção

Os equipamentos são classificados segundo sua finalidade. Seus custos podem ser apropriados em planilha, cujo modelo se encontra no Anexo A.1.

Equipamentos de transporte horizontal

- Trator de pneus com carreta.
- *Dumper.*
- Carro de mão.

Trator de pneus (Fig. 8.7)

Esse é um dos equipamentos em que o mercado é mais bem atendido. São inúmeros os fabricantes, e seus produtos são de excelente qualidade. As principais indústrias que produzem o trator de pneus são:

Fig. 8.7 *Trator de pneus*

CBT, Caterpillar, Case, Fiat Allis, Ford, Massey Ferguson, Muller, New Holland, Valmet e Agrale, entre outros importados e comercializados.

Os tratores de pneus podem ter tração somente no eixo traseiro (4 × 2) ou nos eixos traseiro e dianteiro (4 × 4), chamados de tratores traçados.

A escolha de um trator de pneus deve levar em conta não só sua utilização restrita ao canteiro de obras, mas também outras funções que, quando desempenhadas a contento, podem reduzir demandas por outros equipamentos. Por exemplo, o trator de pneus tem sido muito utilizado para reboque de pranchas rebaixadas, em mobilizações de máquinas ou de outros tratores de esteira, em pequenos deslocamentos, dispensando a utilização do cavalo mecânico.

Sua potência varia de 75 cv a 450 cv, mas pode ser menor nos chamados tratores fruteiros e nos minitratores.

Carreta de pneus (Figs. 8.8 e 8.9)

A carreta de pneus ou carreta agrícola é uma ótima alternativa de transporte para distribuição de materiais nos canteiros horizontais, como nas obras de conjuntos habitacionais. Também pode ser usada para recolhimento de ferramentas ao término da jornada diária, na coleta do lixo e do entulho, entre tantas outras aplicações.

No mercado são encontradas carretas com um ou dois eixos, fixas, basculantes hidráulicas, com carroceria de madeira ou metálicas, com capacidade de carga de 1.500 kg a 10.000 kg. Também podem ser adquiridos reboques-tanque com capacidade de até 10.000 L, para transporte de água, combustíveis etc. Nesse caso, têm geralmente forma elíptica e são dotados de boca de visita e registro de gaveta.

Fig. 8.8 *Carreta agrícola fixa de madeira com dois eixos simples (sem pneus) – 4 ton. – Triton*
Fonte: <https://www.gomaqtratores.com.br/>.

Fig. 8.9 *Carreta TTA Hércules, com capacidade de 2.500 kg*
Fonte: <www.herculeselevadores.com.br>.

Dumper *(Figs. 8.10 a 8.12)*

A tradução da palavra *dumper* engloba "tudo o que vira ou faz tombar". Por conseguinte, todo caminhão basculante é um *dumper*. Mas, a rigor, no meio técnico, ficaram conhecidos como *dumpers* os pequenos e ágeis veículos usados para transporte e distribuição de concretos, argamassas e outros materiais, ou ainda para recolhimento de entulhos e limpeza em geral, nos canteiros de obras horizontais, a partir das centrais de produção ou de distribuição.

Fig. 8.10 *Lean Dumper 850-AC Gamma Cobra*
Fonte: <http://www.gammacobra.com.br>.

Fig. 8.11 *Dumpermix autocarregável*
Fonte: <www.trimak.com.br>.

Os *dumpers* transportam em geral 850 L a 1.000 L, o que, no caso dos concretos, corresponde a cerca de 2.300 kg. Podem ser fornecidos com tração simples ou 4 × 4, bem como com motor a gasolina ou a diesel.

Seu uso no canteiro pode substituir vários carrinhos de mão com vantagem, representando expressiva economia de mão de obra.

Alguns modelos podem ter ainda os seguintes recursos adicionais:

- descarga lateral;
- descarga lateral e frontal simultaneamente;
- autocarregáveis.

Fig. 8.12 *Trator transportador Agrale*
Fonte: <https://www.agrale.com.br/pt>.

Alguns dos fabricantes de *dumpers* são: a Gamma Cobra, fabricante dos modelos Dumper 850-AC e 850-E e Dumpermix 2 autocarregável, entre outros, e a Fiori, que produz a autoconcreteira DBX35, com capacidade para 3,5 m³.

Equipamentos de transporte vertical

- Grua, equipamento também usado para transportes horizontais.
- Guincho.
- Guincho de coluna.
- Guincho hidráulico.
- Guincho sobre rodas.
- Elevador de obra.
- Plataforma elevatória articulada.
- Plataforma elevatória tipo tesoura autopropulsionada.
- Balança ou balancim individual.
- Balança leve ou balancim para duas pessoas.
- Andaime pesado (balança elétrica).
- Guindaste mecânico, autopropelido sobre pneus.

Gruas

São equipamentos capazes de realizar o transporte vertical e horizontal de todos os materiais da construção. Além disso, proporcionam os seguintes recursos e vantagens:

- Permite a recepção de materiais condicionados sob a forma de paletes, o que facilita a conferência no recebimento e no estoque.

- Realiza a descarga dos caminhões durante a obra e a carga quando da desmobilização do canteiro.
- Auxilia na montagem e na desmontagem das fôrmas e dos escoramentos.
- Transporta elementos pré-moldados, como pré-lajes, pré-vigas, elementos de fachada, argamassas, concretos e telhas, entre outros.
- Quando da realização das concretagens com bombeamento, pode sustentar o mangote de saída do concreto.
- Transporta as armaduras de pilares, vigas e lajes, previamente montadas.
- Ajuda na montagem dos elevadores de carga.
- Transporta argamassa e revestimentos até as balanças ou as plataformas suspensas.
- Proporciona a redução da mão de obra e dos prazos parciais e finais da obra, e, consequentemente, do custo do empreendimento.

Atualmente existem no mercado nacional e internacional os seguintes fabricantes e/ou comerciantes de gruas, entre outros:

- Pingon, nacional, mas de origem francesa;
- Ekipatec;
- GRUBRAS;
- Maxxi Grua;
- TBI Gruas e Elevadores, representantes da Liebherr.

O Quadro 8.1 apresenta os tipos de grua e suas características.

Quadro 8.1 Tipos de grua e suas características

O estabelecimento das características da grua está intimamente associado com:	
1. A planta do canteiro onde a grua vai ser instalada, o número de blocos previstos no projeto	Grua fixa ou móvel
2. A geometria da edificação: dimensões em planta e sua altura	Comprimento da lança e altura da torre
3. As características da edificação: em aço, em concreto convencional, em concreto pré-moldado, o processo construtivo etc.	Peso máximo a ser içado na extremidade da lança
4. O plano de investimento plurianual da empresa/ tipos de empreendimento planejados e/ou programados	Porte da(s) grua(s)

Isso posto, pode-se então estabelecer o comprimento adequado da lança, a altura máxima da torre e o peso máximo a ser içado e transportado na extremidade da lança, além dos motores, dos instrumentos e dos acessórios que caracterizam o equipamento.

De modo geral, as gruas podem ser classificadas em:

- *Móvel*: de menor porte, é montada sobre rodas. Pode ser rebocada e transitar por vias públicas. Tem a desvantagem de possuir a altura e a lança fixas, não sendo possível aumentar sua distância de alcance nem sua altura.
- *Fixa*: de tamanho maior que a anterior, é montada na área externa da obra, fixada sobre uma fundação de concreto armado em sapata ou sobre estacas, a depender do tipo de solo e do porte (modelo) da grua. Sua altura pode ser acrescida com o andamento da obra, em módulos de comprimento variável entre 3,0 m e 6,0 m. O comprimento da lança é definido em função do projeto arquitetônico e da planta do canteiro. Uma vez montada, a lança permanecerá invariável durante todo o período da obra.

  As gruas fixas também podem ser montadas sobre trilhos, permitindo sua movimentação por meio de motores elétricos, geralmente em número de dois. Pode-se, dessa forma, depois de efetuados os estudos necessários, que envolvem quantitativos de insumos, tempos de percurso e prazos, atender a mais de uma obra com o mesmo equipamento. Nesse caso, a grua não poderá receber uma configuração com altura superior a 30,0 m.
- *Ascensional*: caracteriza-se por possuir o comprimento da torre fixo, geralmente igual a 18,0 m. É recomendada para edifícios com lajes maciças, nos quais se deve considerar a atuação dessa carga em todas as lajes quando da elaboração do projeto estrutural. Para sua instalação, deve-se prever uma abertura em todos os níveis, semelhante ao poço do elevador, por onde a grua se deslocará com a verticalização do prédio. A grua ascensional trabalha apoiada em dois níveis consecutivos de lajes, sendo transferida através de um sistema hidráulico para os níveis superiores à medida que a obra vai sendo executada. Essa operação de transferência para níveis mais altos do prédio é conhecida como telescopagem. Com a desmontagem da grua, os vazios deixados em cada nível de laje podem ser concretados e os acabamentos nos pavimentos podem ser executados.

- *Automontante*: reúne as condições das gruas fixa e móvel. É montada sobre chassi e pode ser rebocada facilmente. Possui quatro patolas que a permitem trabalhar como grua fixa sobre base (fundação) de concreto. Sua torre é projetada com elementos telescópicos de 6 m de comprimento, podendo chegar a 80,0 m de altura. Nesse caso, a grua é amarrada às lajes por meio de "cravatas" para conferir-lhe o máximo de estabilidade. O comprimento máximo da lança é de 35,0 m, caso em que a carga máxima na ponta (situação de momento máximo) é de 1.000 kg. Reduzindo a lança para 30,0 m, a carga máxima aumenta para 1.200 kg. A rigor, esse valor-limite deveria ser de 1.166 kg, ou seja, 35/30 × 1.000.

A Fig. 8.13 mostra os modelos de grua fabricados no Brasil pela Pingon Elevadores e Gruas, firma fundada pelo engenheiro francês Rene Bauvin em 1959, então com o nome de Tecnotra.

Formas de utilização da grua: compra ou aluguel?

Consideremos o caso mais frequente, que é o da empresa construtora que possui um bom acervo técnico de realizações nas mais diversas áreas da Engenharia e, embora com pouco tempo de atuação no mercado imobiliário, pretende investir e crescer nesse segmento de mercado.

Pensando na aquisição da primeira grua, são três as principais alternativas possíveis:

- adquirir um equipamento novo;
- adquirir um equipamento usado, mas em bom estado e com garantia do fabricante;
- alugar pelo prazo correspondente à construção, podendo prorrogá-lo à sua conveniência.

Se a empresa estiver convencida de que irá desfrutar desse mercado durante um grande espaço de tempo, houver um cenário favorável e os estudos econômico-financeiros quanto ao capital imobilizado e ao retorno correspondente apontarem favoravelmente, uma boa solução é adquirir uma grua nova, ou, como dizem os vendedores, "nova de fábrica". Em não havendo um horizonte largo de atuação nesse mercado, e sim uma oportunidade de negócio de média ou curta duração, poderá ainda ser considerado vantajoso

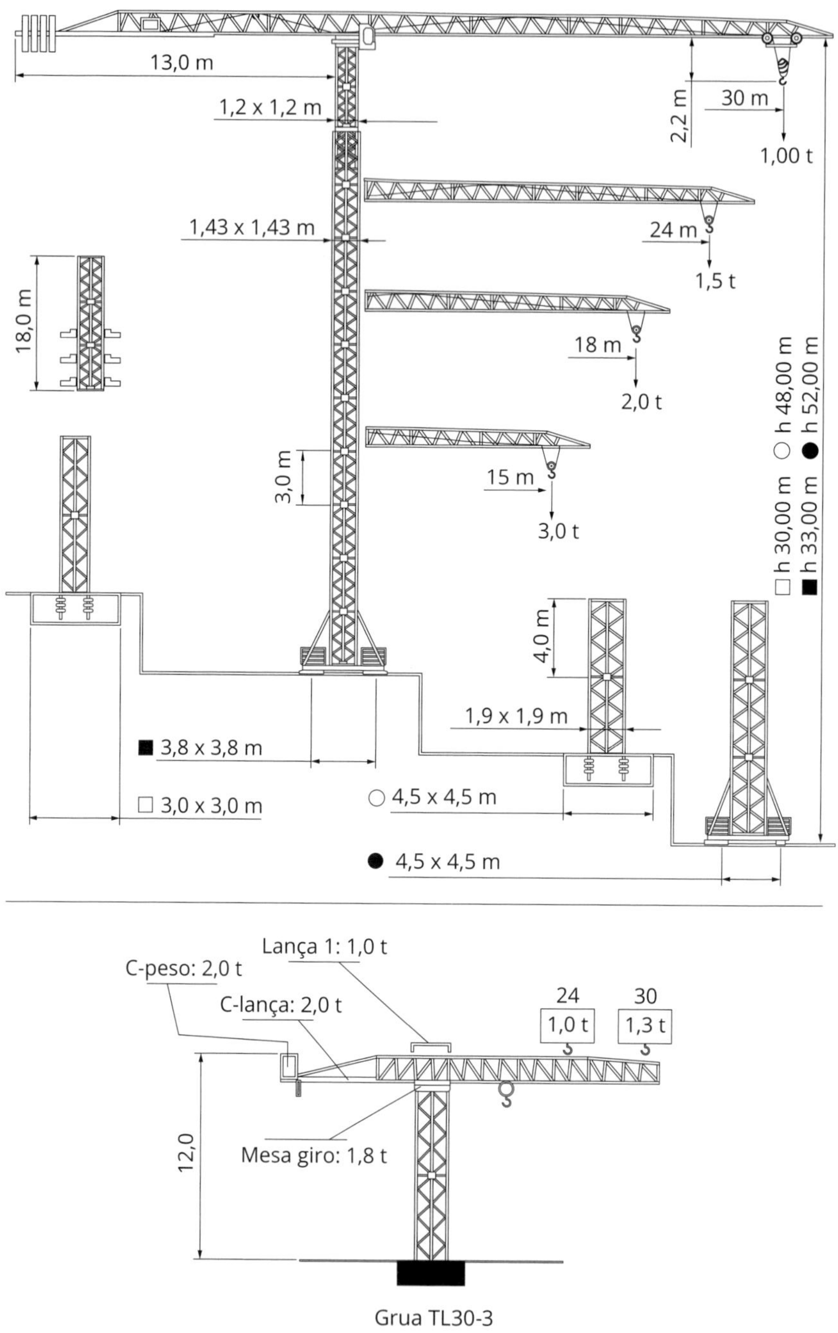

Fig. 8.13 *Modelos de grua*

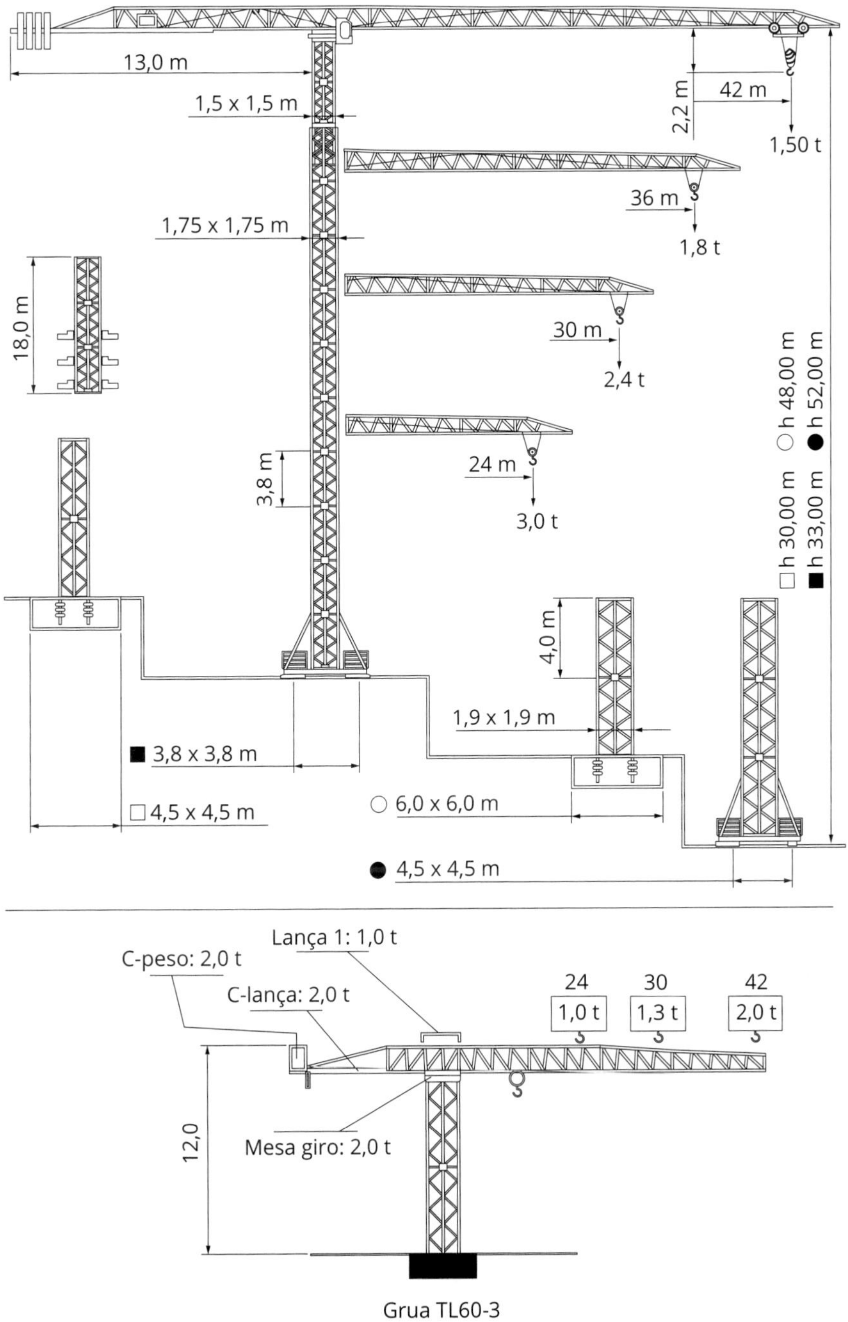

Fig. 8.13 *(continuação)*

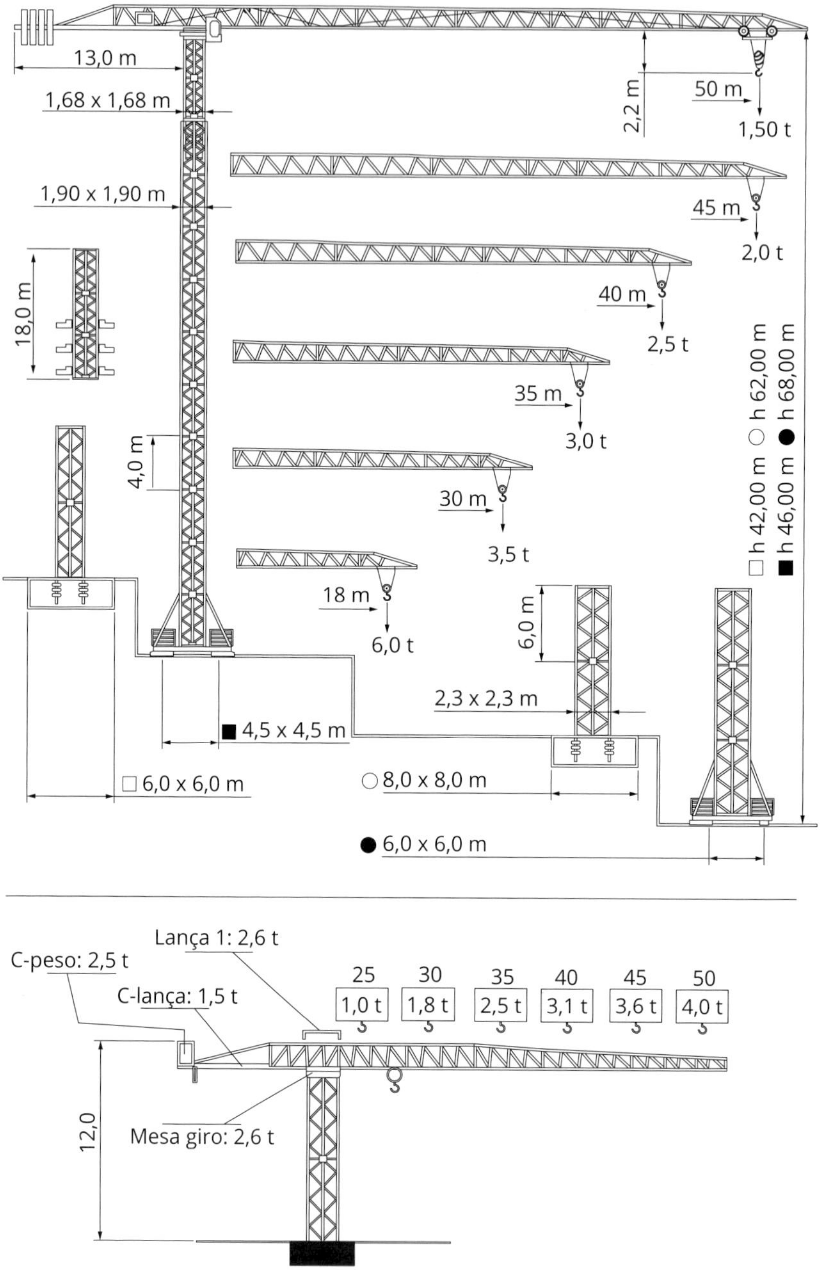

Grua TL90-6

Fig. 8.13 *(continuação)*

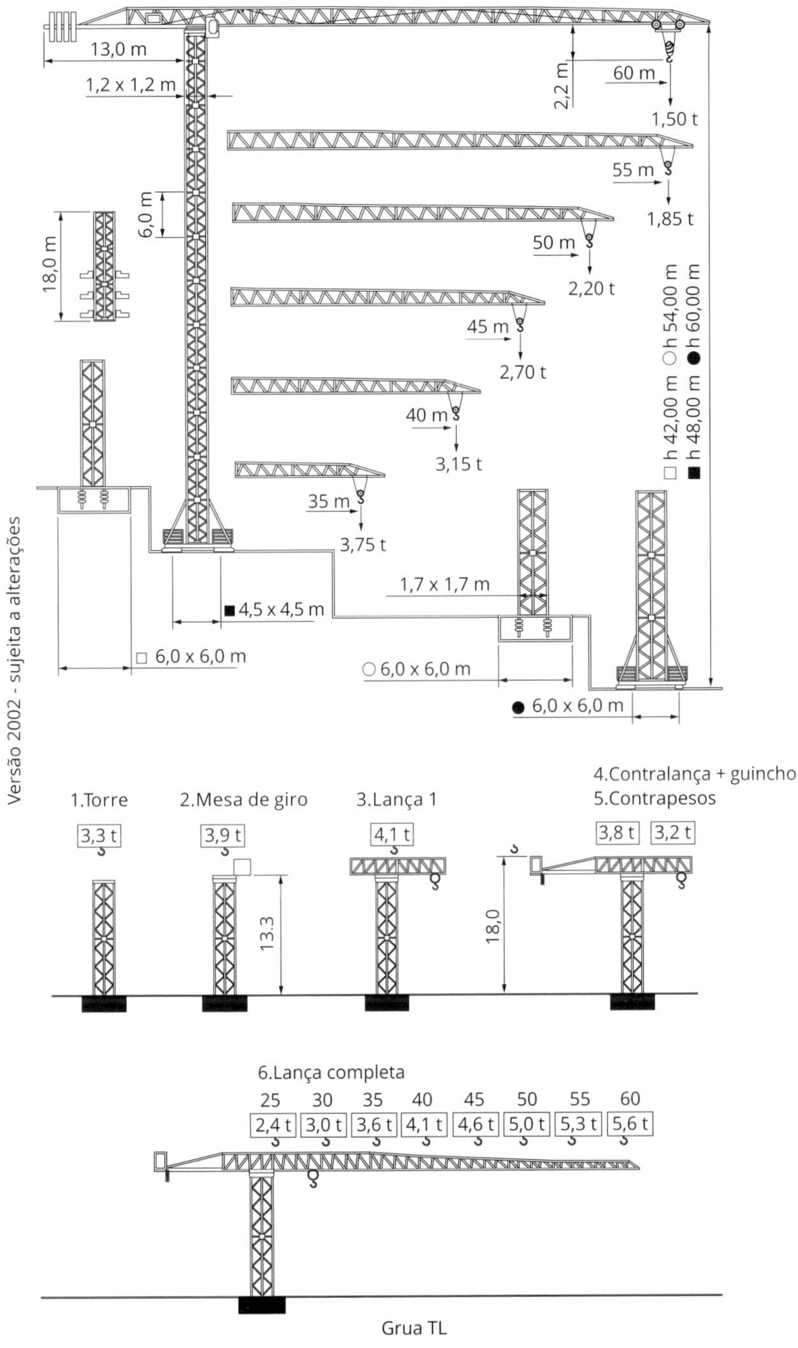

Fig. 8.13 *(continuação)*

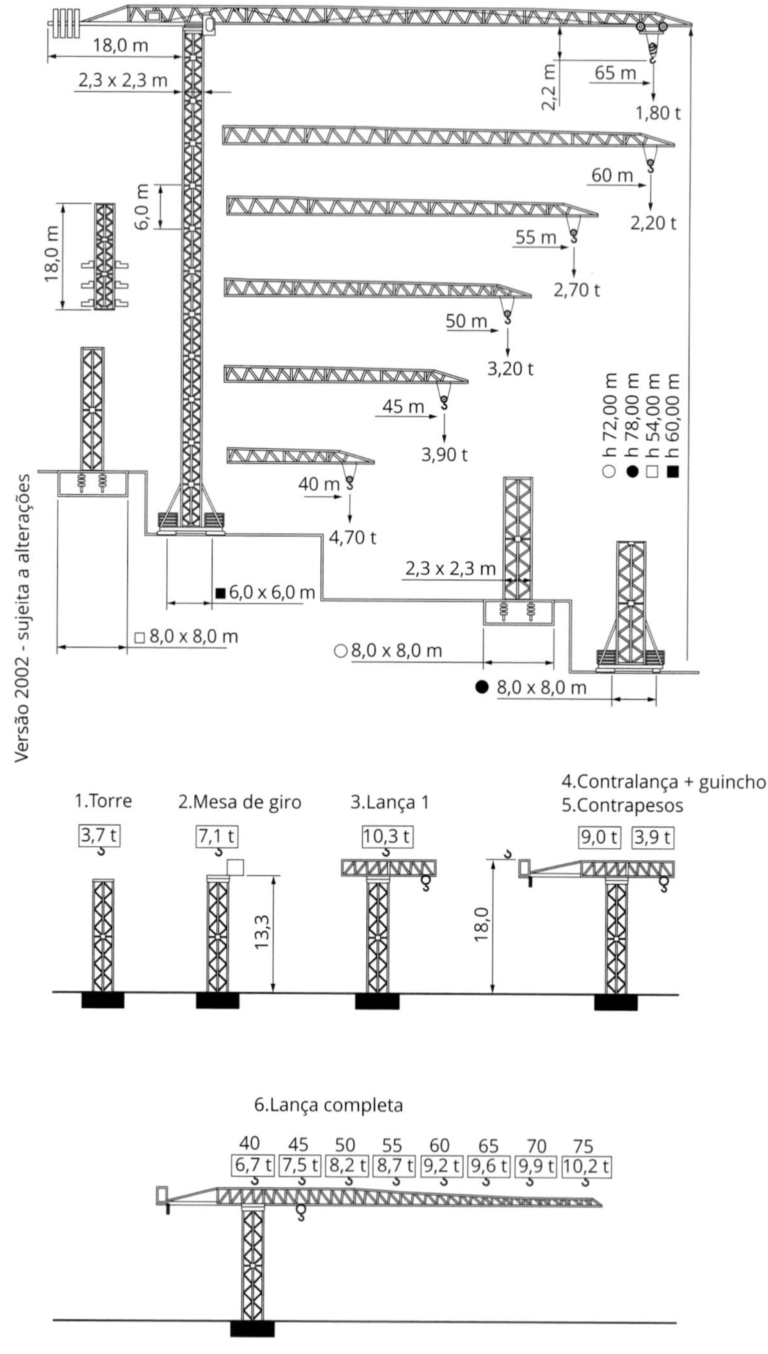

Fig. 8.13 *(continuação)*

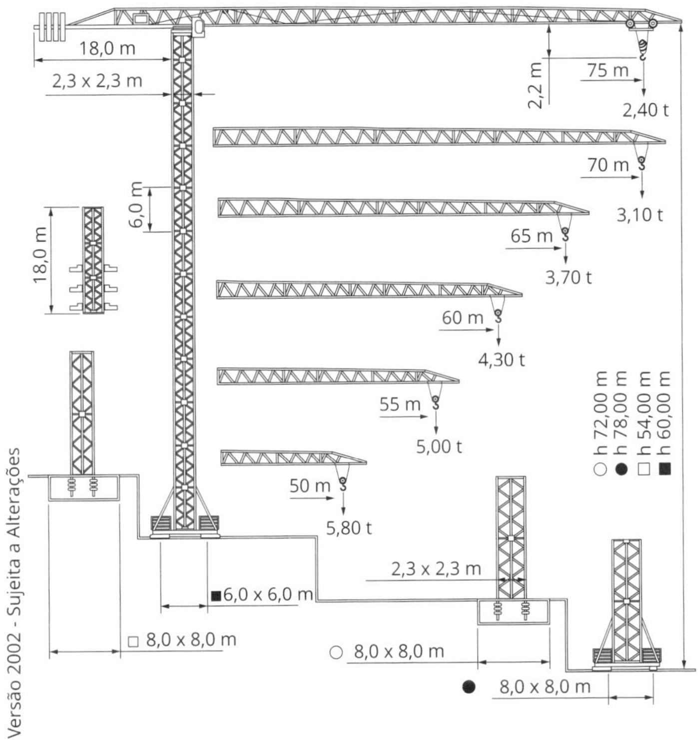

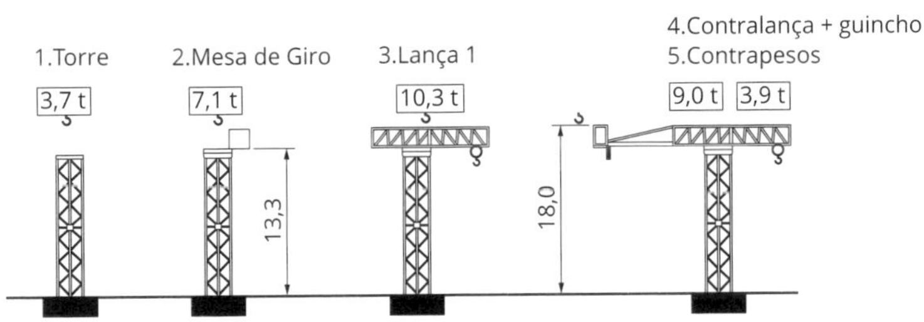

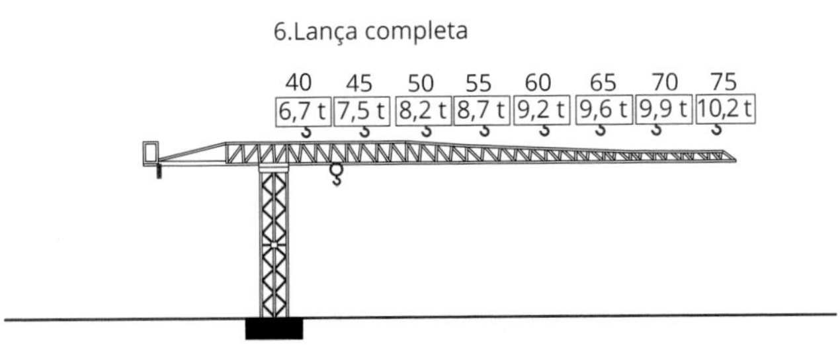

Fig. 8.13 *(continuação)*

adquirir uma grua usada, de valor já depreciado, mas que deverá estar em bom estado de conservação.

Nesse caso, é preciso tomar os seguintes cuidados:

- Verificar o ano de fabricação do equipamento.
- Consultar os relatórios referentes às manutenções periódicas anteriormente realizadas.
- Inspecionar, por meio de engenheiro mecânico credenciado para tal fim, o estado geral da torre, a lança, a motorização, os acessórios e os equipamentos. Observar rigorosamente o estado das peças e dos cabos quanto à oxidação.
- Em havendo necessidade de se proceder ao jateamento e à pintura de proteção das superfícies, deverão ser avaliados os custos com esses serviços; avaliar também sua durabilidade, comparar com o custo de aluguel e com o custo de aquisição de um equipamento novo e só então decidir. Lembrar que o estado de oxidação dos componentes, da lança ou da torre representa não só a segurança quanto ao funcionamento, mas também a expectativa de vida útil da grua.

Decisão pela locação

A operação de uma grua envolve sérios riscos, necessitando, portanto, por parte de quem a opera e a supervisiona, atenção e cuidados especiais.

É, pois, interessante observar os seguintes aspectos quanto à firma locadora e quanto ao pessoal por ela disponibilizado:

- Capital social.
- Relação dos principais clientes.
- Currículo da empresa e do(s) engenheiro(s) responsável(is).
- Qualificação técnica do operador de grua, do sinaleiro e do amarrador, de acordo com o item 18/37/5 da NR-18.
- Referências pessoais para os profissionais mencionados quanto à formação pessoal, ao comportamento no trabalho e à ausência de vícios.
- Atestado médico comprovando acuidade visual e capacidade auditiva. Coordenação motora, equilíbrio emocional e condições neurossensoriais são condições imprescindíveis.
- Visita ao local do pátio da empresa e observação quanto à organização empresarial em geral, da oficina e do almoxarifado de peças de reposição etc.

- Na negociação, deverão ser observados os seguintes componentes do custo com a locação:
  - ◇ locação mensal;
  - ◇ montagem inicial;
  - ◇ ascensões e ancoragens;
  - ◇ desmontagem;
  - ◇ outras despesas com equipamento auxiliar.

Decisão pela aquisição

Antes de iniciar qualquer entendimento comercial, deve-se procurar conhecer mais os tópicos a seguir e/ou contatar um consultor na área de equipamentos, o qual poderá assessorar a esse respeito:

- Listagem dos fabricantes de grua e seus respectivos tipos/modelos.
- Lista dos principais clientes por fabricante, para que possam ser obtidas referências e informações comerciais e técnicas, principalmente quanto a manual de operação em português, treinamento para engenheiros e operadores, e presteza na reposição de peças.
- Instalações fabris de cada fornecedor.
- Preço e condições de pagamento e/ou financiamento, além de *leasing*.
- Facilidade de reposição de peças, sobretudo no caso de equipamentos importados.
- Contratação dos serviços profissionais de um engenheiro mecânico que ficará responsável pela montagem da grua e pela emissão da respectiva anotação de responsabilidade técnica (ART).
- Contratação e qualificação de operador, sinaleiro e amarrador de cargas.
- Tratando-se de gruas usadas, sem identificação do fabricante ou com mais de 20 anos de uso, é obrigatória a apresentação de laudo estrutural e operacional quanto à integridade estrutural e eletromecânica, bem como devem ser atendidas as exigências descritas na NR-18, inclusive com emissão de ART por engenheiro legalmente habilitado.

Providências prévias necessárias à instalação da grua no canteiro

- Executar a fundação da grua de acordo com a orientação do fabricante (*loading diagram*). Antes, providenciar sondagem à percussão no local de implantação.

- Executar ensaio de estratificação do solo para definir a resistividade característica.
- Projetar e executar o sistema de aterramento da grua de acordo com a NBR 5410 e com os procedimentos da NBR 5419. Os trabalhos deverão ser executados por trabalhador qualificado e supervisionados por profissional legalmente habilitado, em obediência à NR-18.
- Providenciar curso de qualificação para o sinaleiro e para o amarrador.
- Providenciar aparelhos de comunicação.
- Providenciar cintas, estropos, caçambas e outros.
- Cientificar o engenheiro projetista da estrutura sobre a grua a ser instalada e seus respectivos detalhes de cargas de apoio e de funcionamento.
- Exigir, junto ao locador ou ao fabricante da grua, que ela possua obrigatoriamente os seguintes itens de segurança, estabelecidos pela Portaria nº 114, de 17 de janeiro de 2005, da Secretaria de Inspeção do Trabalho do antigo Ministério do Trabalho e Emprego, que alterou a NR-18:
    - ◇ limitador de momento máximo;
    - ◇ limitador de carga máxima para bloqueio do dispositivo de elevação;
    - ◇ limitador de fim de curso para o carro da lança nas duas extremidades;
    - ◇ limitador de altura que permita frenagem segura para o moitão;
    - ◇ alarme sonoro a ser acionado pelo operador em situações de risco e alerta, bem como acionado automaticamente, quando o limitador de carga ou momento estiver atuando;
    - ◇ placas indicativas de carga admissível ao longo da lança, conforme especificado pelo fabricante;
    - ◇ luz de obstáculo (lâmpada-piloto);
    - ◇ trava de segurança no gancho do moitão;
    - ◇ cabos-guia para fixação do cabo de segurança para acesso à torre, à lança e à contralança;
    - ◇ limitador de giro, quando a grua não dispuser de coletor elétrico;
    - ◇ anemômetro;
    - ◇ dispositivo instalado nas polias que impeça o escape acidental do cabo de aço;

- ◇ proteção contra incidência de raios solares para a cabine do operador, conforme disposto no item 18/22/4 da NR-18;
- ◇ limitador de curso para o movimento de translação de gruas instaladas sobre trilhos;
- ◇ guarda-corpo, corrimão e rodapé nas transposições de superfície;
- ◇ escadas fixas, conforme disposto no item 18/12/5.10 da NR-18;
- ◇ limitadores de curso para o movimento da lança – item obrigatório para gruas de lança móvel ou retrátil.

- Elaborar o plano de cargas para gruas, compreendendo:
  - ◇ dados do local de instalação do equipamento: nome do empreendimento, endereço completo e número máximo de trabalhadores na obra;
  - ◇ razão social, endereço completo, CNPJ, endereço eletrônico e engenheiro responsável técnico, com número do registro no Crea, de todas as empresas envolvidas no empreendimento, a saber: construtora/incorporador, fornecedor(es)/locador(es) do(s) equipamento(s)/proprietário(s), responsável pela manutenção da grua, responsável pela montagem e outros serviços;
  - ◇ dados do equipamento: tipo, altura inicial e final, comprimento da lança, capacidade de ponta, capacidade máxima, alcance, marca, modelo, ano de fabricação e demais características singulares do equipamento – não havendo identificação do fabricante, deverá ser providenciado o laudo estrutural e operacional, conforme já descrito anteriormente;
  - ◇ croqui ou planta de localização do equipamento no canteiro de obras, a partir da planta baixa da obra na projeção do térreo e/ou níveis pertinentes, alocando pelo menos os seguintes itens:
    - ◊ canteiro/*containers*/áreas de vivência;
    - ◊ vias de acesso/circulação de pessoal/veículos;
    - ◊ áreas de carga e descarga de materiais;
    - ◊ áreas de estocagem de materiais;
    - ◊ outros equipamentos (elevadores, guinchos e geradores, entre outros);
    - ◊ redes elétricas, transformadores e outras interferências aéreas;
    - ◊ edificações vizinhas, recuos, vias, córregos e árvores, entre outros;

  - ◊ projeção da área de cobertura da lança e da contralança;
  - ◊ projeção da área de abrangência das cargas, com indicações dos trajetos;
  - ◊ todas as modificações tanto nas áreas de carregamento quanto no posicionamento ou outras alterações verticais ou horizontais.

Providências relativas à entrega e ao recebimento da grua

- Liberação técnica da grua, compreendendo:
  - ◇ aferição dos limitadores de segurança;
  - ◇ limitador de momento (teste de carga);
  - ◇ limitador de altura;
  - ◇ limitador de giro;
  - ◇ limitador de distância.
- Recebimento técnico, compreendendo:
  - ◇ ART do responsável técnico pela montagem;
  - ◇ livro de inspeção da grua;
  - ◇ anotações das montagens mecânica, elétrica e dos comandos.

Documentação obrigatória que deve ser mantida no canteiro

- Contrato de locação.
- Lista de verificação de conformidades (*checklist*) a cargo do operador da grua.
- Lista de verificação de conformidades (*checklist*) a cargo do sinaleiro/amarrador de cargas, referente aos materiais de içamento.
- Livro de inspeção da grua, conforme disposto no item 18/22/11 da NR-18.
- Comprovantes de qualificação e treinamento do pessoal envolvido na operacionalização e na operação da grua.
- Cópia da ART do engenheiro responsável, nos casos previstos na NR-18.
- Plano de cargas devidamente preenchido em todos os seus itens e devidamente assinado.
- Documentação sobre esforços atuantes na estrutura do edifício, conforme disposto no item 18/14/24.3 da NR-18.
- Atestado de aterramento elétrico com medição ômica, conforme as NBRs 5410 e 5419, elaborado por profissional legalmente habilitado e realizado semestralmente.

- Manual do fabricante e/ou de operação contendo no mínimo as listas de conformidade (*checklists*) para o operador, o sinaleiro e o amarrador, bem como as instruções de segurança e operação.

Operações com a grua

Todas as operações com a grua devem ser acompanhadas sistematicamente por profissional habilitado em segurança do trabalho, o qual deverá se responsabilizar pela implementação do PCMAT prevendo a operação com grua, independentemente do plano de cargas.

Guinchos

Os guinchos são equipamentos de tração destinados ao transporte vertical de cargas e pessoas. Constituem, portanto, a principal parte mecânica dos elevadores de obra.

Podem ser de dois tipos:

- *Por transmissão* de engrenagens por corrente, utilizados nos elevadores de materiais. Sua movimentação se dá por meio de operador devidamente habilitado, de acordo com o item 18/14/22.3 da NR-18, o qual exerce sua função sentado e isolado num posto de trabalho.
- *Automáticos* com comando eletromecânico, utilizados para equipar os elevadores de passageiros, mas que podem também equipar os elevadores de materiais.
- *Guinchos de coluna*, como o EC-200, da Mecan, com capacidade de carga de 200 kg com um cabo de 5 mm e de 400 kg com dois cabos de 5 mm (Fig. 8.14). Outro guincho de coluna, o Hércules GC-30, tem capacidade de elevação de carga de 300 kg com um cabo e de 600 kg com dois cabos.
- *Guinchos hidráulicos*, que podem ter utilidade em pequenos serviços, como nas montagens mecânicas de conexões pesadas em obras hidráulicas (Fig. 8.15). Podem também ser úteis em centrais de produção de pré-moldados, quando não se dispõe de um pórtico rolante com talha.

Sobre chassi

Os *guinchos sobre chassi* ou sobre rodas, como o GRM 6000, fabricado pela Rodomunk, são de extrema utilidade nas construções das redes de energia e das redes de água e de esgoto, além das adutoras com diâmetros de até 400 mm, inclusive em ferro fundido ou em aço, para carga, descarga e posicionamento desses elementos dentro das cavas ou das valas (Fig. 8.16).

Além do equipamento mostrado na figura, o mais leve, a Rodomunk fabrica os seguintes modelos: GRM 9000, GRM 12000, GRM 15000, GRM 20000, GRM 25000, GRM 30000, GRM 33000, GRM 35000 e GRM 43000. O número que caracteriza cada um desses guindastes nada mais é do que o momento ($F \cdot d$)

Fig. 8.14 *Guincho de coluna EC-200 da Mecan*
Fonte: <www.mecan.com.br>.

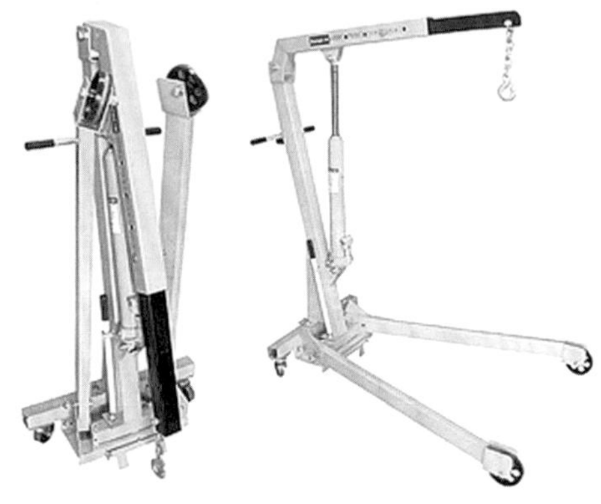

Fig. 8.15 *Guincho hidráulico*

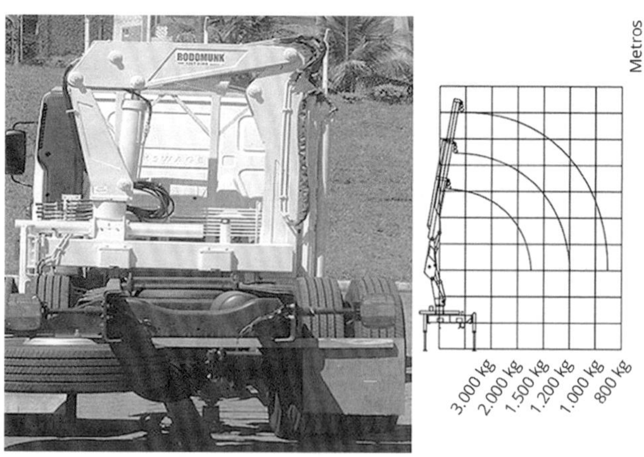

Fig. 8.16 *Guincho sobre Rodomunk GRM 6000 e gráfico da capacidade de carga (momento)*
Fonte: <www.rodomunk.com.br>.

máximo admissível para o equipamento. Observe que os produtos são constantes: (3.000 × 2), (2.000 × 3), (1.500 × 4) e assim por diante.

Vários são os fabricantes de guindastes automotivos. Destacam-se os fabricantes Madal, Tadano (TDB), LTM, Krupp, Lorain, Sampson e Clark, entre outros. Cada fabricante geralmente disponibiliza para o mercado vários modelos, que variam de acordo com a capacidade máxima de carga, a altura máxima de içamento e o alcance máximo.

A Figs. 8.17 e 8.18 mostram os equipamentos LTM 1030-2.1, o menor, com dois eixos, e 1200-9.1, com nove eixos, da fábrica alemã Liebherr International Deutschland.

Guincho

LTM 1030-2.1
Capacidade máxima de carga: 35 T
Altura máxima de içamento: 45 m
Alcance máximo: 30 m

Fig. 8.17 *Guincho LTM 1030-2.1*
Fonte: <www.liebherr.com/at/pt>.

Guincho

LTM 1200-9.1
Capacidade máxima de carga: 1200 T
Lança telescópica: 100 m
Peso operacional: 202 T

Fig. 8.18 *Guincho LTM 1200-9.1*
Fonte: <www.europe-machinery.pt>.

Elevadores de obra

Veremos agora os principais componentes do elevador: a torre e a cabina.

Torre

Segundo a Recomendação Técnica de Procedimentos (RTP 02) da Fundacentro (2001), "torres de elevadores são estruturas verticais metálicas, destinadas a sustentar a cabina, o cabo de tração dos elevadores de obra e servir de guia para seu deslocamento vertical".

A referida recomendação técnica, extremamente prática e didática, também orienta que "as torres não devem ultrapassar a altura de 6,00 m, medida a partir da última laje. Na última parada a distância máxima entre a viga da cabina e a viga superior deve ser de 4,00 m".

Nas torres montadas externamente à construção, devem ser tomadas as seguintes precauções (Fundacentro, 2001):

- estroncar e amarrar aos montantes anteriores, em todos os pavimentos da estrutura, mantendo-se sempre o prumo da torre;
- estaiar os montantes posteriores à estrutura, a cada 6,00 m (dois pavimentos), usando-se para isso cabo de aço de diâmetro (mínimo) de 9,5 mm, com esticador;
- as torres devem estar devidamente ancoradas e estaiadas a espaços regulares, de modo que fiquem asseguradas a rigidez, a retilinidade, a verticalidade e a estabilidade exigidas e especificadas pelo fabricante;
- no estaiamento dos montantes posteriores, o ângulo do cabo em relação à edificação deve ser de 45°;
- a fixação das torres à estrutura da edificação poderá ser feita por meio de estruturas metálicas especificadas pelo fabricante;
- as torres devem ser revestidas com telas de arame galvanizado nas faces laterais e posterior, para proteção contra quedas de materiais, quando a cabina não for fechada;
- a torre do elevador deve ser dotada de segurança tipo cancela ou barreira, além de sinalização, de forma a impedir a circulação de trabalhadores através dela.

Nas torres montadas internamente à construção, normalmente entre os pavimentos térreo e *pilotis* elevado, devem ser tomadas as seguintes precauções (Fundacentro, 2001):

- proteger o cabo de tração (externo à torre) contra o contato acidental de pessoas e materiais;
- cuidar para que o cabo de tração não sofra atrito com a estrutura da edificação.

Cabina

As cabinas de elevador (Fig. 8.19) podem ser do tipo semifechada ou fechada.

As cabinas semifechadas são usadas exclusivamente para o transporte de cargas e devem possuir cobertura para proteger os operários durante as operações de carga e descarga. Essa cobertura deve ser removível ou basculante, de modo a permitir o transporte de peças compridas.

Fig. 8.19 *Elevador de cargas Hércules*

As cabinas fechadas são usadas para o transporte de pessoas e também de materiais e devem ser providas de:

- cobertura resistente;
- proteções laterais do piso ao teto da cabina;
- portas frontais, pantográficas ou de correr;
- placas de advertência quanto a peso/quantidade de pessoas;
- sinalização luminosa de indicação de pavimentos.

Características dos elevadores de materiais e dos elevadores de passageiros

Os elevadores de materiais devem dispor de:

- trava de segurança para mantê-lo parado em altura, além do freio do motor;
- interruptor de corrente para que só se movimentem com portas ou painéis fechados;
- sistema de frenagem automática;
- sistema de comunicação eficiente.

Os elevadores de passageiros devem dispor de:

- freio mecânico (manual) situado em seu interior, conjugado com interruptor de corrente;
- interruptor nos fins de curso superior e inferior, conjugado com freio eletromagnético;

- sistema de frenagem automática, a ser acionado em caso de ruptura do cabo de tração;
- sistema de segurança eletromecânico no limite superior, 2,00 m abaixo da viga superior da torre;
- interruptor de corrente para que se movimentem apenas com portas fechadas;
- cabina metálica com porta pantográfica ou de correr;
- sistema de comunicação eficiente e seguro.

Elevadores de caçamba

Embora não muito usuais, os elevadores de caçamba basculante são utilizados para o transporte a granel, principalmente de concreto e argamassa.

Tipos de freio dos elevadores

Os elevadores possuem os seguintes tipos de freio:

- manual;
- automático;
- eletromagnético;
- motofreio;
- centrífugo;
- cunha.

Documentação do equipamento

Deve ser fornecido pelo fabricante do elevador o manual técnico completo, compreendendo as especificações técnicas e os procedimentos a serem obedecidos quando da montagem, desmontagem, manutenção e operação do equipamento.

A montagem, a desmontagem e a manutenção do elevador devem ser supervisionadas por profissional devidamente qualificado.

Fabricantes de elevadores de obra

Destacam-se no ramo de fabricação de elevadores de obra, entre outros:

- *Hércules*: elevador modelo T1515, com freio automático centrífugo, cabina fechada para dez pessoas e torre que pode chegar a 120 m;
- *Mecan*: elevador modelo GWM-1,5, equipado com guincho automático;
- *Rohr*: fabrica os produtos Jolly Jr – 500 kg, Scando 12/30, Scaf 1000 e PM 450;

- *Pingon*: possui os modelos apresentados na Tab. 8.6, conforme a necessidade.

Tab. 8.6 Capacidade de carga e lotação dos elevadores

Modelo	Número de pessoas	Capacidade (kg)
EP6	6	500
EP12	12	1.000
EP18	18	1.500
EP24C	24	2.000
EP30	30	2.500

Checklist para elevadores de obra

O *checklist* desenvolvido pela Fundacentro (2001) para a inspeção em elevadores, semelhante a um *briefing*, reúne de forma ordenada uma série de informações associadas às características geométricas do empreendimento, como altura total e número de pavimentos, e às características eletromecânicas do guincho, como velocidade, capacidade de tração e potência (Quadro 8.2). É útil como documento para a aquisição desses equipamentos, como veremos a seguir.

A Fig. 8.20 mostra o detalhe dos esticadores.

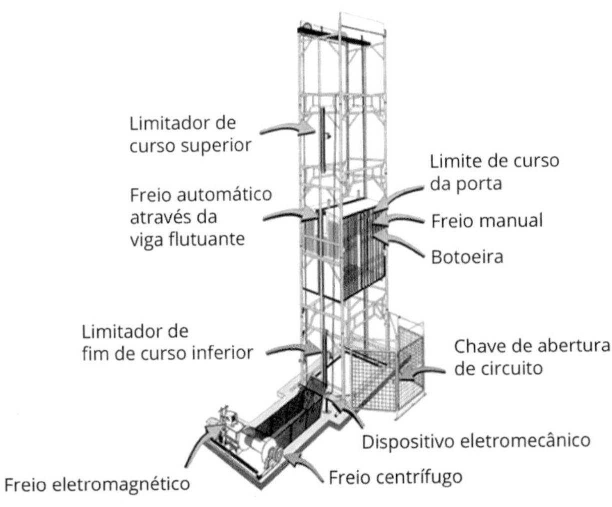

Fig. 8.20 *Elevador de obra com guincho*

Quadro 8.2 Proposta de *checklist* para elevadores de obra

	Empresa:	Fabricante: ________			Observação
	Obra:	Data:			
	Inspeção feita por:	__/__/__			
	Item a verificar	Condição			
		B	S	N	
	Base e máquina de tração				
1	Base de concreto, rígida, única e nivelada				
2	Fixação dos chumbadores				
3	Distância tambor-roldana louca (2,5 m a 3,0 m)				
4	Isolamento do trecho tambor-roldana louca				
5	Alinhamento/nivelamento: tambor/cavalete/torre				
6	Cavalete/roldana louca				
7	Funcionamento do motor (ruído, vibrações)				
8	Proteção das correias do motor				
9	Trava de segurança				
10	Tambor/eixo				
11	Cobertura do posto do guincheiro				
12	Cadeira do guincheiro (aspecto ergonômico)				
13	Contrapinos na base das sapatas do freio				
14	Óleo do redutor (troca após 3.000 h de trabalho)				
15	Cobertura motor/tambor, contra queda de materiais				
	Cabo de tração				
16	Especificação (5/8", 6 × 19 Filler + AF, TR, polido, IP3)				
17	Desgaste por abrasão/deformações/fios partidos				
18	Lubrificação				
19	Enrolamento no tambor				
20	Sentido de transposição (tambor/roldana louca)				
21	Fixação dos três clipes no topo da torre				

Quadro 8.2 (continuação)

Empresa:		Fabricante: __________ Data: ___/___/___			Observação
Obra:					
Inspeção feita por:					
Item a verificar		Condição			
		B	S	N	
Sistema de freios					
22	Embreagem				
23	Cabos laterais (especificação, estado geral, fixação)				
24	Caixas de freio (estado geral, excêntricos)				
25	Freio de cinta				
26	Freio automático (molas, viga flutuante, articulações)				
27	Freio manual, puxador, eixo, curso				
28	Freio eletromagnético				
29	Freio de embreagem centrífuga (4º freio)				
Sistema elétrico					
30	Chave geral de alimentação				
31	Chave individual				
32	Sistema eletromecânico a 2 m topo da torre				
33	Aterramento motor/torre/chaves				
34	Fiação elétrica em geral				
35	Sistema de comunicação em cada pavimento				
36	Quadro de comando				
37	Chave de interruptor do freio manual				
38	Chaves interruptoras das portas pantográficas				
Base e máquina de tração					
39	Fim de curso superior				
40	Fim de curso inferior				
41	Botoeira da cabina				
42	Cabo da alimentação da cabina				
Torre					
43	Revestimento com tela de arame galvanizado				
44	Verticalidade/estabilidade				
45	Painéis				

Quadro 8.2 (continuação)

Empresa:		Fabricante: ___________ Data: ___/___/___			Observação
Obra:					
Inspeção feita por:					
Item a verificar		Condição			
		B	S	N	
Torre					
46	Contraventamentos				
47	Borboletas (parafusos)				
48	Fixação dos contrapinos				
49	Amarração montantes anteriores a cada 3 m (cabo 5/16")				
50	Ancoragem montantes anteriores a cada 3 m (estroncas)				
51	Estaiamento montantes posteriores a cada 6 m (cabo 5/16")				
52	Estaiamento montantes posteriores última laje (cabo 5/16")				
53	Placas de fechamento no topo da torre				
54	Distanciamento da rede elétrica				
55	Proximidade da edificação				
56	Impedimento de circulação de pessoal através da torre				
57	Roldanas na viga superior				
58	Lubrificação das guias				
Cabina					
59	Estrutura/assoalho/portas				
60	Fechamento das quatro faces				
61	Cobertura				
62	Viga superior				
63	Roldanas				
64	Bronzinas				
65	Deslocamento vertical (ruídos/solavancos)				
66	Distância viga superior-topo da torre (4 m)				
67	Placa indicativa de carga máxima e proibição de transporte de pessoas				
68	Dispositivo para descida tracionada				
69	Iluminação interna (trabalho noturno)				

Quadro 8.2 (continuação)

Empresa:		**Fabricante:** ________			**Observação**
Obra:					
Inspeção feita por:		**Data:** __/__/__			
Item a verificar		**Condição**			
		B	**S**	**N**	
Rampas de acesso					
70	Aspecto construtivo				
71	Mesma largura da torre				
72	Inclinação ascendente em relação à torre				
73	Nivelamento com o piso				
74	Guarda-corpo, rodapé, tela				
75	Cancela em todos os pavimentos				
76	Dispositivo de travamento das cancelas				
77	Altura livre (2 m)				
Aspectos administrativos					
78	Responsável técnico pela montagem e manutenção				
79	Livro de inspeção				
80	Qualificação do guincheiro				
81	Registro da função em carteira				
Outras situações					

Condições: B – boa; S – sofrível; N – não existe.

Fonte: Fundacentro (2001).

Plataformas elevatórias articuladas e de tesoura

As plataformas elevatórias articuladas, assim como as do tipo tesoura, são úteis não só nos trabalhos de manutenção de redes elétricas, mas também nos serviços de instalações elétricas e de iluminação em galpões industriais de grande altura, onde o uso do andaime fachadeiro se mostra inadequado. As plataformas elevatórias articuladas também encontram aplicação em inúmeros outros serviços.

As Figs. 8.21 e 8.22 apresentam as características, respectivamente, da plataforma articulada modelo TZ 34/20 e da plataforma de tesoura modelo GS1530. Ambas são fabricadas pela Genie Terex.

A Genie Terex também dispõe dos seguintes modelos:

- Genie GS 1930, GS 2032;

Plataforma articulada TZ 34/20

Fabricação: Genie Terex
Altura máxima de trabalho: 12,36 m
Altura da plataforma: 10,36 m
Altura em repouso: 1,94 m
Comprimento em repouso: 5,08 m
Distância entre eixos: 1,45 m
Capacidade de carga: 227 kg
Largura da plataforma: 1,12 m
Comprimento da plataforma: 1,12 m
Giro da base: 359°
Peso: 1.432 kg
Fonte de alimentação: 48 V (4 baterias 6 V 350AH)

Fig. 8.21 *Plataforma articulada TZ 34/20*
Fonte: <http://www.genieindustries.com>.

Plataforma autopropelida tipo tesoura

Modelo: GS1530 da GenieTerex
Altura máxima de trabalho: 6,4 m
Altura máxima da plataforma: 4,6 m
Largura da plataforma: 0,76 m
Altura da plataforma recolhida: 0,93 m
Comprimento plataforma: 1,64 m
Comprimento da plataforma estendida: 2,62 m
Carga máxima: 227 kg
Peso do equipamento: 1.188 kg
Ocupação: duas pessoas
Acionamento do sistema hidráulico elétrico: 4 baterias 6 V

Fig. 8.22 *Plataforma de tesoura GS1530*
Fonte: <http://www.genieindustries.com>.

- Genie GS 2046, GS 2646, GS 3246;
- Genie GS 2668 RT.

As plataformas articuladas podem ser rebocáveis, o que lhes confere grande vantagem quanto à capacidade de mobilização.

Nas Figs. 8.23 e 8.24 são ilustradas, respectivamente, a plataforma Nifty 90 e a torre de iluminação TML 400N.

A Haulotte Brasil fabrica mastros verticais, elevadores unipessoais, tesouras, plataformas telescópicas, articuladas e manipuladores.

Andaimes

Andaimes suspensos

Andaimes são plataformas de trabalho elevadas em estruturas apoiadas ou providas de dispositivos de sustentação e movimentação por cabos.

Quando nos referimos aos andaimes, a figura que vem à mente é sempre a dos andaimes apoiados. Entretanto, há uma série de outros equipamentos do ramo que têm em comum o recurso de poder movimentar cargas e pessoas ao longo das fachadas dos edifícios, de forma manual, por meio de manivelas, ou mecanicamente, com guinchos ou com o sistema de pinhão e

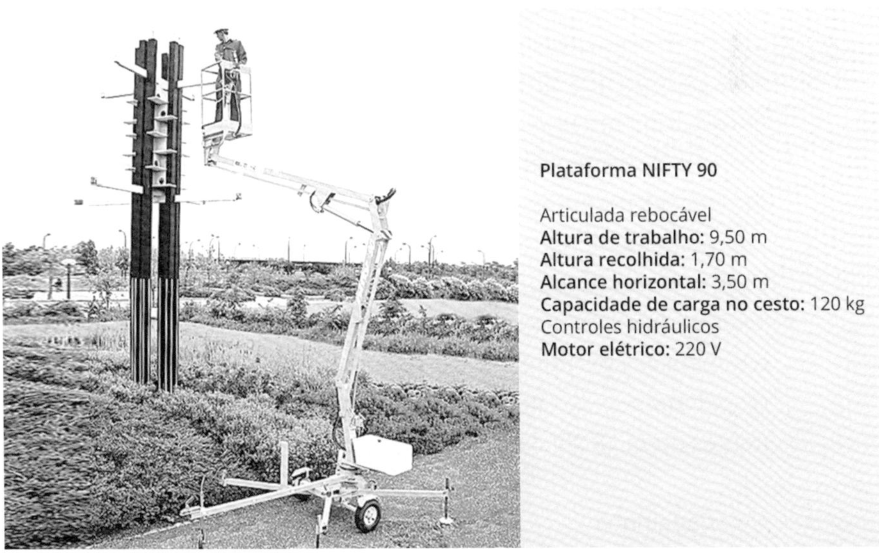

Fig. 8.23 *Plataforma Nifty 90*
Fonte: <www.aecweb.com.br>.

Fig. 8.24 *Torre de iluminação TML 400N*
Fonte: <http://genieindustries.com>.

cremalheira. São os andaimes suspensos, também denominados pelos fabricantes como plataformas, balanças, balancins, andaimes pesados etc.

De modo geral, conforme a necessidade do uso, é possível classificá-los como:

- *cadeira suspensa (balancim)*: é o equipamento cuja estrutura e dimensões permitem a utilização por apenas uma pessoa e o material necessário para realizar o serviço;
- *andaime suspenso mecânico leve*: é o equipamento cuja estrutura e dimensões permitem suportar uma carga total de trabalho de 300 kgf, respeitando-se os fatores de segurança de cada um de seus componentes (item 18.39e da NR-18);
- *andaime suspenso mecânico pesado*: é o equipamento cuja estrutura e dimensões permitem suportar carga de trabalho de 400 kgf/m², respeitando-se os fatores de segurança de cada um de seus componentes (item 18.39f da NR-18).

Cadeirinha

É muito utilizada para serviços leves de pintura, limpeza e reparos confinados onde a plataforma não tem acesso (Fig. 8.25). O equipamento é constituído da cadeirinha propriamente dita, além de cinto de segurança tipo paraquedista, corda de poliamida trançada de 12 mm e trava-queda individual. O cabo de aço é galvanizado Ø = 6,4 mm, com alma de aço. A carga máxima é de 113 kg.

Andaime suspenso tradicional

O andaime tradicional com catraca é equipado com guinchos com sistema de travamento automático duplo (Fig. 8.26). É utilizado em serviços de pintura, reforma, limpeza e manutenção de fachadas e montado em plataforma de 1,00 m, 1,50 m, 2,00 m, 3,00 m e 4,00 m de comprimento.

Fig. 8.25 *Plataforma autopropelida tipo tesoura, ou cadeirinha. Observar o detalhe do segundo cabo com a trava de segurança (trava-queda)*

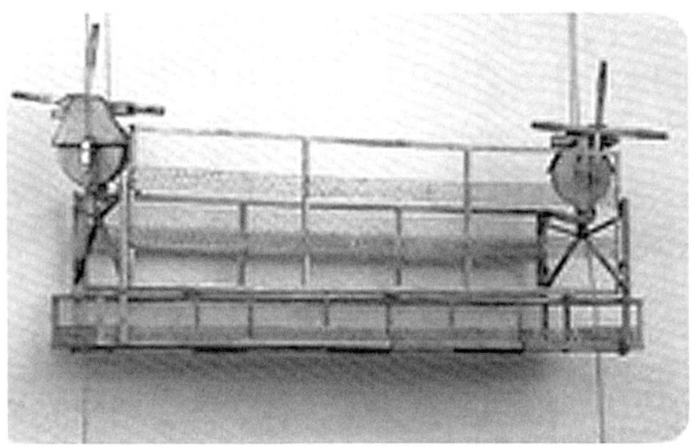

Fig. 8.26 *Andaime suspenso tradicional com catraca de andaimes*

Balança leve

A balança leve, também denominada pelo fabricante como balancim, é um andaime suspenso ideal para serviços que necessitam de agilidade, mas não suportam cargas elevadas (Fig. 8.27). É de grande utilidade em serviços de pintura, limpeza de fachadas, impermeabilizações, reformas de instalações etc.

Andaime pesado

Também conhecido como máquina pesada ou "trec-trec", é indicado, de acordo com a orientação da fabricante Amba, para serviços de revestimento externo, emboços, assentamento de pastilhas, mármores, cerâmicas e serviços de pedreiros com alta produtividade (Fig. 8.28). A plataforma do andaime pesado é movimentada por no mínimo quatro guinchos, sendo dois externos e dois internos. O comprimento da plataforma pode ser aumentado, bastando para tanto acrescentar novos pares de guincho. Esse equipamento é disponível com cabos nos comprimentos de 30 m, 45 m, 60 m e 90 m. Para o estabelecimento da capacidade máxima de carga, é recomendável consultar o fabricante ou seu representante.

Fig. 8.27 *Balança leve ou balancim da Amba Andaimes. Observar o detalhe do cabo de fixação da trava de segurança*
Fonte: <www.ambaandaimes.com.br>.

Fig. 8.28 *Andaime pesado elétrico rápido*
Fonte: <www.ambaandaimes.com.br>.

A Rohr, além de produzir soluções para fôrmas, escoramentos, andaimes, transporte vertical e acesso, e escadas moduladas de encaixe, também fabrica as plataformas-cremalheira (sistema cremalheira e pinhão), cujas características podem ser encontradas em <www.rohr.com.br/download/novas_tecnologias.pdf>. Os principais equipamentos dessa fabricante são apresentados nas Figs. 8.29 a 8.36.

Também merecem destaque outros fabricantes de equipamentos de qualidade, destacando-se Apport, Gulin, Andmax etc.

PM 450

Dados técnicos do fabricante:
Equipamento para transporte vertical de passageiros ou carga, que utiliza sistema de cremalheira e pinhão, proporcionando maior capacidade de carga e segurança ao usuário com menor número de travamentos
Capacidade de carga: 450 kg
Altura máxima de elevação: 100 m
Velocidade: 26 m/min;
Dimensões da cabine: 1,49 × 1,50 m
Altura mínima interna: 1,98 m
Abertura livre da porta: 1,31 × 2,16 m
Peso da cabine com a base: 818 kg
Suprimento de energia: 380 V/60 HZ/ 3 fases
Fusível de corrente elétrica: 30 A
Potência nominal de trabalho contínuo: 1 × 6 KW
Corrente de partida: 45 A
Concessionária/transformador: 25 KVA
Gerador: 50 KVA

Fig. 8.29 *PM 450*

Jolly Jr – 500 kg

Dados técnicos do fabricante:
equipamento para transporte vertical de carga que utiliza sistema de cremalheira e pinhão, proporcionando maior capacidade de carga, segurança com reduzido número de travamentos (ancoragens a cada 6 m)
Capacidade de carga: 500 kg
Altura máxima de elevação: 100 m
Velocidade: 26 m/min;
Dimensões da cabine: 1,00 × 1,50 m
Suprimento de energia: 380 V/60 HZ/ 3 fases
Motorredutores: 1 × 3 KW

Fig. 8.30 *Jolly Jr – 500 kg*

Scaf 1000

Dados técnicos do fabricante: equipamento para transporte vertical de passageiros ou carga que utiliza sistema de cremalheira e pinhão, proporcionando maior capacidade de carga, segurança com reduzido número de travamentos (ancoragens a cada 6 m)
Capacidade de carga: 1.100 kg
Altura máxima de elevação: 100 m
Velocidade: 20 m/min
Dimensões da cabine: 1,50 × 1,80 m
Suprimento de energia: 380 V/60 HZ/ 3 fases
Motor-redutores: 1 × 3 KW
Dispositivos de segurança: motores autofrenantes, freio centrífugo de emergência, fim de curso superior e inferior, elemento final com ½ cremalheira, *microswitch* nas portas de entrada e saída, alarme de movimentação, botão de parada de emergência, alívio de descida manual, e semiprogramação para parada nos andares

Fig. 8.31 *Scaf 1000*

Scando 12/30

Dados técnicos do fabricante: equipamento para transporte vertical de passageiros ou carga, que utiliza sistema de cremalheira e pinhão, proporcionando maior capacidade de carga e segurança ao usuário com menor número de travamentos
Capacidade de carga: 1.200 kg
Capacidade de carga/contrapeso: 2.000 kg
Altura máxima de elevação: 150 m
Velocidade: 40 m/min
Dimensões da cabine: 1,40 × 3,13 × 3,00 m
Peso da cabine: 1.400 kg
Peso da cerca de proteção simples: 450 kg
Altura mínima interna: 2,55 m
Abertura livre da porta: 1,23 × 2,00 m
Suprimento de energia: 380 V/60 HZ/ 3 fases
Fusível de corrente elétrica: 63 A
Potência nominal de trabalho contínuo: 2 × 7,5 KW
Corrente de partida: 210 A
Concessionária/transformador: 75 KVA/150 KVA
Gerador: 150 KVA/300 KVA

Fig. 8.32 *Scando 12/30*

Scaf 2000S (simples ou dupla)

Dados técnicos do fabricante: plataforma de trabalho modular (comprimento variável) que utiliza sistema de cremalheira e pinhão, o qual proporciona maior capacidade de carga e segurança ao usuário com reduzido número de travamentos
Capacidade de carga: 1.500 kg (S-simples), até 3.000 kg (D-dupla)
Altura máxima de elevação: 101,25 m (S/D)
Velocidade: 6,20 m/min (S/D)
Distância entre travamentos: 6,00/9,00 m (S/D)
Plataforma: 7,39 × 0,90 m (S) 25,10 × 1,30 m (D)
Peso do *deck* da plataforma: 102 kg (S/D)
Suprimento de energia: 380 V/60 HZ/ 3 fases
Motorredutores: 2 × 2,2 KW (S), 4 × 2,2 KW (D)

Fig. 8.33 *Scaf 2000S*

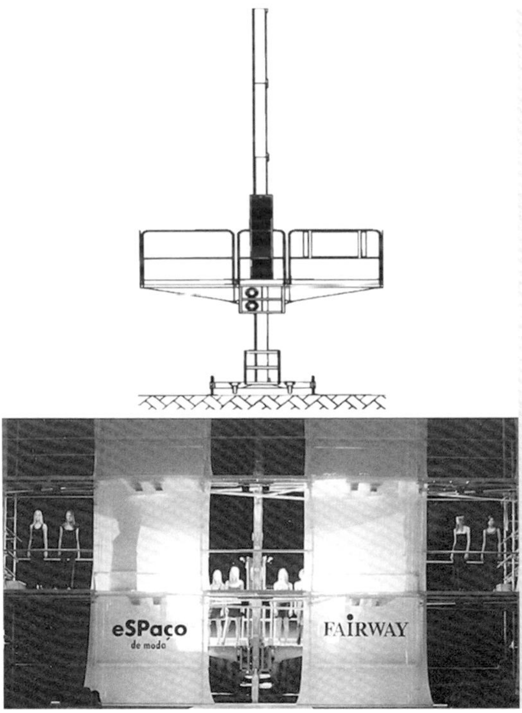

Aliclimber 2050

Dados técnicos do fabricante: plataforma de trabalho modular que utiliza sistema de cremalheira e pinhão, o qual proporciona maior capacidade de carga e segurança ao usuário com reduzido número de travamentos
Capacidade de carga: 620 kg
Altura máxima de elevação: 50 m
Velocidade: 5,20 m/min
Distância entre travamentos: 6,00 m
Plataforma de trabalho: 3,84 × 0,75 m
Extensão telescópica: 0,55 m
Suprimento de energia: 220 V/60 HZ/ 3 fases
Fusível de corrente elétrica: 24 A
Potência nominal de trabalho contínuo: 1 × 3 KW
Corrente de partida: 42 A
Concessionária/transformador: 5 KVA e gerador: 10 KVA
Características: rapidez na montagem, mobilidade própria e a cabine eleva os módulos

Fig. 8.34 *Aliclimber 2050*

Aliclimber 3100

Dados técnicos do fabricante:
Plataforma de trabalho modular (comprimento variável) que utiliza sistema de cremalheira e pinhão, o qual proporciona maior capacidade de carga e segurança ao usuário com reduzido número de travamentos
Capacidade de carga: 750 kg
Altura máxima de elevação: 100 m (S/D)
Velocidade: 6,90 m/min (S/D)
Plataforma: 7,26 × 0,59 m (S)
24,20 × 0,90 m (D)
Suprimento de energia: 220/380 V/60 HZ/ 3 fases
Potência nominal de trabalho contínuo: 1 × 3 KW (S); 2 × 3 KW (D)
Corrente de partida: 42 A (S), 83 A (D)
Concessionária/transformador: 5 KVA (S), 10 KVA (D)
Gerador: 10 KVA

Fig. 8.35 *Aliclimber 3100*

Aliclimber 4550

Dados técnicos do fabricante:
plataforma de trabalho modular que utiliza sistema de cremalheira e pinhão, o qual proporciona maior capacidade de carga e segurança ao usuário com reduzido número de travamentos
Capacidade de carga: 4.800 kg
Altura máxima de elevação: 150 m
Velocidade: 10 m/min (S/D)
Plataforma de trabalho: 10,40 m × 1,50 m
Extensão telescópica: 1,20 m
Suprimento de energia: 220/380 V/60 HZ/3 fases
Potência nominal de trabalho contínuo: 2 × 4,5 KW
Corrente de partida: 120 A
Concessionária/transformador: 35 KVA
Gerador: 70 KVA

Fig. 8.36 *Aliclimber 4550*

Andaimes apoiados

O Dicionário Aurélio define o andaime como "armação de madeira ou de metal com estrado, sobre o qual trabalham os operários nas construções, quando já não é mais possível trabalhar apoiado no chão".

Se ousássemos complementar essa definição, acrescentaríamos somente a expressão "sistema modular".

Da NR-18, em seu item 18.15, reproduzimos o texto que contém a orientação técnica de que necessitamos.

> **18.15 Andaimes**
>
> 18.15.1 O dimensionamento dos andaimes, sua estrutura de sustentação e fixação, deve ser realizado por profissional legalmente habilitado.
>
> 18.15.2 Os andaimes devem ser dimensionados e construídos de modo a suportar, com segurança, as cargas de trabalho a que estarão sujeitos.
>
> 18.15.3 O piso de trabalho dos andaimes deve ter forração completa, antiderrapante, ser nivelado e fixado de modo seguro e resistente.
>
> 18.15.4 Devem ser tomadas preocupações especiais, quando da montagem, desmontagem e movimentação de andaimes próximos às redes elétricas.
>
> 18.15.5 A madeira para confecção de andaimes deve ser de boa qualidade, seca, sem apresentar nós e rachaduras que comprometam a sua resistência, sendo proibido o uso de pintura que encubra imperfeições.
>
> 18.15.5.1 É proibida a utilização de aparas de madeira na confecção de andaimes.
>
> 18.15.6 Os andaimes devem dispor de sistema de guarda-corpo e rodapé, inclusive nas cabeceiras, em todo o perímetro, conforme o subitem 18.13.5 [da norma], com exceção do lado da face de trabalho.
>
> 18.15.7 É proibido retirar qualquer dispositivo de segurança dos andaimes ou anular sua ação.
>
> 18.15.8 É proibida, sobre o piso de trabalho de andaimes, a utilização de escadas e outros meios para se atingirem lugares mais altos.
>
> 18.15.9 O acesso aos andaimes deve ser feito de maneira segura.

Andaimes simplesmente apoiados

18.15.10 Os montantes dos andaimes devem ser apoiados em sapatas sobre base sólida capaz de resistir aos esforços solicitantes e às cargas transmitidas.

18.15.11 É proibido trabalho em andaimes apoiados sobre cavaletes que possuam altura superior a 2,00 m (dois metros) e largura inferior a 0,90 m (noventa centímetros).

18.15.12 É proibido o trabalho em andaimes na periferia da edificação sem que haja proteção adequada fixada à estrutura da mesma.

18.15.13 É proibido o deslocamento das estruturas dos andaimes com trabalhadores sobre os mesmos.

18.15.14 Os andaimes cujos pisos de trabalho estejam situados a mais de 1,50 m (um metro e cinquenta centímetros) de altura devem ser providos de escadas ou rampas.

18.15.15 O ponto de instalação de qualquer aparelho de içar materiais deve ser escolhido, de modo a não comprometer a estabilidade e segurança do andaime.

18.15.16 Os andaimes de madeira somente podem ser utilizados em obras de até três pavimentos ou altura equivalente e devem ser projetados por profissional legalmente habilitado.

18.15.17 A estrutura dos andaimes deve ser fixada à construção por meio de amarração e entroncamento, de modo a resistir aos esforços a que estará sujeita.

18.15.18 As torres de andaimes não podem exceder, em altura, 4 (quatro) vezes a menor dimensão da base de apoio, quando não estaiadas.

Andaimes fachadeiros

18.15.19 Os andaimes fachadeiros não devem receber cargas superiores às especificadas pelo fabricante. Sua carga deve ser distribuída de modo uniforme, sem obstruir a circulação de pessoas, e ser limitada pela resistência da forração da plataforma de trabalho.

18.15.20 Os acessos verticais ao andaime fachadeiro devem ser feitos em escada incorporada a sua própria estrutura ou por meio de torre de acesso.

> 18.15.21 A movimentação vertical de componentes e acessórios para a montagem e/ou desmontagem de andaime fachadeiro deve ser feita por meio de cordas ou por sistema próprio de içamento.
> 18.15.22 Os montantes do andaime fachadeiro devem ter seus encaixes travados com parafusos, contrapinos, braçadeiras ou similar.
> 18.15.23 Os painéis dos andaimes fachadeiros destinados a suportar os pisos e/ou funcionar como travamento, após encaixados nos montantes, devem ser contrapinados ou travados com parafusos, braçadeiras ou similar.
> 18.15.24 As peças de contraventamento devem ser fixadas nos montantes por meio de parafusos, braçadeiras ou por encaixe em pinos, devidamente travados ou contrapinados, de modo que assegurem a estabilidade e a rigidez necessárias ao andaime.
> 18.15.25 Os andaimes fachadeiros devem dispor de proteção com tela de arame galvanizado ou material de resistência e durabilidade equivalentes, desde a primeira plataforma de trabalho até pelo menos 2,00 m (dois metros) acima da última plataforma de trabalho.

Esse é o texto técnico disponibilizado pela norma. A nosso ver, insuficiente, necessitando, pois, ser revisto e ampliado para acompanhar as inovações tecnológicas.

A indústria, à sua maneira e para atender à demanda, findou por criar para os andaimes sua própria classificação:

- andaime fachadeiro;
- andaime tubular;
- andaime industrial;
- andaime tubo equipado ou andaime tubo braçadeira;
- plataforma de proteção, andaime apara-lixo, andaime de proteção ou bandeja.

Andaime fachadeiro

Desenvolvido para uso predial e industrial, para os mais diversos serviços em fachadas, o andaime fachadeiro permite a circulação dos operários em vários níveis com livre acesso à área de trabalho (Fig. 8.37). O diâmetro dos tubos é geralmente de 48 mm.

Fig. 8.37 *Andaime fachadeiro Mecan*

A estrutura desses andaimes, conforme pode ser visto na Fig. 8.38, é composta basicamente de painel ou elemento vertical, com ou sem escada de marinheiro, barras de ligação e barras em X para travamento, e estrado, por onde, após forrado com madeira de lei (sem pintura), se deslocam os operários a serviço.

Os andaimes fachadeiros podem ser usados em fachadas de grande altura, mas requerem atenção especial quanto aos travamentos. Algumas empresas, como a Rohr, dispõem de sistema próprio constituído de tubo

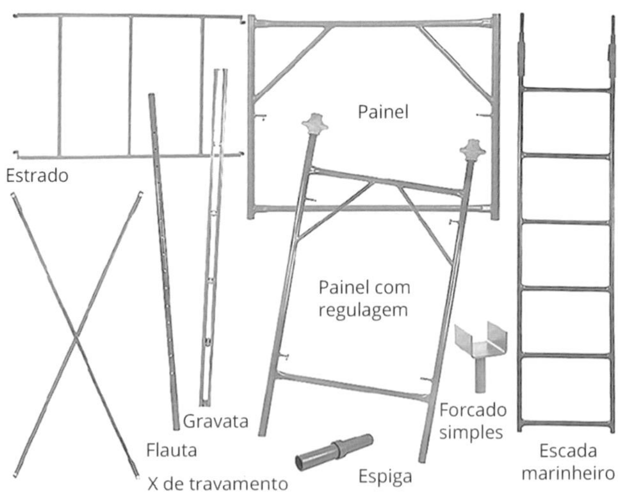

Fig. 8.38 *Peças isoladas da Metax*
Fonte: <www.metax.com.br>.

flauta e tubo estronca, que se fixam à estrutura do prédio por meio de chumbadores de aço tipo *parabolt*. Esses travamentos devem se dar entre 4,00 m e 6,00 m, no máximo.

Não são permitidos sistemas improvisados, como amarrações com cordas, peças de madeira etc.

Além da verificação da resistência do estrado em função da sobrecarga de utilização do andaime, por exemplo, da quantidade cíclica de materiais usados, como argamassas, revestimentos etc., o dimensionamento do andaime, isto é, a verificação do diâmetro e da espessura da parede das peças verticais, consiste no cálculo da carga máxima admissível que pode atuar no tubo.

Além dessas peças, fornecedores como a Metax dispõem também dos acessórios mostrados na Fig. 8.39.

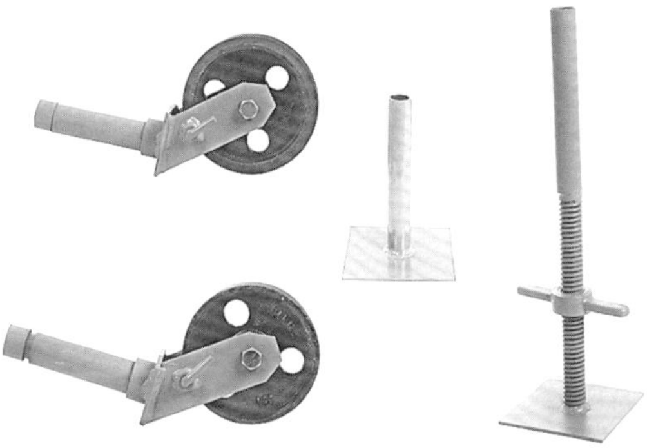

Fig. 8.39 *Acessórios da Metax: rodízio de ferro, base fixa e base ajustável*
Fonte: <www.metax.com.br>.

Andaime tubular

O andaime tubular é usado em pequenos serviços e em fachadas de pouca altura (Fig. 8.40). É de grande utilidade em pequenas construções, por demandar pouco risco, ao contrário do andaime fachadeiro, que é montado em fachadas de grande altura e, por isso mesmo, necessita cuidados especiais. A Amba Andaimes limita o uso dos andaimes tubulares a até 15,00 m de altura.

Algumas indústrias ou locadores também o caracterizam como *tubular leve*. A diferença que conseguimos encontrar em relação ao andaime fachadeiro está na espessura da parede do tubo, que geralmente é um pouco menor, ou seja, de 2,65 mm. Os diâmetros dos tubos verticais e horizontais

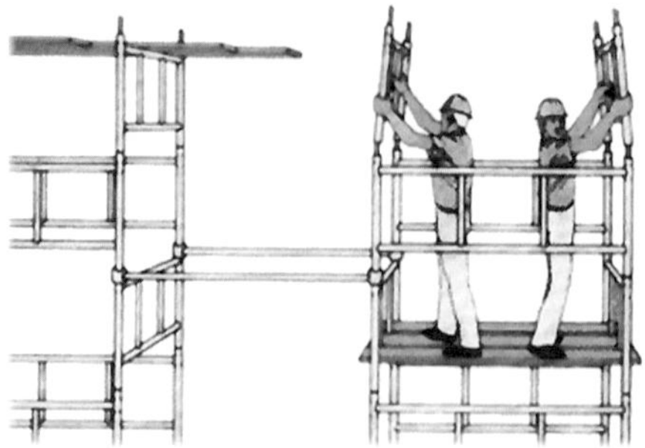

Fig. 8.40 *Andaime tubular Hércules*
Fonte: <www.herculeselevadores.com.br>.

são geralmente de 42,20 mm e 33,70 mm, respectivamente. A Rohr é uma exceção, pois define como tubulares os andaimes batizados pelo segmento industrial como tubo equipado ou tubo braçadeira.

Alguns fabricantes e/ou fornecedores de andaimes e/ou estruturas tubulares são apresentados a seguir:

- Hércules Elevadores;
- Rohr S/A Estruturas Tubulares;
- SH Fôrmas, Andaimes e Escoramentos;
- Mecan Indústria e Locação de Equipamentos para Construção;
- Andmax Guarulhos Comércio e Locação Ltda.;
- Andaimes Metax Equipamentos Ltda.;
- Ulma Brasil Fôrmas e Escoramentos;
- Pashal Sistemas Construtivos;
- Anel Andaimes;
- Loctubo;
- Orpec Andaimes Metálicos;
- Multiequip.

Andaime industrial

O andaime industrial é caracterizado por sua robustez. É composto geralmente de painéis com 1,50 m de base por 1,50 m de altura, ligados por travamento em X e também por travamento interno em diagonal, que garantem boa estabilidade (Fig. 8.41). Fazem parte integrante dos andaimes industriais a escada com proteção, o guarda-corpo e o rodapé. Alguns fabricantes também o identificam como andaime NR-18, porque atende aos requisitos de segurança dessa norma.

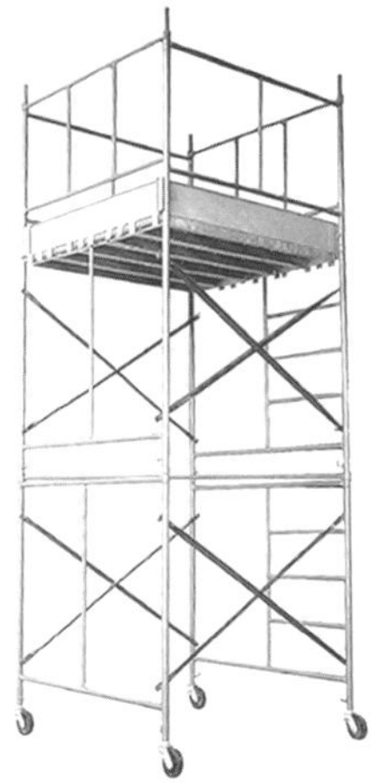

Fig. 8.41 *Andaime industrial Metax*
Fonte: <www.metax.com.br>.

▪ *Andaime tubular Modex, fabricado pela SH*

Embora identificado como tubular, segundo nosso entendimento, esse equipamento melhor se identifica com os da linha industrial, por sua robustez e capacidade de carga (Fig. 8.42).

As características técnicas do andaime tubular multiúso Modex SH são as seguintes:

- formado por torres, travessas e diagonais;
- facilidade de montagem ante o prático sistema de engate;

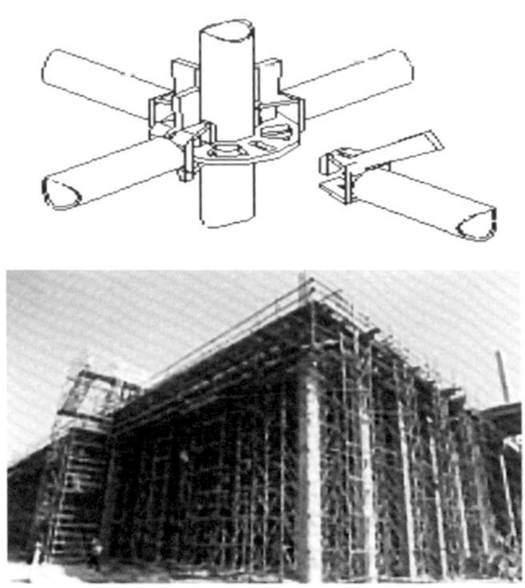

Fig. 8.42 *Andaime tubular Modex SH e sua roseta*
Fonte: <www.sh.com.br>.

- pode ser usado como andaime de fachada, escoramento, arquibancada etc.;
- a roseta do sistema permite a fixação das travessas em qualquer direção, possibilitando a construção de andaimes com diversas seções poligonais, inclusive circular;
- porte robusto, admitindo até 7 t por poste, segundo o catálogo da empresa.

Tubo equipado ou tubo braçadeira

É constituído por tubos de aço ou alumínio, geralmente confeccionados com diâmetro externo de 48,3 mm e espessura da parede de 3,0 mm para os tubos em aço e 3,7 mm para os tubos em alumínio, interligados ou intertravados por braçadeiras móveis ou fixas e por luvas formando painéis. Segundo a SH Fôrmas e Andaimes, tradicional fabricante desses equipamentos, a carga admissível na braçadeira fixa é de 8 kN, enquanto na móvel é de 6 kN. O tubo equipado permite as mais diversas e criativas soluções de engenharia em áreas com interferências, em passarelas, em escoramentos etc. A Fig. 8.43 ilustra as braçadeiras fabricadas pela Metax, outra grande fabricante desse equipamento.

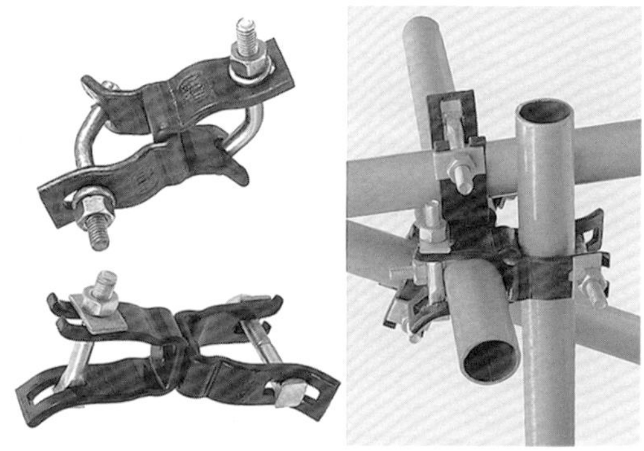

Fig. 8.43 *Braçadeiras fixa e móvel da Metax*
Fonte: <www.metax.com.br>.

O sistema tubo equipado, pela versatilidade e segurança que oferece, tem grande aplicação nos cimbramentos de grandes estruturas, como pontes e viadutos.

Plataforma de proteção, andaime apara-lixo, andaime de proteção ou, mais comumente, bandeja

Uma vez mais, vamos buscar subsídio na NR-18, item 18.13.

Medidas de proteção contra quedas de altura

18.13.6 Em todo o perímetro da construção de edifícios com mais de 4 (quatro) pavimentos ou altura equivalente, é obrigatória a instalação de uma plataforma principal de proteção na altura da primeira laje que esteja, no mínimo, um pé-direito acima do nível do terreno.

18.13.6.1 Essa plataforma deve ter, no mínimo, 2,50 m (dois metros e cinquenta centímetros) de projeção horizontal da face externa da construção e 1 (um) complemento de 0,80 m (oitenta centímetros) de extensão, com inclinação de 45° (quarenta e cinco graus), a partir de sua extremidade.

18.13.6.2 A plataforma deve ser instalada logo após a concretagem da laje a que se refere e retirada, somente, quando o revestimento externo do prédio acima dessa plataforma estiver concluído.

18.13.7 Acima e a partir da plataforma principal de proteção, devem ser instaladas, também, plataformas secundárias de proteção, em balanço, de 3 (três) em 3 (três) lajes.

18.13.7.1 Essas plataformas devem ter, no mínimo, 1,40 m (um metro e quarenta centímetros) de balanço e um complemento de 0,80 m (oitenta centímetros) de extensão, com inclinação de 45° (quarenta e cinco graus), a partir de sua extremidade.

18.13.7.2 Cada plataforma deve ser instalada logo após a concretagem da laje a que se refere e retirada, somente, quando a vedação da periferia, até a plataforma imediatamente superior, estiver concluída.

18.13.8 Na construção de edifícios com pavimentos no subsolo, devem ser instaladas, ainda, plataformas terciárias de proteção, de 2 (duas) em 2 (duas) lajes, contadas em direção ao subsolo e a partir da laje referente à instalação da plataforma principal de proteção.

18.13.8.1. Essas plataformas devem ter, no mínimo, 2,20 m (dois metros e vinte centímetros) de projeção horizontal da face externa da construção e um complemento de 0,80 m (oitenta centímetros) de extensão, com inclinação de 45° (quarenta e cinco graus), a partir de sua extremidade, devendo atender, igualmente, ao disposto no subitem 18.13.7.2.

18.13.9 O perímetro da construção de edifícios, além do disposto nos subitens 18.13.6 e 18.13.7, deve ser fechado com tela a partir da plataforma principal de proteção.

18.13.9.1 A tela deve constituir-se de uma barreira protetora contra projeção de materiais e ferramentas.

18.13.9.2 A tela deve ser instalada entre as extremidades de 2 (duas) plataformas de proteção consecutivas, só podendo ser retirada quando a vedação da periferia, até a plataforma imediatamente superior, estiver concluída.

18.13.10 Em construções em que os pavimentos mais altos forem recuados, deve ser considerada a primeira laje do corpo recuado para a instalação de plataforma principal de proteção e aplicar o disposto nos subitens 18.13.7 e 18.13.9.

18.13.11 As plataformas de proteção devem ser construídas de maneira resistente e mantidas sem sobrecarga que prejudique a estabilidade de sua estrutura.

A Fig. 8.44 ilustra a plataforma de proteção.

Fig. 8.44 *Plataforma (bandeja) da Megafund*
Fonte: <www.aecweb.com.br>.

Equipamentos para escoramento e fôrma

A madeira ainda é muito utilizada como material básico para a confecção dos escoramentos das fôrmas de lajes, vigas e pilares, como mostrado na Fig. 8.45, obtida do DRT/SP, a qual foi exposta com outro fim, qual seja, o de mostrar o trabalhador desprovido do EPI básico, o cinto. O combate ao desperdício de madeira sempre foi um tema de interesse da indústria da construção, nem sempre levado tão a sério quanto necessário. Atualmente, embora seu uso se dê de forma racional (com um jogo de fôrmas e de escoras podem ser executadas as lajes de todos os pavimentos de uma edificação), é cada vez maior sua substituição por escoras metálicas. Com o advento da implementação dos programas de qualidade na construção civil, é comum as empresas desenvolverem seus planejamentos estratégicos calcados, entre outros, no conceito da responsabilidade socioambiental, o que tem em muito contribuído para o aprimoramento do processo construtivo.

Fig. 8.45 *Equipamentos para escoramento e fôrma*
Fonte: DRT/SP.

Com a eliminação das toras e aparas de madeira, os canteiros passaram a apresentar um melhor aspecto quanto à limpeza, o que contribuiu para a redução da quantidade de entulho em geral. O conceito de limpeza passou a ter uma importância tão acentuada que, como já vimos, foi definido como um dos cinco S – o senso da limpeza no canteiro.

"Algo só é impossível até que alguém duvide e acabe provando o contrário."
Albert Einstein

Comungando com esse pensamento, acreditamos não estar muito longe o dia em que a indústria e a universidade, juntas, por meio da pesquisa, desenvolverão um material sintético capaz de substituir, com relativa vantagem, toda a madeira hoje usada nas coberturas das habitações, sob a forma de ripas, ripões, terças, tesouras etc. Provavelmente um produto na linha do PVC, do PEAD ou das fibras de carbono e de vidro, ou uma composição desses materiais.

A introdução das escoras metálicas na construção civil, como as de fabricação Hércules, reguláveis e mostradas na Fig. 8.46, teve o importante papel de fomentar a industrialização do processo construtivo. A consequência imediata se deu no desenvolvimento de fôrmas de alto grau de reaproveitamento e grande facilidade de montagem e desmontagem, com enorme ganho na diminuição da mão de obra e grande redução dos prazos de construção.

Vários são os fabricantes de escoras metálicas: Hércules, Rohr, Andmax, Anel Andaimes, Mecan, Pashal, Ulma e SH, entre outros de idêntica qualidade.

A empresa Rohr produz e comercializa as escoras em aço tipos A, B e C, compostas de tubo base e flauta, que permitem a regulagem de 10 cm

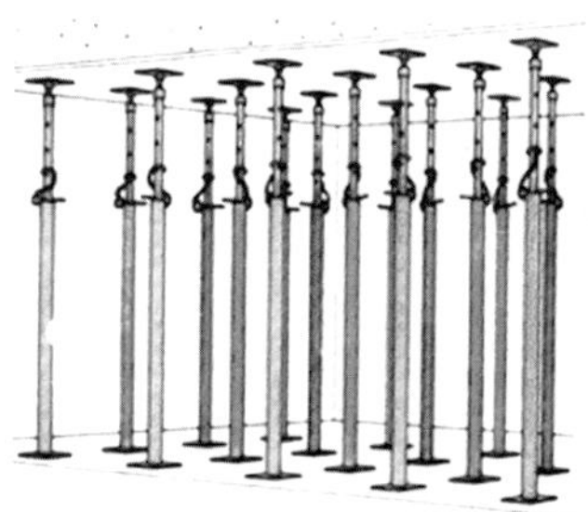

Modelo	Número	Capacidade de ajuste (m)		Peso (kg)	Carga admissível (kg)
		De	Até		
1 coringa	0	1,80	2,90	17,0	2.500
	1	2,20	3,25	18,5	2.500
	2	2,25	3,75	21,0	2.500
	3	3,15	4,25	29,0	2.200
	4	4,05	5,00	33,0	2.000
2 coringa	0	2,05	3,00	12,3	800
	1	2,05	3,25	12,3	1.000

Fig. 8.46 *Escoras metálicas da Hércules*
Fonte: <www.herculeselevadores.com.br>.

em 10 cm, e copo de rosca interna para regulagem fina, o que facilita muito o nivelamento das fôrmas. Suas características técnicas são apresentadas na Tab. 8.7.

Tab. 8.7 **Características técnicas das escoras em aço tipos A, B e C, da empresa Rohr**

Escora tipo	Comprimento (cm)	Capacidade de carga (kg)	Peso por peça (kg)
A	208 a 320	1.260 a 2.530	16,00
B	330 a 450	600 a 1.130	21,60
C	186 a 276	1.610 a 2.530	13,50

Fazem parte das escoras os seguintes acessórios:

- copo de regulagem;
- pino trava;
- suporte superior;
- forcado;
- forcado duplo;
- tripé.

Os forcados do sistema Rohr permitem a utilização de vigas em alumínio, consistindo no sistema Alutop de fôrmas, de fácil montagem e grande produtividade.

Dependendo do ramo de atividade da empresa e sendo grande a utilização das escoras no processo construtivo, as escoras metálicas podem, com vantagem, ser compradas e amortizadas em prazo relativamente curto.

O sistema Topec para lajes maciças é composto basicamente de duas peças: painel e escora (Fig. 8.47). O painel consta de chassi de alumínio, forrado com compensado plastificado. Dispensa mão de obra especializada e revestimento de teto, e também não são necessários cortes, pregos e emendas. As características técnicas desses painéis são mostradas na Tab. 8.8.

Produtividade de mão de obra para montagem: 0,30 hh/m^2.

A Fig. 8.48 ilustra o sistema Topec para lajes nervuradas. Nessa inteligente solução desenvolvida pela SH, as cubas apóiam-se diretamente no assoalho, o que confere maior segurança, rapidez na montagem e possibilidade de uso de qualquer tamanho de cuba.

Fig. 8.47 *Sistema Topec para lajes maciças, fabricado pela SH*
Fonte: <www.shformas.com.br>.

Tab. 8.8 Características técnicas dos painéis Topec, da empresa SH

Dimensões do painel (cm)	Peso com compensado (kg)	Espessura máxima da laje (cm)
200 × 100	22,91	22
200 × 075	19,15	30
100 × 100	13,51	30
075 × 100	11,51	30
075 × 075	10,14	30

Fig. 8.48 *Sistema Topec para lajes nervuradas, fabricado pela SH*
Fonte: <www.shformas.com.br>.

O sistema de reescoramento permite a retirada dos painéis em cerca de três dias.

A SH também dispõe de sistemas específicos de fôrmas, como as fôrmas Tekko e Concreform SH para paredes e pilares, e as fôrmas Mísula SH para barragens.

O sistema Tekko de fôrmas é composto por chassis de aço, forrado com compensado de 12 mm (Fig. 8.49). Os painéis são modulados nas dimensões 30 cm × 90 cm, 60 cm × 90 cm e 90 cm × 90 cm. O acoplamento dos painéis se dá por meio de *clips* e o alinhamento é feito com perfis metálicos.

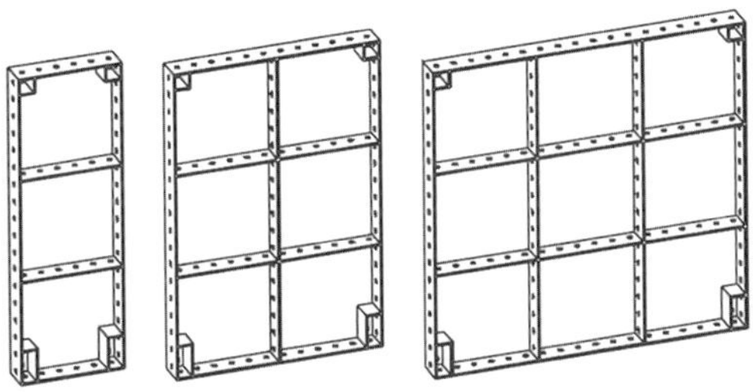

Fig. 8.49 *Sistema Tekko, fabricado pela SH*
Fonte: <www.shformas.com.br>.

Pilares e vigas podem ser executados com os painéis Tekko em quaisquer dimensões múltiplas de 5 (25 cm, 30 cm, 35 cm etc.) ou múltiplas de 5 + 2 (27 cm, 32 cm, 37 cm etc.). Outras formas geométricas podem ser facilmente resolvidas, como as formas circulares, as trapezoidais em canais etc.

A carga admissível nos painéis Tekko é de 40 kN/m^2 e o respectivo índice de produtividade de mão de obra é de 0,50 hh/m^2.

No sistema Concreform SH, a fôrma consiste de um chassi de aço galvanizado, forrado com compensado plastificado de 15 mm de espessura (Fig. 8.50). As dimensões básicas do painel das paredes são de 75 cm × 270 cm (área de 2,0 m^2).

Para os pilares, podem ser adotadas medidas que vão de 20 cm a 60 cm, com a utilização dos grampos especiais mostrados na Fig. 8.51.

A carga admissível nos painéis Concreform SH é de 60 kN/m^2 e o índice de produtividade de mão de obra é de 0,30 hh/m^2.

A fôrma Mísula SH é de grande utilidade na construção de barragens (Fig. 8.52). Pode ser utilizada em conjunto com o sistema Concreform SH e caracteriza-se por sua praticidade e economia de mão de obra.

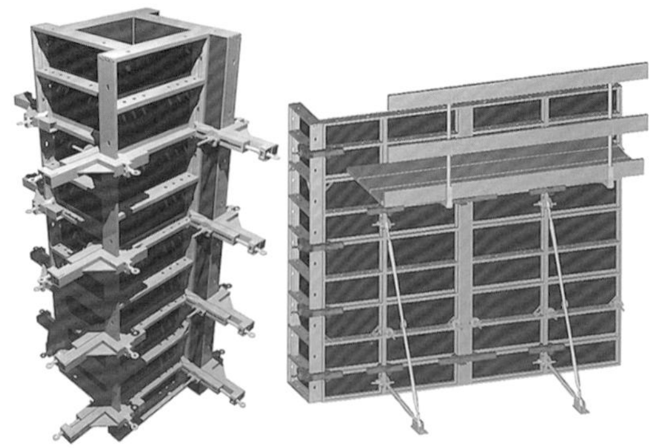

Fig. 8.50 *Sistema Concreform para pilares e paredes*
Fonte: <www.shformas.com.br>.

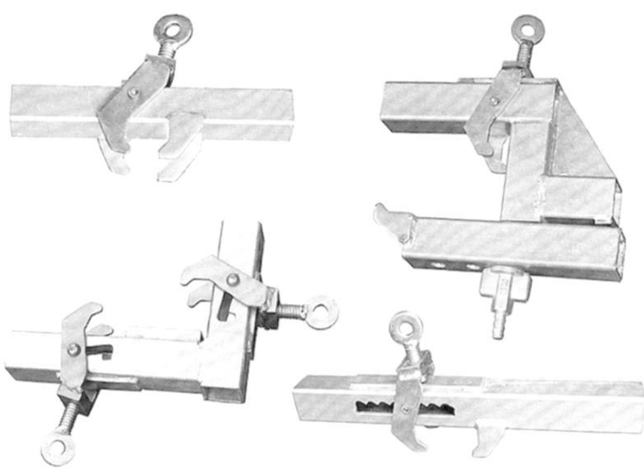

Fig. 8.51 *Grampos especiais: a carga admissível nos painéis Concreform da SH é de 60 kN/m²*
Fonte: <www.shformas.com.br>.

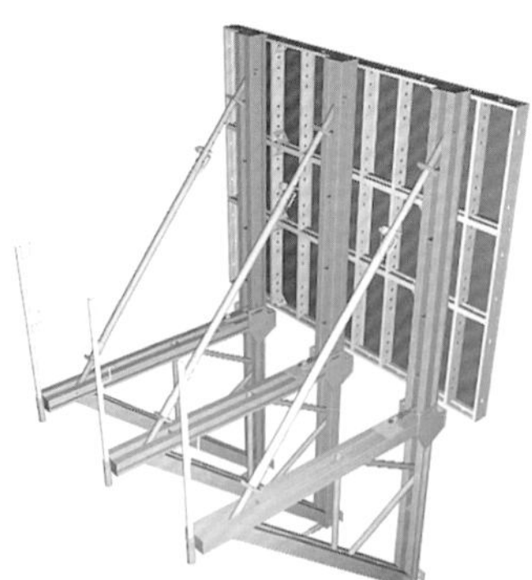

Fig. 8.52 *Mísula SH*
Fonte: <www.shformas.com.br>.

Finalmente, ainda existem as treliças telescopáveis para fôrmas de laje, batizadas pela SH como treliformas (Fig. 8.53). Elas vencem vãos de 1,30 m a 5,55 m, em substituição aos escoramentos.

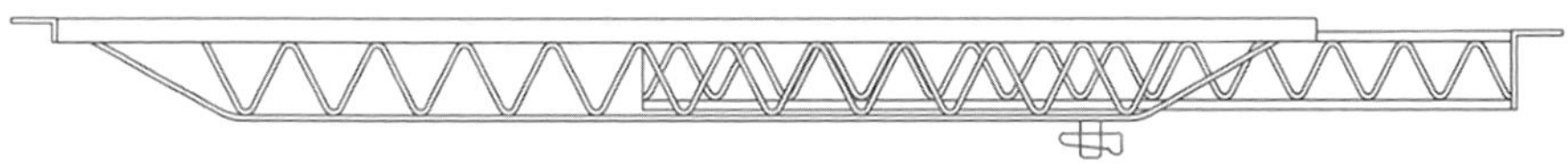

Fig. 8.53 *Treliforma, de fabricação da SH*
Fonte: <www.shformas.com.br>.

Nas construções de pontes, viadutos e passarelas, obras essas caracterizadas pelas estruturas projetadas com vigas com grandes vãos, tem tido grande aplicação o uso da treliça metálica, por ser considerada a melhor solução técnica para o lançamento de vigas pré-moldadas em concreto armado ou protendido. Em geral essas treliças têm capacidade de suportar até 140 t e vencer vãos de até 45 m.

Misturadores

Terminaremos este capítulo por onde deveríamos ter iniciado: pelo equipamento indispensável em qualquer obra e amiga inseparável do engenheiro – a betoneira. Ela é classificada pelo volume que processa e pela condição de carga, pois pode ou não ser provida de carregador.

Fig. 8.54 *Betoneira da CSM, com 600 L de capacidade e carregador*

A CSM, tradicional fabricante de betoneiras, possui equipamentos com capacidade de 120 L, 130 L, 150 L, 400 L e 600 L (Fig. 8.54). Outros fornecedores, igualmente importantes, comercializam misturadores com capacidades maiores, de 750 L e 1.000 L.

8.4 Planilha para facilitar a organização, a demonstração e o cálculo dos custos com o canteiro de obras

Na Tab. A.2 do Anexo A.1 é fornecida, como sugestão, uma planilha onde o engenheiro poderá, com as adaptações – introduções e supressões – em função das especificidades e do porte de cada obra, apropriar os custos indiretos referentes ao canteiro de obras, inclusive os gastos com transportes, aluguéis, consumos de combustíveis e manutenção de veículos, entre outros.

Conceituação e evolução do BDI – cálculo e limites

9

"Às vezes, questões são mais importantes que respostas."
Nancy Willard

9.1 Conceituação e fórmulas

Introduzimos quatro importantes conceitos na seção 4.4:

- *Custo direto*: é o gasto atrelado à atividade-fim, ou seja, diretamente relacionado com a produção do bem. Corresponde ao custo dos serviços extraídos dos projetos. Cada um desses serviços deve ter seu custo demonstrado numa planilha intitulada composição de custo unitário. Às vezes, de maneira informal e alternativa, fazemos indevidamente referência à composição de custo usando a expressão *composição de preço*. Entretanto, é preciso ser rigoroso quanto a esse uso, já que os dois vocábulos possuem significados distintos, como veremos adiante.
- *Custos indiretos*: são gastos indispensáveis que se relacionam com o bem de forma indireta. Compreendem esses custos a) o canteiro de obras, b) a administração local e c) a mobilização e a desmobilização. Há algum tempo, somente o canteiro de obras era considerado um item componente do orçamento, o qual não tinha seus custos avaliados detalhadamente e participava da planilha do orçamento sob a forma de um percentual preestabelecido de modo impreciso sobre o valor total da obra, que nem sempre cobria os gastos com sua implantação e manutenção. Esse era o critério vigente à época e adotado oficialmente na elaboração do orçamento do projeto básico, que integrava a documentação das licitações.

  Os demais componentes, itens b) e c), também não eram admitidos pelos agentes financeiros na formação dos custos, segundo o critério adotado na aprovação dos projetos.

  Os encargos complementares, que acrescem os encargos sociais sobre a mão de obra, conforme os itens já mostrados no Cap. 7, também não faziam parte do banco de dados oficial de insumos e composições de custo (Sinapi), de uso obrigatório, sendo essa prática uma exigência de ordem legal.

Com a atuação cada vez mais rigorosa dos órgãos de controle – Tribunal de Contas da União (TCU) e Controladoria-Geral da União (CGU) – sobre os contratos para construção de obras públicas com recursos federais, foi necessário rever os modelos e os procedimentos adotados na elaboração dos orçamentos, dotando-os de maior exatidão e transparência, quando então os custos de mobilização, desmobilização, implantação do canteiro, manutenção do canteiro e administração local passaram a ser demonstrados discriminadamente em planilha, constituindo-se na prática usual e obrigatória.

Essa medida trouxe benefícios para a Engenharia, facilitando a fiscalização e o relacionamento com as empresas contratadas, cujas medições são baseadas na planilha do orçamento, agora mais clara com esses custos explícitos.

- *Custo direto total*: representa o total das duas modalidades de custo descritas anteriormente. É o principal componente do orçamento da obra, podendo chegar a valores da ordem de 50% a 75% do valor da obra, ou até um pouco mais. Conhecido o custo direto total, restam ainda, aproximadamente, 50% a 25% do orçamento a serem investigados, que vêm a ser as despesas indiretas (DI).
- *Despesas indiretas*: são todos os demais dispêndios ou gastos não relacionados diretamente com a produção do bem. Algumas dessas despesas podem nem ser facilmente quantificadas e apropriadas em relação às receitas que produzem. As despesas indiretas na construção civil podem (ou devem) ser organizadas em quatro grupos: a) a administração central, b) os tributos, c) as despesas financeiras e d) as despesas com seguro, risco e a garantia.

Finalmente, há ainda mais uma parcela do orçamento, não classificada como despesa indireta, mas que concorre para a formação do preço, que é a bonificação B ou o lucro. Esse é um importante componente do valor da obra, porém não pertence a nenhuma das categorias de custo ou despesa, conforme podemos ver no organograma apresentado na Fig. 9.1.

A divisão do orçamento segundo essas parcelas proporciona suficiente precisão e possibilita o cálculo rápido do BDI. Isso porque o BDI do orçamento é um número expresso em porcentagem, calculado por meio da aplicação de uma fórmula cujos componentes são exatamente os valores dessas parcelas mencionadas. Essas parcelas, uma vez expressas em reais, se forem divididas pelo custo direto total transformam-se todas em porcentagem.

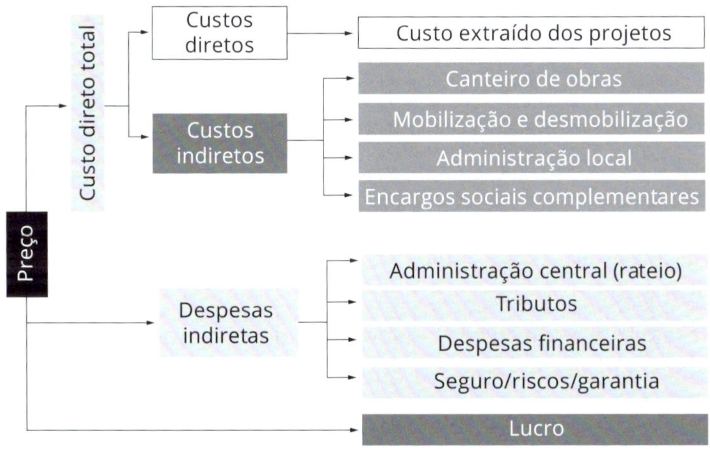

Fig. 9.1 *Estrutura de formação do preço do orçamento*

9.1.1 Mas o que é o BDI?

O prof. Tisaka (2009) define o BDI como

> uma taxa que se aplica ao Custo Direto Total para cobrir as despesas indiretas que tem o construtor, mais o risco do empreendimento, as despesas financeiras incorridas, os tributos incidentes na operação, eventuais despesas de comercialização, o lucro do empreendedor, e o seu resultado é fruto de uma operação matemática baseada em dados objetivos envolvidos em *cada obra*.

O grifo é nosso e objetiva realçar o entendimento de que o BDI é único para cada obra, uma espécie de RG dela. Não há um mesmo BDI para duas obras distintas. Até mesmo duas obras com idêntico objeto, se executadas em locais diferentes, sem guardar semelhanças de geografia e logística, poderão apresentar BDIs com algumas diferenças.

O acrônimo ou sigla BDI vem de *Budget Difference Income*, de origem inglesa, e poderia ser traduzido ao pé da letra como "receita adicional além do orçamento", mas ficou consagrado no meio técnico como *Benefício (ou Bonificação) e Despesas Indiretas*.

Décadas atrás, quando a inflação rondava os três dígitos, a carga tributária era menor que a atual, hoje próxima dos 34% do PIB, e a taxa de encargos sociais era bastante reduzida em relação à vigente, que anda por volta dos 160% – pois não integravam seu cálculo parcelas como o vale-transporte, as refeições no canteiro, o Seconci, as férias remuneradas, o EPI, as ferramentas e alguns seguros, entre outras conquistas sociais obtidas pelos sindicatos dos trabalhadores –, a estimativa do BDI tinha muito pouca ou quase nenhuma importância, pois eventuais erros cometidos por omissão ou desconhecimento em seu cálculo eram facilmente absorvidos pela correção monetária, algumas vezes capaz de dobrar o valor da proposta em pouco mais de um mês.

Nessa época, durante a elaboração dos orçamentos, as equipes de engenharia dedicavam-se quase que exclusivamente ao levantamento do custo direto, por meio da extração dos custos dos serviços contidos em cada projeto. Do canteiro de obras, pouco valorizado, somente parte dos custos de implantação, como de barracões, cercas, tapumes e placas, eram orçados e incluídos na planilha do orçamento. Os outros custos e despesas indiretas, inclusive o lucro, eram supostamente incluídos no BDI, um valor arbitrado (e extraído da "manga do colete") a partir de experiências passadas e bem-sucedidas. Esse valor assim arbitrado garantia o sucesso almejado, pois o lucro inflacionário, que certamente seria auferido, era capaz de proporcionar bons resultados econômicos e financeiros.

Com a estabilidade econômica proporcionada pelo Plano Real, iniciada em julho de 1994 por meio da MP nº 434, e sob os efeitos da Lei nº 8.666/1993, onde já se admitia o julgamento das propostas pelo menor preço, as empresas foram pegas de surpresa, pois a cultura dos preços indexados teve de ser rapidamente substituída pela dos chamados preços de mercado, devidamente demonstrados.

Nessas circunstâncias, a técnica de avaliação do BDI teve necessariamente de ser mais bem estudada, sendo seu valor apurado com exatidão até a segunda casa decimal.

Essa prática tem sido mantida até os dias atuais, pois o BDI continua sendo usado como multiplicador dos custos unitários e do custo direto total para a obtenção dos valores unitários de venda e do valor global de venda do empreendimento. Caso esses valores sejam superiores aos de referência estabelecidos pelos órgãos controladores, como o TCU, poderão ser considerados valores fora de mercado e, consequentemente, com sobrepreço. Assim, em caso de contratação, os dirigentes poderão ser responsabilizados e sujeitos a sanções legais.

Em 1998, com a Lei nº 9.648, tornou-se obrigatória a fixação dos preços máximos nos editais, exigindo do orçamentista maior rigorismo ainda na elaboração do orçamento e no cálculo do BDI.

9.1.2 Fórmula do BDI

Em 2004, o Instituto de Engenharia de São Paulo lançou o documento "Metodologia de cálculo da taxa do BDI", onde foram estabelecidos os conceitos de custo, despesa, parcelas componentes, além da fórmula de cálculo do BDI. Esse documento foi revisado em 2009 (Tisaka, 2009).

Essa fórmula já passou por diversas formatações, variando à medida que novos conhecimentos sobre esse tema foram sendo desenvolvidos. A versão atual é a que consta do Acórdão nº 325/2007 do TCU e é uma evolução da fórmula desenvolvida por Mendes e Bastos (2001), a seguir indicada:

$$BDI = \left[\left(\frac{\left(\left(1+\left(\frac{AC}{100}+\frac{S}{100}+\frac{R}{100}+\frac{G}{100}\right)\right)\left(1+\frac{DF}{100}\right)\left(1+\frac{L}{100}\right)\right)}{\left(1-\frac{I}{100}\right)}\right)-1\right]\times 100$$

Nessa fórmula, as letras representam as parcelas do grupo das despesas indiretas e são expressas em números decimais, por exemplo, 8,5 (oito e meio por cento); daí todas as parcelas estarem divididas por cem. Essas porcentagens são o quanto cada parcela representa em relação ao custo direto total e têm os seguintes significados: AC – taxa de administração central; S – seguro; R – risco; G – garantia; DF – despesa financeira; I – impostos; e L – lucro. Esses componentes do BDI serão explicados adiante.

Os custos indiretos participam do cálculo do BDI na formação do valor do custo direto total, que serve de denominador na fração de cálculo das porcentagens das despesas indiretas.

Por que a fórmula do BDI tem a configuração apresentada? Podemos destacar as seguintes razões:

- Como os impostos incidem sobre a nota fiscal (preço), estes devem estar posicionados no denominador.

- O seguro, o risco e a garantia (S, R, G) se dão no âmbito da administração central (AC). São função do custo, pois podem ser avaliados antecipadamente, sem a necessidade do conhecimento do preço final de venda. Logo, AC, S, R e G podem ser somados e posicionados no numerador.
- Esse subtotal (AC + S + R + G) ocorre antecipadamente ao faturamento e recebe influência da despesa financeira (DF). Então, DF deve se constituir num fator multiplicador.
- O lucro (L) não deve receber influência de S, R e G e constitui bônus da contratada. Logo, essa parcela pode estar posicionada no denominador.

Em assim sendo, a fórmula do BDI poderia assumir a configuração a seguir, embora não seja esse o entendimento do TCU, que decidiu pela configuração anterior, com a parcela do lucro posicionada no numerador, isto é, aplicada sobre o custo:

$$BDI = \left[\left(\frac{\left(\left(1+\left(\frac{AC}{100}+\frac{S}{100}+\frac{R}{100}+\frac{G}{100}\right)\right)\left(1+\frac{DF}{100}\right)\right)}{\left(1-\frac{I+L}{100}\right)}\right)-1\right]\times 100$$

9.1.3 Limitações dos valores do BDI – evolução

- *1999*: o TCU, na Decisão nº 255/1999-Plenário, define o BDI "como um percentual aplicado sobre o custo para chegar ao preço de venda a ser apresentado ao cliente".
- *2001*: Mendes e Bastos publicam o artigo intitulado "Um aspecto polêmico dos orçamentos de obras públicas: Benefícios e Despesas Indiretas (BDI)" na *Revista do TCU*.
- *2004*: o Instituto de Engenharia de São Paulo estabelece o novo critério de elaboração de orçamento, através do documento "Metodologia de cálculo da taxa do BDI", de autoria do prof. Maçaiko Tisaka, com:
  - ◇ conceito de custo e despesa;
  - ◇ definição de BDI;
  - ◇ parcelas que compõem o BDI.

- 2007: Acórdão nº 325 do TCU.

  Por esse acórdão, foram estabelecidos critérios de aceitabilidade para o BDI em obras de implantação de linhas de transmissão de energia elétrica, identificando os itens passíveis de serem considerados na composição do BDI, os valores médios ou medianos praticados e a respectiva faixa de variabilidade, com vistas a subsidiar o trabalho de fiscalização desse tipo de obra, conforme mostrado na Tab. 9.1.

  Os tributos IRPJ e CSLL passaram a não integrar o cálculo do BDI por terem sido considerados por esse tribunal como tributos de natureza direta e personalística, que oneram pessoalmente o contratado, não devendo ser repassados ao contratante.

  Observemos que não é incomum encontrarmos autores e instituições que adotam a sigla LDI em vez de BDI por fidelidade ao uso da letra L, que simboliza o lucro. Preferimos utilizar BDI mesmo, mantendo o B de bonificação, e não o L.

Tab. 9.1 **Limites para o BDI e suas parcelas, segundo o Acórdão nº 325/2007 do TCU**

Descrição	**Mínimo**	**Máximo**	**Média**
Garantia	0,00	0,42	0,21
Risco	0,00	2,05	0,97
Despesas financeiras	0,00	1,20	0,59
Administração central	0,11	8,03	4,07
Lucro	3,83	9,96	6,90
Tributos	6,03	9,03	7,65
Cofins	3,00	3,00	3,00
PIS	0,65	0,65	0,65
ISS	2,00	5,00	3,62
CPMF	0,38	0,38	0,38
Total	16,36	28,87	22,61

  Essa tabela passou a ser usada indiscriminadamente para todas as obras, e não só linhas e subestações, financiadas com recursos federais.

- 2009: o Instituto de Engenharia publica uma revisão da metodologia apresentada em 2004.

- *2010*: a Lei nº 12.309 (LDO 2011), em seu Art. 127, define oficialmente o critério para a elaboração de orçamento de obras públicas:

> O custo global de obras e serviços de engenharia contratados e executados com recursos dos orçamentos da União será obtido a partir de composições de custos unitários, previstas no projeto, menores ou iguais à mediana de seus correspondentes no Sistema Nacional de Pesquisa de Custos e Índices da Construção Civil - SINAPI, mantido e divulgado, na internet, pela Caixa Econômica Federal, e, no caso de obras e serviços rodoviários, à tabela do Sistema de Custos de Obras Rodoviárias - SICRO, excetuados os itens caracterizados como montagem industrial ou que não possam ser considerados como de construção civil.

O mesmo artigo, em seu § 7º, estabelece:

> O preço de referência das obras e serviços de engenharia será aquele resultante da composição do custo unitário direto do sistema utilizado, acrescido do percentual de Benefícios e Despesas Indiretas - BDI, evidenciando em sua composição, no mínimo:
> I - taxa de rateio da administração central;
> II - percentuais de tributos incidentes sobre o preço do serviço, excluídos aqueles de natureza direta e personalística que oneram o contrato;
> III - taxa de risco, seguro e garantia do empreendimento; e
> IV - taxa de lucro.

- *2011*: Acórdão nº 2.369 do TCU.
Esse acórdão veio estabelecer a adoção de valores referenciais para taxas de BDI, para diferentes tipos de obra e serviços de engenharia, e para itens específicos para a aquisição de produtos, de acordo com as Tabs. 9.2 a 9.8. Outros tipos de obras, como os discriminados a seguir, poderão ser consultados no documento original do citado acórdão:
◇ obras hídricas - irrigação e canais;
◇ obras hídricas - saneamento básico;

- ◇ obras hídricas – redes adutoras e estações elevatórias e de tratamento;
- ◇ obras portuárias – estruturas portuárias;
- ◇ obras aeroportuárias – pátios e pistas de pouso;
- ◇ obras aeroportuárias – terminal de passageiros;
- ◇ obras rodoviárias e ferroviárias;
- ◇ fornecimento de equipamentos e materiais relevantes.

Tab. 9.2 **Limites para o BDI segundo o TCU – Acórdão nº 2.369/2011**

Obras (R$)	Construção		Reforma		Fornecimento	
	Mín.	Máx.	Mín.	Máx.	Mín.	Máx.
Até 150.000,00	20,80	30,00	22,40	31,90	10,50	19,60
150.000,01 a 1.500.000,00	19,70	28,80	21,30	30,70		
1.500.000,01 a 75.000.000,00	18,60	27,60	20,10	29,60		
75.000.000,01 a 150.000.000,00	17,40	26,50	19,00	28,40		
Acima de 150.000.000,00	16,30	25,30	17,90	27,20		

Tab. 9.3 **Limites para os tributos segundo o TCU – Acórdão nº 2.369/2011**

Tributo	Construção		Reforma		Fornecimento	
	Mín.	Máx.	Mín.	Máx.	Mín.	Máx.
ISS	1,00	2,50	1,20	3,00	0,00	0,00
PIS	0,65	0,65	0,65	0,65	0,65	0,65
Cofins	3,00	3,00	3,00	3,00	3,00	3,00

Tab. 9.4 **Limites para a administração central segundo o TCU – Acórdão nº 2.369/2011**

Obras (R$)	Construção		Reforma		Fornecimento	
	Mín.	Máx.	Mín.	Máx.	Mín.	Máx.
Até 150.000,00	4,00	8,15	5,40	10,00	1,30	8,00
150.000,01 a 1.500.000,00	3,50	7,65	4,90	9,50		
1.500.000,01 a 75.000.000,00	3,00	7,15	4,40	9,00		
75.000.000,01 a 150.000.000,00	2,50	6,65	3,90	8,50		
Acima de 150.000.000,00	2,00	6,15	3,40	8,00		

Tab. 9.5 **Limites para o lucro segundo o TCU – Acórdão nº 2.369/2011**

Obras (R$)	Construção		Reforma		Fornecimento	
	Mín.	Máx.	Mín.	Máx.	Mín.	Máx.
Até 150.000,00	7,50	11,35	7,00	9,90	1,75	6,50
150.000,01 a 1.500.000,00	7,00	10,85	6,50	9,40		
1.500.000,01 a 75.000.000,00	6,50	10,35	6,00	8,90		
75.000.000,01 a 150.000.000,00	6,00	9,85	5,50	8,40		
Acima de 150.000.000,00	5,50	9,35	5,00	7,90		

Tab. 9.6 **Limites para as despesas financeiras segundo o TCU – Acórdão nº 2.369/2011**

Obras	Construção		Reforma		Fornecimento	
	Mín.	Máx.	Mín.	Máx.	Mín.	Máx.
Despesas financeiras	0,50	1,50	0,50	1,50	0,50	1,50

Tab. 9.7 **Limites para o seguro, a garantia e o risco segundo o TCU – Acórdão nº 2.369/2011**

Obras	Construção	
	Mín.	Máx.
Seguros	0,00	0,81
Garantias	0,00	0,42
Riscos	–	–
Obras simples, em condições favoráveis, com execução em ritmo adequado	0,25	0,57
Obras medianas em área e/ou prazo, em condições normais de execução	0,29	0,65
Obras complexas, em condições adversas, com execução em ritmo acelerado, em áreas restritas	0,35	0,78

Nesse acórdão foram estabelecidas as seguintes premissas:

- ◇ mantida a decisão quanto à retirada do IRPJ e CSLL do cálculo do BDI;
- ◇ devem constar da planilha do orçamento as parcelas referentes a administração local, canteiro de obras, mobilização e desmobilização, ferramentas e equipamentos de qualquer natureza, licenças, taxas e emolumentos incorridos na aprovação dos

projetos, alvará, Habite-se, registros cartoriais, órgãos de fiscalização, concessionárias de serviços públicos, Crea, gastos com saúde, medicina e segurança do trabalho, dispêndios com medidas mitigadoras de danos ambientais, e outros não incluídos nas composições unitárias;

- o item *mobilização e desmobilização* cobrirá somente despesas com transporte, carga e descarga necessários à mobilização e à desmobilização dos equipamentos e da mão de obra utilizados no canteiro;
- o pagamento do item *administração local* deve ser feito na proporção da execução física;
- o pagamento do item *instalação do canteiro e acampamento* deve ser feito na proporção da execução física;
- deve ser criado um grupo de trabalho para efetuar uma análise pormenorizada, utilizando critérios contábeis e estatísticos, dos parâmetros definidos nas respectivas tabelas.

Tab. 9.8 Limites das parcelas do BDI para fornecimento de materiais e equipamentos segundo o TCU – Acórdão nº 2.369/2011

Obras	Construção	
	Mín.	Máx.
Administração central	1,30	8,00
Despesas financeiras	0,50	1,50
Seguros	0,00	0,54
Riscos	0,25	0,57
Garantia	0,00	0,42
Tributos	–	–
ISS	0,00	0,00
PIS	0,65	0,65
Cofins	3,00	3,00
Lucro	1,75	6,50
Total	7,45	21,18

A nosso ver, ao estabelecer parâmetros diferenciados para a formação do BDI de referência, por cada tipo de obra listada, o TCU cometeu um equívoco, pois, para que essa premissa fosse verdadeira, seria necessário que esses parâmetros possuíssem características marcantes, específicas para cada tipo de obra, capazes de torná-los característicos, o que não acontece na realidade.

Afinal, o que significa o BDI senão um número que se obtém a partir da aplicação de uma fórmula matemática?

Olhemos então para os componentes da fórmula vigente, as parcelas do BDI já mostradas:

◇ *AC*: não depende do tipo de obra. As grandes empresas têm quase sempre suas estruturas administrativas bastante semelhantes e, atualmente, com tendência à redução. As obras de grande porte e até mesmo as menores normalmente concebem as administrações locais com estrutura reduzida, mas suficiente o bastante para selecionar e contratar pessoal, comprar grande parte dos materiais no próprio canteiro, coletar e organizar os dados técnicos, administrativos e financeiros necessários aos relatórios de controle do cronograma da obra, pagamentos e emissão de faturas, sem que na administração central sejam necessárias grandes ações, transformações ou ingerências.

◇ *L*: o lucro é uma aspiração da empresa, um prêmio, um valor quase subjetivo.

◇ *DF*: as despesas financeiras são decorrentes da defasagem de datas entre a execução dos serviços e o recebimento dos pagamentos correspondentes. Além do prazo dessa defasagem, dependem das taxas praticadas pelo mercado financeiro. Chegam a sofrer alguma influência pelo tipo da obra, em função dos percentuais de material e de mão de obra, mas que não chega a ser determinante.

◇ *I*: os impostos (tributos) são matéria disciplinada em lei. Independem da obra ou de seu tipo.

◇ *G*: a garantia é texto também previsto em lei.

◇ *R, S*: o risco e o seguro, esses sim, são função das características da obra, de seu porte, das condições geográficas de sua localização, do prazo de execução etc. Entretanto, essas características não são suficientemente expressivas para determinar e caracterizar o BDI, nem participam com grande peso em sua formação, exercendo em geral pouca influência em seu cálculo.

Portanto, não achamos que deva haver relação específica de vinculação entre o BDI e o tipo de obra.

- *2011*: o Instituto de Engenharia de São Paulo apresenta a Norma Técnica para Elaboração de Orçamento de Obras de Construção Civil. Essa norma teve como objetivo uniformizar os vários tipos de metodologia empregados para a elaboração de orçamento de obras e serviços de Engenharia Civil, incluindo:
  - ◇ diversas tipologias de edificações, construídas por empreitada ou por administração;
  - ◇ edificações comerciais e construções industriais;
  - ◇ obras rodoviárias, ferroviárias e metroviárias;
  - ◇ obras de saneamento básico e ambiental;
  - ◇ obras de construção pesada;
  - ◇ obras de transmissão de energia elétrica.

  Esse documento faz referência à legislação, inclusive à lei de uso e ocupação do solo, às normas da ABNT que são referência nessa área de conhecimento, e às resoluções do Confea e do Condema.

  São estabelecidos os conceitos de custo direto, custo indireto, despesas indiretas, leis sociais, administração local, administração central, canteiro de obras, encargos sociais e complementares, seguro de vida em grupo, seguro de responsabilidade civil, seguro contra danos patrimoniais e seguro de responsabilidade civil, taxa de risco do empreendimento, despesas financeiras de capital de giro, lucro e tributos, além das definições de projeto básico e executivo à luz da legislação vigente e da ABNT. Por fim, são apresentados os elementos básicos que compõem o orçamento de obras e a classificação das obras por categoria segundo a NBR 8950. Enfim, trata-se de um documento da mais alta importância para os engenheiros civis e, em particular, para os engenheiros que militam na área de Orçamento de Obras.
- *2013*: Acórdão n° 2.622 do TCU.

  Esse documento expressa o resultado da pesquisa desenvolvida pelo grupo de trabalho constituído por membros de várias unidades técnicas especializadas do TCU, em atendimento ao Acórdão n° 2.369/2011, que teve por objetivo definir faixas aceitáveis para valores de taxas de BDI específicas para cada tipo de obra pública e para aquisição de materiais e equipamentos relevantes.

  Por esse acórdão, deverão ser adotados os valores de BDI por tipo de obra indicados na Tab. 9.9, em substituição aos referenciais contidos nos Acórdãos n° 325/2007 e n° 2.369/2011.

Tab. 9.9 **Valores do BDI por tipo de obra segundo o TCU – Acórdão nº 2.622/2013**

Tipo de obra	1º quartil	Médio	3º quartil
Construção de edifícios	20,34	22,12	25,00
Construção de rodovias e ferrovias	19,60	20,97	24,23
Construção de redes de abastecimento d'água, coletora de esgoto e construções correlatas	20,76	24,18	26,44
Construção e manutenção de estações e redes de distribuição de energia elétrica	24,00	25,84	27,86
Obras portuárias, marítimas e fluviais	22,80	27,48	30,95
Fornecimento de materiais e equipamentos	11,10	14,02	16,80

A orientação fornecida pelo TCU é a de que, nas análises dos orçamentos de obras públicas, quando a taxa de BDI se situar fora dos valores estipulados na tabela anterior, seja realizada a análise pormenorizada dos parâmetros componentes do BDI segundo os valores apresentados na Tab. 9.10.

O critério adotado pelo aludido grupo para o estabelecimento desses valores-limites consistiu "na pesquisa em aproximadamente 10.000 contratos de obra, objetivando assegurar o maior rigor possível". Dada a inviabilidade de se trabalhar com uma população desse tamanho, foi utilizada a inferência estatística com a seleção de uma amostra representativa dividida em grupos (estratos) e, em seguida, processada a coleta de dados e efetuado o tratamento estatístico correspondente, que redundou nas tabelas apresentadas.

Sem dúvida, do ponto de vista do rigor dos critérios matemático e estatístico empregados, o trabalho é do mais alto nível. Entretanto, temos de lembrar que esses parâmetros (*input*), coletados sob o regime de tabelamento imposto pelos Acórdãos nº 325/2007 e nº 2.369/2011, não devem expressar o valor real desses gastos, pois, como lhes devem obediência, são em consequência menores ou situados dentro das faixas de valores admissíveis fixadas nos citados acórdãos. Isso cria uma deficiência no *input* que é transmitida para o *output*, gerando relatórios que não produzirão a eficácia almejada.

Achamos temerária a aplicação dessas tabelas de forma indiscriminada na elaboração do orçamento do projeto básico, como também de forma específica em processos de aferição e julgamento de preço. Vejamos, por exemplo, a adoção do valor máximo de 5,50% para a administração central (AC) de uma pequena empresa, que pretende participar de uma licitação para a construção de uma edificação cujo valor do custo direto

Tab. 9.10 Faixas de valores dos parâmetros por tipo de obra segundo o TCU – Acórdão nº 2.622/2013

Tipo de obra	Administração central (%)			Seguro + garantia (%)			Risco (%)			Despesas financeiras (%)			Lucro (%)		
	1º quar	Médio	3º quar	1º quar	Médio	3º quar	1º quar	Médio	3º quar	1º quar	Médio	3º quar	1º quar	Médio	3º quar
Construção de edifícios	3,00	4,00	5,50	0,80	0,80	1,00	0,97	1,27	1,27	0,59	1,23	1,39	6,16	7,40	8,96
Construção de rodovias e ferrovias	3,80	4,01	4,67	0,32	0,40	0,74	0,50	0,56	0,97	1,02	1,11	1,21	6,64	7,30	8,69
Construção de redes de abastecimento d'água, coleta de esgoto e correlatas	3,43	4,93	6.71	0,28	0,49	0,75	1,00	1,39	1,74	0,94	0,99	1,17	6,74	8,04	9,40
Construção e manutenção de estações e redes de distribuição de energia elétrica	5,29	5,92	7,93	0,25	0,51	0,56	1,00	1,48	1,97	1,01	1,07	1,11	8,00	8,31	9,51
Obras portuárias, marítimas e fluviais	4,00	5,52	7,85	0,81	1,22	1,99	1,46	2,32	3,16	0,94	1,02	1,33	7,14	8,40	10,43
Fornecimento de materiais e equipamentos	1,50	3,45	4,49	0,30	0,48	0,82	0,56	0,85	0,89	0,85	0,85	1,11	3,50	5,11	6,22

total esteja em torno de R$ 800.000,00, com uma expectativa de que o valor de venda dessa obra seja de aproximadamente R$ 1.000.000,00. De acordo com o percentual permitido de 5,50%, a AC só será remunerada (por essa obra) em R$ 44.000,00. Se entendermos que uma empresa de construção de porte minúsculo, com uma estrutura mínima, demanda, com sua AC, conforme a Tab. A.4 do Anexo A.1, uma despesa anual da ordem de R$ 350.000,00, então concluiremos que serão necessárias mais sete obras do mesmo porte desta para que a empresa possa sobreviver e honrar os compromissos com sua AC. Contudo, sabemos que, em condições normais, é impossível uma empresa de pequeno porte – que na maioria das vezes tem participação maior em licitações na modalidade cartas-convite, cujo valor máximo é de R$ 150.000,00 – atingir no exercício um faturamento anual de R$ 8.000.000,00, possibilitando assim a almejada liquidez indispensável à sua manutenção no negócio.

De outro lado, como engenheiro, tenho dificuldade de assimilar e de aceitar por que, se em uma obra de edificações o lucro máximo permitido é de 8,96%, em outra referente a uma rodovia esse valor deve cair para 8,69%.

Constitui dever de ofício de todo servidor público zelar pelo patrimônio e pelas finanças do Estado, assim como compete a todo doutrinador estabelecer regras e critérios com iguais propósitos. Entretanto, essas regras não devem prescindir do princípio mais nobre, que é o do senso de justiça.

Achamos que, em nome da eficácia e da qualidade, o preço justo não deve ceder espaço ao preço vantajoso. Quando não há justiça na formação do preço, os projetos não são levados a cabo, as obras não são concluídas, a engenharia não progride, o emprego desaparece e a economia sucumbe.

Mas voltemos a analisar os parâmetros do BDI e suas limitações de valor, segundo esses acórdãos, pois serão utilizados na elaboração dos orçamentos de referência do projeto básico.

9.1.4 Critérios para estimar as despesas indiretas

Administração central (AC)

A administração central é, segundo o Instituto de Engenharia de São Paulo (2011), "um dos componentes de Despesas Indiretas relativas aos gastos com a estrutura da sede central para execução de atividades específicas de direção geral da empresa com o objetivo de alcançar os seus objetivos empresariais".

Na elaboração do orçamento do projeto básico, que vai servir de limite superior para as propostas dos licitantes, o estabelecimento do valor da taxa de administração central é o de mais difícil avaliação. Em nosso entendimento, podemos estimá-la de duas maneiras distintas:

Primeira maneira de avaliação de AC

i. Estabelecer um organograma de uma empresa-modelo, fictícia, com características semelhantes às de empresas conhecidas que atuam no mercado, com porte compatível com a obra que se vai licitar.
ii. Discriminar em planilha (como nas Tabs. A.4 a A.6 do Anexo A.1) os gastos anuais que ocorrem sistematicamente em cada setor da sede dessa empresa, com diretores e secretárias, corpo técnico, administrativo e financeiro, impostos e taxas, consumos com serviços e materiais de escritório, higiene, cantina e refeições, aluguéis, além de outros congêneres, à luz dos valores de mercado. Esse será o valor estimado da despesa anual total da administração central.
iii. Operar sobre o cronograma físico-financeiro de cada obra em execução pela empresa, reescrevendo a linha do rodapé do cronograma desonerada do BDI, para a obtenção dos valores totais mensais correspondentes.
iv. Elaborar um cronograma (resumo) em que as linhas representem os custos diretos totais de cada obra "i" contratada em execução pela empresa. (A rigor esse documento deve ser rotineiro, portanto, existente na sede, não tendo necessariamente de ser elaborado.)
v. Calcular o custo direto total anual da empresa $CD_t = \Sigma CD_{ti}$, correspondente ao somatório de 12 parcelas mensais consecutivas das obras em execução. O custo direto da obra cujo orçamento está em elaboração, ainda que não definitivo, também deve compor o ΣCD_{ti}.
vi. A despesa total da administração central dividida pelo custo direto total (conforme descrito em v) representa a taxa média de administração da empresa nesses 12 meses considerados. Para estabelecermos que parcela (%) dessa taxa poderá compor o BDI da obra (i) cujo orçamento está sendo elaborado, podemos adotar, por exemplo, um peso *pro rata* custo direto CD_i.

$$\alpha\,\% = [AC/CD_t] \cdot [CD_i/CD_t]$$

Com o intuito de observar as possíveis variações percentuais da taxa de AC em função do porte das empresas, procedemos ao cálculo dos valores estimativos da administração central em três empresas distintas (de pequeno, médio e grande porte), apresentadas nas Tabs. A.4 a A.6 do Anexo A.1. Os valores obtidos para cada uma dessas simulações dão uma ideia aproximada desses gastos.

A técnica de cálculo do BDI, se de um lado guarda alguma semelhança com o sistema de cálculo dos preços utilizado pelo comércio, do outro apresenta divergências, pois naquele o cálculo se resume à aplicação de um *mark-up* (de consagrada tradição), capaz de cobrir todas as despesas de comercialização, inclusive o lucro. Ademais, no comércio, o produto encontra-se produzido, adquirido e estocado em prateleira, enquanto na atividade da construção civil, em que as vendas são realizadas antes da aquisição (produção), há uma associação com um processo construtivo que envolve conhecimentos técnicos, logística, riscos e um prazo para ser produzido, ao longo do qual os insumos e a própria mão de obra podem sofrer variações de preço.

Segunda maneira de avaliação de AC

Outra alternativa consiste na utilização das demonstrações contábeis e financeiras constantes dos balanços anuais das empresas, possibilitando o cálculo da taxa de administração central por meio de uma das expressões a seguir:

$$T_{AC}\,(\%) = [DO - DF]/R_{OB}$$

ou

$$T_{AC}\,(\%) = DA/DO$$

em que:
DO = despesas operacionais;
DF = despesas financeiras;
R_{OB} = receitas operacionais brutas;
DA = despesas administrativas.

Segundo o TCU (2013b), esse método, chamado de método contábil e sugerido pela Câmara Brasileira da Indústria da Construção (CBIC), apresenta relevantes limitações para fins de formação do preço de obras públicas, a saber:

a) empresas que operam simultaneamente em vários ramos de atividade (p. ex.: concessões de serviços públicos, consultoria, supervisão, elaboração de projetos, revenda de mercadorias, incorporação de imóveis etc.); existência de carteira de projetos contemplando tanto obras públicas como também obras privadas; e acesso somente a demonstrações contábeis consolidadas de um conglomerado de empresas tornam o uso das informações contábeis bastante complexo, especialmente quando não há acesso a registros contábeis segregados por empresas, atividades e tipos de contratos, além de gerar análises distorcidas e impedir a comparação de dados;
b) existência de gastos que não são efetivamente relacionados com as atividades de execução de contratos de obras públicas, como: propaganda e publicidade, contribuições e doações a entidades civis de caráter assistencial, educacional ou cultural; multas diversas, perdas em operações de crédito, diversas provisões, pesquisas científicas e tecnológicas etc.; cujos gastos estariam indevidamente incluídos dentro do BDI de obras públicas, pois constariam das despesas operacionais sugeridas pela CBIC como parâmetro para administração central;
c) dificuldade de segregação de outros componentes dos orçamentos de obras que compõem o BDI, como: seguros, garantias e contingências, que podem ser lançados no grupo de despesas operacionais dos demonstrativos contábeis, a depender do critério contábil adotado por cada empresa; e existência de diversos padrões de apresentação e divulgação das demonstrações contábeis das empresas, por meio do agrupamento ou desagrupamento de importantes contas contábeis tornam a análise menos precisa, conforme já relatado pela própria CBIC; e
d) possibilidade de existência de manipulações fraudulentas com o objetivo de alterar as informações divulgadas e/ou de manipulações conhecidas como 'contabilidade criativa', que consiste no tratamento contábil dentro dos limites legais, em razão da flexibilidade ou de diversas interpre-

> tações permitidas por certas normas e práticas contábeis, mas que podem não retratar de forma fidedigna a realidade econômico-financeira das empresas.

Até onde vai nosso conhecimento ou mesmo nossa curiosidade sobre esse complexo mercado da construção civil, não temos observado nas empresas que atuam nesse segmento tamanha variedade de atividades em seu objetivo social. Somente uma pequena minoria constitui um grupo de grandes corporações que atua em diversos outros mercados além da construção civil, como perfuração, extração e refino de petróleo, gás, lixo e seu beneficiamento, e transportes.

De forma que o tema da avaliação da taxa de administração central pelo método contábil pode ser revisto. Ele pode ser aperfeiçoado incorporando novas exigências e critérios mais objetivos que atendam às observações do TCU, todas pertinentes e de grande importância, para que possa oferecer, além da facilidade na extração desse indicador, também a garantia necessária ao gestor público e aos fiscais e auditores.

Achamos que o método contábil pode proporcionar, por meio dos balanços e balancetes, o acesso aos valores dessas taxas efetivamente praticadas, de forma transparente.

Conforme já mostrado anteriormente, os limites estabelecidos pelo TCU para as obras de construção de edifícios para a AC são Mín. = 3,00% e Máx. = 5,50%.

Lucro (L)

> Segundo o Prof. Dr. João da Rocha Lima Jr. (1993), do Departamento de Engenharia de Construção Civil da Escola Politécnica da USP, no Boletim Técnico BT/PCC/95: "O lucro é a remuneração da competência, logo, quanto mais arriscada a operação, mais competência se exige para manejá-la".

O eng. Mozart Bezerra da Silva (2002), em seu artigo "30 anos de BDI", é de opinião de que "o preço justo é aquele que inclui um prêmio adequado aos que se dispõem a enfrentar – e efetivamente conseguem – as incertezas relacionadas à execução de obras".

O lucro também pode ser entendido como uma parcela do preço destinada a remunerar:

- o custo de oportunidade do capital empregado;

- as capacidades administrativa, gerencial e tecnológica adquiridas ao longo de anos de experiência no ramo da atividade empresarial abraçada;
- a responsabilidade pela administração do contrato e condução da obra por estrutura organizacional da empresa;
- os investimentos na formação profissional de seu pessoal, além de criar a capacidade de reinvestir no próprio negócio.

Do ponto de vista do negócio, o lucro é o retorno positivo de um investimento.

De modo geral, não há uma regra básica a ser seguida para a estipulação do lucro. George Hedley, famoso conferencista americano, costuma ser questionado por executivos acerca do percentual de lucro que deve ser adotado nos negócios, 5%, 10%, 15% ou mais? A maioria dos gerentes não tem um objetivo definido; acha simplesmente que deve ganhar mais dinheiro do que normalmente vem ganhando, afirma ele.

Quando pensamos no lucro, outros quesitos ativam nosso raciocínio:

- O objetivo maior do negócio é permanecer nele ou ter lucro?
- Que taxa de lucro o mercado está disposto a pagar?
- Numa negociação direta com o cliente, qual a maior taxa de lucro que poderá ser proposta sendo ainda considerada dentro dos limites da ética?
- Supondo uma situação de extrema competitividade, qual a menor taxa de lucro que nossos concorrentes estarão dispostos a assumir para permanecer no negócio ou dele nos tirar?
- Você acredita que empresas de construção civil podem praticar o *dumping*?
- Será o século XXI caracterizado por negócios de lucro zero? Por quê?

As respostas a esses quesitos exigem reflexão sobre o tema, além de suficiente experiência empresarial.

A preocupação com o resultado financeiro de um empreendimento de engenharia começa no orçamento. Por isso, o lucro pode também ser considerado como uma reserva financeira, capaz de absorver desvios de preços ao longo da evolução da obra, uma espécie de reserva de contingência, embora não seja essa sua função.

Mas que valores de taxas de lucro podem ser praticados e considerados aceitáveis pelo mercado? Vejamos algumas situações:

- a Secretaria de Governo e Gestão Econômica do Estado de São Paulo admite uma margem de lucro de 7,2%;
- o Departamento Nacional de Infraestrutura de Transportes (DNIT), na utilização do Sistema Nacional de Custos Rodoviários (Sicro), considera um lucro de 8,49% na composição do BDI;
- a Caixa Econômica Federal adota no Programa de Arrendamento Residencial (PAR) um lucro de 8%.

O TCU vem, ao longo do tempo, estabelecendo valores e variando seus limites, conforme já mostramos; os repetiremos a seguir:

- Acórdão nº 325/2007: os lucros foram limitados entre os valores de 3,83% e 9,86%;
- Acórdão nº 2.369/2011: por esse instrumento, as obras de construção cujos valores se situem entre R$ 150.000,01 e R$ 1.500.000,00 deverão ter seus lucros compreendidos entre 7,00% e 10,85%;
- Acórdão nº 2.622/2013: com esse acórdão, o lucro em construção de edifícios deve se situar entre 6,16% e 8,96%.

Para as obras portuárias, esses limites passam a variar entre 7,14% e 10,43%.

Em nosso entendimento, o lucro pode e deve ser utilizado como elemento de incentivo à participação de mais empresas no setor da construção civil.

Se limitarmos a parcela do BDI referente ao lucro aos níveis das aplicações financeiras de melhor resultado, estaremos desestimulando a participação das empresas no setor da construção civil, orientando-as para o setor não produtivo. Para que se tenha uma ideia da importância desse setor, estima-se que em 2014 o número de empregados com carteira assinada na construção civil chegue a cerca de 3,5 milhões. No mercado informal das pequenas construções, o número é bem maior, sem falar no número total de empregos ligados à cadeia produtiva.

Despesa financeira (DF)

A despesa financeira ou taxa de despesa financeira (DF) refere-se à perda monetária decorrente da defasagem entre as datas dos desembolsos que ocorrem durante o mês e a data da receita correspondente ocorrida *n* dias após. Esses desembolsos acontecem em função da aquisição dos materiais que são aplicados na obra, além de outros gastos administrativos, inclusive de pessoal.

Esse financiamento pelo contratado ao contratante precisa de alguma forma ser remunerado para compensar a perda de receita que teria o construtor em alguma das muitas aplicações financeiras disponíveis no mercado. Atualmente o índice empregado nas operações oficiais é a taxa Selic – taxa do Sistema Especial de Liquidação e Custódia –, de responsabilidade do Banco Central, em substituição aos certificados de depósitos bancários previstos inicialmente. Ela pode ser expressa por:

$$DF = \left[\left(1 + \frac{TAXA\ SELIC}{100}\right)^{\frac{n}{30}}\right] - 1,\ \text{com a taxa mensal e } n \text{ em dias}$$

Normalmente a taxa Selic é expressa na forma anual. Em 2019, seu valor era da ordem de 6,5% a.a.

O TCU utiliza a taxa anual e a contagem do tempo em dias úteis.

$$DF = \left\{\left[1 + \frac{TAXA\ SELIC}{100}^{\frac{DU}{251}}\right] - 1\right\} \times 100$$

Para avaliarmos essa despesa, vamos estabelecer as seguintes premissas:

- a periodicidade com que a obra é medida é a cada 30 dias; logo, o tempo médio para que o construtor efetue seus pagamentos é de 15 dias;
- o tempo gasto para a elaboração do boletim de medição e da fatura, bem como sua aprovação, é de sete dias;
- o tempo requerido para a quitação da fatura é de 30 dias;
- o tempo total em dias corridos é de 52 dias, o que corresponde a aproximadamente 52 × 5/7 = 37,14 = 37 dias úteis;
- o denominador 251 refere-se ao número de dias úteis no ano, isto é, 365 dias corridos menos sábados, domingos e feriados.

$$DF = \left[1 + \frac{6{,}5}{100}^{\frac{37}{251}}\right] - 1 = \left[1{,}065^{0{,}1474} - 1\right] \times 100 = \left[1{,}0093 - 1\right] \times 100 = 0{,}93\%$$

Portanto, essa despesa está dentro dos valores estabelecidos pelo TCU, cujos limites são Mín. = 0,59% e Máx. = 1,39%.

Impostos (I)

De acordo com a Lei nº 5.172 (Código Tributário Nacional), de 25 de outubro de 1966, tributo é "toda prestação pecuniária compulsória, em moeda ou cujo valor nela se possa exprimir, que não constitua sanção de ato ilícito, instituída em lei e cobrada mediante atividade administrativa plenamente vinculada".

Segundo o Instituto Brasileiro de Planejamento Tributário (IBPT), a carga tributária no Brasil vem aumentando a cada ano, tendo chegado ao patamar de 36,42% em 2013, conforme o gráfico da Fig. 9.2, reduzindo para cerca de 34% em 2019.

Nessas circunstâncias, o brasileiro necessita trabalhar até parte do mês de maio somente para pagar impostos e deve consumir aproximadamente mais dois meses de salário para pagar a escola dos filhos e o plano de saúde para a família. Os cinco meses restantes são destinados aos gastos com alimentação, vestuário e lazer. Não sobra absolutamente nada para ser aplicado em investimento, daí a população não ter condições de poupar. Esse é o raciocínio de Gilberto Luiz do Amaral, presidente do IBPT.

A batalha do brasileiro no enfrentamento aos impostos começa no banho matinal. São 52% no xampu, 42% no sabonete e 29% na água que bebemos.

Segundo o professor e advogado tributarista Dr. Ives Gandra da Silva Martins (2004), a carga tributária brasileira é superior à de países como Portugal (34%), Espanha (35,6%) e Suíça (31,3%), além das três maiores econo-

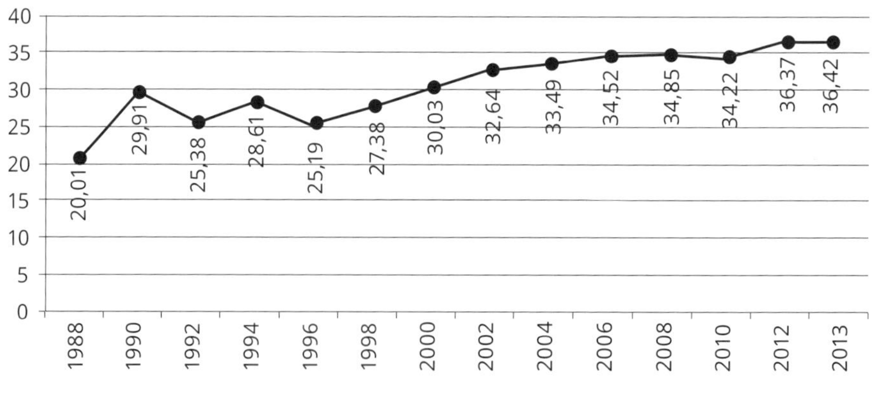

Fig. 9.2 *Carga tributária no Brasil segundo o IBPT*

mias do mundo – Estados Unidos (26,9%), China (17%) e Japão (28,3%), cujos PIBs são respectivamente de US$ 18,57 trilhões, US$ 11,22 trilhões e US$ 4,94 trilhões. Nesse *ranking*, o Brasil fica na nona posição, com um PIB de US$ 1,8 trilhão, segundo o World Economic Database (abril de 2017) do Fundo Monetário Internacional (FMI), publicado pelo Instituto de Pesquisa de Relações Internacionais (IPRI, s.d.).

O Brasil perde apenas para alguns poucos países nórdicos, nos quais o cidadão, ao nascer, tem todos os seus problemas já resolvidos.

O contribuinte brasileiro possui conhecimento das vultosas somas arrecadadas pelo Poder Público e está consciente de que o Estado pode e deve proporcionar um serviço público de muito melhor qualidade que o atualmente praticado nas áreas essenciais da saúde, educação, segurança, transportes e saneamento básico.

Atualmente há uma sensação generalizada de que o dinheiro público satisfaz prioritariamente às necessidades do poder. Entre os especialistas, há também o consenso de que a elevada carga de impostos finda por gerar custos adicionais com o excesso de procedimentos burocráticos.

Segundo Canzian (2005), vigoram hoje no País três mil normas tributárias, que são atualizadas a um ritmo de 300 modificações anuais, incluindo mais de 50 mil novos artigos e 30 mil parágrafos.

No site do Portal Tributário, obtivemos a listagem dos tributos em vigor no Brasil, em número de 92, constante do anexo. Esses 92 tributos geram efeito cumulativo ou em cascata, pois demandam inúmeras obrigações acessórias, relacionadas ao preenchimento de livros, diários, guias, formulários e declarações.

Em números aproximados, os principais tributos brasileiros em arrecadação em 2014 foram o Imposto de Renda (IR), responsável por 18% da arrecadação, o Imposto sobre Circulação de Mercadorias e Serviços (ICMS), responsável por 23%, e o Imposto sobre Produtos Industrializados (IPI), responsável por 22%.

Esses são os impostos incidentes sobre os insumos. Sobre os serviços objeto de faturamento e emissão de nota fiscal, as empresas de construção estão ainda sujeitas à aplicação dos tributos apresentados na Tab. 9.11, o que enseja o sentimento de que há uma bitributação.

Com relação ao ISS, conforme previsto no § 2° do Art. 9° do Decreto-Lei n° 406, de 31 de dezembro de 1968, na execução de obras hidráulicas ou de construção civil, o imposto será calculado sobre o preço, deduzido das parcelas correspondentes:

- ao valor dos materiais adquiridos de terceiros, quando fornecidos pelo prestador dos serviços;
- ao valor das subempreitadas já tributadas pelo imposto.

Tab. 9.11 **Tributos sobre o faturamento**

Imposto	Alíquota referente à mão de obra (%)	Alíquota referente a material + mão de obra (%)
PIS	0,65	0,65
Cofins	3,00	3,00
ISS	5,00	3,00

Para o estabelecimento do valor relativo aos materiais, podemos nos valer da curva ABC de insumos para a extração das informações necessárias.

Algumas prefeituras, em se tratando de obras civis, preferem arbitrar um valor fixo variando de 2% a 3% sobre o valor total do contrato.

A polêmica questão do IRPJ e da CSLL

Quanto aos impostos IRPJ e CSLL, não incluídos na lista, desde que o artigo de Mendes e Bastos (2001) apresentou a tese da exclusão desses dois tributos do BDI, esse tema passou a ser polemizado entre os que militam com orçamentos das obras públicas.

Na área governamental, embora não haja unanimidade, predomina o entendimento da exclusão desses impostos, por serem considerados de natureza direta.

Vejamos algumas considerações na linha do contraditório:

- Segundo os princípios econômicos (ou da repercussão econômica), os tributos podem ser classificados em diretos, isto é, aquele que os paga os suporta em definitivo, e indiretos, ou seja, aquele que os paga ao fisco desempenha o papel de intermediário, pois quem os suporta em definitivo é o contribuinte (em face da repercussão).
- Na construção civil, os tributos IRPJ e CSLL são considerados diretos, não devendo ser repassados para o contratante.
- A base de cálculo desses tributos é o lucro líquido, e não o lucro bruto, de onde são provisionados esses impostos.
- Se não devem ser repassados ao contratante, é porque devem ser de responsabilidade exclusiva do contratado; logo, devem compor o BDI.

- Não há na doutrina jurídica definição clara sobre o que vem a ser imposto direto e imposto indireto.
- Na fórmula do BDI, os tributos PIS, Cofins e ISS são função do preço de venda (denominador da fórmula), não havendo como repassá-los ao contratante. Esses tributos, juntamente com o IRPJ e a CSLL, são despesas a serem pagas e que não podem deixar de ser consideradas no orçamento da obra.
- Há um equívoco em desconhecer que, no lucro líquido estabelecido no BDI, necessariamente os impostos IRPJ e CSLL devem ser provisionados para serem pagos no momento oportuno. Embora esses dois tributos possam estar alocados (incluídos) no lucro, o campo mais adequado da fórmula para alojá-los é o destinado aos tributos.
- O prof. Tisaka, em seu artigo "Equívocos da retirada do IRPJ e CSLL do BDI", reproduz um texto sobre o entendimento da Secretaria da Receita Federal (SRF), transcrito a seguir:

> A teoria econômica abriga a tradicional classificação dos tributos, segundo a incidência efetiva da taxação, em diretos e indiretos. Na incidência direta o gravame financeiro imposto pelo Estado é direta e integralmente assumido pelo contribuinte, que tem sua renda reduzida pelo valor da exação. Na incidência indireta, surge a figura de um intermediário (contribuinte de direito) que, embora se encontre na obrigação de apurar e antecipar o pagamento do tributo devido, não o suporta, pois tem a faculdade de reaver de outro agente econômico (contribuinte de fato) o valor repassado aos cofres públicos.
> O tributo paradigmático do primeiro caso (incidência direta) é o imposto de renda das pessoas físicas, em que o contribuinte recolhe ao erário uma fração de sua renda, reduzindo seu bem-estar na proporção do montante subtraído [...] garante-se uma tributação progressiva em relação à renda auferida.
> De outra espécie é o tributo indireto. Em geral a incidência indireta tem como alvo os atos negociais praticados pelas pessoas jurídicas. O valor do imposto pago antecipadamente por uma empresa é recuperado, em geral, pela incorporação do custo tributário ao preço negociado nas transações com terceiros.

- O Código Tributário Nacional não adotou essa classificação, pois tal divisão importa à Ciência das Finanças, e não ao Direito Tributário. Do ponto de vista jurídico, essa classificação não tem valor científico, por não existir critério capaz de determinar quando um tributo foi transferido ou não. Por exemplo, o Imposto de Renda, que apesar de ser considerado direto pode repercutir; e o Imposto Predial e Territorial Urbano (IPTU), que mesmo sendo direto é suportado pelo inquilino.
  Não há menção em lei acerca de quais são os tributos indiretos ou quais são os requisitos para reconhecê-los.
  Em sendo assim, na composição dos custos, a empresa necessita provisionar todos os dispêndios seja por força de lei (repercussão jurídica), seja por força de mercado (repercussão financeira).
- No Acórdão nº 1.591/2008 do TCU, assim se expressou o Ministro Benjamin Zymler:

> Quando se exclui tais tributos do BDI, o lucro constante dessa composição será um lucro bruto, ou seja, antes da dedução dos impostos. Quando se permite a cotação dos tributos de forma autônoma no BDI, o lucro indicado será um lucro líquido, ou seja, após a dedução dos impostos. [...]
> De acordo com a lógica econômica, é de se esperar que, caso a empresa entenda adequado que na composição do BDI conste uma taxa de 8% para o lucro e outra de 2% para IRPJ e CSLL, e, em havendo a proibição de constar em destacado tais tributos, a taxa de lucro indicada (agora lucro bruto) passe a ser de 10%. A metodologia de apresentação não alteraria a equação econômico-financeiro e não traria, sob este aspecto, vantagens para a Administração.

Atualmente essa matéria ficou oficializada na Lei nº 12.465 (LDO 2012), em seu § 7º, II – percentuais de tributos incidentes sobre o preço do serviço, excluídos aqueles de natureza direta e personalística que oneram o contratado, referindo-se indiretamente ao IRPJ e à CSLL.

Risco, seguro e garantia

Vejamos inicialmente o glossário que nos interessa sobre esse tópico, constante do *Dicionário de seguros* da Escola Nacional de Seguros e transcrito a seguir (TSS, s.d.):

- *Apólice*: é o instrumento do contrato de seguro pelo qual o segurado repassa à seguradora a responsabilidade sobre os riscos, estabelecidos na mesma, que possam advir. A apólice contém as cláusulas e condições gerais, especiais e particulares dos contratos e as coberturas especiais e anexos.
- *Contrato de seguro*: é aquele, geralmente expresso em uma apólice, pelo qual o segurador, mediante o recebimento de uma remuneração denominada prêmio, obriga-se a ressarcir o segurado, em dinheiro ou mediante reposição, dentro dos limites convencionados na apólice, das perdas e danos causados por um sinistro ou sinistros, ou a pagar um capital ou uma renda se (ou quando) for verificado um evento relacionado à vida ou às faculdades humanas.
  - ◇ *Classe de risco/classificação de risco*: é o agrupamento correspondente ao objeto do seguro, sob o aspecto físico ou moral, no qual o risco deverá ser incluído.
  - ◇ *Cobertura*: garantia de proteção contra o risco de determinado evento.
  - ◇ *Cobertura adicional*: é aquela que o segurador admite, mediante inclusão na apólice e pagamento de prêmio adicional, para riscos não previstos nas condições gerais ou especiais da apólice.
  - ◇ *Dano*: prejuízo sofrido pelo segurado e indenizável de acordo com as condições de cobertura de uma apólice de seguro.
  - ◇ *Importância segurada*: é o valor monetário atribuído ao patrimônio ou às consequências econômicas do risco sob expectativa de prejuízos, para o qual o segurado deseja a cobertura de seguro, ou seja, é o limite de responsabilidade da seguradora, que, nos seguros de coisas, não deverá ser superior ao valor do bem. É também designada por capital segurado, quantia segurada e soma segurada.
  - ◇ *Indenização*: é a contraprestação do segurador ao segurado que, com a efetivação do risco (ocorrência de evento previsto no contrato), venha a sofrer prejuízos de natureza econômica, fazendo jus à indenização pactuada.
  - ◇ *Inspeção prévia*: é toda inspeção de risco direcionada para quaisquer modalidades de seguro/resseguro, efetuada em local nunca segurado, por ser novo ou desconhecido pelo segurador/ressegurador em questão, ou seja, quando não existir alguma apólice relativa às coberturas solicitadas. Assim, devem ser levantadas

todas as informações sobre a atividade desenvolvida, características para a confecção da planta a segurar e dados para a correta cotação do risco.

- *Liquidação de sinistros*: expressão usada para indicar, nos seguros dos ramos elementares, o processo para apuração do dano havido em virtude da ocorrência do sinistro, dano esse suscetível de ser indenizado.
- *Objeto do seguro*: é a designação genérica de qualquer interesse segurado, sejam coisas, pessoas, bens, responsabilidades, obrigações, direitos e garantias.
- *Prejuízo*: em seguro é qualquer dano ou perda que reduz, na quantidade, qualidade ou interesse, o valor de bens. Aplicado em apólices cobrindo responsabilidade, esse termo significa pagamentos feitos em nome do segurado.
- *Prêmio*: é a soma em dinheiro paga pelo segurado ao segurador para que este assuma a responsabilidade de um determinado risco.
- *Responsabilidade*: termo empregado muitas vezes, inclusive na própria regulamentação das operações de seguros, para designar a importância segurada ou ressegurada. O valor máximo de responsabilidade que a seguradora poderá reter, em cada risco isolado, segundo a legislação brasileira, é de 3% (três por cento) de seu ativo líquido.
- *Responsabilidade civil*: é a obrigação imposta por lei, a cada um, de responder pelo dano que causar a outrem. A responsabilidade civil pode provir de ação praticada pelo próprio indivíduo ou por pessoas sob sua dependência.
- *Risco coberto*: é aquele que está ao abrigo de uma apólice em vigor e em consonância com todas as suas cláusulas. Em suma, não é nulo, excluído ou impossível.
- *Sinistro*: termo utilizado para definir, em qualquer ramo ou carteira de seguro, o acontecimento do evento previsto e coberto nos contratos.

E, finalmente, três componentes da fórmula do BDI, a saber:

- *Risco*: é o evento incerto ou de data incerta que independe da vontade das partes contratantes e contra o qual é feito o seguro. O risco é a expectativa de sinistro. Sem risco não pode haver contrato de seguro. É comum a palavra ser usada também para significar a coisa ou pessoa sujeita ao risco.

- ◇ *Seguro*: denomina-se contrato de seguro aquele que estabelece para uma das partes, mediante recebimento de um prêmio da outra parte, a obrigação de pagar a esta, ou à pessoa por ela designada, determinada importância, no caso da ocorrência de um evento futuro e incerto, ou de data incerta, previsto no contrato.
- ◇ *Garantia*: é a denominação genérica utilizada para designar as responsabilidades pelos riscos assumidos por um segurador ou ressegurador, também empregada como sinônimo de cobertura.

Esses três itens de despesa, e o risco em particular, constituem as parcelas do BDI sobre as quais, em geral, os profissionais possuem menor grau de conhecimento teórico; por isso mesmo, geralmente se limitam a adotar as taxas estabelecidas pelos órgãos de controle, sem proceder a uma análise específica para o projeto que está sendo orçado.

De fato, esses temas vinham sendo pouco tratados na literatura técnica especializada, mas começam a ser mais bem estudados em face das necessidades da Engenharia em atender com rigor cada vez maior aos órgãos auditores, fiscalizadores e financiadores.

Passemos então à analise de cada um desses três componentes.

Risco (R)

A preocupação com o risco foi objeto de previsão na Lei nº 6.404/76, que dispoe sobre as sociedades por ações, onde o risco foi tratado sob a forma de contingências. Essa lei estabelece que, na distribuição do lucro aos acionistas, deverá ser previsto o desconto de uma certa importância destinada à formação de reservas para contingências.

Mas o que são contingências? São algo que pode acontecer ou algo que não sabemos se pode acontecer ou não.

Também o Conselho Federal de Contabilidade aprovou, em 18 de março de 2005, a Resolução CFC nº 1.022, que dispõe sobre esse assunto.

Segundo a FAE Business School (2004), em seu artigo "Driblando contingências":

> Tempestades, inundações, greves, funcionários insatisfeitos, queda de energia, incêndios e outros infortúnios podem significar o fim

> de um negócio. E, neste caso, as pesquisas mostram que, após um grave incidente, 43% das empresas encerram as suas atividades. Outras 29% fecham em menos de dois anos. Para evitar esse tipo de infortúnio é preciso preparar uma estratégia de sobrevivência.

Já a empresa KPMG Corporate Finance (2002), em seu trabalho “Planejamento de contingências”, fornece o seguinte ensinamento:

> Uma coisa é certa: nada funciona exatamente como planejado. Principalmente em épocas de incerteza econômica, é necessário que a estratégia de uma empresa possua um alto grau de flexibilidade. Desta forma, permite respostas rápidas e positivas a mudanças bruscas de mercado.

Essas contingências, que podem ser consideradas como eventuais, provocam dificuldades não previstas na realização dos serviços, reduzindo os níveis de produtividade, ou até mesmo a paralisação da obra, gerando acréscimos de custos não recuperáveis, ou prejuízos.

O estabelecimento de uma taxa de reserva de contingências está geralmente associado ao conhecimento de dados estatísticos e característicos referentes à economia (inflação, deflação, planos econômicos, confiscos etc.), à política (estabilidade dos regimes, alterações constitucionais, greves etc.), à segurança (assaltos, roubos etc.), à infraestrutura local (suprimentos descontínuos de água ou energia, queda de barreiras, fechamento de acessos etc.), aos fenômenos meteorológicos da região onde irá se desenvolver a obra (secas, enchentes, tempestades, geadas, ventos fortes etc.) e ao próprio tipo de obra (construção civil, reformas, terraplenagem, infraestrutura, pontes etc.).

Mas perguntamos: como estabelecer essas taxas? Onde podem ser obtidos dados sustentáveis de referência? Que arranjo ou equacionamento matemático pode ser desenvolvido para servir de subsídio confiável no cálculo do BDI de orçamentos? O estado da arte nessa área de conhecimento ainda não proporciona respostas satisfatórias a esses questionamentos.

O TCU, em seu Acórdão nº 2.622/2013, estabeleceu para a obra de construção de edifícios uma taxa máxima de 1,27% e, para as obras portuárias, marítimas e fluviais, uma taxa máxima de 3,16%. A Associação Brasiliense de Construtores propõe, para uma obra de construção de edifícios de 15 pavimentos com dois subsolos, um percentual de cobertura básica de 0,6%, conforme citado por Mendes e Bastos (2001).

O eng. Fernando Morethson Sampaio (1996 apud Mendes; Bastos, 2001) propõe uma taxa de 1%, "por considerar que esta cobriria, além do custo do seguro, os possíveis imprevistos que pudessem acontecer no decorrer da obra".

Observemos que, dependendo do nível de conhecimento e de quão arrojado é o engenheiro de custos que está elaborando o orçamento, o valor destinado à reserva de contingências poderá ser mais ou menos conservador, o que irá influir na competitividade da empresa, vale dizer, nas chances de vencer os certames licitatórios.

A previsão dessa parcela pode ser entendida como uma espécie de seguro-garantia para o lucro, o qual tem um importante papel a cumprir na empresa. Caso contrário, isto é, em não sendo prevista, e ocorrendo um ou mais infortúnios, o lucro certamente terá que absorver toda e qualquer adversidade que possa afetar o orçamento.

Chegamos, assim, às seguintes conclusões:

- É extremamente difícil estabelecer uma taxa padrão de contingências para utilização no cálculo do BDI, sem que afastemos a possibilidade de incorrer em erros grosseiros, pois este será um valor forçosamente arbitrado, ainda que seja fruto de pesquisa em contratos vigentes ou de obras já executadas.
- Uma alternativa que se mostra mais confiável, porém mais trabalhosa, consiste em: i) reativar o conceito de risco; ii) aprofundar os conhecimentos sobre esse tema; iii) identificar os riscos a partir do cenário que será criado no canteiro de obras; iv) definir que cobertura pode ser realizada por meio de um contrato de seguro; v) obter junto a uma seguradora/corretora de seguros o valor do prêmio correspondente; vi) a taxa de risco (R) a ser aplicada ao BDI da obra que se está a orçar será o valor do prêmio relativamente ao valor do custo direto total.
- Taxa de risco $R = \text{Prêmio}/CD_{total}$.

Nosso objetivo, então, passa a ser o conhecimento com precisão dos riscos em função do tipo de obra, de seu porte e das circunstâncias a ela relacionadas, para procedermos à definição do seguro e do valor do prêmio correspondente.

Considerações adicionais sobre o risco

- O risco pode mudar com o regime de execução, variando desde as obras em regime de *turn key*, em que a responsabilidade do construtor é total, passando pela empreitada por preço unitário, onde o contratante assume grande parte das alterações que ocorrem no projeto e na planilha, até, finalmente, as obras por administração, em que a responsabilidade recai quase que integralmente sobre o contratante (Fig. 9.3).

- Classificação dos riscos: utilizando uma matriz, podemos classificar o risco que estamos analisando através de uma avaliação quanto à probabilidade de ocorrência *versus* extensão do dano que pode causar (gravidade ou consequências) (Quadro 9.1).
- O risco também pode ser avaliado pela complexidade da obra e de seu respectivo canteiro. A divisão ou agrupamento a seguir facilita a compreensão quanto ao estabelecimento de uma hierarquia e gradação dos valores dos prêmios entre as obras mais complexas e as mais simples, supondo que todas tenham o mesmo valor de contrato:
  1. obras no ambiente de usinas nucleares, refinarias de petróleo ou instalações industriais equivalentes, em funcionamento;
  2. obras em água, de construção de pontes, barragens de concreto, píeres, atracadouros e similares, plataformas de extração de petróleo, com ou sem fundações profundas, que exijam tecnologias a ar comprimido, além de uso de embarcações, flutuadores etc.;
  3. obras de escavações especiais ou em rochas, profundas, subterrâneas ou em túneis;

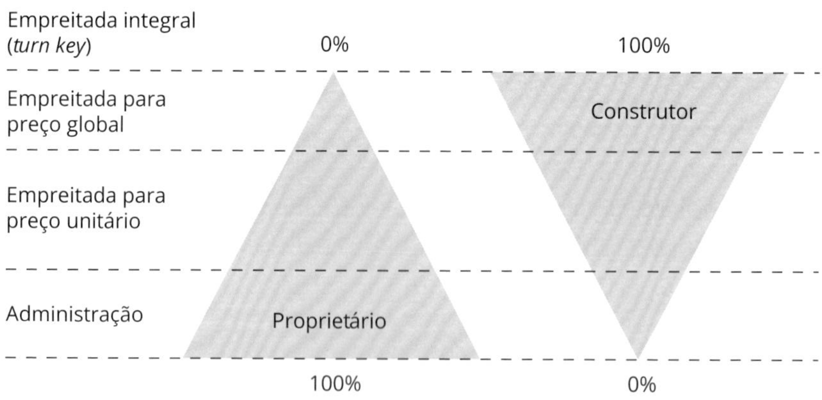

Fig. 9.3 *Riscos em função do regime de execução*

Quadro 9.1 **Matriz para a classificação de riscos**

	Grau de probabilidade	Gravidade (consequências): Levemente prejudicial	Prejudicial	Extremamente prejudicial
Probabilidade	Altamente improvável	Risco trivial	Risco tolerável	Risco moderado
	Improvável	Risco tolerável	Risco moderado	Risco substancial
	Provável	Risco moderado	Risco substancial	Risco inaceitável

4. obras de escavação profunda a céu aberto, com rebaixamento do lençol freático, com necessidade de escoramentos especiais, execução de adutoras e de emissários de grande diâmetro;
5. obras de escavação profunda a céu aberto sem presença de lençol freático, com ou sem necessidade de escoramentos;
6. obras em terra firme, em plantas de gases e materiais combustíveis, tóxicos e/ou explosivos, em funcionamento;
7. construção de edifícios acima de 18 pavimentos;
8. construção de edifícios de até 18 pavimentos;
9. obras de terraplenagem, pavimentação, redes de água e de esgotos de pequenos diâmetros, e similares; e
10. construções térreas ou de até dois pavimentos.

- O TCU, em seu Acórdão nº 2.622/2013, que trata desse tema, entende que:

> mesmo com a exigência de contratação de seguros, deve-se considerar que sempre existe um risco residual a que o particular ainda continua descoberto, que deve ser tratado e mensurado na taxa de riscos do BDI. [...]
>
> Portanto, conquanto não elimine todos os riscos associados à execução do objeto contratual, conclui-se que a contratação de seguros é uma das medidas adotadas pelo gestor público como estratégia de alocação dos riscos inerentes às atividades de execução da obra, cujo cálculo dos encargos financeiros do prêmio de seguros a serem repassados aos preços das obras públicas deve ser avaliado em conjunto com a mensuração dos riscos residuais a serem incluídos na composição do BDI, por meio de uma análise custo-benefício para cada caso concreto.

Quando num projeto for detectado um risco que, por sua periculosidade ou probabilidade de ocorrência, torne-se inviável de cobertura por um seguro, como certos desmoronamentos de rocha em túneis, então os custos necessários à reparação do dano, caso ocorra durante a execução, deverão fazer parte do orçamento discriminado do projeto básico. Sua omissão pelo contratante não deve ser considerada como uma transferência automática de responsabilidade do contratante (autor do projeto básico) para o contratado, como se dos riscos residuais fizesse parte. Também não podemos atribuir à taxa dos riscos residuais a função de absorver quaisquer infortúnios, possíveis e imagináveis, que não os previstos no contrato de seguros. Esse entendimento, equivocado, pode conduzir o agente público à chamada "zona de conforto", o que o faz sentir-se sem a incumbência de investigar com rigor quais riscos devem ser cobertos pelo contrato de seguros. Nesse particular, a taxa de risco (residual) recomendada pelo TCU no documento mencionado carece de informações quanto à sua determinação, condições de utilização e eficácia.

- ◇ O estudo minucioso da apólice deve ainda identificar os riscos não cobertos pela seguradora, os quais deverão de alguma forma ser compartilhados entre as três pessoas envolvidas – a contratada, a contratante e a seguradora –, podendo inclusive ser objeto de repactuação entre as partes.
- ◇ No Anexo A.3 mostramos um exemplo de cláusula contratual referente a riscos não cobertos por uma tradicional seguradora.

- Os riscos tratados no ambiente das construções são conhecidos como *riscos de engenharia*. Eles podem ser complementados pelos *riscos do empreendimento*, correspondentes às falhas de projeto, mas somente nas empreitadas por preço fixo, global ou integral, uma vez que, nas empreitadas por preço unitário, os contratos e consequentemente as planilhas do orçamento podem ser rerratificados após a elaboração do projeto executivo.
- Finalmente, o risco pode ser entendido como uma relação entre o perigo e o controle, já que o gerenciamento do risco visa ampliar a probabilidade de ocorrência de eventos positivos e controlar e minimizar a ocorrência de eventos negativos, que podem comprometer o sucesso do projeto.

O TCU adota para os riscos uma taxa mínima de 0,97 e uma taxa máxima de 1,27.

Seguro (S)

Já vimos que seguros são contratos firmados entre o particular e a companhia seguradora mediante o estabelecimento de determinadas cláusulas que regulam a reparação de danos causados ao particular. Logo, com o seguro, ou seja, com o contrato de seguro, há a transferência dos riscos de engenharia das empresas de construção para as companhias seguradoras.

De modo geral, há quatro tipos básicos de apólice de seguro que podem ser contratados:

- *Seguro de risco de engenharia*: às vezes também chamado de seguro *multi risk* ou *all risks*, pode ser contratado em três condições distintas e em mais duas associadas:
  - ◇ *Seguro de obras civis em construção* (OCC) é um seguro para bens materiais e oferece cobertura para projetos de construção dos quais podem resultar danos ou destruição das obras de engenharia civil, de equipamentos e/ou de máquinas utilizadas na construção. Abrange todo tipo de obra de engenharia civil, como edificações, pontes, barragens, rodovias e ferrovias, túneis etc., e cobre todas as etapas da obra, desde a instalação do canteiro até a entrega da obra.
  - ◇ *Seguro de instalação e montagem* (IM) é aplicável em montagens de grandes estruturas, em instalações industriais. Podem ser cobertas máquinas (defeitos de fabricação ou de instalação), instalações mecânicas, linhas de transmissão de energia etc. Esse seguro garante indenização quando ocorrerem danos decorrentes de erros de montagem, imperícia, negligência, imprudência, sabotagem, incêndios, raios, curto-circuito, sobretensão, tempestades, alagamentos, ciclones etc.
  - ◇ *Obras civis em construção e instalação e montagem* (OCC/IM).
  - ◇ *Quebra de máquinas* (QM), para proteção contra danos causados por avarias internas ou acidentes externos em qualquer tipo de máquina em funcionamento normal.
  - ◇ *Equipamentos eletrônicos* (EE), semelhante ao QM, porém específico para equipamentos eletrônicos (baixa voltagem), inclusive de informática.

- *Seguro de responsabilidade civil*: a procura por esse tipo de seguro se deve ao interesse de alguns profissionais em garantir cobertura à sua responsabilidade civil, que é assumida na execução de uma obra. Outros o dispensam por acreditarem o bastante na qualidade de seu trabalho.

  Segundo a orientação da corretora de seguros Scaramel (s.d.), esse tipo de seguro pode ser contratado isoladamente (prêmio mais caro) ou em conjunto com uma das modalidades do seguro de risco de engenharia. Tem por objetivo garantir reembolso ao segurado, até um limite de cobertura fixado, das quantias pelas quais vier a ser responsabilizado civilmente em sentença transitada em julgado ou de acordo autorizado, de modo expresso pela seguradora, relativo aos danos corporais ou materiais involuntariamente causados a terceiros, decorrentes da execução do contrato objeto do seguro de risco de engenharia, desde que não fiquem caracterizados:

  a) a responsabilidade a que se refere o artigo 1245 do Código Civil Brasileiro, que diz: "Nos contratos de empreitada de edifícios ou outras construções consideráveis, o empreiteiro de materiais e execução responderá, durante 5 (cinco) anos, pela solidez e segurança do trabalho, assim em razão dos materiais, como do solo, exceto, quanto a este, se, não o achando firme, preveniu em tempo o dono da obra";
  b) danos causados por veículos enquadrados nas disposições do Código Nacional de Trânsito;
  c) lesões corporais ou moléstias (fatais ou não) contraídas por qualquer pessoa que trabalhe ou execute serviços para o segurado;
  d) danos causados por inobservância voluntária às normas da ABNT e/ou disposições específicas de outros órgãos competentes;
  e) danos causados por uso de materiais ainda não testados ou por métodos de trabalho ainda não experimentados e aprovados;
  f) danos causados por embarcações;

g) danos à obra segurada, suas obras temporárias e aos equipamentos móveis ou estacionários utilizados;
h) danos causados pela produção e distribuição de energia elétrica;
i) danos causados a bens de terceiros em poder do segurado, para guarda ou custódia, transporte, uso ou manipulação, ou execução de quaisquer trabalhos;
j) responsabilidades assumidas pelo segurado por contrato ou convenções que não sejam decorrentes de obrigações civis legais;
k) danos consequentes da falha de cumprimento de obrigação por força exclusiva de contratos e convenções;
l) danos causados pela ação paulatina de temperatura, vapores, umidade, gases, fumaça e vibrações;
m) danos decorrentes da circulação de veículos terrestres fora dos locais de propriedade, alugados ou controlados pelo segurado, e danos decorrentes de riscos aeronáuticos;
n) de extravio, furto ou roubo;
o) danos causados ao segurado e todos os parentes que com ele residam ou que dele dependam economicamente e os causados aos sócios;
p) serviços realizados no solo, como sondagens, estaqueamento etc., salvo registro expresso nesta cláusula.

Ainda segundo a Scaramel (s.d.), o seguro de responsabilidade civil pode ser contratado em duas modalidades:

- *Responsabilidade civil geral:* corresponde aos itens acima e terá como segurado aquele que subscreveu a apólice de riscos de engenharia.
- *Responsabilidade civil cruzada*: para esta cláusula ser eficiente, serão indicados nomes de outros elementos intervenientes na obra (subempreiteiros), além do segurado da apólice de riscos de engenharia, de tal forma que todos serão considerados terceiros entre si. Assim, a cobertura se aplica separadamente, para cada elemento indicado, do mesmo modo como se tivesse sido feito um contrato separado para cada um deles.

- *Seguro-garantia*: será visto na seção a seguir, "Garantia (G)".
- *Seguro contra falhas de projetos*: esse seguro, que também pode ser incluído na apólice do seguro de risco de engenharia, visa cobrir o pagamento de serviços extraordinários (não previstos, ou previstos em quantidades insuficientes para a perfeita execução do objeto) em licitações por preço fixo, global ou integral. Nos editais dessa modalidade de licitação, em geral, não consta cláusula de previsão de termo aditivo e/ou de variações de preço durante a vigência do contrato. Portanto, em não havendo esse seguro, as variações que possam ocorrer no contrato terão de ser totalmente absorvidas pela contratada.

Garantia (G)

Segundo a Lei nº 8.666/1993 (Lei de Licitações e Contratos Administrativos – LCC):

> Art. 55 – São cláusulas necessárias em todo contrato as que estabeleçam:
>
> [...]
>
> VI – as garantias oferecidas para assegurar sua plena execução, quando exigidas;
>
> [...]
>
> Art. 56 – A critério da autoridade competente, em cada caso, e desde que prevista no instrumento convocatório, poderá ser exigida prestação de garantia nas contratações de obras, serviços e compras.
>
> § 1º – Caberá ao contratado optar por uma das seguintes modalidades de garantia:
>
> I – caução em dinheiro ou em títulos da dívida pública;
>
> II – seguro-garantia;
>
> III – fiança bancária.

De acordo com a mesma lei, a garantia não excederá a 5% do valor do contrato e a 10% em obras de grande vulto e complexidade.

Esse tipo de seguro, para garantia da participação em licitações, é também conhecido como *bid bond*. Existem outros tipos de seguro-garantia, como o *performance bond*, para garantia da execução de um serviço ou obra.

O menor dos valores a seguir poderá ser considerado como a despesa de garantia, a qual, dividida pelo custo direto total, representará a taxa de garantia (G), que constitui uma das parcelas componentes no cálculo do BDI:

- caução em dinheiro durante o prazo da obra ou até sua entrega;
- prêmio correspondente ao valor do seguro-garantia;
- despesa para obtenção da fiança bancária.

O TCU, para as obras de edificações, adota os valores de Mín. = 0,80 e Máx. = 1,00 para o total dos itens *seguro* e *garantia*.

Caso tratemos o item *garantia* por meio de um seguro, as parcelas R, S e G do BDI podem ser resumidas em um só seguro, desde que esse novo seguro abranja integralmente todos os riscos e a garantia pretendida.

Exemplo prático de cálculo de BDI

Vejamos, finalmente, adotando as taxas máximas e a fórmula de cálculo recomendadas pelo TCU no Acórdão nº 2.622/2013, um exemplo de cálculo numérico do BDI para o caso de obras de construção de edifícios. Em seguida, efetuaremos o mesmo cálculo utilizando a fórmula com o lucro posicionado no denominador da expressão, a qual entendemos ser mais apropriada.

$$BDI = \left[\left(\frac{\left(\left(1+\left(\frac{AC}{100}+\frac{S}{100}+\frac{R}{100}+\frac{G}{100}\right)\right)\left(1+\frac{DF}{100}\right)\left(1+\frac{L}{100}\right)\right)}{\left(1-\frac{I}{100}\right)}\right)-1\right]\times 100$$

$$BDI = \left[\left(\frac{\left(\left(1+\left(\frac{5,50}{100}+\frac{1,00}{100}+\frac{1,27}{100}\right)\right)\left(1+\frac{1,39}{100}\right)\left(1+\frac{8,96}{100}\right)\right)}{\left(1-\frac{6,65}{100}\right)}\right)-1\right]\times 100$$

$$BDI = 27,54\%$$

Ou, utilizando a segunda fórmula, de nossa preferência:

$$BDI = \left[\left(\frac{\left(\left(1 + \left(\frac{AC}{100} + \frac{S}{100} + \frac{R}{100} + \frac{G}{100} \right) \right) \left(1 + \frac{DF}{100} \right) \right)}{\left(1 - \frac{I + L}{100} \right)} \right) - 1 \right] \times 100$$

$$BDI = \left[\left(\frac{\left(\left(1 + \left(\frac{5,50}{100} + \frac{1,00}{100} + \frac{1,27}{100} \right) \right) \left(1 + \frac{1,39}{100} \right) \right)}{\left(1 - \frac{6,65 + 8,96}{100} \right)} \right) - 1 \right] \times 100$$

$$BDI = 29,48\%$$

9.2 Critério de inexequibilidade da lei

Vejamos agora como a Lei nº 8.666 trata o procedimento e o julgamento nas licitações:

> Art. 48 – Serão desclassificadas:
>
> I – as propostas que não atendam às exigências do ato convocatório da licitação;
>
> II – propostas com valor global superior ao limite estabelecido ou com preços manifestamente inexeqüíveis, assim considerados aqueles que não venham a ter demonstrada sua viabilidade através de documentação que comprove que os custos dos insumos são coerentes com os de mercado e que os coeficientes de produtividade são compatíveis com a execução do objeto do contrato, condições estas necessariamente especificadas no ato convocatório da licitação.

Em data mais próxima, 27 de maio de 1998, a Lei nº 9.648 resolveu acrescentar o seguinte ao Art. 48 da Lei nº 8.666:

> § 1º – Para os efeitos do disposto no inciso II deste artigo consideram-se manifestamente inexeqüíveis, no caso de licitações de menor preço para obras e serviços de engenharia, as propostas

cujos valores sejam inferiores a 70% (setenta por cento) do menor dos seguintes valores:

g) média aritmética dos valores das propostas superiores a 50% (cinqüenta por cento) do valor orçado pela administração, ou
h) valor orçado pela administração.

§ 2º – Dos licitantes classificados na forma do parágrafo anterior cujo valor global da proposta for inferior a 80% (oitenta por cento) do menor valor a que se referem as alíneas "a" e "b", será exigida, para a assinatura do contrato, prestação de garantia adicional, dentre as modalidades previstas no § 1º do Art. 56, igual a diferença entre o valor resultante do parágrafo anterior e o valor da correspondente proposta.

Deixemos reservado o texto da lei e passemos a estudar o teor do artigo escrito por Szklarowsky (2003), parte do qual reproduzimos a seguir:

> Certo é que, realizada a abertura da licitação, perseguirá o órgão ou entidade licitante o objetivo de, respeitados os direitos de todos os licitantes, alcançar a proposta que, dentre as apresentadas, melhor atenda aos seus interesses, oportunizando, assim, a celebração de um contrato baseado nas melhores condições ofertadas. Necessário aclarar, no entanto, que mais vantajosa não o será a proposta que, dentre as apresentadas, ofereça as melhores condições de execução do objeto pretendido se não estiver ela em compatibilidade com preços e condições de mercado. Aceitar-se-á e se declarará vencedora apenas aquela que demonstre estar efetivamente adequada à realidade verificada no setor de mercado específico, sem indicação de preços excessivos ou manifestamente inexeqüíveis.
> [...]
> Ter-se-á, assim, na contratação de obras e serviços de engenharia, um parâmetro praticamente aritmético, estabelecido com a finalidade de aferir ou não a inexeqüibilidade manifesta da proposta apresentada pelo licitante. Tomando-se por base o valor previamente orçado pela administração para aquele certame específico, explicita a nova regra que não será aceita a proposta que se apresente em *quantum* inferior a 70% do menor valor encontrado após

> realizadas as operações orientadas pelas alíneas do dispositivo anteriormente transcrito.
>
> Extrai-se claramente orientação no sentido de que a fórmula adotada visa a criar um método objetivo de determinação da indesejada inexeqüibilidade, encerrando, assim, discussões reiteradamente travadas no âmbito das licitações públicas.

Isso posto, voltemos nossa atenção mais uma vez para o Art. 48 da Lei nº 8.666:

- *Inciso I*: é óbvio que, se a proposta não atende às exigências do ato convocatório, deve ser desclassificada.
- *Inciso II*: propostas com valor global superior ao limite estabelecido evidentemente devem ser desclassificadas, por não atenderem ao critério estabelecido.

No mesmo inciso, consta a definição de proposta com preços manifestamente inexequíveis, a seguir comentada:

- Os preços aludidos são os constantes da planilha orçamentária e constituem os preços unitários de venda de cada item dos serviços especificados e previstos na obra. São, portanto, preços afetados pelo BDI, como reza a boa e usual técnica de elaboração orçamentária. Esses preços não podem ser demonstrados somente pela composição de custo, ou, como proferiu o legislador, "através de documentação que comprove que os custos dos insumos são coerentes com os de mercado e que os coeficientes de produtividade são compatíveis com a execução do objeto do contrato".
- Para que a análise seja correta, há a necessidade do conhecimento do valor da taxa de BDI que incide sobre os preços unitários, para que dessa forma possamos desonerá-los das despesas indiretas e do lucro, e só então compará-los com o custo direto, este sim demonstrado através das composições de custo.
- A análise desses números, para ser completa, requer o conhecimento da planilha discriminada de cálculo do BDI. A aceitação da taxa de BDI simplesmente arbitrada é uma prática que deve ser banida.

O critério da lei pode levar a situações equivocadas, como a contratação de obras por preços "impossíveis" de serem administrados. As consequências quase sempre são obras abandonadas, difíceis de serem concluídas pelos imbróglios jurídicos criados, além da baixa qualidade dos serviços executados (quando executados).

Vejamos o exemplo de um certame com oito participantes. Suponhamos que os valores de suas propostas sejam os indicados na Tab. 9.12.

Tab. 9.12 Exemplo de amostragem de preços globais praticados numa licitação

Origem da proposta	Valor orçado (R$)
Projeto básico	1.000.000,00
Licitante 1	1.110.000,00
Licitante 2	990.000,00
Licitante 3	976.000,00
Licitante 4	924.000,00
Licitante 5	800.000,00
Licitante 6	700.000,00
Licitante 7	584.000,00
Licitante 8	556.000,00

Passemos então a operar segundo a orientação que a lei nos ensina:

- 50% do valor orçado pela administração: R$ 500.000,00.
- Média aritmética dos valores das propostas superiores a 50%, isto é, superiores a R$ 500.000,00:

(R$ 1.100.000,00 + R$ 990.000,00 + R$ 976.000,00 + R$ 924.000,00 + R$ 800.000,00 + R$ 700.000,00 + R$ 584.000,00 + R$ 556.000,00)/8 = R$ 830.000,00

- 70% da média: 0,7 × R$ 830.000,00 = R$ 581.000,00.
- Propostas consideradas inexequíveis: somente a do Licitante 8.
- Proposta declarada vencedora: a do Licitante 7, com o valor de R$ 584.000,00.

Algo de estranho salta aos olhos. Alguém errou. Caso o órgão (contratante) tenha cometido um erro, deverá verificar os motivos (incompetência, fraude etc.), apurar a responsabilidade do ato e estabelecer uma punição compatível.

Caso contrário, isto é, se o contratante não errou, o ônus recairá sobre o licitante, mas o órgão, ao aceitar a referida proposta como vencedora, por meio desse critério, terá consequentemente errado solidariamente, pois em nosso entendimento não há como executar por R$ 584.000,00 o que foi orçado corretamente por R$ 1.000.000,00.

A conclusão a que chegou Szklarowsky (2003) – "a fórmula adotada visa a criar um método objetivo de determinação da indesejada inexeqüibilidade, encerrando, assim, discussões reiteradamente travadas no âmbito das licitações públicas" – não parece acertada. No exemplo dado anteriormente, não parece lógica nem coerente a homologação da obra pelo valor de R$ 584.000,00, quando esta foi orçada (supostamente de forma correta) pelo valor de R$ 1.000.000,00.

A manipulação de fórmulas, não só na Química, oferece perigo. Na Matemática também os riscos persistem.

Para o estabelecimento do valor da proposta economicamente inviável, poderíamos adotar um valor do BDI obtido a partir das seguintes considerações:

- adotar o lucro igual a zero;
- adotar as demais parcelas do BDI com o valor mínimo recomendado pelo TCU;
- calcular o BDI a partir dessas considerações;
- calcular o valor de venda inexequível V_{vi} a partir do custo direto total do orçamento do projeto básico, com o BDI definido anteriormente;
- as propostas com valores inferiores ao valor V_{vi} podem ser consideradas inexequíveis.

Esse é nosso entendimento para poder definir o valor abaixo do qual as propostas devem ser consideradas inexequíveis.

Simples aplicações de fórmulas matemáticas, como prevê a Lei nº 9.648, não proporcionam resultados de conteúdo e de expressão; nenhuma lógica guardam em seus parâmetros e podem pressionar o gestor a uma inadequada tomada de decisão e à consequente má aplicação do dinheiro público.

O estabelecimento de um valor-limite inferior para as propostas tem encontrado resistência entre os doutrinadores, que não abrem mão da chamada contratação vantajosa, isto é, da vantagem que pode ser oferecida por qualquer participante do certame licitatório.

Ainda, contrariamente ao estabelecimento de um limite inferior para as propostas, vige no meio jurídico o pensamento de que, em se estabelecendo um valor mínimo, a maioria dos orçamentos tenderia a convergir para esse valor, tirando o caráter competitivo (ou da vantajosidade) da licitação. Em ocorrendo tal situação, a Lei nº 8.666 previu o Art. 45, § 2º:

> No caso de empate entre duas ou mais propostas, e após obedecido o disposto no § 2º do Art. 3º desta Lei, a classificação se fará, obrigatoriamente, por sorteio, em ato público, para o qual todos os licitantes serão convocados, vedado qualquer outro processo.

Aqui nos defrontamos com um problema, aparentemente inexistente, disfarçado, que tentaremos explicar. Senão vejamos: quando falamos em empate entre licitantes, pressupomos superadas, isto é, vencidas as fases de habilitação jurídica, técnica, econômico-financeira e fiscal, previstas na Seção II, Arts. 27 a 33, da Lei nº 8.666. Isso significa ter cada empresa apresentado seu balanço patrimonial e demonstrações contábeis e atendido, entre outras, as seguintes exigências do Art. 31, inciso III:

> § 1º – A exigência de índices limitar-se-á à demonstração da capacidade financeira do licitante com vistas aos compromissos que terá que assumir caso lhe seja adjudicado o contrato [...].
>
> [...]
>
> § 4º – Poderá ser exigida, ainda, a relação dos compromissos assumidos pelo licitante que importem diminuição da capacidade operativa ou absorção de disponibilidade financeira, calculada esta em função do patrimônio líquido atualizado e sua capacidade de rotação.
>
> § 5º – A comprovação de boa situação financeira da empresa será feita de forma objetiva, através do cálculo de índices contábeis previstos no edital e devidamente justificados no processo administrativo da licitação que tenha dado início ao certame licitatório [...].

O que acontece na prática é que pouca ou nenhuma atenção tem sido dada ao exame dos indicadores, índices ou quocientes econômicos correspondentes às exigências mencionadas, o que propicia, em caso de empate, a participação no sorteio não só de firmas idôneas com capacidade operacional de realizar o objeto a ser contratado, como também de firmas que, por suas demonstrações e índices financeiros, não têm condição de honrar suas obrigações contratuais.

9.2.1 Quocientes econômicos

Esses quocientes permitem concluir se a empresa merece ou não crédito, se tem ou não condição de pagar suas dívidas e quais suas necessidades de capital de giro.

Segundo Iudícibus (2008), podem ser classificados como quocientes da liquidez e do endividamento, além da rotatividade.

Pensando na liquidez como a solidez financeira que a empresa deve possuir para honrar seus compromissos, entendemos que poderíamos estabelecer como critério de desempate, em vez do sorteio, um ou mais dos quocientes a seguir, isolados ou combinados, proporcionando, agora sim, maior segurança à administração quanto à probabilidade de sucesso na execução do empreendimento que vai ser contratado.

- *Liquidez imediata = disponibilidades/passivo circulante*

  Esse quociente representa o valor de que dispomos imediatamente para saldar nossas dívidas de curto prazo. Segundo Iudícibus (2008), as dívidas do denominador podem ser de 30, 60, 90 e até 365 dias. Assim, para termos uma informação com mais precisão, o correto seria reduzirmos o denominador a valor presente, isto é, levando em consideração os descontos que teríamos se resolvêssemos quitar todos esses pagamentos na data de hoje.
- *Liquidez corrente = ativo circulante/passivo circulante*

  Esse quociente, assim como o anterior, quanto maior, melhor. Demonstra, isto é, relaciona quantos reais a empresa pode dispor a curto prazo em relação a suas dívidas de curto prazo.

  Desse modo, um quociente de liquidez corrente igual a 1,8 significa que, para cada R$ 1,00 de exigibilidade de curto prazo, a empresa tem condição de dispor de R$ 1,80.
- *Liquidez geral = (ativo circulante + realizável a longo prazo)/(passivo circulante + exigível a longo prazo)*
- *Quociente de participação de capitais de terceiros sobre os recursos totais = exigível total/(exigível total + patrimônio líquido)*

  Sendo o exigível total a soma do passivo circulante com o passivo exigível a longo prazo. Significa qual a porcentagem do ativo total financiada com recursos de terceiros.
- *Quociente de capitais de terceiros/capitais próprios = exigível total/patrimônio líquido*

  Quase todas as empresas que se encontram em situação financeira difícil ou vão à falência apresentam altos quocientes de capital de terceiros em relação ao capital próprio.

- *Quociente de participação das dívidas de curto prazo sobre o endividamento total = (passivo circulante/exigível total)*
- *Rotatividade do ativo = (vendas/ativo médio)*
  Esse índice indica quantas vezes o ativo girou pelas vendas. Pode ser calculado em relação ao ativo circulante, permanente etc.

Outros quocientes ou indicadores podem ser igualmente definidos ou utilizados. Podemos, por exemplo, estabelecer um limite para a relação entre o faturamento total mensal da empresa (incluindo o proposto) e o respectivo capital social, não só como critério de desempate, mas como condição de habilitação no certame licitatório, como aliás estabelece a Lei nº 8.666, afugentando, dessa forma, empresas que pretendem contratar além de sua capacidade operacional.

O estabelecimento de valores para esses quocientes deve obedecer a critério rigoroso, em função do porte da obra, do valor do orçamento, da complexidade, do prazo exigido etc., pois necessita, como vimos no § 5º anteriormente, ser justificado no processo licitatório.

Nos últimos anos, a contabilidade se afastou da administração. A nosso ver, ela deve resgatar sua função tradicional de assessorar a administração na tomada de decisões, a partir da análise dos balanços. Com esse mesmo pensamento, assim se manifesta Herrmann Jr. (apud Silva, 2007):

> Para assegurar o êxito de qualquer administração e garantir assim a integridade patrimonial contra qualquer surpresa, é necessário colocar a atividade econômica sobre base planificada, formulando previsões econômicas, estabelecendo probabilidades e controlando as previsões mediante a técnica da análise econômico-financeira dos balanços periódicos.

Finalmente, a utilização dos quocientes econômicos como critério de desempate nas licitações poderá coibir um velho costume empresarial de forçar o resultado do balanço para baixo, com o intuito de obter o benefício da redução do Imposto de Renda.

"A verdadeira dificuldade não está nas ideias novas, mas em escapar às ideias antigas."
John Maynard Keynes

Anexos

A.1 Planilhas de cálculo

Tab. A.1 **Mobilização e desmobilização**

Item	Descrição		Unidade	Quantidade	Duração	Custo unitário	Custo total
1.1.1	**Deslocamento de veículos pelos próprios meios – combustíveis**						
	1.1.1.1	Gasolina	L				
	1.1.1.2	Óleo diesel	L				
1.1.2	**Deslocamento de veículos e equipamentos de porte (conjunto cavalo--carreta-carga maior que 60 t, largura > 3,20 m, altura > 5,00 m, ou comprimento > 25,00 m)**						
	1.1.2.1	Transporte em prancha rebaixada	km				
	1.1.2.2	Taxa de utilização viária	un				
	1.1.2.3	Escolta	dia				
	1.1.2.4	Seguro contra roubo e acidentes no trajeto	un				
1.1.3	**Pessoal/transporte**						
	1.1.3.1	Motorista	h				
	1.1.3.2	Passagens terrestres intermunicipais	un				
	1.1.3.3	Passagens terrestres interestaduais	un				
	1.1.3.4	Passagens aéreas nacionais	un				

Tab. A.1 (continuação)

Item	Descrição		Unidade	Quantidade	Duração	Custo unitário	Custo total
1.1.3	**Pessoal/transporte**						
	1.1.3.5	Diárias de hotel	un				
	1.1.3.6	Alimentação no trajeto	un				
1.1.4	**Construção de bases e montagem de equipamentos e máquinas**						
	1.1.4.1	Limpeza do terreno	m^2				
	1.1.4.2	Escavação manual	m^3				
	1.1.4.3	Reaterro	m^3				
	1.1.4.4	Concreto armado $f_{ck} = 21$ MPa (bases)	m^3				
	1.1.4.5	Montador mecânico	h				
	1.1.4.6	Soldador	h				
	1.1.4.7	Servente	h				
Total (R$)							

Tab. A.2 **Canteiro de obras e acampamento**

Item	Descrição		Unidade	Quantidade	Durabilidade/duração (mês)	Prazo da obra/item	Custo de aquisição/preço unitário (R$)	Parcela mensal (R$)	Custo total (R$)
1	**Implantação do canteiro**							**Total 1**	**55.929,86**
1.1	**Terraplenagem e pavimentação de vias, inclusive acesso**								
	1.1.1	Locação de eixos	m	1,00	–	–	0,96	–	0,96
	1.1.2	Desmatamento, destocamento e limpeza mecanizada de terreno	m^2	1,00	–	–	0,25	–	0,25

Tab. A.2 (continuação)

Item		Descrição	Unidade	Quantidade	Durabilidade/ duração (mês)	Prazo da obra/item	Custo de aquisição/ preço unitário (R$)	Parcela mensal (R$)	Custo total (R$)
	1.1.3	Escavação, carga e transporte com trator esteira, material de 1ª categoria, DMT 51 m a 200 m	m^3	1,00	–	–	1,23	–	1,23
	1.1.4	Material de jazida para aterro tipo areia fina e/ou cascalho, exceto transporte	m^3	1,00	–	–	18,50	–	18,50
	1.1.5	Transporte em caminhão basculante em rodovia não pavimentada	$m^3 \cdot km$	1,00	–	–	0,65	–	0,65
	1.1.6	Compactação de aterro, com rolo vibratório a 95% do PN	m^3	1,00	–	–	2,27	–	2,27
	1.1.7	Regularização mecanizada de áreas com motoniveladora	m^2	1,00	–	–	0,56	–	0,56
Subtotal									24,42
1.2	**Infraestrutura (*discriminar em subitens; **especificar)**								
	1.2.1	Rede de drenagem*	m	1,00	–	–	1,00	–	1,00
	1.2.2	Rede de alta tensão*	m	1,00	–	–	1,00	–	1,00
	1.2.3	Rede de baixa tensão	m	1,00	–	–	1,00	–	1,00
	1.2.4	Rede de esgotos*	m	1,00	–	–	1,00	–	1,00
	1.2.5	Rede de água*	m	1,00	–	–	1,00	–	1,00

Tab. A.2 (continuação)

Item		Descrição	Unidade	Quantidade	Durabilidade/ duração (mês)	Prazo da obra/item	Custo de aquisição/ preço unitário (R$)	Parcela mensal (R$)	Custo total (R$)
	1.2.6	Reservatório superior*	m	1,00	–	–	1,00	–	1,00
	1.2.7	Reservatório inferior*	m	1,00	–	–	1,00	–	1,00
	1.2.8	Fossa séptica em concreto armado**	un	1,00	–	–	1,00	–	1,00
	1.2.9	Fossa séptica tipo OMS**	un	1,00	–	–	1,00	–	1,00
	1.2.10	Sumidouro**	un	1,00	–	–	1,00	–	1,00
	1.2.11	Filtro anaeróbio**	un	1,00	–	–	1,00	–	1,00
Subtotal									11,00
1.3	**Instalações físicas e alojamentos**								
	1.3.1	Locação de construção com gabarito de madeira	m²	1,00	–	–	2,36	–	2,36
	1.3.2	Cerca com estaca de madeira sabiá ou similar, *h* = 2,20 m, altura útil de 1,50 m, com 5 fios de arame farpado	m	1,00	–	–	15,31	–	15,31
	1.3.3	Tapume em chapa compensada resinada – 14 mm	m²	1,00	–	–	1,00	–	46,61
	1.3.4	Placa de obra em chapa de aço galvanizado	m²	1,00	–	–	1,00	–	213,11

Tab. A.2 (continuação)

Item	Descrição	Unidade	Quantidade	Durabilidade/duração (mês)	Prazo da obra/item	Custo de aquisição/preço unitário (R$)	Parcela mensal (R$)	Custo total (R$)
1.3.5	Sinalização diurna (**especificar)	m	1,00	–	–	1,00	–	1,82
1.3.6	Sinalização noturna (suporte, balde, fiação e lâmpada)	m	1,00	–	–	1,00	–	7,74
1.3.7	Barracão para escritório de obra porte pequeno – S = 25,41 m²	un	1,00	–	–	6.621,09	–	6.621,09
1.3.8	Barracão para escritório de obra porte médio – S = 43,56 m²	un	1,00	–	–	9.184,34	–	9.184,34
1.3.9	Barracão para escritório de obra porte grande – S = 48,40 m²	un	1,00	–	–	9.967,11	–	9.967,11
1.3.10	Barracão fechado para depósito de cimento e almoxarifado – S = 38,72 m²	un	1,00	–	–	5.404,48	–	5.404,48
1.3.11	Barracão aberto para refeitório de obra, capacidade para 24 refeições simultâneas – S = 48,40 m²	un	1,00	–	–	7.726,51	–	7.726,51
1.3.12	Barracão para banheiro e vestiário de obra – S = 24,20 m²	un	1,00	–	–	8.165,96	–	8.165,96

Tab. A.2 (continuação)

Item		Descrição	Unidade	Quantidade	Durabilidade/ duração (mês)	Prazo da obra/item	Custo de aquisição/ preço unitário (R$)	Parcela mensal (R$)	Custo total (R$)
	1.3.13	Barracão aberto para central de fôrmas, dobramento de aço, oficinas etc.	m²	100,00	–	–	85,38	–	8.538,00
Subtotal									55.894,44
2	**Manutenção do canteiro**							**Total 2**	**51.317,53**
2.1	**Locações para implantação do(s) canteiro(s)**								
	2.1.1	Aluguel mensal de área para canteiro	m²	1,00	–	12,00	1,80	–	21,60
	2.1.2	Aluguel de casa de porte médio a grande	mês	1,00	–	12,00	2.500,00	–	30.000,00
	2.1.3	Aluguel de contêiner	mês	1,00	–	12,00	550,00	–	6.600,00
Subtotal									36.621,60
2.2	**Aluguel de móveis para escritório, equipamentos para informática e comunicação e materiais de consumo**								
	2.2.1	*Bureau* de madeira – 1,40 m	un	1,00	72,00	12,00	280,00	5,83	69,96
	2.2.2	Mesa para reunião	un	1,00	72,00	12,00	240,00	5,00	59,96
	2.2.3	Cadeira sem braços	un	1,00	72,00	12,00	140,00	2,91	34,98

Tab. A.2 (continuação)

Item	Descrição	Unidade	Quantidade	Durabilidade/ duração (mês)	Prazo da obra/item	Custo de aquisição/ preço unitário (R$)	Parcela mensal (R$)	Custo total (R$)
2.2.4	Cadeira fixa para mesa de reunião	un	1,00	72,00	12,00	65,00	1,35	16,24
2.2.5	Mesa em aço com cadeira para ambulatório	un	1,00	72,00	12,00	450,00	9,37	112,43
2.2.6	Cama para ambulatório/degrau em aço, com colchonete	un	1,00	72,00	12,00	890,00	18,53	222,36
2.2.7	Prancheta de madeira com banco	un	1,00	72,00	12,00	690,00	14,37	172,39
2.2.8	Arquivo de aço	un	1,00	72,00	12,00	380,00	7,91	94,94
2.2.9	Cofre	un	1,00	72,00	12,00	384,00	8,00	95,94
2.2.10	Armário de aço e vidros	un	1,00	72,00	12,00	520,00	10,83	129,92
2.2.11	Mapoteca com 5 gavetas	un	1,00	72,00	12,00	2.120,00	44,14	529,67
2.2.12	Computador *work station*	un	1,00	72,00	12,00	889,00	18,51	222,11
2.2.13	Computador *notebook*	un	1,00	72,00	12,00	899,00	18,72	224,61
2.2.14	Impressora colorida – *laser*	un	1,00	72,00	12,00	599,00	12,47	149,66
2.2.15	Telefone celular – aquisição	un	1,00	36,00	12,00	139,00	4,78	57,33

Tab. A.2 (continuação)

Item	Descrição	Unidade	Quantidade	Durabilidade/ duração (mês)	Prazo da obra/item	Custo de aquisição/ preço unitário (R$)	Parcela mensal (R$)	Custo total (R$)
2.2.16	Televisor 32"	un	1,00	72,00	12,00	999,00	20,80	249,60
2.2.17	*DVD player*	un	1,00	72,00	12,00	99,00	2,06	24,73
2.2.18	Antena parabólica	un	1,00	72,00	12,00	850,00	17,70	212,37
2.2.19	Geladeira – 420 L	un	1,00	72,00	12,00	2.099,00	43,70	524,43
2.2.20	*Freezer* vertical	un	1,00	72,00	12,00	1.500,00	31,23	374,77
2.2.21	Cafeteira industrial	un	1,00	72,00	12,00	139,00	2,89	34,73
2.2.22	Bebedouro elétrico com filtro	un	1,00	72,00	12,00	499,00	10,39	124,67
2.2.23	Fax/central telefônica com 10 ramais	un	1,00	72,00	12,00	329,00	6,85	82,20
2.2.24	Rádio comunicador – conjunto de central com 6 unidades móveis	un	1,00	36,00	12,00	400,00	13,75	164,99
2.2.25	*Plotter*	un	1,00	72,00	12,00	4.850,00	100,98	1.211,76
2.2.26	Copiadora – aluguel	un	1,00	–	12,00	280,00	–	3.360,00
2.2.27	Telefone fixo	un	1,00	36,00	12,00	20,00	0,69	8,25

Tab. A.2 (continuação)

Item	Descrição	Unidade	Quantidade	Durabilidade/ duração (mês)	Prazo da obra/item	Custo de aquisição/ preço unitário (R$)	Parcela mensal (R$)	Custo total (R$)
2.2.28	Telefone móvel	un	1,00	36,00	12,00	139,00	4,78	57,33
2.2.29	Máquina de calcular elétrica com bobina	un	1,00	72,00	12,00	119,00	2,48	29,73
2.2.30	Ar-condicionado 18.000 BTU – *split*	un	1,00	72,00	12,00	1.269,00	26,42	317,06
2.2.31	Relógio de ponto	un	1,00	72,00	12,00	584,00	12,16	145,91
2.2.32	Consumo de água	un	1,00	–	12,00	1,00	–	12,00
2.2.33	Consumo de energia elétrica	un	1,00	–	12,00	1,00	–	12,00
2.2.34	Aquisição de botijão de gás GLP – 13 kg	un	1,00	36,00	12,00	135,00	4,64	55,68
2.2.35	Recarga de botijão de gás – caução	un	1,00	–	12,00	40,00	–	480,00
2.2.36	Fogão de 6 bocas	un	1,00	72,00	12,00	890,00	18,53	222,36
2.2.37	Internet	un	1,00	-	12,00	1,00	-	12,00
2.2.38	Cópias e encadernações	un	1,00	-	12,00	1,00	-	12,00
2.2.39	Sedex	un	1,00	-	12,00	1,00	-	12,00
2.2.40	Material de limpeza	un	1,00	-	12,00	1,00	-	12,00
2.2.41	Medicamentos de primeiros socorros	un	1,00	-	12,00	1,00	-	12,00

Tab. A.2 (continuação)

Item	Descrição	Unidade	Quantidade	Durabilidade/ duração (mês)	Prazo da obra/item	Custo de aquisição/ preço unitário (R$)	Parcela mensal (R$)	Custo total (R$)
2.2.42	Ensaios tecnológicos de concreto (**)	un	1,00	–	–	1,00	-	1,00
2.2.43	Ensaios tecnológicos de solo (**)	un	1,00	–	–	1,00	-	1,00
2.2.44	Ensaios tecnológicos de tijolos (**)	un	1,00	–	–	1,00	-	1,00
2.2.45	Quadro de avisos – moldura de alumínio e vidro – 1,00 m × 1,50 m	un	1,00	–	–	160,00	-	160,00
2.2.46	Panelas e utensílios de alumínio (conjunto)	cj	1,00	–	–	120,00	-	120,00
2.2.47	Cama de madeira – solteiro	un	1,00	–	–	80,00	-	80,00
2.2.48	Colchão de solteiro D-23	un	1,00	–	–	55,00	-	55,00
2.2.49	Escaninho de madeira – 0,40 × 0,50 × 0,30 m	un	1,00	–	–	95,00	-	95,00
2.2.50	Lençol de solteiro e fronha (conjunto)	cj	1,00	–	–	42,00	-	42,00

Tab. A.2 (continuação)

Item	Descrição	Unidade	Quantidade	Durabilidade/ duração (mês)	Prazo da obra/item	Custo de aquisição/ preço unitário (R$)	Parcela mensal (R$)	Custo total (R$)
2.2.51	Aquisição de extintor de incêndio – pó químico, capacidade de 12 kg	un	1,00	–	–	115,00	–	115,00
2.2.52	Aquisição de extintor de incêndio – água pressurizada, 10 L, alcance de 8,0 m, TD = 80 s	un	1,00	–	–	110,00	–	110,00
2.2.53	Aquisição de extintor de incêndio – dióxido de carbono – CO_2 – 6 kg, TD = 6 s	un	1,00	–	–	420,00	–	420,00
2.2.54	Recarga de extintor de incêndio – pó químico, capacidade de 12 kg	un	1,00	–	–	48,00	–	48,00
2.2.55	Recarga de extintor de incêndio – água pressurizada, 10 L, alcance de 8,0 m, TD = 80 s	un	1,00	–	–	17,00	–	17,00
2.2.56	Recarga de extintor de incêndio – dióxido de carbono – CO_2 – 6 kg, TD = 6 s	un	1,00	–	–	77,00	–	77,00
Subtotal								11.299,09

Tab. A.2 (continuação)

Item	Descrição	Unidade	Quantidade	Durabilidade/ duração (mês)	Prazo da obra/item	Custo de aquisição/ preço unitário (R$)	Parcela mensal (R$)	Custo total (R$)
2.3	**Relatórios de engenharia de segurança do trabalho, licenças e taxas**							
2.3.1	PCMAT (NR-18)	un	1,00	–	–	300,00	-	300,00
2.3.2	PPRA (NR-9)	un	1,00	–	–	300,00	-	300,00
2.3.3	PCMSO (NR-7)	un	1,00	–	–	250,00	-	250,00
2.3.4	Alvarás	un	1,00	–	–	1,00	-	1,00
2.3.5	Ambiental	un	1,00	–	–	1,00	-	1,00
2.3.6	Crea	un	1,00	–	–	1,00	-	1,00
Subtotal								853,00
2.4	**Ferramentas com maior durabilidade (aluguel)**							
2.4.1	Máquina desbobinadeira de aço	un	1,00	36,00	12,00	1.200,00	41,25	494,96
2.4.2	Serra circular estacionária com bancada em aço	un	1,00	36,00	12,00	1.600,00	55,00	659,95
2.4.3	Serra circular móvel	un	1,00	36,00	12,00	420,00	14,44	173,24
2.4.4	Furadeira industrial	un	1,00	36,00	12,00	415,00	14,26	171,17
2.4.5	Furadeira profissional	un	1,00	36,00	12,00	319,00	10,96	131,58
2.4.6	Marreta – 1 kg	un	1,00	36,00	12,00	25,00	0,86	10,31
2.4.7	Martelo sem unha	un	1,00	36,00	12,00	20,00	0,69	8,25
2.4.8	Martelo com unha	un	1,00	36,00	12,00	20,00	0,69	8,25
2.4.9	Serra mármore tipo Makita	un	1,00	36,00	12,00	250,00	8,59	103,12
2.4.10	Alicate com isolamento	un	1,00	36,00	12,00	18,00	0,62	7,42

Tab. A.2 (continuação)

Item	Descrição	Unidade	Quantidade	Durabilidade/ duração (mês)	Prazo da obra/item	Custo de aquisição/ preço unitário (R$)	Parcela mensal (R$)	Custo total (R$)
2.4.11	Alicate volt--amperímetro	un	1,00	36,00	12,00	190,00	6,53	78,37
2.4.12	Chave inglesa 12"	un	1,00	36,00	12,00	30,00	1,03	12,37
2.4.13	Escada de madeira de abrir	un	1,00	36,00	12,00	100,00	3,44	41,25
2.4.14	Tarraxa 1/2"	un	1,00	36,00	12,00	25,00	0,86	10,31
2.4.15	Tarraxa 3/4"	un	1,00	36,00	12,00	25,00	0,86	10,31
2.4.16	Tarraxa 1"	un	1,00	36,00	12,00	25,00	0,86	10,31
2.4.17	Tarraxa 1 1/4"	un	1,00	36,00	12,00	25,00	0,86	10,31
2.4.18	Tarraxa 1 1/2"	un	1,00	36,00	12,00	25,00	0,86	10,31
2.4.19	Praio simples – 30 cm	un	1,00	36,00	12,00	25,00	0,86	10,31
2.4.20	Talha manual – 1 t	un	1,00	36,00	12,00	100,00	3,44	41,25
2.4.21	Talhadeira	un	1,00	36,00	12,00	1,00	0,03	0,41
2.4.22	Nível de bolha de madeira	un	1,00	36,00	12,00	1,00	0,03	0,41
2.4.23	Prumo de face	un	1,00	36,00	12,00	1,00	0,03	0,41
2.4.24	Prumo de centro	un	1,00	36,00	12,00	1,00	0,03	0,41
2.4.25	Serrote – 40 cm	un	1,00	36,00	12,00	1,00	0,03	0,41
2.4.26	Formão grande	un	1,00	36,00	12,00	1,00	0,03	0,41
2.4.27	Torquesa	un	1,00	36,00	12,00	1,00	0,03	0,41
2.4.28	Lima chata 1 1/2"	un	1,00	36,00	12,00	1,00	0,03	0,41
2.4.29	Colher de pedreiro	un	1,00	36,00	12,00	1,00	0,03	0,41
2.4.30	Desempeno tipo régua de alumínio – 2 m	un	1,00	36,00	12,00	1,00	0,03	0,41

Tab. A.2 (continuação)

Item		Descrição	Unidade	Quantidade	Durabilidade/ duração (mês)	Prazo da obra/item	Custo de aquisição/ preço unitário (R$)	Parcela mensal (R$)	Custo total (R$)
	2.4.31	Chave de fenda – 30 cm	un	1,00	36,00	12,00	1,00	0,03	0,41
	2.4.32	Desempenadeira de metal	un	1,00	36,00	12,00	1,00	0,03	0,41
	2.4.33	Espátula	un	1,00	36,00	12,00	1,00	0,03	0,41
	2.4.34	Arco de serra	un	1,00	36,00	12,00	1,00	0,03	0,41
	Subtotal								2.009,13
2.5	**Ferramentas com pouca durabilidade (consumo)**								
	2.5.1	Carrinho de mão com pneu	un	1,00	–	–	95,00	–	95,00
	2.5.2	Pá quadrada	un	1,00	–	–	24,00	–	24,00
	2.5.3	Disco de corte comum	un	1,00	–	–	15,00	–	15,00
	2.5.4	Disco de corte para porcelanato	un	1,00	–	–	28,50	–	28,50
	2.5.5	Disco de corte para metais	un	1,00	–	–	32,00	–	32,00
	2.5.6	Escala métrica de madeira (bambu) desempoladeira de madeira	un	1,00	–	–	9,00	–	9,00
	2.5.7	Rolo lã de carneiro – 15 cm	un	1,00	–	–	24,00	–	24,00
	2.5.8	Pincel de seda 2″	un	1,00	–	–	8,75	–	8,75
	2.5.9	Trincha	un	1,00	–	–	7,10	–	7,10
Subtotal									243,35

Tab. A.2 (continuação)

Item		Descrição	Unidade	Quantidade	Durabilidade/ duração (mês)	Prazo da obra/item	Custo de aquisição/ preço unitário (R$)	Parcela mensal (R$)	Custo total (R$)
2.6	**EPIs não incluídos no *kit* básico e equipamentos de proteção coletivos**								
	2.6.1	Avental de couro	un	1,00	–	–	33,00	–	33,00
	2.6.2	Cinto de segurança com talabarte	un	1,00	–	–	71,00	–	71,00
	2.6.3	Capacete para visitantes	un	1,00	–	–	10,80	–	10,80
	2.6.4	Bota de borracha	par	1,00	–	–	42,00	–	42,00
	2.6.5	Capa de chuva	un	1,00	–	–	9,00	–	9,00
	2.6.6	Protetor facial de acrílico	un	1,00	–	–	15,90	–	15,90
	2.6.7	Óculos de proteção para solda	par	1,00	–	–	20,90	–	20,90
	2.6.8	Bandeja de proteção (salva-vidas ou apara-lixo) – 2,50 + 0,80 m	m	1,00	–	–	79,72	–	79,72
	2.6.9	Tela de *nylon* para fachadas	m²	1,00	-	-	2,79	-	2,79
	2.6.10	Tela de polietileno estirado para tapumes	m²	1,00	-	-	2,70	-	2,70
Subtotal									287,81

Tab. A.2 (continuação)

Item	Descrição		Unidade	Quantidade	Durabilidade/ duração (mês)	Prazo da obra/item	Custo de aquisição/ preço unitário (R$)	Parcela mensal (R$)	Custo total (R$)
2.7	**Manutenção das instalações físicas e da infraestrutura**								
	2.7.1	Regularização mecanizada de áreas com motoniveladora	m²	1,00	–	–	0,56	–	0,56
	2.7.2	Execução de revestimento primário	m²	1,00	–	–	1,00	–	1,00
	2.7.3	Pintura com látex exterior – 1 demão	m²	1,00	–	–	1,00	–	1,00
	2.7.4	Pintura com esmalte sintético – 1 demão	m²	1,00	–	–	1,00	–	1,00
Subtotal									3,56
3	**Estrutura de apoio à produção – aluguéis**							**Total 3**	**414,00**
3.1	**Equipamentos de produção** (não incluídos nas composições de custo; *especificar)								
	3.1.1	Grua fixa*	un	1,00	–	12,00	1,00	–	12,00
	3.1.2	Elevador de obra*	un	1,00	–	12,00	1,00	–	12,00
	3.1.3	Guincho*	un	1,00	–	12,00	1,00	–	12,00
	3.1.4	Guincho de coluna (Velox – Foguetinho)	un	1,00	–	12,00	1,00	–	12,00
	3.1.5	Balança leve*	un	1,00	–	12,00	1,00	–	12,00
	3.1.6	Andaime (suspenso) pesado – jaú	un	–	–	–	1,00	–	0,00
	3.1.7	Andaime (apoiado) fachadeiro (p.m = peça × mês)	p.m	1,00	–	12,00	1,00	–	12,00

Tab. A.2 (continuação)

Item	Descrição	Unidade	Quantidade	Durabilidade/ duração (mês)	Prazo da obra/item	Custo de aquisição/ preço unitário (R$)	Parcela mensal (R$)	Custo total (R$)
3.1.8	Cadeira suspensa em aço, p/ corda	un	1,00	–	6,00	1,00	–	6,00
3.1.9	Andaime (apoiado) tubular	p.m	1,00	–	12,00	1,00	–	12,00
3.1.10	Trator de pneus 4 × 4	un	1,00	–	5,00	1,00	–	5,00
3.1.11	Carreta de madeira para trator de pneus	un	–	–	–	1,00	–	0,00
3.1.12	Caminhão Munck*	un	1,00	–	3,00	1,00	–	3,00
3.1.13	Caminhão carroceria com segundo eixo, capacidade de 19 t	un	–	–	–	1,00	–	0,00
3.1.14	*Dumper**	un	–	–	–	1,00		0,00
3.1.15	Pá carregadeira Caterpillar – 924G ou similar	un	1,00	–	3,00	1,00	–	3,00
3.1.16	Betoneira com carregador, capacidade de 750 L	un	3,00	–	12,00	1,00	–	36,00
3.1.17	Betoneira com carregador, capacidade de 580 L	un	–	–	–	1,00	–	0,00
3.1.18	Betoneira com carregador, capacidade de 320 L	un	1,00	–	12,00	1,00	–	12,00

Tab. A.2 (continuação)

Item		Descrição	Unidade	Quantidade	Durabilidade/ duração (mês)	Prazo da obra/item	Custo de aquisição/ preço unitário (R$)	Parcela mensal (R$)	Custo total (R$)
	3.1.19	Vibrador com rabicho	un	6,00	–	10,00	1,00	–	60,00
	3.1.20	Martelete com rompedor ou bate-prancha	un	4,00	–	3,00	1,00	–	12,00
	3.1.21	Grupo gerador – 110 kVA (88 kW)	un	1,00	–	12,00	1,00	–	12,00
	3.1.22	Transformador – 75 kVA	un	1,00	–	12,00	1,00	–	12,00
	3.1.23	Transformador – 112,5 kVA	un	1,00	–	12,00	1,00	–	12,00
Subtotal									257,00
3.2	**Transporte – aluguéis**								
	3.2.1	Ônibus – 36 lugares	un	1,00	–	12,00	1,00	–	12,00
	3.2.2	Micro-ônibus*	un	1,00	–	12,00	1,00	–	12,00
	3.2.3	Picape – 500 kg	un	1,00	–	12,00	1,00	–	12,00
	3.2.4	Picape – 1.000 kg	un	1,00	–	12,00	1,00	–	12,00
	3.2.5	Utilitário tipo *van*	un	1,00	–	12,00	1,00	–	12,00
	3.2.6	Carro de passeio	un	3,00	–	12,00	1,00	–	36,00
	3.2.7	Moto – 125 cc	un	1,00	–	12,00	1,00	–	12,00
Subtotal									108,00
3.3	**Consumos de combustíveis e manutenção de veículos**								
	3.3.1	Consumo de gasolina	L/mês	1,00	–	12,00	1,00	–	12,00
	3.3.2	Consumo de óleo diesel	L/mês	1,00	–	12,00	1,00	–	12,00

Tab. A.2 (continuação)

Item		Descrição	Unidade	Quantidade	Durabilidade/ duração (mês)	Prazo da obra/item	Custo de aquisição/ preço unitário (R$)	Parcela mensal (R$)	Custo total (R$)
	3.3.3	Óleo para motor	L/mês	1,00	–	12,00	1,00	–	12,00
	3.3.4	Lavagens	un	1,00	–	12,00	1,00	–	12,00
	3.3.5	Seguro veicular	un	1,00	–	–	1,00	–	1,00
Subtotal									49,00
Total geral (R$)									**107.661,39**

Considerações assumidas: (a) amortizações mensais pela tabela Price; (b) prazo da obra admitido = 12 meses; (c) encargos financeiros = 1,2% a.m.; (d) planilha não preenchida completamente; total geral sem expressão.

Tab. A.3 **Administração local da obra (*checklist*)**

Item	Descrição	Unidade	Quantidade	Meses	Duração	Salário mensal bruto sem encargos ou valor unitário	Custo total com encargos sociais ou valor total
A	**Equipe dirigente**						
1	**Engenheiros**						
1.1	Supervisor (sênior)	un					
1.2	Residente (júnior)	un					
1.3	Controle de qualidade (médio)	un					
1.4	Planejamento e medição (médio)	un					
1.5	Segurança do trabalho (médio)	un					

Tab. A.3 (continuação)

Item	Descrição	Unidade	Quantidade	Meses	Duração	Salário mensal bruto sem encargos ou valor unitário	Custo total com encargos sociais ou valor total
2	**Arquiteto**	un					
3	**Médico de segurança do trabalho**	un					
4	**Enfermeiro**	un					
5	**Inspetor de garantia da qualidade**	un					
6	**Técnico de segurança**	un					
7	**Técnico de edificações**	un					
8	**Estagiário**	un					
9	**Encarregados**						
9.1	Geral (mestre de obra)	un					
9.2	Manutenção	un					
9.3	Controle e patrimônio	un					
9.4	Armação, concreto ou fôrmas	un					
9.5	Terraplenagem e britagem	un					
9.6	Pavimentação e drenagem	un					
10	**Chefe de escritório**	un					
11	**Auxiliar de escritório**	un					
12	**Arquivista**	un					
13	**Almoxarife**	un					
14	**Comprador**	un					
15	**Auxiliar de**						
15.1	Compras	un					
15.2	Almoxarife	un					
15.3	Serviços gerais	un					
16	**Cozinheiro**	un					

Tab. A.3 (continuação)

Item	Descrição	Unidade	Quantidade	Meses	Duração	Salário mensal bruto sem encargos ou valor unitário	Custo total com encargos sociais ou valor total
17	**Nutricionista**	un					
18	**Vigia**	un					
19	**Apontador**	un					
20	**Bandeirinha**	un					
21	**Soldador**	un					
22	**Mecânico**						
22.1	Veículos leves	un					
22.2	Máquinas leves	un					
22.3	Máquinas pesadas	un					
23	**Torneiro**	un					
24	**Auxiliar de mecânico**	un					
25	**Topógrafo**	un					
26	**Auxiliar de topografia**	un					
27	**Nivelador**	un					
28	**Laboratorista**	un					
29	**Auxiliar de laboratorista**	un					
30	**Desenhista e/ou cadista**	un					
31	**Motorista de veículo – categoria B**	un					
32	**Motorista de veículo – categoria D**	un					
B	**Outros custos administrativos**						
1	Encargos complementares da equipe dirigente	mês					
2	Anúncio na mídia para contratação de pessoal	un					
Total (R$)							

Tab. A.4 **Estimativa da administração central – empresa de porte pequeno****

Item	Unidade	Quantidade	Período	Custo unitário (R$)	Custo total* (R$)
1. Diretoria					**66.462,08**
Diretor engenheiro	un	1	12	9.000,00	129.600,00
Secretária	un	1	12	1.600,00	36.862,08
2. Pessoal técnico					**46.077,60**
Técnico em edificações	un	1	12	2.000,00	46.077,60
3. Pessoal administrativo e financeiro					**98.347,92**
Assessoria jurídica (terceirizada)	un	1	1	5.000,00	5.000,00
Contador (terceirizado)	un	1	12	2.000,00	24.000,00
Auxiliar administrativo e financeiro	un	1	12	1.810,00	41.699,93
Motorista de picape	un	1	12	1.200,00	27.647,99
4. Custos administrativos					**43.010,00**
IPTU	un	1	1	550,00	550,00
Crea	un	1	1	950,00	950,00
Sindicato patronal	un	1	12	200,00	2.400,00
Energia	un	1	12	300,00	3.600,00
Água	un	1	12	170,00	2.040,00
Telefone fixo	un	1	12	220,00	2.640,00
Telefone móvel	un	1	12	280,00	3.360,00
Internet	un	1	12	150,00	1.800,00
Plotagens e encadernações	un	1	12	60,00	720,00
Combustíveis (abastecimentos)	un	2	12	700,00	16.800,00
Assinatura de jornais e revistas	un	2	1	275,00	550,00
Seguros e licenciamentos	un	2	1	3.800,00	7.600,00
5. Aluguel de imóveis					**12.000,00**
Escritório-sede	un	1	12	1.000,00	12.000,00
6. Custo de propriedade					**22.700,00**
Carro de passeio	un	1	12	900,00	10.800,00
Picape – 500 kg	un	1	12	800,00	9.600,00
Móveis (reposição)	un	1	1	700,00	700,00
Computadores (manutenção/reposição)	un	2	1	800,00	1.600,00
7. Outros					**1.280,00**
Diárias	un	2	2	320	1.280,00
Total (R$)					**343.800,00**

*Empregados mensalistas incluem os encargos sociais correspondentes.

**Planilha meramente ilustrativa, podendo ser editada em função do tipo, porte características e especificidades da obra.

Tab. A.5 **Estimativa da administração central – empresa de porte médio****

Item	Unidade	Quantidade	Período	Custo unitário (R$)	Custo total* (R$)
1. Diretoria					**434.877,60**
Diretor-presidente	un	1	12	15.000,00	216.000,00
Diretor técnico	un	1	12	12.000,00	172.800,00
Secretária	un	1	12	2.000,00	46.077,60
2. Pessoal técnico					**46.077,60**
Técnico em edificações	un	1	12	2.000,00	46.077,60
3. Pessoal administrativo e financeiro					**521.088,42**
Assessoria jurídica (terceirizada)	un	1	3	5.000,00	15.000,00
Contador (terceirizado)	un	1	12	3.000,00	36.000,00
Auxiliar de contabilidade	un	1	12	2.200,00	50.685,36
Gerente administrativo e financeiro	un	1	12	4.500,00	103.674,60
Comprador	un	1	12	2.300,00	52.989,24
Encarregado de contas a pagar	un	1	12	2.300,00	52.989,24
Telefonista	un	1	12	1.800,00	41.469,84
Auxiliar administrativo	un	1	12	1.800,00	41.469,84
Motorista	un	2	12	1.200,00	55.293,12
Copeira	un	1	12	850,00	19.582,98
Vigilante	un	1	12	1.500,00	34.558,20
Estagiário	un	2	12	724,00	17.376,00
4. Custos administrativos					**79.074,06**
IPTU	un	1	1	1.064,06	1.064,06
Crea	un	1	1	1.700,00	1.700,00
Sindicato patronal	un	1	12	525,00	6.300,00
Energia	un	1	12	700,00	8.400,00
Água	un	1	12	170,00	2.040,00
Telefone fixo	un	1	12	220,00	2.640,00
Telefone móvel	un	1	12	280,00	3.360,00
Internet	un	1	12	150,00	1.800,00
Plotagens e encadernações	un	1	12	60,00	720,00
Combustíveis (abastecimentos)	un	5	12	715,00	42.900,00
Assinatura de jornais e revistas	un	2	1	275,00	550,00
Seguros e licenciamentos	un	2	1	3.800,00	7.600,00
5. Aluguel de imóveis					**30.000,00**
Escritório-sede	un	1	12	2.500,00	30.000,00
Galpão de almoxarifado	un	1	12	2.300,00	27.600,00

Tab. A.5 (continuação)

Item	Unidade	Quantidade	Período	Custo unitário (R$)	Custo total* (R$)
6. Custo de propriedade					**61.600,00**
Carro de passeio	un	3	12	900,00	32.400,00
Picape – 500 kg	un	1	12	800,00	9.600,00
Caminhão carroceria	un	1	12	1.200,00	14.400,00
Móveis (reposição)	cj	1	1	2.000,00	2.000,00
Computadores (manutenção/reposição)	un	4	1	800,00	3.200,00
7. Outros					**2.559,92**
Diárias	un	2	4	319,99	2.559,92
Total (R$)					**1.129.200,00**

*Empregados mensalistas incluem os encargos sociais correspondentes.
**Planilha meramente ilustrativa, podendo ser editada em função do tipo, porte características e especificidades da obra.

Tab. A.6 **Estimativa da administração central – empresa de porte grande****

Item	Unidade	Quantidade	Período	Custo unitário (R$)	Custo total* (R$)
1. Diretoria					**1.143.925,92**
Diretor-presidente	un	1	12	26.000,00	374.400,00
Diretor técnico	un	1	12	20.000,00	288.000,00
Diretor administrativo e financeiro	un	1	12	20.000,00	288.000,00
Secretárias	un	3	12	2.800,00	193.525,92
2. Pessoal técnico					**2.110.261,92**
Engenheiro sênior	un	3	12	13.500,00	933.071,40
Engenheiro júnior	un	2	12	7.000,00	322.543,20
Arquiteto	un	1	12	8.200,00	188.918,16
Engenheiro de segurança	un	1	12	10.000,00	230.388,00
Engenheiro de planejamento e controle	un	1	12	10.000,00	230.388,00
Técnico em edificações	un	3	12	2.000,00	138.232,80
Estagiário	un	4	12	724,00	66.720,36
3. Pessoal administrativo e financeiro					**767.967,78**
Assessoria jurídica (terceirizada)	un	1	6	6.000,00	36.000,00
Contador	un	1	12	8.000,00	96.000,00
Auxiliar de contabilidade	un	1	12	2.200,00	50.685,36

Tab. A.6 (continuação)

Item	Unidade	Quantidade	Período	Custo unitário (R$)	Custo total* (R$)
Gerente administrativo e financeiro	un	1	12	4.500,00	103.674,60
Comprador	un	1	12	2.300,00	52.989,24
Encarregado de contas a pagar	un	1	12	2.300,00	52.989,24
Telefonista	un	1	12	1.800,00	41.469,84
Auxiliar administrativo	un	1	12	1.800,00	41.469,84
Motorista de carro de passeio	un	5	12	1.200,00	138.232,80
Motorista de caminhão	un	2	12	1.800,00	82.939,68
Copeira	un	1	12	850,00	19.582,98
Vigilante	un	1	12	1.500,00	34.558,20
Estagiário	un	2	12	724,00	17.376,00
4. Custos administrativos					**141.924,38**
IPTU	un	1	1	1.064,06	1.064,06
Crea	un	1	1	1.700,00	1.700,00
Sindicato patronal	un	1	12	525,00	6.300,00
Energia	un	1	12	700,00	8.400,00
Água	un	1	12	170,00	2.040,00
Telefone fixo	un	1	12	220,00	2.640,00
Telefone móvel	un	1	12	280,00	3.360,00
Internet	un	1	12	150,00	1.800,00
Plotagens e encadernações	un	1	12	60,00	720,00
Combustíveis (abastecimentos)	un	10	12	715,00	85.800,00
Assinatura de jornais e revistas	un	2	1	550,16	1.100,32
Seguros e licenciamentos	un	10	1	2.700,00	27.000,00
5. Aluguel de imóveis					**123.840,00**
Escritório-sede	un	1	12	3.200,00	38.400,00
Galpão de almoxarifado	un	2	12	3.560,00	85.440,00
6. Custo de propriedade					**124.400,00**
Carro de passeio	un	6	12	900,00	64.800,00
Picape – 500 kg	un	2	12	800,00	19.200,00
Caminhão carroceria	un	2	12	1.200,00	28.800,00
Móveis (reposição)	cj	1	1	2.000,00	2.000,00
Computadores (manutenção/reposição)	un	12	1	800,00	9.600,00
7. Outros					**8.880,00**
Diárias	un	2	12	370,00	8.880,00
Total (R$)					**4.421.200,00**

*Empregados mensalistas incluem os encargos sociais correspondentes.

**Planilha meramente ilustrativa, podendo ser editada em função do tipo, porte características e especificidades da obra.

A.2 Padrões do canteiro de obra

Os padrões do canteiro de obra foram cadastrados no sistema ORSE, e para cada um deles há uma composição correspondente, disponível para utilização. Esses padrões foram concebidos em chapa compensada e pintada, com instalações completas, e estão prontos para o uso. Ao se acessarem as composições de custo, podem ser obtidas as informações completas sobre cada um deles, inclusive de seus acabamentos. A pesquisa no sistema pode ser feita adotando-se a mesma redação aqui utilizada. O uso desses padrões nos orçamentos reduz em muito o trabalho com a apropriação do custo dos canteiros de obra. Caso o orçamentista necessite, por exemplo, adotar para o canteiro que está sendo orçado um dormitório com capacidade para 12 operários e não para oito, como é o padrão, ele ainda assim pode usar esse mesmo padrão – basta adotar o valor 1,5 na coluna de quantitativo. Esse procedimento vale para todos os outros componentes.

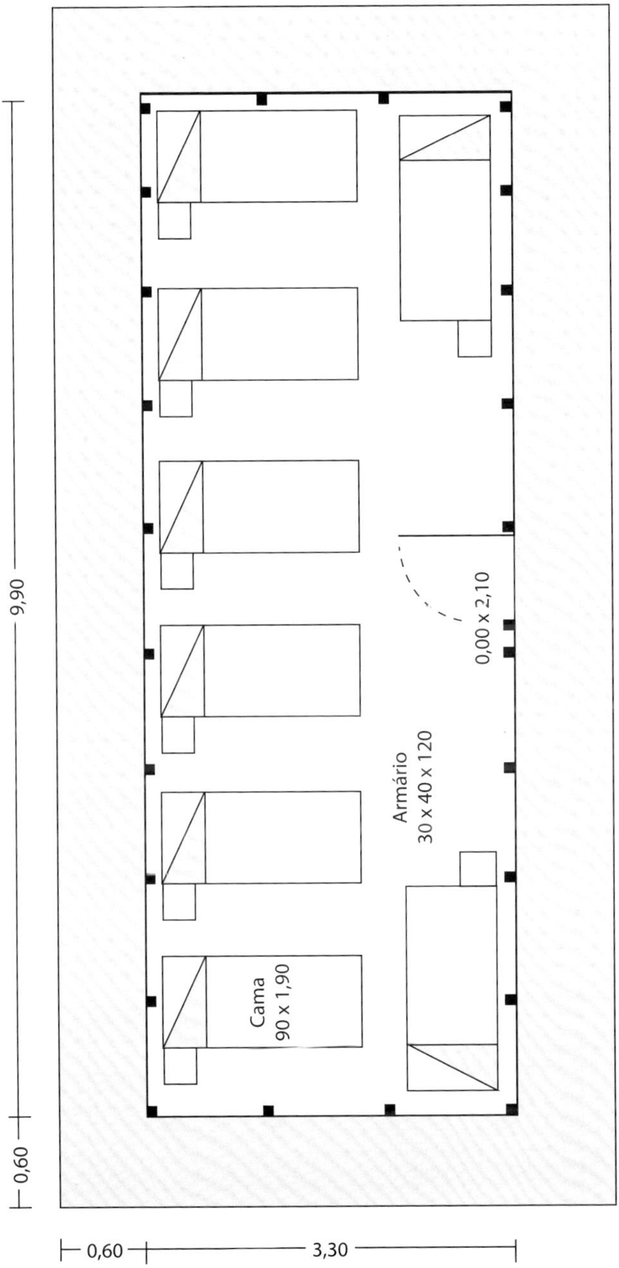

Fig. A.1 *Dormitório padrão para oito operários – S = 32,67 m²*

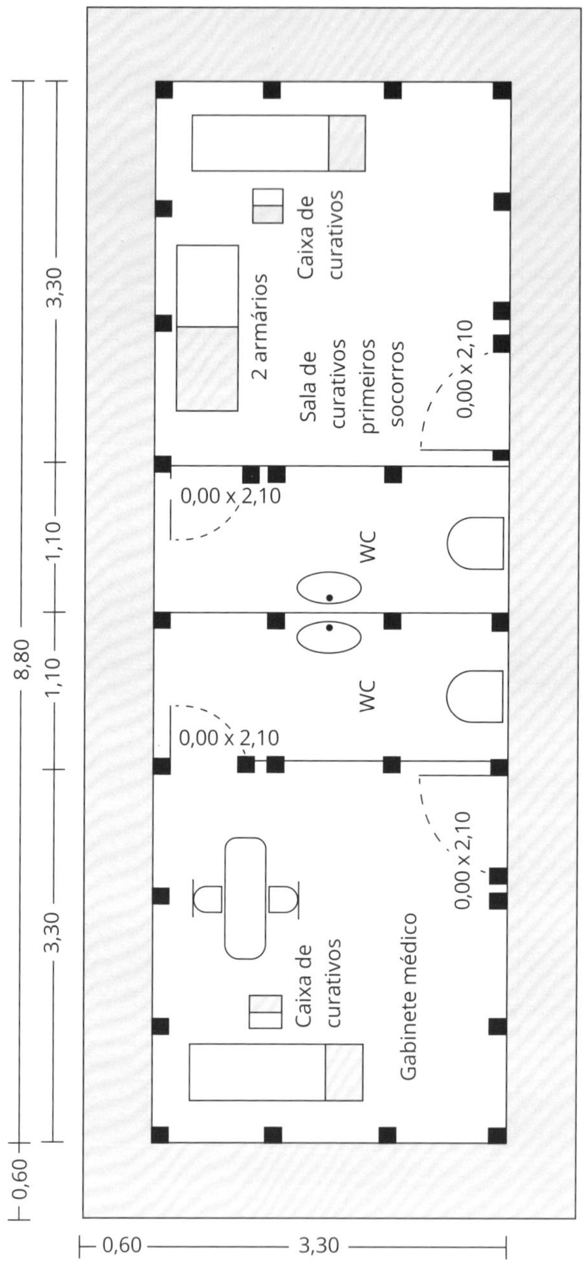

Fig. A.2 *Ambulatório/primeiros socorros – S = 29,04 m²*

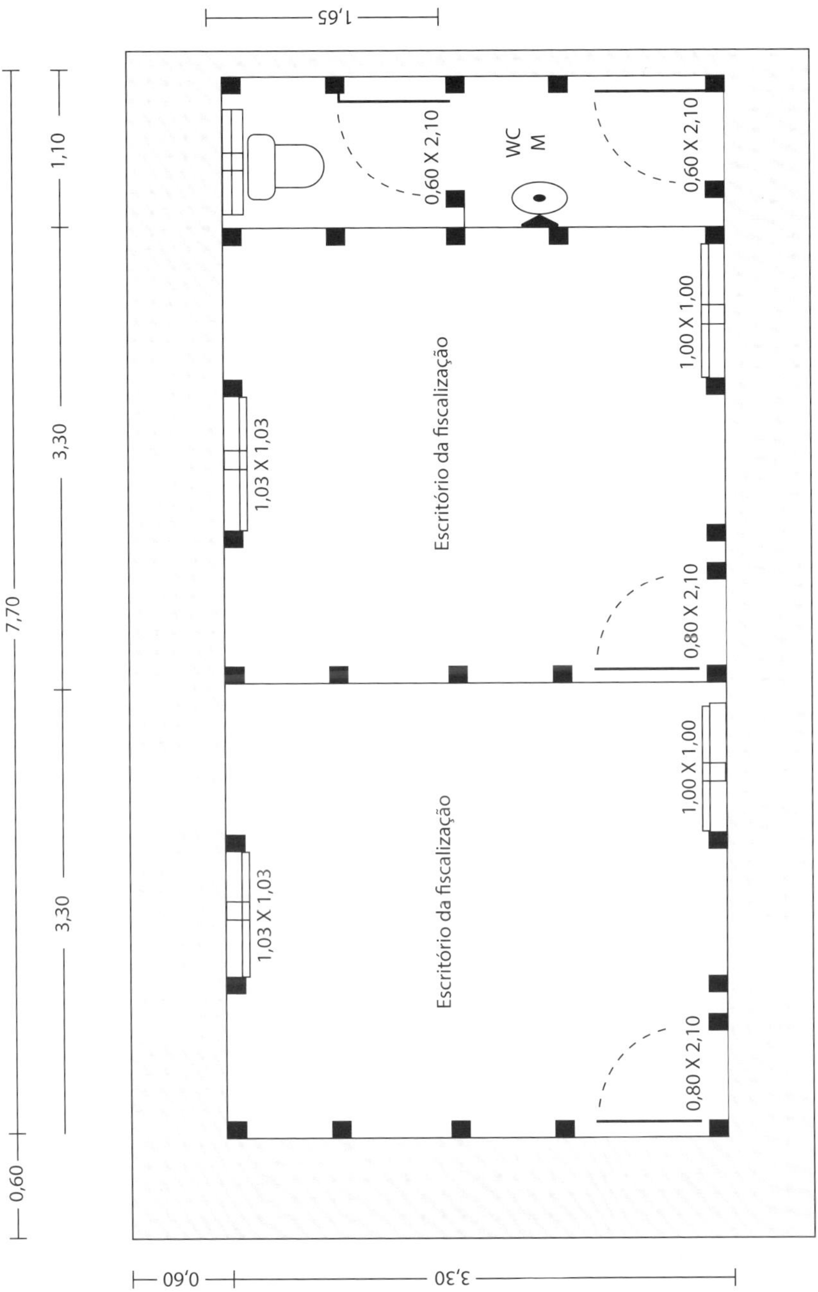

Fig. A.3 *Barracão para escritório de obra – padrão pequeno – S = 25,41 m²*

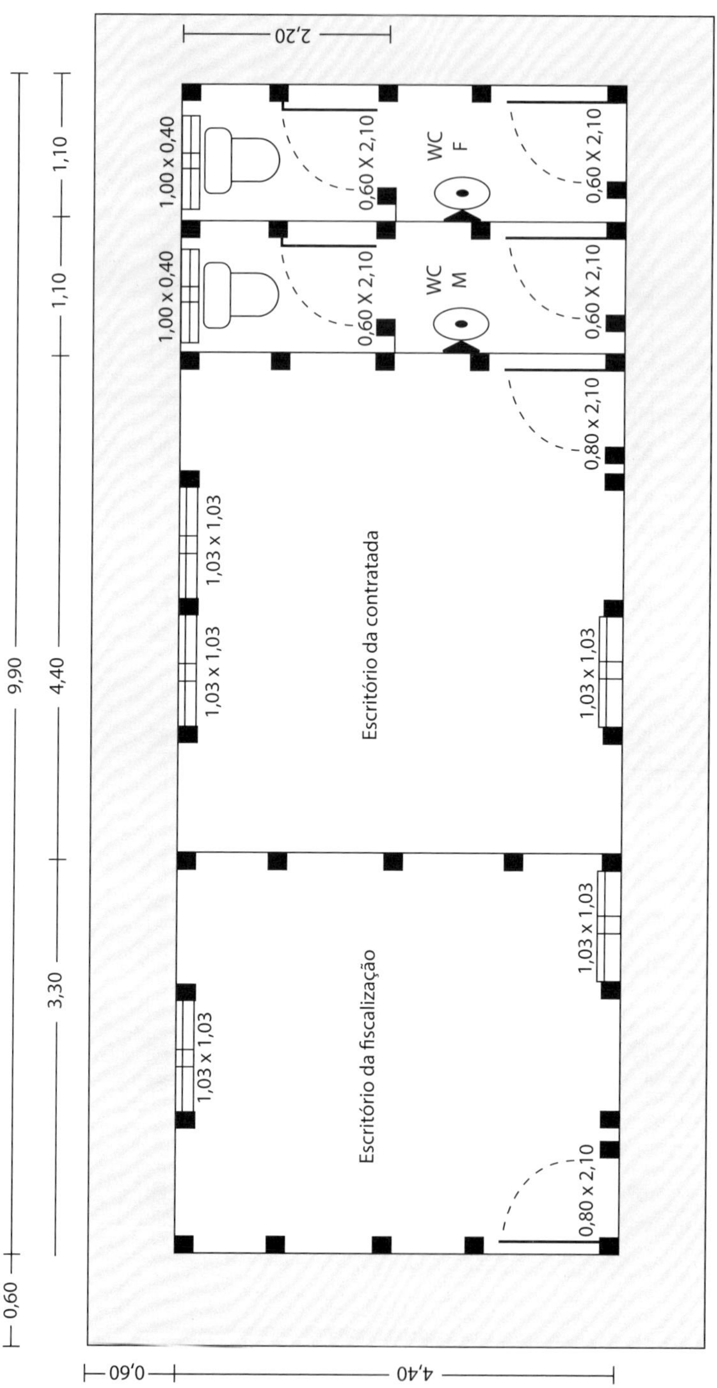

Fig. A.4 *Barracão para escritório de obra – padrão médio – S = 43,56 m²*

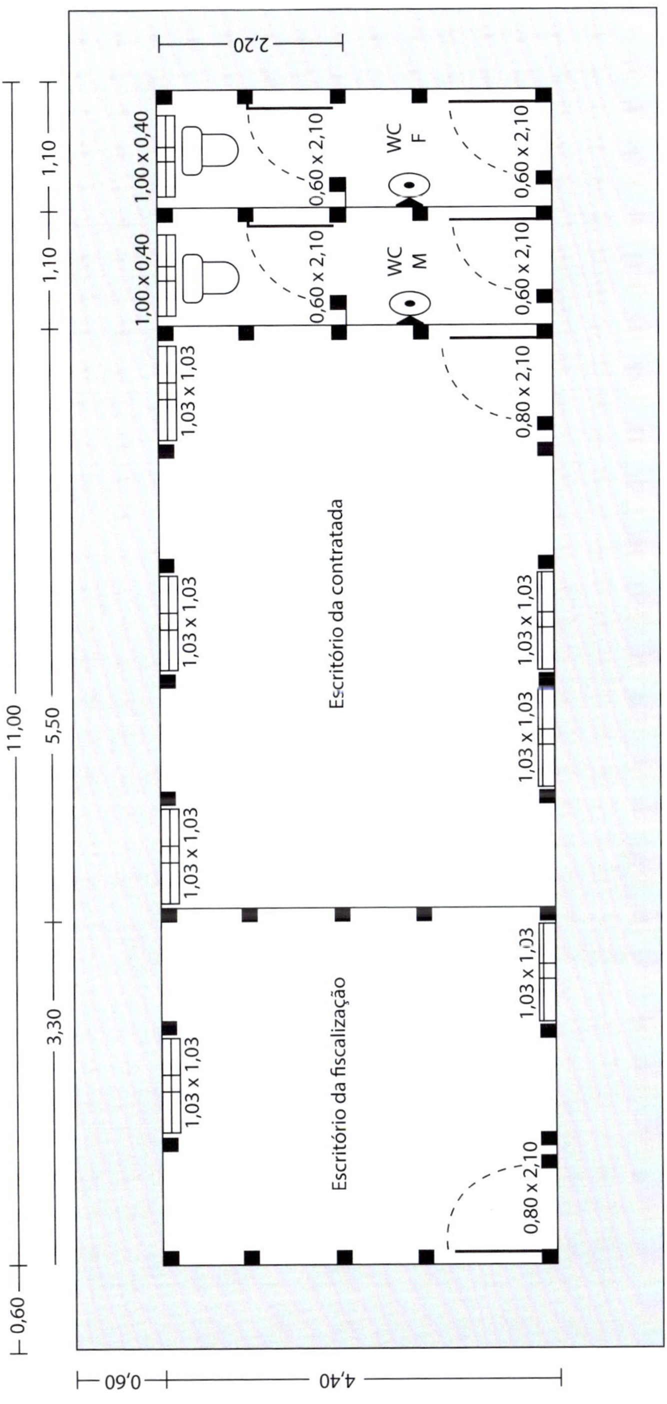

Fig. A.5 *Barracão para escritório de obra – padrão grande – S = 48,4 m²*

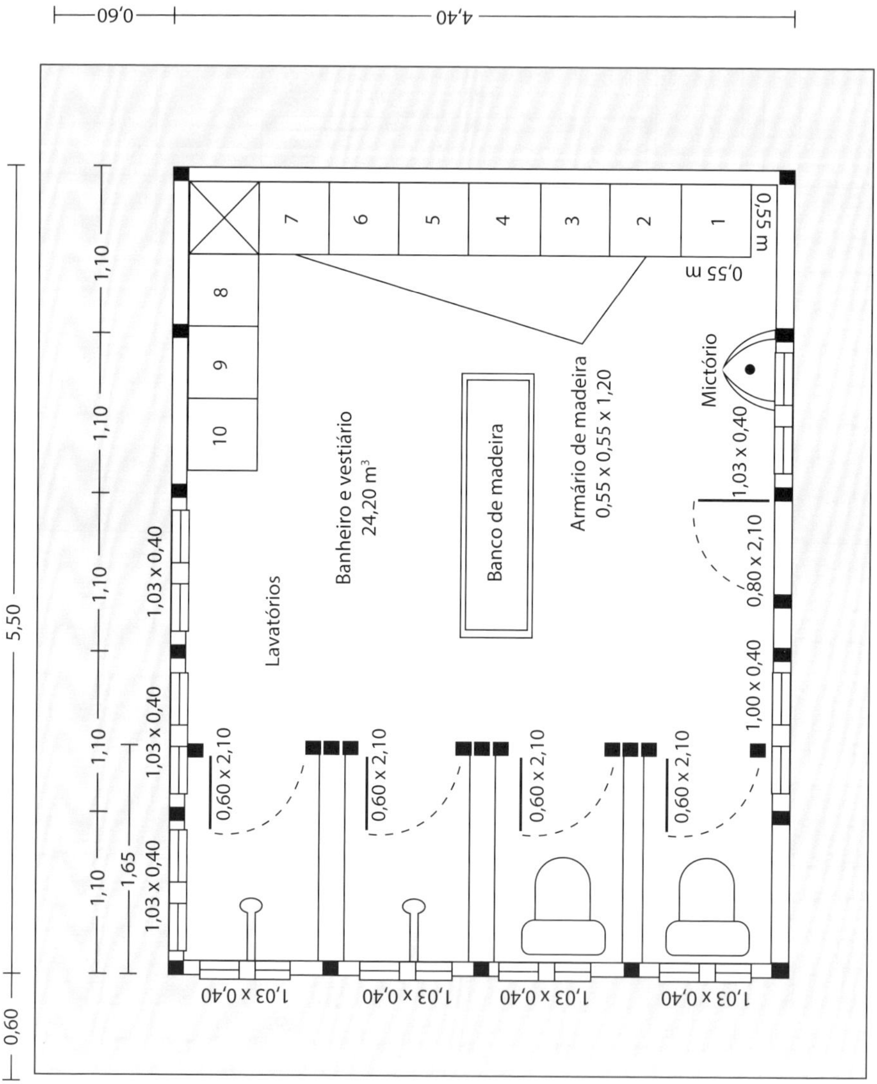

Fig. A.6 *Banheiro e vestiário – S = 24,2 m²*

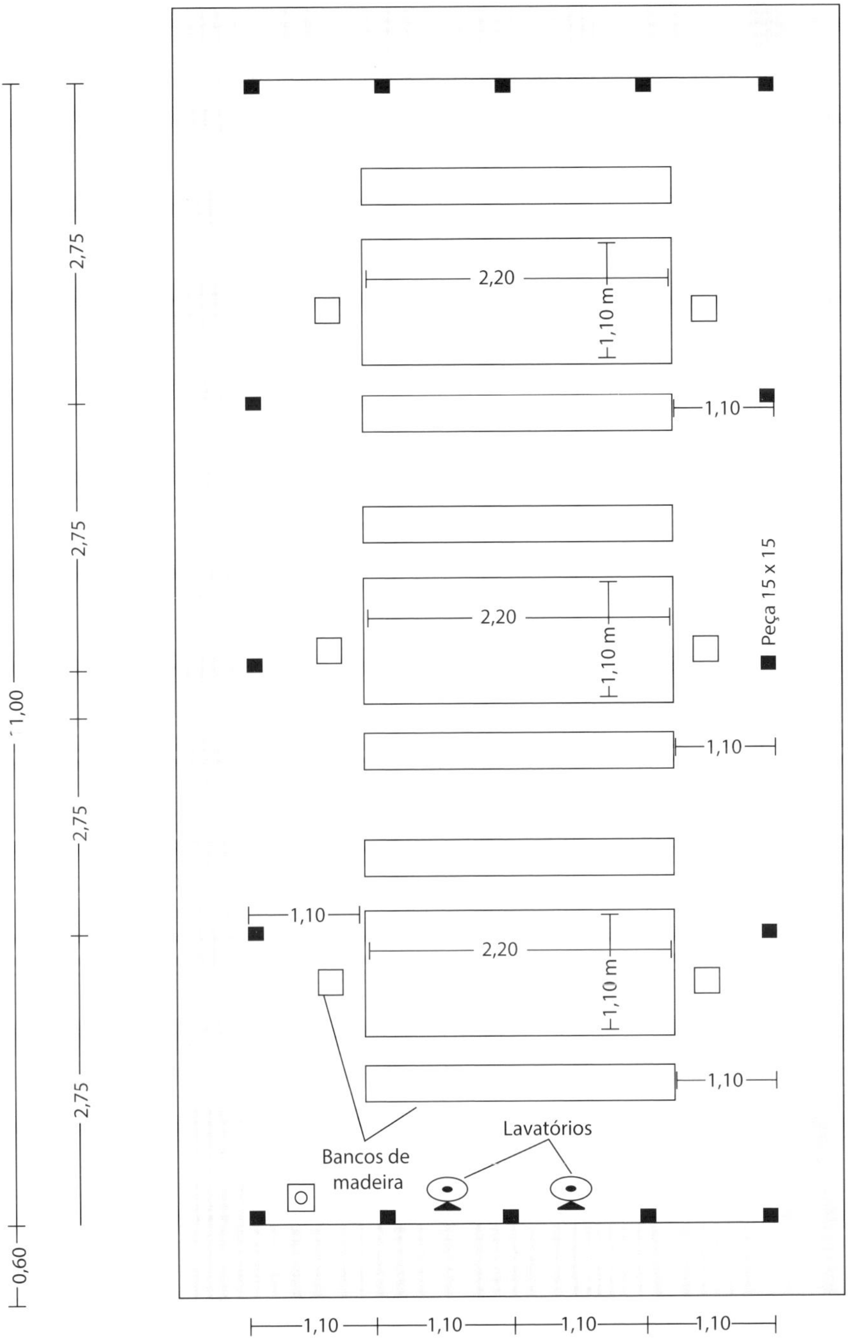

Fig. A.7 *Barracão aberto para refeitório – S = 48,4 m²*

A.3 Riscos excluídos

1. *Exemplo de Apólice cuja cláusula contratual não garante perdas e danos e quaisquer custos ou despesas relacionadas com:*
   i. Atos de autoridade pública salvo os destinados a evitar a propagação de danos físicos cobertos.
   ii. Ato terrorista, conforme definido em Cláusula Particular.
   iii. Ato de guerra, inclusive civil, declarada ou não, invasão, insurreição, rebelião, revolução, atos de poder militar ou usurpado, requisição ou destruição de ou danos a coisas sob o poder do governo ou qualquer autoridade pública local, tumulto, motim, greve, comoção civil, locaute e riscos inerentes e/ou consequentes.
   iv. Atos maliciosos de qualquer pessoa ou pessoas, agindo em ligação com qualquer organização política, religiosa ou ideológica e outras que visem a instigar a queda do Governo *de jure* ou *de facto*, por meio de atos de terrorismo ou subversão.
   v. Efeitos de materiais e armas nucleares, radiações ionizantes ou de contaminação provenientes de radioatividade de qualquer combustível ou de material de resíduo nuclear, resultante de fissão nuclear, bem como custos de descontaminação; além de perdas, danos, custos ou despesas, quaisquer que sejam sua natureza, direta ou indiretamente causados por, resultantes de, ou em conexão com energia nuclear ou radioatividade de qualquer espécie, incluindo mas não se limitando às situações listadas, independentemente de sua causa, origem, sequência ou dinâmica do evento que gerou o dano.
      - Em relação às instalações nucleares: reatores, bem como outros sistemas/componentes nucleares, propriedades tóxicas, radioativas, explosivas, contaminantes, ou envolvendo outro risco, de qualquer natureza.
      - Qualquer arma ou dispositivo empregando fissão ou fusão atômica ou nuclear, ou outra reação similar, incluindo força ou material radioativo.
   vi. Ato doloso ou ato que configure culpa grave equiparável ao dolo praticado pelo Segurado, pelo beneficiário ou pelo representante legal, de um ou de outro, sendo certo que, em

se tratando de Segurado pessoa jurídica, a exclusão aqui estabelecida aplica-se aos sócios controladores, aos seus dirigentes beneficiários e respectivos administradores e representantes legais.

vii. Desapropriação permanente ou temporária decorrente de confisco, nacionalização, intimação e requisição por ordem de qualquer autoridade legalmente constituída.

viii. Transporte, pré-armazenamento, armazenamento, pré-montagem e montagem de máquinas/equipamentos, e estruturas civis/metálicas, fora do local de risco ou do canteiro de obras.

ix. Avarias e danos consequentes de transporte e da pré-armazenagem/pré-montagem de materiais a serem incorporados na obra, além de abandono da obra, e não cumprimento do contrato, indenizações triplas ou compensatórias, penalidades, danos punitivos ou exemplares, enfim, quaisquer eventos não representados pela reparação ou reposição das coisas seguradas, nos termos das coberturas concedidas por este contrato de seguro.

x. Inadimplemento de obrigação por força de contrato ou de qualquer outro tipo de convenção que tenha força de obrigação para o Segurado.

xi. Acomodação do solo causada por compactação insuficiente, ou qualquer outro serviço para melhoria da estabilidade do subsolo, ou estaqueamento inadequado, defeituoso ou deficiente.

xii. Perfuração de poços d'água.

xiii. Uso ou manipulação de explosivos.

2. *Além das exclusões acima, ficam também excluídos deste contrato de seguro os prejuízos, perdas, danos, avarias e responsabilidades, direta ou indiretamente, resultantes de:*

xiv. Avarias, perdas e danos consequentes de uso ou desgaste, corrosão, oxidação, incrustação, deterioração gradativa decorrente de falta de uso ou verificada em condições atmosféricas normais.

xv. Avarias, perdas e danos de erro de projeto, má *performance*, mau desempenho ou vício de construção (ou intrínseco).

xvi. Custos de reposição, reparo ou retificação de defeito de material ou de execução em obras, ficando esta exclusão limitada aos bens imediatamente afetados, não se excluindo a cobertura de avarias, perdas e danos aos demais bens segurados causados por acidentes decorrentes de tal defeito de material ou de execução.

xvii. Avarias, perdas e danos consequentes de defeitos de material, de fabricação e erros de projeto, entendendo-se como erro de projeto tanto os de instalação e/ou montagem quanto os das máquinas e equipamentos objetos do seguro.

xviii. Avarias, perdas e danos emergentes de qualquer natureza, ainda que consequentes de risco coberto através da Cobertura Básica ou Adicionais, considerando-se como emergentes as avarias, perdas, danos e despesas não relacionados diretamente com a reparação ou reposição dos bens segurados, tais como, entre outros, lucros cessantes, lucros esperados, inutilização ou deterioração de matéria-prima e materiais de insumo, multas, juros e outros encargos financeiros decorrentes de atraso ou interrupção da obra, demoras de qualquer espécie ou perda de mercado ainda que decorrentes de risco coberto, e todos e quaisquer prejuízos relativos a: responsabilidade civil e danos morais, salvo quando contratados e expressamente especificados na apólice.

xix. Avarias, perdas e danos causados direta ou indiretamente por negligência flagrante, ação ou omissão dolosa, atos ilícitos do Segurado, seu beneficiário ou por seus representantes legais ou de que em proveito do Segurado atuar. Em se tratando de pessoa jurídica, estarão também excluídas as avarias, perdas e danos decorrentes de atos dolosos dos sócios controladores, dirigentes e administradores legais.

xx. Perdas resultantes de extravio, furto simples e de desaparecimento.

xxi. Reparos, substituição e reposição normal, quaisquer testes, e ainda pesquisas de vazamentos em tubulações, poluição de qualquer natureza, contaminação, infiltração e vazamentos e/ou danos decorrentes de impermeabilização, e vício de construção.

xxii. Avarias, perdas e danos consequentes de paralisação total ou parcial da obra e/ou instalação e montagem, salvo em concordância expressa da Seguradora.

xxiii. Avarias, perdas e danos consequentes ou resultantes dos trabalhos de demolição e perfuração direcional horizontal, salvo em concordância expressa da Seguradora através de cobertura adicional na apólice.

A.4 Tributos no Brasil

1. Adicional de Frete para Renovação da Marinha Mercante (AFRMM) – Lei nº 10.893/2004.
2. Adicional de Tarifa Aeroportuária (ATA) – Lei nº 7.920/1989.
3. Contribuição à Direção de Portos e Costas (DPC) – Lei nº 5.461/1968.
4. Contribuição ao Fundo Nacional de Desenvolvimento Científico e Tecnológico (FNDCT) – Lei nº 10.168/2000.
5. Contribuição ao Fundo Nacional de Desenvolvimento da Educação (FNDE), também chamado "Salário-Educação" – Decreto nº 6.003/2006.
6. Contribuição ao Funrural.
7. Contribuição ao Instituto Nacional de Colonização e Reforma Agrária (Incra) – Lei nº 2.613/1955.
8. Contribuição ao Seguro de Acidente de Trabalho (SAT).
9. Contribuição ao Serviço Brasileiro de Apoio à Pequena Empresa (Sebrae) – Lei nº 8.029/1990.
10. Contribuição ao Serviço Nacional de Aprendizado Comercial (Senac) – Decreto-Lei nº 8.621/1946.
11. Contribuição ao Serviço Nacional de Aprendizado dos Transportes (Senat) – Lei nº 8.706/1993.
12. Contribuição ao Serviço Nacional de Aprendizado Industrial (Senai) – Lei nº 4.048/1942.
13. Contribuição ao Serviço Nacional de Aprendizado Rural (Senar) – Lei nº 8.315/1991.
14. Contribuição ao Serviço Social da Indústria (Sesi) – Lei nº 9.403/1946.
15. Contribuição ao Serviço Social do Comércio (Sesc) – Lei nº 9.853/1946.
16. Contribuição ao Serviço Social do Cooperativismo (Sescoop) – Art. 9, I, da Medida Provisória nº 1.715-2/1998.
17. Contribuição ao Serviço Social dos Transportes (Sest) – Lei nº 8.706/1993.
18. Contribuição Confederativa Laboral (dos empregados).
19. Contribuição Confederativa Patronal (das empresas).

20. Contribuição de Intervenção do Domínio Econômico (Cide) – Combustíveis – Lei nº 10.336/2001.
21. Contribuição de Intervenção do Domínio Econômico (Cide) – Remessas ao Exterior – Lei nº 10.168/2000.
22. Contribuição para a Assistência Social e Educacional aos Atletas Profissionais (Faap) – Decreto nº 6.297/2007.
23. Contribuição para Custeio do Serviço de Iluminação Pública – Emenda Constitucional nº 39/2002.
24. Contribuição para o Desenvolvimento da Indústria Cinematográfica Nacional (Condecine) – Art. 32 da Medida Provisória nº 2.228-1/2001 e Lei nº 10.454/2002.
25. Contribuição para o Fomento da Radiodifusão Pública – Art. 32 da Lei nº 11.652/2008.
26. Contribuição Previdenciária sobre a Receita Bruta (CPRB) – Art. 8º da Lei nº 12.546/2011.
27. Contribuição Sindical Laboral (não se confunde com a Contribuição Confederativa Laboral, *vide* comentários sobre a Contribuição Sindical Patronal).
28. Contribuição Sindical Patronal (não se confunde com a Contribuição Confederativa Patronal, já que a Contribuição Sindical Patronal é obrigatória, pelo Art. 578 da CLT, e a Confederativa foi instituída pelo Art. 8, inciso IV, da Constituição Federal).
29. Contribuição Social Adicional para Reposição das Perdas Inflacionárias do FGTS – Lei Complementar nº 110/2001.
30. Contribuição Social para o Financiamento da Seguridade Social (Cofins).
31. Contribuição Social sobre o Lucro Líquido (CSLL).
32. Contribuições aos Órgãos de Fiscalização Profissional (OAB, CRC, Crea, Creci, Core etc.).
33. Contribuições de Melhoria: asfalto, calçamento, esgoto, rede de água, rede de esgoto etc.
34. Fundo Aeroviário (Faer) – Decreto-Lei nº 1.305/1974.
35. Fundo de Combate à Pobreza – Art. 82 da Emenda Constitucional nº 31/2000.
36. Fundo de Fiscalização das Telecomunicações (Fistel) – Lei nº 5.070/1966, com novas disposições da Lei nº 9.472/1997.
37. Fundo de Garantia por Tempo de Serviço (FGTS) – Lei nº 5.107/1966.

38. Fundo de Universalização dos Serviços de Telecomunicações (Fust) – Art. 6 da Lei nº 9.998/2000.
39. Fundo Especial de Desenvolvimento e Aperfeiçoamento das Atividades de Fiscalização (Fundaf) – Art. 6 do Decreto-Lei nº 1.437/1975 e Art. 10 da IN SRF nº 180/2002.
40. Fundo para o Desenvolvimento Tecnológico das Telecomunicações (Funttel) – Lei nº 10.052/2000.
41. Imposto sobre Circulação de Mercadorias e Serviços (ICMS).
42. Imposto sobre a Exportação (IE).
43. Imposto sobre a Importação (II).
44. Imposto sobre a Propriedade de Veículos Automotores (IPVA).
45. Imposto sobre a Propriedade Predial e Territorial Urbana (IPTU).
46. Imposto sobre a Propriedade Territorial Rural (ITR).
47. Imposto sobre a Renda e Proventos de Qualquer Natureza (IR – pessoa física e jurídica).
48. Imposto sobre Operações de Crédito (IOF).
49. Imposto sobre Serviços de Qualquer Natureza (ISS).
50. Imposto sobre Transmissão de Bens *Inter Vivos* (ITBI).
51. Imposto sobre Transmissão *Causa Mortis* e Doação (ITCMD).
52. INSS – autônomos e empresários.
53. INSS – empregados.
54. INSS Patronal (sobre a folha de pagamento e sobre a receita bruta – substitutiva).
55. Imposto sobre Produtos Industrializados (IPI).
56. Programa de Integração Social (PIS) e Programa de Formação do Patrimônio do Servidor Público (Pasep).
57. Taxa de Autorização do Trabalho Estrangeiro.
58. Taxa de Avaliação *in loco* das Instituições de Educação e Cursos de Graduação – Lei nº 10.870/2004.
59. Taxa de Avaliação da Conformidade – Art. 13 da Lei nº 12.545/2011.
60. Taxa de Classificação, Inspeção e Fiscalização de produtos animais e vegetais ou de consumo nas atividades agropecuárias – Decreto-Lei nº 1.899/1981.
61. Taxa de Coleta de Lixo.
62. Taxa de Combate a Incêndios.
63. Taxa de Conservação e Limpeza Pública.

64. Taxa de Controle e Fiscalização Ambiental (TCFA) - Lei nº 10.165/2000.
65. Taxa de Controle e Fiscalização de Produtos Químicos – Art. 16 da Lei nº 10.357/2001.
66. Taxa de Emissão de Documentos (níveis municipais, estaduais e federal).
67. Taxa de Fiscalização da Aviação Civil (TFAC) – Lei nº 11.292/2006.
68. Taxa de Fiscalização da Agência Nacional de Águas (ANA) – Arts. 13 e 14 da Medida Provisória nº 437/2008.
69. Taxa de Fiscalização da Comissão de Valores Mobiliários (CVM) – Lei nº 7.940/1989.
70. Taxa de Fiscalização de Sorteios, Brindes ou Concursos – Art. 50 da Medida Provisória nº 2.158-35/2001.
71. Taxa de Fiscalização de Vigilância Sanitária – Art. 23 da Lei nº 9.782/1999.
72. Taxa de Fiscalização dos Produtos Controlados pelo Exército Brasileiro (TFPC) – Lei nº 10.834/2003.
73. Taxa de Fiscalização dos Mercados de Seguro e Resseguro, de Capitalização e de Previdência Complementar Aberta – Arts. 48 a 59 da Lei nº 12.249/2010.
74. Taxa de Fiscalização e Controle da Previdência Complementar (Tafic) – Entidades Fechadas de Previdência Complementar – Art. 12 da Lei nº 12.154/2009.
75. Taxa de Licenciamento Anual de Veículo – Art. 130 da Lei nº 9.503/1997.
76. Taxa de Licenciamento, Controle e Fiscalização de Materiais Nucleares e Radioativos e suas Instalações – Lei nº 9.765/1998.
77. Taxa de Licenciamento para Funcionamento e Alvará Municipal.
78. Taxa de Pesquisa Mineral DNPM – Portaria Ministerial nº 503/1999.
79. Taxa de Serviços Administrativos (TSA) – Zona Franca de Manaus – Lei nº 9.960/2000.
80. Taxa de Serviços Metrológicos – Art. 11 da Lei nº 9.933/1999.
81. Taxas ao Conselho Nacional de Petróleo (CNP).
82. Taxa de Outorga e Fiscalização – Energia Elétrica – Art. 11, I, e Arts. 12 e 13 da Lei nº 9.427/1996.
83. Taxa de Outorga – Rádios Comunitárias – Art. 24 da Lei nº 9.612/1998 e Arts. 7 e 42 do Decreto nº 2.615/1998.

84. Taxa de Outorga – Serviços de Transportes Terrestres e Aquaviários – Art. 77, II e III, a Art. 97, IV, da Lei nº 10.233/2001.
85. Taxas de Saúde Suplementar – ANS – Art. 18 da Lei nº 9.961/2000.
86. Taxa de Utilização do Siscomex – Art. 13 da IN nº 680/2006.
87. Taxa de Utilização do Mercante – Decreto nº 5.324/2004.
88. Taxas do Registro do Comércio (Juntas Comerciais).
89. Taxas Judiciárias.
90. Taxas Processuais do Conselho Administrativo de Defesa Econômica (Cade) – Art. 23 da Lei nº 12.529/2011.

Referências bibliográficas

ABNT – ASSOCIAÇÃO BRASILEIRA DE NORMAS TÉCNICAS. *NB 1367*: áreas de vivência em canteiros de obras – procedimento. Rio de Janeiro, 1991.

ABNT – ASSOCIAÇÃO BRASILEIRA DE NORMAS TÉCNICAS. *NBR 5410*: instalações elétricas de baixa tensão. Rio de Janeiro, 2004a.

ABNT – ASSOCIAÇÃO BRASILEIRA DE NORMAS TÉCNICAS. *NBR 5419*: proteção contra descargas atmosféricas. Rio de Janeiro, 2015.

ABNT – ASSOCIAÇÃO BRASILEIRA DE NORMAS TÉCNICAS. *NBR 8950*: indústria da construção – classificação. Rio de Janeiro, 1985. Cancelada em 2015.

ABNT – ASSOCIAÇÃO BRASILEIRA DE NORMAS TÉCNICAS. *NBR 10004*: resíduos sólidos – classificação. Rio de Janeiro, 2004b.

ABNT – ASSOCIAÇÃO BRASILEIRA DE NORMAS TÉCNICAS. *NBR 12721*: avaliação de custos unitários de construção para incorporação imobiliária e outras disposições para condomínios edifícios – procedimento. Rio de Janeiro, 2006.

ABNT – ASSOCIAÇÃO BRASILEIRA DE NORMAS TÉCNICAS. *NBR 15965*: sistema de classificação da informação da construção. Rio de Janeiro, 2011- .

AGÊNCIA CBIC. *Construção civil perde 46 mil vagas de trabalho formais em dezembro*. 24 jan. 2020.

BRASIL. Decreto nº 4.536, de 28 de janeiro de 1922. Organiza o Código de Contabilidade da União. *Coleção de Leis do Brasil*, 1922.

BRASIL. Decreto nº 7.983, de 8 de abril de 2013. Estabelece regras e critérios para elaboração do orçamento de referência de obras e serviços de engenharia, contratados e executados com recursos dos orçamentos da União, e dá outras providências. *Diário Oficial da União*, Brasília, DF, 9 abr. 2013a.

BRASIL. Decreto nº 9.377, de 17 de maio de 2018. Institui a Estratégia Nacional de Disseminação do Building Information Modelling. *Diário Oficial da União*, Brasília, DF, 18 maio 2018a.

BRASIL. Decreto nº 9.983, de 22 de agosto de 2019. Dispõe sobre a Estratégia Nacional de Disseminação do Building Information Modelling e institui o Comitê Gestor da Estratégia do Building Information Modelling. *Diário Oficial da União*, Brasília, DF, 23 ago. 2019a.

BRASIL. Decreto nº 23.569, de 11 de dezembro de 1933. Regula o exercício das profissões de engenheiro, de arquiteto e de agrimensor. *Diário Oficial da União*, 15 dez. 1933.

BRASIL. Decreto nº 60.466, de 14 de março de 1967. Expede nova regulamentação do artigo 35 da Lei nº 4.863, de 29 de novembro de 1965, e dá outras providências. *Diário Oficial da União*, Brasília, DF, 20 mar. 1967a.

BRASIL. Decreto nº 73.140, de 9 de novembro de 1973. Regulamenta as licitações e os contratos, relativos a obras e serviços de engenharia, e dá outras providências. *Diário Oficial da União*, Brasília, DF, 12 nov. 1973.

BRASIL. Decreto nº 87.043, de 22 de março de 1982. Regulamenta o Decreto-Lei nº 1.422, de 23 de outubro de 1975, que dispõe sobre o cumprimento do artigo 178 da Constituição por empresas e empregadores de toda natureza, mediante a manutenção do ensino de 1º grau gratuito ou recolhimento da contribuição do Salário-Educação. *Diário Oficial da União*, Brasília, DF, 23 mar. 1982.

BRASIL. Decreto nº 99.570, de 9 de outubro de 1990. Desvincula da Administração Pública Federal o Centro Brasileiro de Apoio à Pequena e Média Empresa (Cebrae), transformando-o em serviço social autônomo. *Diário Oficial da União*, Brasília, DF, 10 out. 1990a.

BRASIL. Decreto-Lei nº 200, de 25 de fevereiro de 1967. Dispõe sôbre a organização da Administração Federal, estabelece diretrizes para a Reforma Administrativa e dá outras providências. *Diário Oficial da União*, Brasília, DF, 27 fev. 1967b.

BRASIL. Decreto-Lei nº 229, de 28 de fevereiro de 1967. Altera dispositivos da Consolidação das Leis do Trabalho, aprovada pelo Decreto-Lei nº 5.452, de 1º de maio de 1943, e dá outras providências. *Diário Oficial da União*, Brasília, DF, 28 fev. 1967c.

BRASIL. Decreto-Lei nº 406, de 31 de dezembro de 1968. Estabelece normas gerais de direito financeiro, aplicáveis aos impostos sôbre operações relativas à circulação de mercadorias e sôbre serviços de qualquer natureza, e dá outras providências. *Diário Oficial da União*, Brasília, DF, 31 dez. 1968.

BRASIL. Decreto-Lei nº 1.110, de 9 de julho de 1970. Cria o Instituto Nacional de Colonização e Reforma Agrária (INCRA), extingue o Instituto Brasileiro de Reforma Agrária, o Instituto Nacional de Desenvolvimento Agrário e o Grupo Executivo da Reforma Agrária e dá outras providências. *Diário Oficial da União*, Brasília, DF, 10 jul. 1970.

BRASIL. Decreto-Lei nº 2.300, de 21 de novembro de 1986. Dispõe sobre licitações e contratos da Administração Federal e dá outras providências. *Diário Oficial da União*, Brasília, DF, 25 nov. 1986.

BRASIL. Decreto-Lei nº 4.048, de 22 de janeiro de 1942. Cria o Serviço Nacional de Aprendizagem dos Industriários (SENAI). *Coleção de Leis do Brasil*, 1942.

BRASIL. Decreto-Lei nº 5.452, de 1º de maio de 1943. Aprova a Consolidação das Leis do Trabalho. *Diário Oficial da União*, 9 ago. 1943.

BRASIL. Decreto-Lei nº 7.036, de 10 de novembro de 1944. Reforma da Lei de Acidentes do Trabalho. *Coleção de Leis do Brasil*, 1944.

BRASIL. Decreto-Lei nº 9.403, de 25 de junho de 1946. Atribui à Confederação Nacional da Indústria o encargo de criar, organizar e dirigir o Serviço Social da Indústria, e dá outras providências. *Diário Oficial da União*, 28 jun. 1946.

BRASIL. Instrução Normativa RFB nº 1.812, de 28 de junho de 2018. Altera a Instrução Normativa RFB nº 1.436, de 30 de dezembro de 2013, que dispõe sobre a Contribuição Previdenciária sobre a Receita Bruta (CPRB), destinada ao Regime Geral de Previdência Social (RGPS), devida pelas empresas referidas nos arts. 7º e 8º da Lei nº 12.546, de 14 de dezembro de 2011. *Diário Oficial da União*, Brasília, DF, 2 jul. 2018b.

BRASIL. Instrução Normativa SRF nº 162, de 31 de dezembro de 1998. Fixa prazo de vida útil e taxa de depreciação dos bens que relaciona. *Diário Oficial da União*, Brasília, DF, 7 jan. 1999.

BRASIL. Lei nº 4.090, de 13 de julho de 1962. Institui a Gratificação de Natal para os Trabalhadores. *Diário Oficial da União*, Brasília, DF, 26 jul. 1962.

BRASIL. Lei nº 4.504, de 30 de novembro de 1964. Dispõe sobre o Estatuto da Terra, e dá outras providências. *Diário Oficial da União*, Brasília, DF, 17 dez. 1964a.

BRASIL. Lei nº 4.591, de 16 de dezembro de 1964. Dispõe sôbre o condomínio em edificações e as incorporações imobiliárias. *Diário Oficial da União*, Brasília, DF, 21 dez. 1964b.

BRASIL. Lei nº 5.172, de 25 de outubro de 1966. Dispõe sobre o Sistema Tributário Nacional e institui normas gerais de direito tributário aplicáveis à União, Estados e Municípios. *Diário Oficial da União*, Brasília, DF, 27 out. 1966a.

BRASIL. Lei nº 5.194, de 24 de dezembro de 1966. Regula o exercício das profissões de Engenheiro, Arquiteto e Engenheiro-Agrônomo, e dá outras providências. *Diário Oficial da União*, Brasília, DF, 27 dez. 1966b.

BRASIL. Lei nº 6.321, de 14 de abril de 1976. Dispõe sobre a dedução, do lucro tributável para fins de imposto sobre a renda das pessoas jurídicas, do dobro das despesas realizadas em programas de alimentação do trabalhador. *Diário Oficial da União*, Brasília, DF, 19 abr. 1976a.

BRASIL. Lei nº 6.404, de 15 de dezembro de 1976. Dispõe sobre as Sociedades por Ações. *Diário Oficial da União*, Brasília, DF, 17 dez. 1976b.

BRASIL. Lei nº 6.496, de 7 de dezembro de 1977. Institui a "Anotação de Responsabilidade Técnica" na prestação de serviços de engenharia, de arquitetura e agronomia; autoriza a criação, pelo Conselho Federal de Engenharia, Arquitetura e Agronomia – CONFEA, de uma Mútua de Assistência Profissional; e dá outras providências. *Diário Oficial da União*, Brasília, DF, 9 dez. 1977.

BRASIL. Lei nº 7.238, de 29 de outubro de 1984. Dispõe sobre a manutenção da correção automática semestral dos salários, de acordo com o Índice Nacional de Preços ao Consumidor – INPC, e revoga dispositivos do Decreto-Lei nº 2.065, de 26 de outubro de 1983. *Diário Oficial da União*, Brasília, DF, 31 out. 1984.

BRASIL. Lei nº 7.418, de 16 de dezembro de 1985. Institui o Vale-Transporte e dá outras providências. *Diário Oficial da União*, Brasília, DF, 17 dez. 1985.

BRASIL. Lei nº 7.787, de 30 de junho de 1989. Dispõe sobre alterações na legislação de custeio da Previdência Social e dá outras providências. *Diário Oficial da União*, Brasília, DF, 30 jul. 1989.

BRASIL. Lei nº 8.029, de 12 de abril de 1990. Dispõe sobre a extinção e dissolução de entidades da administração Pública Federal, e dá outras providências. *Diário Oficial da União*, Brasília, DF, 13 abr. 1990b.

BRASIL. Lei nº 8.036, de 11 de maio de 1990. Dispõe sobre o Fundo de Garantia do Tempo de Serviço, e dá outras providências. *Diário Oficial da União*, Brasília, DF, 14 maio 1990c.

BRASIL. Lei nº 8.212, de 24 de julho de 1991. Dispõe sobre a organização da Seguridade Social, institui Plano de Custeio, e dá outras providências. *Diário Oficial da União*, Brasília, DF, 25 jul. 1991.

BRASIL. Lei nº 8.666, de 21 de junho de 1993. Regulamenta o art. 37, inciso XXI, da Constituição Federal, institui normas para licitações e contratos da Administração Pública e dá outras providências. *Diário Oficial da União*, Brasília, DF, 22 jun. 1993.

BRASIL. Lei nº 8.883, de 8 de junho de 1994. Altera dispositivos da Lei nº 8.666, de 21 de junho de 1993, que regulamenta o art. 37, inciso XXI, da Constituição Federal, institui normas para licitações e dá outras providências. *Diário Oficial da União*, Brasília, DF, 9 jun. 1994.

BRASIL. Lei nº 9.648, de 27 de maio de 1998. Altera dispositivos das Leis nº 3.890-A, de 25 de abril de 1961, nº 8.666, de 21 de junho de 1993, nº 8.987, de 13 de fevereiro de 1995, nº 9.074, de 7 de julho de 1995, nº 9.427, de 26 de dezembro de 1996, e autoriza o Poder Executivo a promover a reestruturação da Centrais Elétricas Brasileiras – ELETROBRÁS e de suas subsidiárias e dá outras providências. *Diário Oficial da União*, Brasília, DF, 28 maio 1998.

BRASIL. Lei nº 10.406, de 10 de janeiro de 2002. Institui o Código Civil. *Diário Oficial da União*, Brasília, DF, 11 jan. 2002a.

BRASIL. Lei nº 10.520, de 17 de julho de 2002. Institui, no âmbito da União, Estados, Distrito Federal e Municípios, nos termos do art. 37, inciso XXI, da Constituição Federal, modalidade de licitação denominada pregão, para aquisição de bens e serviços comuns, e dá outras providências. *Diário Oficial da União*, Brasília, DF, 18 jul. 2002b.

BRASIL. Lei nº 12.017, de 12 de agosto de 2009. Dispõe sobre as diretrizes para a elaboração e execução da Lei Orçamentária de 2010 e dá outras providências. *Diário Oficial da União*, Brasília, DF, 13 ago. 2009.

BRASIL. Lei nº 12.309, de 9 de agosto de 2010. Dispõe sobre as diretrizes para a elaboração e execução da Lei Orçamentária de 2011 e dá outras providências. *Diário Oficial da União*, Brasília, DF, 10 ago. 2010.

BRASIL. Lei nº 12.462, de 4 de agosto de 2011. Institui o Regime Diferenciado de Contratações Públicas – RDC... *Diário Oficial da União*, Brasília, DF, 5 ago. 2011a.

BRASIL. Lei nº 12.465, de 12 de agosto de 2011. Dispõe sobre as diretrizes para a elaboração e execução da Lei Orçamentária de 2012 e dá outras providências. *Diário Oficial da União*, Brasília, DF, 15 ago. 2011b.

BRASIL. Lei nº 12.546, de 14 de dezembro de 2011. Institui o Regime Especial de Reintegração de Valores Tributários para as Empresas Exportadoras (Reintegra)... *Diário Oficial da União*, Brasília, DF, 15 dez. 2011c.

BRASIL. Lei nº 12.708, de 17 de agosto de 2012. Dispõe sobre as diretrizes para a elaboração e execução da Lei Orçamentária de 2013 e dá outras providências. *Diário Oficial da União*, Brasília, DF, 21 ago. 2012a.

BRASIL. Lei nº 12.844, de 19 de julho de 2013. Amplia o valor do Benefício Garantia-Safra para a safra de 2011/2012; amplia o Auxílio Emergencial Financeiro, de que trata a Lei nº 10.954, de 29 de setembro de 2004, relativo aos desastres ocorridos em 2012... *Diário Oficial da União*, Brasília, DF, 19 jul. 2013b.

BRASIL. Lei nº 13.303, de 30 de junho de 2016. Dispõe sobre o estatuto jurídico da empresa pública, da sociedade de economia mista e de suas subsidiárias, no âmbito da União, dos Estados, do Distrito Federal e dos Municípios. *Diário Oficial da União*, Brasília, DF, 1º jul. 2016.

BRASIL. Lei nº 13.670, de 30 de maio de 2018. Altera as Leis nº s 12.546, de 14 de dezembro de 2011, quanto à contribuição previdenciária sobre a receita bruta, 8.212, de 24 de julho de 1991, 8.218, de 29 de agosto de 1991, 9.430, de 27 de dezembro de 1996, 10.833, de 29 de dezembro de 2003, 10.865, de 30 de abril de 2004, e 11.457, de 16 de março de 2007, e o Decreto-Lei nº 1.593, de 21 de dezembro de 1977. *Diário Oficial da União*, Brasília, DF, 30 maio 2018c.

BRASIL. Lei Complementar nº 101, de 4 de maio de 2000. Estabelece normas de finanças públicas voltadas para a responsabilidade na gestão fiscal e dá outras providências. *Diário Oficial da União*, Brasília, DF, 5 maio 2000.

BRASIL. Lei Complementar nº 110, de 29 de junho de 2001. Institui contribuições sociais, autoriza créditos de complementos de atualização monetária em contas vinculadas do Fundo de Garantia do Tempo de Serviço – FGTS e dá outras providências. *Diário Oficial da União*, Brasília, DF, 30 jun. 2001.

BRASIL. Lei Complementar nº 123, de 14 de dezembro de 2006. Institui o Estatuto Nacional da Microempresa e da Empresa de Pequeno Porte; altera dispositivos das Leis nº 8.212 e 8.213, ambas de 24 de julho de 1991, da Consolidação das Leis do Trabalho – CLT... *Diário Oficial da União*, Brasília, DF, 15 dez. 2006.

BRASIL. *Manual de instruções para contratação e execução dos programas e ações do Ministério das Cidades*. Brasília, 2014.

BRASIL. Medida Provisória nº 601, de 28 dezembro de 2012. Altera as Leis nº 12.546, de 14 de dezembro de 2011, para prorrogar o Regime Especial de Reintegração de Valores Tributários para as Empresas Exportadoras – Reintegra, e para desonerar a folha de pagamentos dos setores da construção civil e varejista... *Diário Oficial da União*, Brasília, DF, 28 dez. 2012b.

BRASIL. Ministério da Educação. Instituto Nacional de Estudos e Pesquisas Educacionais Anísio Teixeira (Inep). *Censo da Educação Superior 2018*. Brasília, 19 set. 2019b.

BRASIL. Ministério da Educação. Instituto Nacional de Estudos e Pesquisas Educacionais Anísio Teixeira (Inep). *Relatório Brasil no Pisa 2018*. Brasília, 2019c.

BRASIL. Ministério das Cidades. Portaria nº 660, de 14 de novembro de 2018. Dispõe sobre as diretrizes para a elaboração de projetos e estabelece as especificações técnicas mínimas da unidade habitacional e as especificações urbanísticas dos empreendimentos destinados à aquisição e alienação com recursos advindos da integralização de cotas no Fundo de Arrendamento Residencial – FAR... *Diário Oficial da União*, Brasília, DF, 16 nov. 2018d.

BRASIL. Nota Técnica DSST/Coreg nº 09, de 16 de outubro de 2002. Estabelece Normas Técnicas de ensaios aplicáveis aos Equipamentos de Proteção Individual com o respectivo enquadramento no Anexo I da NR 6. 2002c.

BRASIL. Portaria Interministerial MTPS/MEFP/MS nº 1, de 29 de janeiro de 1992. Dispõe sobre a adesão das empresas ao Programa de Alimentação do Trabalhador – PAT. *Diário Oficial da União*, Brasília, DF, 3 fev. 1992.

BRASIL. Portaria SIT/DSST nº 3, de 1º de março de 2002. Baixa instruções sobre a execução do Programa de Alimentação do Trabalhador – PAT. *Diário Oficial da União*, Brasília, DF, 5 mar. 2002d.

BRASIL. Portaria SIT/DSST nº 114, de 17 de janeiro de 2005. Altera a redação dos itens 18.14.24 e 18.18, inclui o Anexo III e insere termos no Glossário da Norma Regulamentadora 18. *Diário Oficial da União*, Brasília, DF, 27 jan. 2005.

BRASIL. Projeto de Lei nº 7.709, de 24 de janeiro de 2007. Altera dispositivos da Lei nº 8.666, de 21 de junho de 1993, que regulamenta o art. 37, inciso XXI, da Constituição, institui normas para licitações e contratos da Administração Pública, e dá outras providências. Arquivado em 18 de março de 2019.

CAMPITELI, M. V. *Medidas para evitar o superfaturamento decorrente dos "jogos de planilha" em obras públicas*. Dissertação (Mestrado) – Universidade de Brasília, Brasília, 2006.

CANZIAN, F. Caos tributário custa R$ 20 bi às empresas. *Folha de S.Paulo*, 30 jan. 2005.

CEF – CAIXA ECONÔMICA FEDERAL. *Caderno de orientações técnicas (COT)*: análise de projeto e acompanhamento de obra. Brasília, 2019.

CEF – CAIXA ECONÔMICA FEDERAL. *Sinapi*: manual de metodologias e conceitos. 8. ed. Brasília, 2020.

CFC – CONSELHO FEDERAL DE CONTABILIDADE. Resolução CFC nº 1.022, de 18 de março de 2005. Aprova a NBC T 11.15 – Contingências. *Diário Oficial da União*, Brasília, DF, 22 abr. 2005.

CONAMA – CONSELHO NACIONAL DO MEIO AMBIENTE. Resolução Conama nº 237, de 19 de dezembro de 1997. Dispõe sobre licenciamento ambiental; competência da União, Estados e Municípios; listagem de atividades sujeitas ao licenciamento; Estudos Ambientais, Estudo de Impacto Ambiental e Relatório de Impacto Ambiental. *Diário Oficial da União*, Brasília, DF, 22 dez. 1997.

CONAMA – CONSELHO NACIONAL DO MEIO AMBIENTE. Resolução Conama nº 307, de 5 de julho de 2002. Estabelece diretrizes, critérios e procedimentos para a gestão dos resíduos da construção civil. *Diário Oficial da União*, Brasília, DF, 17 jul. 2002.

CONAMA – CONSELHO NACIONAL DO MEIO AMBIENTE. Resolução Conama nº 348, de 16 de agosto de 2004. Altera a Resolução Conama nº 307, de 5 de julho de 2002, incluindo o amianto na classe de resíduos perigosos. *Diário Oficial da União*, Brasília, DF, 17 ago. 2004.

CONAMA – CONSELHO NACIONAL DO MEIO AMBIENTE. Resolução Conama nº 431, de 24 de maio de 2011. Altera o art. 3º da Resolução nº 307, de 5 de julho de 2002, do Conselho Nacional do Meio Ambiente – Conama, estabelecendo nova classificação para o gesso. *Diário Oficial da União*, Brasília, DF, 25 maio 2011.

CONFEA – CONSELHO FEDERAL DE ENGENHARIA, ARQUITETURA E AGRONOMIA. Resolução nº 361, de 10 de dezembro de 1991. Dispõe sobre a conceituação de Projeto Básico em Consultoria de Engenharia, Arquitetura e Agronomia. *Diário Oficial da União*, Brasília, DF, 12 dez. 1991.

CONFEA – CONSELHO FEDERAL DE ENGENHARIA, ARQUITETURA E AGRONOMIA. Resolução nº 425, de 18 de dezembro de 1998. Dispõe sobre a Anotação de Responsabilidade Técnica e dá outras providências. *Diário Oficial da União*, Brasília, DF, 8 jan. 1999.

CONSTRUÇÃO MERCADO. São Paulo: Pini, n. 59, jun. 2006.

COSTA, C. Brasil forma poucos engenheiros, entre 4 e seis vezes menos que na Europa. Falha na educação é o problema. *Correio Independente*, [s.d.]. Disponível em: <http://www.correioindependente.com.br/brasil-forma-poucos-engenheiros-entre-4-e-6-vezes-menos-que-na-europa-falha-na-educacao-e-o-problema/>.

COSTA, M. L. S.; ROSA, V. L. N. *5S no canteiro*. São Paulo: O Nome da Rosa; CTE, 1999.

DAGOSTINO, F.; FEIGENBAUM, L. *Estimating in Building Construction*. 6th ed. New Jersey: Prentice Hall, 2003.

DEGANI, C. M. *Sistemas de gestão ambiental em empresas construtoras de edifícios*. Dissertação (Mestrado) – Escola Politécnica da Universidade de São Paulo, São Paulo, 2003.

DNIT – DEPARTAMENTO NACIONAL DE INFRAESTRUTURA DE TRANSPORTES. Comissão DNIT/Aneor. *Análises e proposições ao Sicro 3 e BDI*. 2010.

DOMINGUES, M. A. *Orçamentação de empreendimentos de Arquitetura e Engenharia Civil*: uma solução metodológica para atender à Lei de Responsabilidade Fiscal e à Lei de Licitações. Dissertação (Mestrado) – Universidade Paulista (Unip), São Paulo, 2002.

ESTADO DE MINAS. *Enem 2019 já tem seis milhões de inscritos; um terço dos participantes é do Sudeste*. 17 maio 2019.

FAE BUSINESS SCHOOL. Driblando contingências. *Revista FAE Business*, n. 10, nov. 2004.

FLORES, C. R.; MORETTI, M. T. As figuras geométricas enquanto suporte para a aprendizagem em geometria: um estudo sobre a heurística e a reconfiguração. *Revista Eletrônica de Educação Matemática*, UFSC, v. 1.1, p. 5-13, 2006.

FUNDACENTRO – FUNDAÇÃO JORGE DUPRAT FIGUEIREDO DE SEGURANÇA E MEDICINA DO TRABALHO. *Brasil registra 17 mil mortes e 4 milhões de acidentes de trabalho*. 2019. Disponível em: <http://www.fundacentro.gov.br/noticias/detalhe-da-noticia/2019/4/acoes-regressivas-gestao-de-riscos-e-impacto-dos-acidentes-de-trabalho-foram-temas-de-debate>. Acesso em: 3 jul. 2020.

FUNDACENTRO – FUNDAÇÃO JORGE DUPRAT FIGUEIREDO DE SEGURANÇA E MEDICINA DO TRABALHO. *Recomendação Técnica de Procedimentos (RTP 02)*. São Paulo, 2001.

GOMES, A. Engenheiros em formação. *O Setor Elétrico*, edição 82, nov. 2012.

GONÇALVES, J. P. 2019 o ano da retomada das atividades. *Agência CBIC*, 23 jan. 2020.

GUIA DO ESTUDANTE. *Mais da metade dos estudantes de Engenharia abandona o curso*. 23 jul. 2013.

HERRERA, W. Planejamento e controle. *Portal do Marketing*, 22 maio 2007. Disponível em: <http://www.portaldomarketing.com.br/Artigos/Planejamento_e_Controle.htm>.

HISTÓRICO da segurança do trabalho: segurança do trabalho no Brasil e no mundo. [s.d.].

IBGE – INSTITUTO BRASILEIRO DE GEOGRAFIA E ESTATÍSTICA. *Anuário estatístico do Brasil*. Rio de Janeiro, 1989.

INSTITUTO DE ENGENHARIA DE SÃO PAULO. *Norma técnica para elaboração de orçamento de obras de construção civil*. São Paulo, 2011.

IPRI – INSTITUTO DE PESQUISA DE RELAÇÕES INTERNACIONAIS. *As 15 maiores economias do mundo*. [s.d.]. Disponível em: <http://www.funag.gov.br/ipri/index.php/component/content/article?id=94>. Acesso em: 13 jul. 2020.

IUDÍCIBUS, S. *Análise de balanços*. São Paulo: Atlas, 2008.

JASPER, F. PIB cai 1,5% no primeiro trimestre, sob os efeitos iniciais do coronavírus. *Gazeta do Povo*, 29 maio 2020.

KPMG Corporate Finance. *Planejamento de contingências*. [S.l.: s.n.], 2002.

LIMA Jr., J. R. *BDI nos preços das empreitadas*: uma prática frágil. São Paulo: Epusp, 1993. (Boletim Técnico da Escola Politécnica da USP. Departamento de Engenharia de Construção Civil, BT/PCC/95).

LIMMER, C. V. *Planejamento, orçamentação e controle de projetos e obras*. Rio de Janeiro: LTC, 1996.

MAIA, M. A. M. *Método para elaboração de layout de canteiro de obras verticais*. Apostila. 1999.

MARTINS, A. *Orçamentos de obras de edificações*. Apostila de curso. 1998.

MARTINS, I. G. S. O inferno tributário brasileiro. *Valor Econômico*, 5 ago. 2004.

MARTINS, S. P. *Direito do trabalho*. 17. ed. São Paulo: Atlas, 2016.

MEDAUAR, M. O. *Direito administrativo moderno*. 14. ed. São Paulo: Revista dos Tribunais, 2010.

MEIRELLES, H. L. *Direito administrativo brasileiro*. 29. ed. São Paulo: Malheiros, 2004.

MELO, C. A. B. *Curso de direito administrativo*. 23. ed. São Paulo: Malheiros, 2004.

MENDES, A.; BASTOS, P. Um aspecto polêmico dos orçamentos de obras públicas: Benefícios e Despesas Indiretas (BDI). *Revista do TCU*, Brasília, v. 32, n. 88, abr./jun. 2001.

NUNES, W. C. G.; FREIRE, A. E. Auditoria de projetos: a análise econômica das obras públicas. In: SIMPÓSIO NACIONAL DE AUDITORIA DE OBRAS PÚBLICAS, 7., Brasília, 25-29 nov. 2002.

OLIVEIRA, V. F. Crescimento do número de cursos e de modalidades de Engenharia: principais causas e consequências. In: CONGRESSO BRASILEIRO DE ENSINO DE ENGENHARIA, 33., 2005, Campina Grande (PB).

OLIVEIRA, V. F.; ALMEIDA, N. N.; CARMO, L. C. S. Estudo comparativo da formação em Engenharia: Brasil, BRICS e principais países da OCDE. In: CONGRESSO BRASILEIRO DE EDUCAÇÃO EM ENGENHARIA, 40., 2012, Belém (PA).

PEREIRA, M. O uso da curva ABC nas empresas. 1º dez. 1999.

PROGRAMA Internacional de Avaliação de Alunos. *Wikipedia*, [s.d.].

RUPPENTHAL, J. E. *Gerenciamento de riscos*: projeto instrucional. Santa Maria: Universidade Federal de Santa Maria; Rede e-Tec Brasil, 2013.

SAURIN, T. A. *Método para diagnóstico e diretrizes para planejamento de canteiro de obras de edificações*. Dissertação (Mestrado) – Universidade Federal do Rio Grande do Sul, Porto Alegre, 1997.

SCARAMEL SEGUROS. *Seguro de riscos de engenharia*. [s.d.]. Disponível em: <https://scaramel.com.br/seguro-de-riscos-de-engenharia/>.

SESI – SERVIÇO SOCIAL DA INDÚSTRIA. *Operações de serviços em canteiros de obra no Distrito Federal – Projeto SESI na Construção Civil*. 1990.

SESI – SERVIÇO SOCIAL DA INDÚSTRIA (PARANÁ). *Você sabe qual é o prejuízo causado pelos acidentes de trabalho?* 2016. Disponível em: <https://www.sesipr.org.br/voce-sabe-qual-e-o-prejuizo-causado-pelos-acidentes-de-trabalho-2-31192-326813.shtml>. Acesso em: 3 jul. 2020.

SILVA, A. A. *Estrutura, análise e interpretação das demonstrações contábeis*. São Paulo: Atlas, 2007.

SILVA, M. B. 30 anos de BDI. *Revista Construção Mercado*, Editora Pini, set. 2002.

SILVEIRA, C. A.; ROBAZZI, M. L. C. C.; MARZIALE, M. H. P. Injúrias: possíveis relações existentes entre essas lesões e a atividade laboral realizada por seus portadores. *Revista Escola de Minas*, jan-mar. 2005.

SZKLAROWSKY, L. F. Proposta inexeqüível em licitação técnica. *Revista Jus Navigandi*, Teresina, ano 8, n. 65, maio 2003.

TCU – TRIBUNAL DE CONTAS DA UNIÃO. *Acórdão nº* 325. Administrativo. Critérios de aceitabilidade do lucro e despesas indiretas – LDI em obras de linhas de transmissão e subestações de energia elétrica. Aprovação de valores referenciais. Orientações às unidades técnicas. Brasília, 2007.

TCU – TRIBUNAL DE CONTAS DA UNIÃO. *Acórdão nº* 583. Obras de restauração e duplicação da BR-101/SE. Modificações não justificadas de projetos, após a contratação, com encarecimento das obras. Superfaturamentos. Pagamentos a maior de impostos... Chefe da 21ª UNIT/SE. Ciência aos interessados. Brasília, 2003.

TCU – TRIBUNAL DE CONTAS DA UNIÃO. *Acórdão nº* 591. Embargos de declaração. Determinação acerca de aplicação dos limites legais para alterações contratuais. Aplicação do limite de 25% separadamente para as supressões e para os acréscimos, a cada alteração devidamente justificada... Brasília, 2011a.

TCU – TRIBUNAL DE CONTAS DA UNIÃO. *Acórdão nº 1.591*. Pedido de reexame. Conhecimento. Provimento parcial... Brasília, 2008a.

TCU – TRIBUNAL DE CONTAS DA UNIÃO. *Acórdão nº 1.755*. Embargos de declaração. Conhecimento. Licitação. Estudos sobre o "jogo de planilha", conjunto de técnicas voltadas à manipulação dos preços unitários, para engendrar o superfaturamento em obras públicas... Brasília, 2004.

TCU – TRIBUNAL DE CONTAS DA UNIÃO. *Acórdão nº 1.757*. Tomada de contas especial. Não comprovação da execução de serviços. Alterações contratuais provocando o desequilíbrio econômico do contrato, em desfavor do erário... Brasília, 2008b.

TCU – TRIBUNAL DE CONTAS DA UNIÃO. *Acórdão nº 2.369*. Administrativo. Adoção de valores referenciais para taxas de benefício e despesas indiretas – BDI para diferentes tipos de obras e serviços de engenharia e para itens específicos para a aquisição de produtos... Brasília, 2011b.

TCU – TRIBUNAL DE CONTAS DA UNIÃO. *Acórdão nº 2.622*. Administrativo. Conclusão dos estudos desenvolvidos pelo grupo de trabalho interdisciplinar constituído por determinação do Acórdão nº 2.369/2011 – Plenário... Brasília, 2013a.

TCU – TRIBUNAL DE CONTAS DA UNIÃO. *Estudo sobre taxas referenciais de BDI de obras públicas e de equipamentos e materiais relevantes*. Brasília, 2013b.

TISAKA, M. *Metodologia de cálculo da taxa do BDI e custos diretos para a elaboração do orçamento na construção civil*. São Paulo: Instituto de Engenharia, 2009.

TSS – TUDO SOBRE SEGUROS. *Glossário*. [s.d.]. Disponível em: <https://www.tudosobreseguros.org.br/glossario/>. Acesso em: 13 jul. 2020.

ZOCCHIO, A. *Segurança e saúde no trabalho*. São Paulo: LTr, 2001.